Mecânica Técnica e Resistência dos Materiais

CB021002

Sarkis Melconian

Mecânica Técnica e Resistência dos Materiais

20ª Edição Remodelada

Editora Saraiva

Av. das Nações Unidas, 7221, 1º Andar, Setor B
Pinheiros – São Paulo – SP – CEP: 05425-902

SAC | 0800-0117875
De 2ª a 6ª, das 8h00 às 18h00
www.editorasaraiva.com.br/contato

Diretoria executiva	Flávia Alves Bravin
Diretoria editorial	Renata Pascual Müller
Gerência editorial	Rita de Cássia S. Puoço
Coordenação editorial	Rosiane Ap. Marinho Botelho
Aquisições	Fernando Alves (Coord.)
	Rosana Ap. Alves dos Santos
Edição	Amanda Cordeiro da Silva
	Paula Hercy Cardoso Craveiro
	Silvia Campos Ferreira
Produção editorial	Camilla Felix Cianelli Chaves
	Fábio Augusto Ramos
	Katia Regina Pereira
Serviços editoriais	Juliana Bojczuk Fermino
	Kelli Priscila Pinto
	Marília Cordeiro

Revisão	Carla de Oliveira Morais
Diagramação	Adriana Aguiar Santoro
	Dalete Regina de Oliveira
	Graziele Karina Liborni
Capa	Maurício S. de França
Impressão e acabamento	Gráfica Paym

DADOS INTERNACIONAIS DE CATALOGAÇÃO NA PUBLICAÇÃO (CIP)
CÂMARA BRASILEIRA DO LIVRO, SP, BRASIL

Melconian, Sarkis, 1949-
Mecânica técnica e resistência dos materiais / Sarkis
Melconian. -- 20. ed. -- São Paulo: Érica, 2012.

Bibliografia
ISBN 978-85-365-2785-7

1. Engenharia mecânica 2. Mecânica aplicada
3. Resistência dos materiais I. Título.

12-10378
CDD-620.1
-620.112

Índices para catálogo sistemático:
1. Mecânica aplicada   620.1
2. Mecânica técnica: Engenharia mecânica   620.1
3. Resistência dos materiais: Engenharia   620.112

20ª edição
2018

CL | 642051 | CAE | 629470

Dedicatória

Dedico esta obra à memória de meus pais Minas e Elmas, à minha esposa Anaid e aos meus filhos Sérgio Minas e Marcos Vinícius.

"Eu sou o bom pastor. Conheço os meus e os meus me conhecem."

João 10, 14

O Autor

- Pós-graduado em Automação pelo CDT - Escola de Engenharia Industrial - São José dos Campos (1993).

- Tecnólogo Mecânico - modalidade projeto - pela Faculdade de Tecnologia de São Paulo (FATEC), 1975.

- Professor de Mecânica - curso Esquema I - pela Faculdade de Tecnologia de São Paulo (FATEC), 1977.

- Coordenador do Departamento de Projeto de Mecânica (DDM) da ETE "Lauro Gomes".

- Coordenador do Departamento de Mecânica (DMC) da ETE "Lauro Gomes".

- Coordenador de Mecânica do Instituto Federal de Educação, Ciência e Tecnologia de São Paulo (IFSP).

- Coordenador técnico do curso CQP IV (Senai - Mercedes-Benz).

- Professor da disciplina Resistência dos Materiais da Faculdade de Tecnologia Senador Fláquer de Santo André (UNIA).

- Professor de Resistência dos Materiais das escolas técnicas Walter Belian, Liceu de Artes e Ofícios, ETE Jorge Street, ETE Júlio de Mesquita, ETE Lauro Gomes, Instituto Federal de Educação, Ciência e Tecnologia de São Paulo (IFSP).

- Elaborador e revisor de exames de Mecânica da Fundação Carlos Chagas.

- Professor das disciplinas Mecânica Técnica, Resistência dos Materiais, Elementos de Máquinas e Projeto de Sistemas, dos convênios:

  Scania Latino América - ETE Lauro Gomes;

  Kolynos do Brasil - ETE Lauro Gomes;

  Dana Nakata - ETE Lauro Gomes;

  Volkswagem do Brasil - Centro Universitário de Santo André (UNIA).

- Professor das disciplinas Resistência dos Materiais, Elementos de Máquinas, Ensaios Tecnológicos, Sistemas Fluidomecânicos (Anhanguera - Santo André).

- Professor das disciplinas Elementos de Máquinas, Sistemas Oleodinâmicos e Pneumáticos - Faculdades Metropolitanas Unidas (FMU - SP).

- Professor das disciplinas Resistência dos Materiais, Elementos de Máquinas Eletropneumática e Hidráulica - Faculdade Pentágono (FAPEN - Santo André).

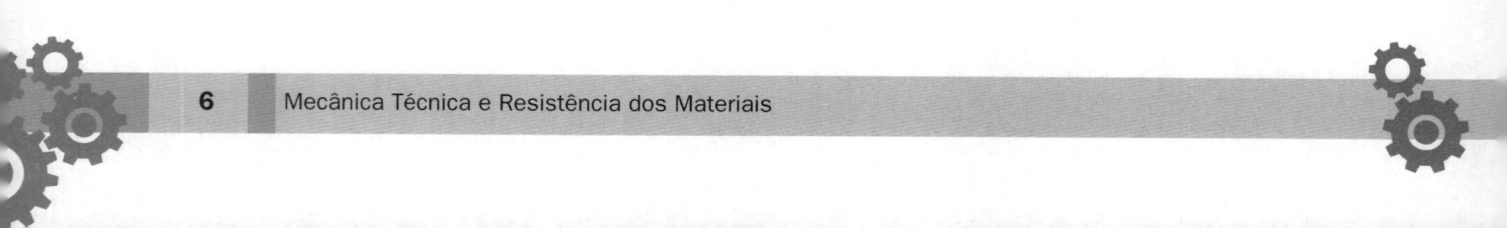

Sumário

Apresentação

Esta obra, de caráter técnico-científico, tem por finalidade apresentar de forma simplificada princípios de Mecânica Técnica e Resistência dos Materiais.

Seu objetivo fundamental é atender a principiantes e profissionais de formação técnica, visando embasá-los para que possam desenvolver-se no campo das construções, nas diversas modalidades de engenharia (mecânica, civil, eletrotécnica, eletroeletrônica, eletromecânica, hidráulica, mecatrônica, automação industrial etc.).

Observo ao leitor que as unidades encontradas nos colchetes pertencem ao SI, precedidas do prefixo do múltiplo ou submúltiplo correspondente. Para o caso, torna-se inevitável uma análise dimensional para não se praticar erro.

Apresento esta obra com a convicção de contribuir, firmemente, para o processo ensino-aprendizagem da Mecânica Técnica e Resistência dos Materiais.

Alfabeto Grego

Alfa	A	α
Beta	B	β
Gama	Γ	γ
Delta	Δ	δ
Épsilon	E	ε
Digama	F	–
Dzeta	Z	ζ
Eta	H	η
Theta	Θ	θ
Iota	I	ι
Capa	K	χ
Lambda	Λ	λ
Mi	M	μ
Ni	N	ν
csi	Ξ	ξ
Ómicron	O	ο
Pi	Π	π
San	Ϻ	
Copa	Q	
Ro	P	ρ
Sigma	Σ	σ
Tau	T	τ
Ípsilon	Y	υ
Phi	Φ	φ
Qui	X	χ
Psi	Ψ	ψ
Ômega	Ω	ω

Sistemas de Unidades

Decreto nº 81.621 - 03/05/1978

O decreto citado aprova o quadro geral de unidades de medida, em substituição ao anexo do decreto nº 63.233 de 12 de setembro de 1968.

"O Presidente da República, no uso da atribuição que lhe confere o artigo 81, item III, da constituição, e tendo em vista o disposto no parágrafo único do artigo 9º do Decreto-Lei nº 240, de 28 de Fevereiro de 1967.

Decreta:

Art. 1º - Fica aprovado o anexo Quadro Geral de Unidades de Medida, baseado nas Resoluções, Recomendações e Declarações das Conferências Gerais de Pesos e Medidas, realizadas por força da Convenção Internacional do Metro de 1975.

Art. 2º - Este Decreto entra em vigor na data de sua publicação, revogando o Decreto nº 63.233 de 12/09/1968 e demais disposições em contrário.

Brasília, 03 de maio de 1978: 157º da
Independência e 90º da República.

Ernesto Geisel

Angelo Calmon de Sá"

Quadro Geral de Unidades

Este Quadro Geral de Unidades (QGU) contém:

1. Prescrições sobre Sistema Internacional de Unidades;

2. Prescrições sobre outras Unidades;

3. Prescrições gerais.

Tabela I - Prefixos SI.

Tabela II - Unidades do Sistema Internacional de Unidades.

Tabela III - Outras unidades aceitas para uso com o Sistema Internacional de Unidades.

Tabela IV - Outras Unidades, fora do SI admitidas temporariamente.

Nota	São empregadas as seguintes siglas e abreviaturas:
	CGPM Conferência Geral de Pesos e Medidas (precedida do número de ordem e seguida pelo ano de sua realização).
	QGU Quadro Geral de Unidades
	SI Sistema Internacional de Unidades

1.1 Sistema Internacional de Unidades (15° CGPM/1975)

a) Unidades de Base

Unidade	Símbolo	Grandeza
metro	m	comprimento
quilograma	kg	massa
segundo	s	tempo
ampère	A	corrente elétrica
Kelvin	K	temperatura termodinâmica
mol	mol	quantidade de matéria
candela	cd	intensidade luminosa

b) Unidades Suplementares

Unidade	Símbolo	Grandeza
radiano	rad	ângulo plano
esterradiano	sr	ângulo sólido

c) Unidades derivadas, deduzidas direta ou indiretamente das unidades de base e suplementares.

d) Os múltiplos e submúltiplos decimais das unidades acima que são formadas pelo emprego dos prefixos SI da Tabela I.

1.2 Outras Unidades

As unidades fora do SI admitidas no QGU são de duas espécies:

a) Unidades aceitas para uso com SI, isoladamente ou combinadas entre si e ou com unidades SI, sem restrição de prazo (tabela III).

b) Unidades admitidas temporariamente (tabela IV).

É abolido o emprego das unidades do CGS, exceção feita às que estão compreendidas no SI e às mencionadas na tabela IV.

1.3 Prescrições Gerais

1.3.1 Grafia dos Nomes de Unidades

Quando escritos por extenso, os nomes de unidades devem ser iniciados com letra minúscula, mesmo quando representem um nome ilustre de ciência.

Exemplo: newton, watt, ampère, joule,... exceto o grau Celsius.

Na expressão do valor numérico de uma grandeza, a respectiva unidade pode ser escrita por extenso, ou representada pelo seu símbolo. (**Exemplo**: newton por metro ou N/m), não sendo admitidas partes escritas por extenso misturadas com partes escritas por símbolo.

1.3.2 Plural dos Nomes de Unidades

Unidades escritas por extenso obedecem às seguintes regras básicas:

a) Os prefixos SI são invariáveis.

b) Os nomes de unidades recebem a letra "S" no seu final, exceto nos casos da alínea C.

1. As palavras simples são escritas no plural da seguinte forma:

Exemplo: quilogramas, volts, joules, ampères, newtons, farads.

2. Quando as palavras são compostas, e o elemento complementar de um nome de unidade não é ligado por hífen.

Exemplo: metros quadrados, decímetros cúbicos, milhas marítimas.

3. Quando o termo é resultante de um produto de unidades.

Exemplo: newtons-metro, watts-hora, ohms-metro...

Observação	Segundo esta regra, e a menos que o nome da unidade entre no uso vulgar, o plural não desfigura o nome que a unidade tem no singular. Exemplo: decibels, henrys, mols... Não são aplicadas às unidades algumas regras usuais na formação do plural de palavras.

c) Os nomes ou partes dos nomes de unidades não recebem "S" no final.

1. Quando terminam em S, X ou Z.

Exemplo: siemens, lux, hertz etc.

2. Quando correspondem ao denominador de palavras compostas por divisão, por exemplo: quilômetros por hora, metros por segundo etc.

3. Quando, em palavras compostas, são elementos complementares de nomes de unidades e ligados a estes por hífen ou preposição.

Exemplo: anos-luz, quilogramas-força etc.

1.3.3 Grafia dos Símbolos de Unidades

A grafia dos símbolos de unidades obedece às seguintes regras básicas:

a) os símbolos são invariáveis, não sendo permitido colocar ponto significando abreviatura, ou acrescentar "S" no plural, por exemplo, joule é J e não J. ou Js (no plural).

b) os prefixos do SI jamais poderão aparecer justapostos num mesmo símbolo. Exemplo: GWh (giga watt-hora) e nunca MkWh (mega quilowatt-hora).

c) os prefixos SI podem coexistir num símbolo composto por multiplicação ou divisão, por exemplo: kN.mm, kW.mA, MW.cm etc.

d) o símbolo deve estar alinhado com o número a que se refere, não como expoente ou índice; constituem exceção ângulos e o símbolo do grau Celsius.

e) o símbolo de uma unidade composta por multiplicação pode ser formado pela justaposição dos símbolos componentes e que não cause ambiguidade [VA, kWh etc.], ou mediante a colocação de um ponto entre os símbolos componentes, na base da linha ou a meia altura [kgf.m ou kgf·m].

f) o símbolo de uma unidade de uma relação pode ser representado das três maneiras exemplificadas a seguir, não devendo ser empregada a última forma quando o símbolo, escrito em duas linhas diferentes, causar confusão.

$$W \, / \, [cm^2 \, {}^\circ C], W \cdot cm^{-2} \cdot {}^\circ C^{-1}, \frac{W}{cm^2 \, {}^\circ C}$$

Quando um símbolo com prefixo tem expoente, deve-se entender que esse expoente afeta o conjunto prefixo-unidade, como se o conjunto estivesse entre parênteses.

Exemplos
$$m\ell = 10^{-3} \, \ell$$
$$mm^2 = 10^{-6} m^2$$

1.3.4 Grafia dos Números

As prescrições desta secção são inaplicáveis aos números que não estejam representando quantidade.

Exemplos: telefones, datas, nº de identificação.

Para separar a parte inteira da decimal de um número, é empregada sempre uma vírgula; quando o valor absoluto do número for menor que 1, coloca-se zero à esquerda da vírgula.

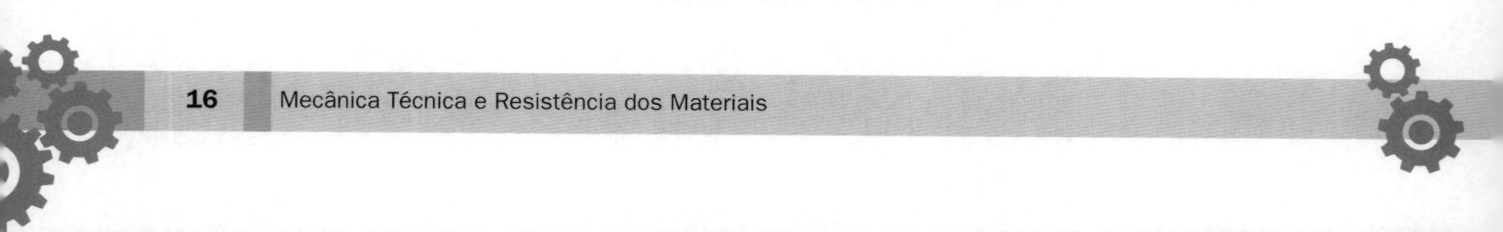

Os números que representam quantias em dinheiro, ou quantidades de mercadorias, bens ou serviços em documentos fiscais, jurídicos e/ou comerciais, devem ser escritos com os algarismos separados em grupos de três, a contar da vírgula para a esquerda e para a direita, com pontos separando esses grupos entre si.

Nos demais casos, é recomendado que os algarismos de parte inteira e os de parte decimal dos números sejam separados em grupos de três, a contar da vírgula para a esquerda e para a direita, com pequenos espaços entre esses grupos (exemplo: em trabalhos técnico-científicos); mas é também admitido que os algarismos da parte inteira e os da parte decimal sejam escritos seguidamente, isto é, sem separação em grupos.

Para exprimir números sem escrever ou pronunciar todos os seus algarismos:

a) para os números que representam dinheiro, mercadorias ou bens de serviço, são empregadas as palavras;

mil	=	10^3	=	1 000
milhão	=	10^6	=	1 000 000
bilhão	=	10^9	=	1 000 000 000
trilhão	=	10^{12}	=	1 000 000 000 000

b) em trabalhos técnicos ou científicos, recomenda-se a utilização da tabela I.

Espaçamento entre um número e o símbolo da unidade correspondente deve atender à conveniência de cada caso.

Exemplos

a) frases de textos correntes, normalmente utiliza-se meia letra, para que não haja possibilidade de fraude.

b) em colunas de tabelas, é facultado utilizar espaçamentos diversos entre os números e os símbolos das unidades correspondentes.

1.3.5 Pronúncia dos múltiplos e submúltiplos decimais das unidades

Na forma oral, são pronunciados por extenso.

Exemplos

mℓ - mililitro

µm - micrometro (não confundir com micrômetro instrumento)

Tabela 1 - Prefixos SI

Nome	Símbolo	Fator de Multiplicação	
exa	E	10^{18}	= 1 000 000 000 000 000 000
peta	P	10^{15}	= 1 000 000 000 000 000
tera	T	10^{12}	= 1 000 000 000 000
giga	G	10^{9}	= 1 000 000 000
mega	M	10^{6}	= 1 000 000
quilo	k	10^{3}	= 1 000
hecto	h	10^{2}	= 100
deca	da	10	
deci	d	10^{-1}	= 0,1
centi	c	10^{-2}	= 0,01
mili	m	10^{-3}	= 0,001
micro	μ	10^{-6}	= 0,000 001
nano	n	10^{-9}	= 0,000 000 001
pico	p	10^{-12}	= 0,000 000 000 001
femto	f	10^{-15}	= 0,000 000 000 000 001
atto	a	10^{-18}	= 0,000 000 000 000 000 001

Tabela 2 - Outras unidades fora do SI admitidas temporariamente

Nome da Unidade	Símbolo	Valor do SI
angstrom	A	10^{-10} m
atmosfera	atm	101.325 Pa
bar	bar	10^{5} Pa
barn	b	10^{-28} m^2
*caloria	cal	4,1868 J
*cavalo-vapor	cv	735,5 W
curie	ci	$3,7 \times 10^{10}$ Bq
gal	Gal	0,01 m/s^2
* gauss	Gs	10^{-4} T
hectare	ha	10^{4} m^2
* quilograma-força	kgf	9,80665 N
* milímetro de Hg	mmHg	133,322 Pa (aproximado)
milha marítima		1852 m
nó		1852/3600 m/s milha marítima por hora
* quilate		2×10^{-4} kg não confundir com ligas de ouro
rad		0,01 Gy

As unidades com asterisco deverão ser gradativamente substituídas pelas unidades do SI.

1.3.6 Unidades Fundamentais e Derivadas

As unidades fundamentais foram definidas arbitrariamente e constituem-se em:

L - comprimento   L - comprimento

M - massa   ou   F - força

T - tempo   T - tempo

As unidades derivadas são obtidas em função das fundamentais.

1.3.6.1 Sistema CGS

É um sistema do tipo LMT, sendo constituído pelas seguintes unidades fundamentais:

L - [cm]   M - [g]   T - [s]

Exemplos de unidades derivadas no CGS:

velocidade (MRU)

$$[v] = \frac{\Delta S}{\Delta t} = \frac{[cm]}{[s]} = [cm / s]$$

aceleração $[\mu]$ **aceleração normal da gravidade**

$$[\alpha] = \frac{[\Delta v]}{[\Delta t]} = \left[\frac{cm / s}{s}\right] = \left[\frac{cm}{s^2}\right] \qquad g = 980,665 \text{ cm/s}^2$$

1.3.6.2 Sistema MKS (Giorgi) Sistema Internacional (SI)

É também um sistema do tipo LMT, sendo suas unidades fundamentais:

L - [m]   M - [kg]   T - [s]

Exemplo de unidades derivadas:

velocidade (MRU)   **força**

$$[V] = \frac{[\Delta s]}{[\Delta t]} = \frac{[m]}{[s]} = [m / s] \qquad\qquad [F] = [m] \cdot [a] = [kgm / s^2] = [N]$$

aceleração (MUV)   **aceleração normal da gravidade**

$$[\alpha] = \frac{[\Delta v]}{[\Delta t]} = \left[\frac{m / s}{s}\right] = [m / s^2] \qquad\qquad g = 9,80665 \text{ m/s}^2$$

Este sistema é o recomendado pelo decreto nº 81.621 , de 3 de maio de 1978, gradativamente, substituirá o sistema técnico.

1.3.6.3 Sistema MKS* (Sistema Técnico)

É um sistema do tipo LFT.

Suas unidades fundamentais são:

L - [m]   F - [kgf ou kp]   T - [s]

O sistema MKS* (técnico) aos poucos será substituído na engenharia pelo SI (Sistema Internacional MKS Giorgi)

kp ou kgf = 1 kg · 9,80665 m/s^2

$$\boxed{\text{kp ou kgf} = 9,80665\ N}$$

Na prática, ainda são utilizadas unidades como:

gf = 10^{-3} kgf = 10^{-3} kp

$$\boxed{\text{tf} = 10^3\ \text{kgf} = 10^3\ \text{kp}}$$

1.3.6.4 Sistemas de Unidades Inglesas

1.3.6.4.1 Sistema FPS é um sistema do tipo LFT, ou seja:

L - comprimento (foot) - [pé]

F - força (power) - [ℓb]

t - tempo (second) - [s]

Unidade de massa neste sistema é o slug.

$$m = \frac{(\text{libra}) \cdot (\text{segundo})^2}{(\text{pé})} = \frac{\ell b \cdot s^2}{\text{pé}} = (\text{slug})$$

Para facilitar a escrita, abrevia-se pé através de um traço superior acima da medida.

Exemplo

$$18\ \text{pé} = 18'$$

Relação da unidade de medida pé com o sistema métrico.

$$\text{pé} = 30,48\ \text{cm} = 304,8\ \text{mm}$$

Nas escritas inglesas ou americanas, é comum encontrar-se o símbolo ft (foot).

A unidade de força no FPS é a libra (ℓb) ou mais apropriadamente conhecida como libra-força, podendo ser encontrada na sua escrita simbólica como:

$$\ell b\ \text{ou}\ \ell bf\ \text{ou ainda}\ \ell b*$$

A simbologia mais adequada é ℓb.

1.3.6.4.2 Sistema IPS é um sistema do tipo LFT, ou seja:

L - comprimento	-	(inch)	-	[pol]
F - força	-	(power)	-	[ℓb]
T - tempo	-	(second)	-	[s]

Unidade de massa no sistema

$$m = \frac{F}{a} = \frac{(libra - força)}{\left(\dfrac{polegada}{segundo^2}\right)}$$

$$m = \frac{(libra - força)(segundo)^2}{(polegada)}$$

$$m = \left[\frac{\ell b \cdot s^2}{pol}\right] \qquad \text{denomina-se libra-massa.}$$

Como é um sistema do LFT, predomina a unidade de força, que simbolicamente será representada por ℓ b, como foi exposto anteriormente.

Relações importantes do sistema com os sistemas técnico e Giorgi (MKS)

$$pol = 25,4 \text{ mm}$$

$$\ell b = 0,4536 \text{ kgf} \cong 4,4483 \text{ N}$$

Na escrita simbólica da polegada, ingleses, americanos e demais países que utilizam este sistema usam as representações:

pol; in ou ainda (").

pol - símbolo adaptado por "abreviação" da língua portuguesa.

in   - (inch) polegada em inglês.

(") - simbologia simplificada para facilitar a escrita.

Exemplo

$$\frac{1}{4}pol = \frac{1}{4}in = \frac{1"}{4}$$

1.3.7 Precisão e Arredondamento dos Números

Quando a precisão de um número é necessária, deve-se aprender a aplicar as regras de arredondamento. É muito importante saber que precisão desnecessária desperdiça tempo e dinheiro.

Exemplo

Ao se expressar o número de rolamentos 6208, existentes no almoxarifado de uma determinada indústria, a resposta será expressa somente por um número inteiro, pois em nenhuma hipótese existirão no almoxarifado 10,4 ou 9,7 rolamentos, e sim 10 rolamentos.

Quando pesamos uma caixa e encontramos como resposta 100 N (3 algarismos significativos), nunca se deve dar como resposta 100,000 N se a precisão não exigir (6 algarismos significativos), pois isso significaria ler a escala em 0,001 N (milésimo de newton), o que é absolutamente inadequado para o caso.

As regras principais de arredondamento são:

1. Manter inalterado o dígito anterior se o dígito subsequente for menor que "5" (<5).

   Exemplo: suponha-se o número 365,122

   arredondando o número, tem-se:

   365,12   -   para 5 algarismos significativos

   365,1   -   para 4 algarismos significativos

2. Acrescer uma unidade ao último dígito a ser mantido quando o posterior for "≥ 5" (maior ou igual a 5).

   Exemplo: suponha-se o número 26,666

   arredonda-se o número para:

   26,67   -   para 4 algarismos significativos

   26,7   -   para 3 algarismos significativos

   27   -   para 2 algarismos significativos

3. Manter inalterado o último dígito se o primeiro dígito a ser desprezado for "5" seguido de "zeros".

   Exemplo: seja o número 34,650

   arredonda-se para:

   34,6   -   para 3 algarismos significativos

4. Aumentar o último dígito em uma unidade se o número for ímpar e se o último dígito for "5" seguido de "zeros".

   Exemplos: sejam os números

   235,5 e   343,50

   arredonda-se o número 235,5 para:

   236   -   3 algarismos significativos

   arredonda-se o número 343,50 para:

   344   -   3 algarismos significativos

1.4 Relações Métricas Lineares

m = 10 dm   m = 10^3 mm

m = 10^2 cm   m = 39,37 pol

m = 3,28 pé   milha marítima = 1852 m

milha terrestre = 1609 m   jarda $\cong$ 91,44 cm

ano-luz = 9,46 $\times 10^{15}$ m   braça = 1,83 m

1.4.1 Relações Métricas do Quadrado

Dado o quadrado de lado a = 1 m, determinar as seguintes relações:

a) m^2 e dm^2

b) m^2 e cm^2

c) m^2 e mm^2

d) m^2 e pol^2

e) m^2 e $pé^2$

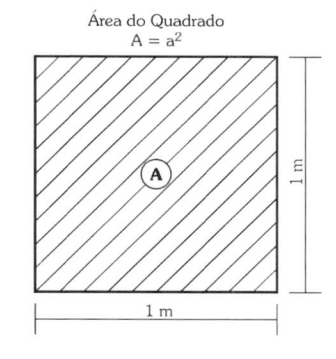

Área do Quadrado
$A = a^2$

1 m

1 m

a) m^2 e dm^2

$m = 10\ dm$

$m^2 = (10\ dm)^2$

$$\boxed{m^2 = 10^2\ dm^2}$$

b) m^2 e cm^2

$m = 10^2\ cm$

$m^2 = (10^2\ cm)^2$

$$\boxed{m^2 = 10^4\ cm^2}$$

c) m^2 e mm^2

$m = 10^3\ mm$

$m^2 = (10^3\ mm)^2$

$$\boxed{m^2 = 10^6\ mm^2}$$

d) m^2 e pol^2

$$m = \frac{100}{2,54}\ pol$$

$$m^2 = \left(\frac{100}{2,54}\ pol\right)^2$$

$$m^2 = \left(\frac{100}{2,54}\right)^2\ pol^2$$

$$\boxed{m^2 = 1550\ pol^2}$$
$$\boxed{m^2 = 1,55 \cdot 10^3\ pol^2}$$

e) m^2 e $pé^2$

$$m = \frac{100}{30,48}\ pé$$

$$m^2 = \left(\frac{100}{30,48}\ pé\right)^2$$

$$m^2 = 3,28^2\ pé^2$$

$$\boxed{m^2 = 10,76\ pé^2}$$

portanto, pode-se escrever que:

$$\boxed{m^2 = 10^2\ dm^2 = 10^4\ cm^2 = 10^6\ mm^2 = 1,55 \cdot 10^3\ pol^2 = 10,76\ pé^2}$$

1.5 Relações Métricas do Cubo

Dado o cubo, com aresta a = 1 m, determinar as seguintes relações:

a) m^3 e dm^3

b) m^3 e cm^3

c) m^3 e mm^3

d) m^3 e pol^3

e) m^3 e $pé^3$

Volume do cubo

$V = a^3$

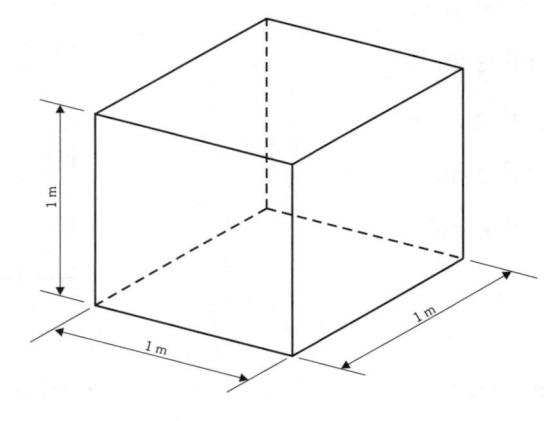

a) m^3 e dm^3

m = 10 dm

$m^3 = (10\ dm)^3 = 10^3\ dm^3$

$\boxed{m^3 = 10^3\ dm^3}$

b) m^3 e cm^3

$m = 10^2\ cm$

$m^3 = (10^2\ cm)^3 = 10^6\ cm^3$

$\boxed{m^3 = 10^6\ cm^3}$

c) m^3 e mm^3

$m = 10^3\ mm$

$m^3 = (10^3\ mm)^3 = 10^9\ mm^3$

$\boxed{m^3 = 10^9\ cm^3}$

d) m^3 e pol^3

$m^3 = (39{,}37\ pol)^3 \cong 61023\ pol^3$

$\boxed{m^3 \cong 6{,}1023 \cdot 10^4\ pol^3}$

e) m^3 e $pé^3$

pé = 0,3048 m

$m^3 = (3{,}29\ pé)^3 \cong 35{,}3\ pé^3$

$\boxed{m^3 = 35{,}3\ pé^3}$

$\boxed{m^3 = 10^3\ dm^3 = 10^6\ cm^3 = 10^9\ mm^3 = 6{,}1023 \cdot 10^4\ pol^3 = 35{,}3\ pé^3}$

Observação $\ell = dm^3$ (litro)

Ex.1 - Dadas as medidas em milésimos de polegada ("), pede-se expressá-las em [mm].

    a) 0,393"   **b)** 0,750"

    c) 0,325"   **d)** 0,875"

    e) 0,600"   **f)** 0,120"

Solução

Para transformar a medida expressa em [pol] para [mm], multiplica-se o valor da medida por 25,4 mm.

a) $0,393 \times 25,4 = 9,9822$ mm

b) $0,750 \times 25,4 = 19,05$ mm

c) $0,325 \times 25,4 = 8,255$ mm

d) $0,875 \times 25,4 = 22,225$ mm

e) $0,600 \times 25,4 = 15,24$ mm

Ex.2 - Dadas as medidas em polegada fracionária ("), pede-se expressá-las em [mm].

    a) $\dfrac{5"}{8}$ **b)** $2\dfrac{1"}{4}$ **c)** $\dfrac{3"}{16}$ **d)** $\dfrac{19"}{64}$

Solução

Da mesma forma que o ex.1, multiplica-se a medida por 25,4 mm.

a) $\dfrac{5"}{8} \times 25,4 = 15,875\,\text{mm}$ **b)** $2\dfrac{1}{4} \times 25,4 = \left(2 \times 25,4 + \dfrac{1}{4} \cdot 25,4\right) = \left(50,8 + 6,35\right) = 57,15\,\text{mm}$

c) $\dfrac{3}{16} \times 25,4 = 4,7625\,\text{mm}$ **d)** $\dfrac{19}{64} \times 25,4 = 7,540625\,\text{mm}$

Ex.3 - Dadas as medidas em "mm", expresse-as em milésimos de polegada.

    a) 15,24 mm   **b)** 21,59 mm

    c) 30,48 mm   **d)** 8,255 mm

    e) 11,430 mm   **f)** 4,445 mm

Solução

Para encontrar as medidas dadas em "mm" em polegada milesimal, divide-se o valor da medida por 25,4, pois pol = 25,4 mm.

a) $\dfrac{15,24}{25,4} = 0,600"$ **b)** $\dfrac{21,59}{25,4} = 0,850"$

c) $\dfrac{30,48}{25,4} = 1,200"$ 　　　　　　**d)** $\dfrac{8,255}{25,4} = 0,325"$

e) $\dfrac{11,430}{25,4} = 0,450"$ 　　　　　　**f)** $\dfrac{4,445}{25,4} = 0,175"$

Ex.4 - Dadas as medidas em "mm", expresse-as em "polegada fracionária".

　　a) 10,31875 mm 　　　　　　**b)** 17,4625 mm

　　c) 14,2875 mm 　　　　　　**d)** 3,96875 mm

　　e) 5,55625 mm 　　　　　　**f)** 3,571875 mm

Solução

Para encontrar as medidas dadas em "mm" em "polegada fracionária", divide-se a medida por 25,4 (valor da polegada), e multiplica-se o resultado obtido por $\dfrac{128}{128}$, pois a fração de polegada corresponde a uma exponencial de 2, ou seja, 2^n no caso, $128 = 2^7$ nº de divisões no paquímetro.

a) $\dfrac{10,31875\ mm}{25,4\ mm} \times \dfrac{128"}{128} = \dfrac{52}{128} = \dfrac{13"}{32}$ 　(Simplificado por 4)

b) $\dfrac{17,4625\ mm}{25,4\ mm} \times \dfrac{128"}{128} = \dfrac{88}{128} = \dfrac{11"}{16}$ 　(Simplificado por 8)

c) $\dfrac{14,2875\ mm}{25,4\ mm} \times \dfrac{128"}{128} = \dfrac{72}{128} = \dfrac{9"}{16}$ 　(Simplificado por 8)

d) $\dfrac{3,96875\ mm}{25,4\ mm} \times \dfrac{128"}{128} = \dfrac{20}{128} = \dfrac{5"}{32}$ 　(Simplificado por 4)

e) $\dfrac{5,55625\ mm}{25,4\ mm} \times \dfrac{128"}{128} = \dfrac{28}{128} = \dfrac{7"}{32}$ 　(Simplificado por 4)

f) $\dfrac{3,571875\ mm}{25,4\ mm} \times \dfrac{128"}{128} = \dfrac{18}{128} = \dfrac{9"}{64}$ 　(Simplificado por 2)

Ex.5 - Dadas as medidas em pé, expresse-as em "mm".

　　a) 15'　　　**b)** 12'　　　　**c)** 7,5'　　　　**d)** 18'

Solução

Para transformar a medida expressa em "pé" para "mm", multiplica-se o valor da medida por 304,8 mm.

a) $15 \times 304,8 = 4572$ mm   **b)** $12 \times 304,8 = 3657,6$ mm

c) $7,5 \times 304,8 = 2286$ mm   **d)** $18 \times 304,8 = 5486,4$ mm

Ex.6 - Um pé equivale a quantas polegadas?

Solução

pé = 304,8 mm   pol = 25,4 mm

portanto:

$$\frac{\text{pé}}{\text{pol}} = \frac{304,8 \; \cancel{\text{mm}}}{25,4 \; \cancel{\text{mm}}}$$

$$\boxed{\text{pé} = 12 \text{ pol}}$$

Ex.7 - Sabemos que por definição cv = 75 kgfm/s e que kgf.m = 9,80665 J. Expressar cvh em joules.

$$\text{cvh} = 75 \times 9,80665 \cong 735,5 \text{ W}$$

$$\text{cvh} = 735,5 \; \cancel{J}\big/\cancel{s} \times 3600 \; \cancel{s}$$

$$\boxed{\text{cvh} = 2,6478 \cdot 10^6 \, \text{J}}$$

Ex.8 - Sabendo-se que pé = 30.48 cm e pol = 2,54 cm, determinar as relações entre:

a) pé^2 e m^2 **b)** pol^2 e m^2

c) pé^3 e m^3 **d)** pol^3 e m^3

8.a) Relação entre pé^2 e m^2

$$\text{pé}^2 = (0,3048 \text{m})^2$$

$$\text{pé}^2 = 0,092903 \text{ m}^2$$

$$\boxed{\text{pé}^2 = 9,2903 \cdot 10^{-2} \, \text{m}^2}$$

8.b) Relação entre pol^2 m^2

$$\text{pol} = 2,54 \cdot 10^{-2} \text{ m}$$

$$\text{pol}^2 = (2,54 \cdot 10^{-2} \text{ m})^2$$

$$\boxed{\text{pol}^2 = 6,4516 \cdot 10^{-4} \, \text{m}^2}$$

8.c) Relação entre pé^3 e m^3

$$\text{pé} = 3,048 \times 10^{-1} \text{ m}$$

$$\text{pé}^3 = (3,048 \times 10^{-1} \text{ m})^3$$

$$\boxed{\text{pé}^3 = 2,832 \times 10^{-2} \, \text{m}^3}$$

8.d) Relação entre pol^3 e m^3

$$\text{pol} = 2,54 \cdot 10^{-2} \text{m}$$

$$\text{pol}^3 = (2,54 \cdot 10^{-2} \text{ m})^3$$

$$\boxed{\text{pol}^3 = 1,638 \cdot 10^{-5} \, \text{m}^3}$$

Ex.9 - Em uma prova automobilística, o piloto A foi o vencedor, com o seu carro perfazendo o percurso, com vm = 180 km/h. Expressar v_m em:

a) km/min   **b)** km/s   **c)** m/s

9.a) Velocidade média em km/min

$$v_m = \frac{180}{60} = 3 \text{ km / min}$$

9.b) Velocidade média em km/s

$$v_m = \frac{3}{60} = 0,05 \text{ km / s}$$

9.c) Velocidade em m/s

$$v_m = \frac{180000}{3600} = 50 \text{ m / s}$$

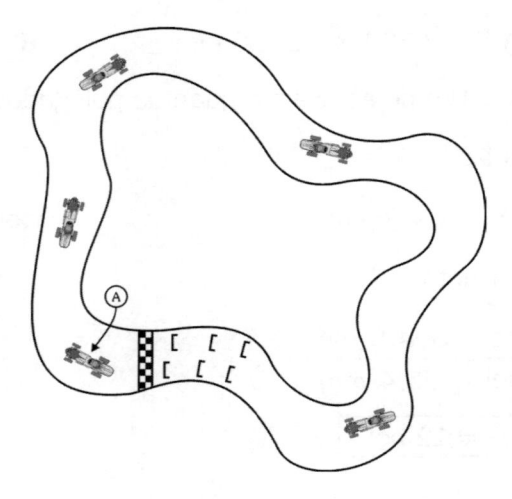

Ex.10 - No dimensionamento de circuitos automáticos e em outras aplicações na engenharia, é utilizada a unidade de pressão bar = 10^5 N/m^2 (pascal). Expressar bar em:

a) kgf/m^2 **b)** kgf/cm^2

c) kgf/mm^2 **d)** ℓb/pol^2 (psi)

Dados: kgf = 9,80665 N

ℓb = 0,4536 kgf

pol = 2,54 cm

10.a) bar para kgf/m^2

$$bar = 10^5 \text{ N / m}^2 = \frac{10}{9,80665} \cdot 10^4 \text{ kgf / m}^2$$

$$bar = 1,0197 \times 10^4 \text{ kgf/m}^2$$

10.b) bar para kgf/cm^2

$$bar = 10^5 \text{ N/m}^2 = 1,0197 \times 10^4 \text{ kgf/m}^2 \text{ se } m^2 = 10^4 \text{ cm}^2$$

$$bar = \frac{1,019 \times 10^4}{10^4}$$

$$bar = 1,0197 \text{ kgf / cm}^2$$

10.c) bar para kgf/mm^2

bar = 1,019 kgf / cm^2 se cm^2 = 10^2 mm^2

$$bar = \frac{1,0197}{10^2} = 1,0197 \times 10^{-2} \text{ kgf / mm}^2$$

$$\boxed{bar = 1,0197 \times 10^{-2} \text{ kgf / mm}^2}$$

10.d) bar para ℓb / pol^2 (psi)

kgf = 2,2 ℓb   cm = 0,3937 pol

pol = 2,54 cm   cm^2 = 0,155 pol^2

bar = 1,0193 kgf / cm^2

$$bar = \frac{1,0193 \times 2,2}{0,155}$$

$$\boxed{bar \cong 14,5 \, \frac{\ell b}{pol^2} \, (psi)}$$

Ex.11 -Unidade de pressão utilizada na indústria, o psi significa libra*/polegada quadrada. Pergunta-se:

a) kgf/cm^2 equivale a quantos psi?

b) N/cm^2 equivale a quantos psi?

Sabe-se que:

$$kgf = \frac{1}{0,4536} \, \ell b = 9,80665 \text{ N}$$

$$pol = 2,54 \text{ cm} \rightarrow cm = \frac{1}{2,54} \text{ pol}$$

11.a) kgf/cm^2 equivalente a psi

$$\frac{kgf}{cm^2} = \frac{\dfrac{1}{0,4536} \, \ell b}{\left(\dfrac{1}{2,54}\right)^2 pol^2} = \frac{2,54^2}{0,4536} \, \frac{\ell b}{pol^2}$$

$$\boxed{kgf/cm^2 \cong 14,22 \text{ psi}}$$

11.b) N/cm^2 equivalente a psi

$$\frac{N}{cm^2} \frac{\dfrac{1}{9,80665 \times 0,4536}\ell b}{\left(\dfrac{1}{2,54}\right)^2 pol^2} = \frac{2,54^2\,\ell b}{9,80665 \times 0,4536\, pol^2}$$

$$\boxed{\frac{N}{cm^2} = 1,45\ psi}$$

Ex.12 - Para calibrar os pneus do Chevette, deve-se observar as seguintes recomendações da Chevrolet.

Para Calibragem de Pneus a Frio

Quando o automóvel estiver carregado com no máximo 3 pessoas, as pressões indicadas são:

DIANT   -   1,2 kgf/cm^2 TRAS   -   1,5 kgf/cm^2

Quando o automóvel estiver carregado com 5 pessoas, as pressões indicadas são:

DIANT   -   1,4 kgf/cm^2 TRAS   -   1,7 kgf/cm^2

Para Calibragem de Pneus a Quente

Para percursos com velocidades acima de 100 km/h por mais de uma hora ou quando os pneus forem calibrados a quente, adicionar 0,14 kgf/cm^2.

Expressar as pressões indicadas em psi ($\ell b / pol^2$)

Pressões expressas em psi para veículo carregado com até 3 pessoas.

DIANT   = $1,2 \times 14,22$ $\cong$ 17 psi

TRAS   = $1,5 \times 14,22$ $\cong$ 21 psi

Pressões em psi para veículo carregado com 5 pessoas.

DIANT   = $1,4 \times 14,22$ $\cong$ 20 psi

TRAS   = $1,7 \times 14,22$ $\cong$ 24 psi

Para pneus calibrados a quente é recomendado adicionar 0,14 kgf/cm^2.

$0,14 \times 14,22 \cong 2$ psi

Ex.13 - Aceleração normal da gravidade é gn = 9,80665 m/s^2. Expressar gn em [km/h].

$m = 10^{-3}\ km$

$s = (3,6 \times 10^3)h^{-1}$ $s = \left(\dfrac{1}{3,6 \times 10^3}h\right)$

$$s^2 = \left(\frac{1}{3,6 \times 10^3} \cdot h\right)^2$$

$$gn = \frac{9,80665 \times 10^{-3}}{\left(3,6 \times 10^3\right)^{-2}} = \frac{9,80665 \times 10^{-3}}{3,6^{-2} \times 10^{-6}}$$

$$gn = 9,80665 \times 10^{-3} \times 3,6^2 \times 10^6$$

$$\boxed{gn = 1,271 \times 10^5 \text{ km } / \text{ h}^2}$$

Ex.14 - A tabela a seguir representa o módulo de elasticidade de alguns materiais, dados em $[kgf/cm^2]$. Expressar esses valores em $[kgf/mm^2]$; $[N/cm^2]$; $[N/mm^2]$.

Material	Módulo de Elasticidade E $[kgf/cm^2]$
aço	$2,1 \times 10^6$
alumínio	$0,7 \times 10^6$
fofo nodular	$1,4 \times 10^6$
cobre	$1,12 \times 10^6$
estanho	$0,42 \times 10^6$

14.a) Módulo de elasticidade E $[kgf/mm^2]$

Aço

$E_{aço} = 2,1 \times 10^6 \text{ kgf/cm}^2$ se $cm^2 = 10^2 \text{ mm}^2$

$E_{aço} = 2,1 \times 10^6 \times 10^{-2} = 2,1 \times 10^4 \text{ Kgf/mm}^2$

Alumínio

$E_{al} = 0,7 \times 10^6 \text{ kgf/cm}^2$ se $cm^2 = 10^2 \text{ mm}^2$

$E_{al} = 0,7 \times 10^6 \times 10^{-2} = 0,7 \times 10^4 \text{ kgf/mm}^2$

Foto Nodular

$E_{fn} = 1,4 \times 10^6 \text{ kgf/cm}^2$ se $cm^2 = 10^2 \text{ mm}^2$

$E_{fn} = 1,4 \times 10^6 \times 10^{-2} = 1,4 \times 10^4 \text{ kgf/mm}^2$

Cobre

$E_{cu} = 1,12 \times 10^6 \text{ kgf/cm}^2$ se $cm^2 = 10^2 \text{ mm}^2$

$E_{cu} = 1,12 \times 10^6 \times 10^{-2} = 1,12 \times 10^4 \text{ kgf/mm}^2$

Estanho

$E_e = 0,42 \times 10^6 \text{ kgf/cm}^2$ se $cm^2 = 10^2 \text{ mm}^2$

$E_e = 0,42 \times 10^6 \times 10^{-2} = 0,42 \times 10^4 \text{ kgf/mm}^2$

14.b) Módulo da elasticidade E [N/cm²]

$$E_{aço} = 2,1 \times 10^6 \text{ kgf/cm}^2 \qquad\qquad \text{kgf} \cong 9,8 \text{ N}$$

$$E_{aço} = 9,8 \times 2,1 \times 10^6 \text{ N/cm}^2$$

$$E_{aço} = 2,06 \times 10^7 \text{ N/cm}^2$$

Analogamente, para os outros materiais, temos:

$$E_{a\ell} = 0,69 \times 10^7 \text{ N/cm}^2$$

$$E_{fn} = 1,37 \times 10^7 \text{ N/cm}^2$$

$$E_{cu} = 1,1 \times 10^7 \text{ N/cm}^2$$

$$E_{e} = 0,41 \times 10^7 \text{ N/cm}^2$$

14.c) Módulo de elasticidade E [N/mm²]

$$E_{aço} = 2,06 \times 10^7 \text{ N/cm}^2 \qquad\qquad \text{se} \qquad \text{cm}^2 = 10^2 \text{ mm}^2$$

$$E_{aço} = 2,06 \times 10^7 \times 10^{-2} = 2,06 \times 10^5 \text{ N/mm}^2$$

Analogamente, para os outros materiais, temos:

$$E_{a\ell} = 0,69 \times 10^5 \text{ N/mm}^2$$

$$E_{fn} = 1,37 \times 10^5 \text{ N/mm}^2$$

$$E_{cu} = 1,1 \times 10^5 \text{ N/mm}^2$$

$$E_{e} = 0,41 \times 10^5 \text{ N/mm}^2$$

Ex.15 - A área da secção transversal da viga I, representada na figura, possui as seguintes características geométricas:

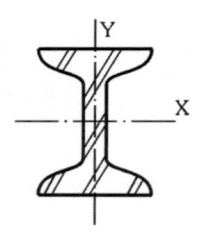

Jx = 920 cm⁴ (momento de inércia relativo ao eixo x)

Wx = 120 cm³ (módulo de resistência relativo a x)

i_x = 6,24 cm (raio de giração relativo ao eixo x)

Expressar as características dadas em:

a) m⁴; m³; m

b) mm⁴; mm³; mm

15.a) Sabe-se que cm = 10^{-2} m

cm⁴ = (10^{-2} m)⁴ = 10^{-8} m⁴ ∴ Jx = 920 × 10^{-8} m⁴ = 9,2 × 10^{-6} m⁴

cm³ = (10^{-2} m)³ = 10^{-6} m³ ∴ Wx = 120 × 10^{-6} m³ = 1,2 × 10^{-4} m³

cm = 10^{-2} m $\qquad\qquad$ ∴ i_x = 6,24 × 10^{-2} m = 6,24 × 10^{-2} m

15.b) Sabe-se que cm = 10 mm

$cm^4 = (10 \text{ mm})^4 = 10^4 \text{ mm}^4 \therefore Jx = 920 \times 10^4 \text{ mm}^4 = 9,2 \times 10^6 \text{ mm}^4$

$cm^3 = (10 \text{ mm})^3 = 10^3 \text{ mm}^3 \therefore Wx = 120 \times 10^3 \text{ mm}^3 = 1,2 \times 10^5 \text{ mm}^3$

$cm = 10 \text{ mm} \qquad\qquad \therefore i_x = 6,24 \times 10 \text{ mm} = 62,4 \text{ mm}$

Ex.16 - A produção de petróleo no Brasil, em 1984, foi de 500.000 barris/dia. Essa produção equivale a:

a) Quantos litros de petróleo/dia

b) Quantos metros cúbicos de petróleo/dia

barril de petróleo $\cong$ 159 ℓ

16.a) Produção em litros/dia

$5 \times 10^5 \times 1,59 \times 10^2 = 7,95 \times 10^7 \, \ell \, / \, dia$

16.b) Produção em m³/dia

$5 \times 10^5 \times 1,59 \times 10^2 \times 10^{-3}$

$7,95 \times 10^4 \text{ m}^3/dia$

Ex.17 - Unidade de tensão utilizada no SI (Sistema Internacional), o MPa (megapascal) corresponde a 10^6 Pa ou 10^6 N/m². Determinar as relações entre:

a) MPa e N/cm² **b)** MPa e N/mm²

c) MPa e kgf/cm² **d)** MPa e kgf/mm²

17.a) MPa para N/cm²

$MPa = 10^6 \text{ N/m}^2 \qquad$ sabe-se que:

$m = 10^2 \text{ cm} \quad m^2 = (10^2 \text{ cm})^2 = 10^4 \text{ cm}^2$

$MPa = \dfrac{10^6}{10^4} = 10^6 \times 10^{-4} = 10^2 \text{ N / cm}^2$

$\boxed{MPa = 10^2 \text{ N / cm}^2}$

17.b) MPa para N/mm²

$MPa = 10^6 \text{ N/m}^2 \qquad$ sabe-se que:

$m = 10^3 \text{ mm} \quad m^2 = (10^3 \text{ mm})^2 = 10^6 \text{ mm}^2$

$MPa = \dfrac{10^6}{10^6} \text{ N / mm}^2$

$\boxed{MPa = \text{N / mm}^2}$

17.c) MPa para kgf/cm^2

MPa $= 10^6 \ N/m^2$ sabe-se que:

kgf $= 9,80665 \ N$ m $= 10^2 \ cm$

$m^2 = (10^2 \ cm)^2 = 10^4 \ cm^2$

$$MPa = \frac{10^6}{9,80665 \times 10^4} \qquad \boxed{MPa = 10,197 \ kgf/cm^2}$$

17.d) MPa para kgf/mm^2

MPa $= 10^6 \ N/m^2$ sabe-se que:

kgf $= 9,80665 \ N$ m $= 10^3 \ mm$

$m^2 = (10^3 \ mm)^2 = 10^6 \ mm^2$

$$MPa = \frac{10^6}{9,80665 \times 10^6} \qquad \boxed{MPa = 0,10197 \ kgf/mm^2}$$

Ex.18 - No dimensionamento de redes hidráulicas, utiliza-se a unidade de pressão mH_2O (metro coluna d' água), que corresponde a $9806,65 \ N/m^2$. Determinar as relações entre:

a) mH_2O e kPa;   **b)** mH_2O e kgf/cm^2;   **c)** mH^2O e bar.

Dados

$$N = \frac{1}{9,80665} \ kgf \quad e \quad bar = 10^5 \ N/m^2$$

18.a) Como o prefixo quilo (k) representa 10^3, divide-se o valor dado em $Pa(N/m^2)$ por mil, obtendo-se então:

$$mH_2O = \frac{9806,65}{10^3} = 9,80665 \ kPa$$

18.b) $mH_2O = 9806,65 \ N/m^2$; como $N = \dfrac{1}{9,80665} \ kgf$ e $m^2 = 10^4 \ cm^2$ tem-se que:

$$mH_2O = 9806,65 \ N/m^2 = \frac{9806,65}{9,80665 \times 10^4} \frac{kgf}{cm^2}$$

$$mH_2O = 10^3 \times 10^{-4} = 10^{-1} \ kgf/cm^2$$

$$\boxed{mH_2O = 0,1 \ kgf/cm^2}$$

18.c) $mH_2O = 9,80665 \times 10^3 \ N/m^2$; como $bar = 10^5 \ N/m^2$ tem-se que:

$$mH_2O = 0,980665 \times 10^5 \ N/m^2 \qquad \text{portanto}$$

$$mH_2O = 0,980665 \text{ bar}$$

$$\boxed{mH_2O = 9,80665 \times 10^{-2} \text{ bar}}$$

Ex.19 - Por definição, tem-se que cv = 735,5 W (cavalo-vapor) e hp = 745,7 W (horse-power). Determinar a relação entre cv e hp.

$$\frac{hp}{cv} = \frac{745,7}{735,5} \qquad hp = \frac{745,7}{735,5} \, cv \qquad \boxed{hp \cong 1,014 \text{ cv}}$$

> **Observação**   Na prática, normalmente se utiliza hp = cv.

Ex.20 - Sabe-se que, por definição, W = J/s, cal = 4,186 J e kgfm = 9,80665 J. Pede-se determinar as relações entre:

    a) kWh e J;   **b)** kWh e kgfm;   **c)** kWh e kcal.

20.a) Relação entre kWh e J

Como W = J/s; k = 10^3; h = $3,6 \times 10^3$ s, conclui-se que:

$$kWh = 10^3 \times 3,6 \times 10^3 \, \cancel{s} \cdot \frac{J}{\cancel{s}} \qquad \boxed{kWh = 3,6 \times 10^6 \text{ J}}$$

20.b) Relação entre kWh e kgfm

Tem-se que kgfm = 9,80665 J, portanto $J = \dfrac{1}{9,80665}$ kgfm . Como kWh = $3,6 \times 10^6$ J, conclui-se que:

$$kWh = \frac{3,6 \times 10^6}{9,80665} \text{ kgfm} \qquad \boxed{kWh \cong 3,67 \times 10^5 \text{ kgf} \times \text{m}}$$

20.c) Relação entre kWh e kcal

Como 1 cal = 4,186 J, tem-se que:

$$\boxed{J = \frac{1}{4,186} \text{ cal}}$$

$$kWh = \frac{3,6 \times 10^6}{4,186} \text{ cal} \qquad\qquad kWh = 8,6 \times 10^5 \text{ cal}$$

Como kcal = 10^3 cal, conclui-se que: $\boxed{kWh \cong 860 \text{ Kcal}}$

Ex.21 - Nos projetos de sistemas de ar condicionado, utiliza-se a unidade de caloria BTU, que significa a quantidade de calor necessária para elevar 1 libra de H_2O à temperatura de 1° F. Determinar as relações entre:

    a) BTU e kWh;   **b)** BTU e cvh.

Sabe-se que BTU = $1,0546 \times 10^3$ J (a 60 ºF, aproximadamente 15,5 ºC).

21.a) Sabe-se que kWh = $3{,}6 \times 10^6$ J, portanto $J = \dfrac{1}{3{,}6 \times 10^6}$ kWh, tem-se então que:

$$BTU = \frac{1}{3{,}6 \times 10^6} \times 1{,}0546 \times 10^3 \text{ kWh}$$

$$\boxed{BTU \cong 2{,}93 \times 10^{-4} \text{ kWh}}$$

21.b) Pela resolução do exercício 7, tem-se que cvh $\cong 2{,}6478 \times 10^6$ J, portanto $J = \dfrac{1}{2{,}6478 \times 10^6}$ cvh, logo pode-se escrever que

$$BTU = \frac{1}{2{,}6478 \times 10^6} \cdot 1{,}0546 \times 10^3 \text{ cvh}$$

$$\boxed{BTU = 0{,}398 \times 10^{-3} \text{ cvh}}$$

Ex.22 - Por definição, tem-se que: kgf.m = 9,80665 J, kW = 10^3 W e hp = 745,7 W. Determinar as relações entre:

    a) kW e kgfm/s;   **b)** hp e kgfm/s.

22.a) Como $W = \dfrac{J}{N}$ e $J = \dfrac{1}{9{,}80665}$ kgfm conclui-se que:

$$kW = 10^3 \frac{J}{N} = \frac{10^3}{9{,}80665} \frac{\text{kgfm}}{\text{s}}$$

$$\boxed{kW \cong 102 \frac{\text{kgfm}}{\text{s}}}$$

22.b) Sendo hp $\cong$ 745,7 W, conclui-se que:

$$hp = \frac{745{,}7}{9{,}80665} \text{ kgfm / s} \quad \boxed{hp \cong 76 \text{ kgfm / s}}$$

Ex.23 - A vazão de um fluido, com escoamento em um regime permanente, no tubo de uma rede de distribuição, corresponde ao volume do fluido escoado na unidade de tempo. Determinar as relações entre as unidades de vazão que seguem:

    a) m^3 / s (SI) e ℓ / s;   **b)** m^3 / h e ℓ / s.

23.a) Sabe-se que, $m^3 = 10^3 \ell$, portanto:

$$\boxed{m^3 / s = \frac{10^3 \ell}{s}}$$

23.b) Como $m^3 = 10^3 \ell$ e h = $3{,}6 \times 10^3$ s, conclui-se que:

$$m^3 / h = \frac{10^3 \ell}{3{,}6 \times 10^3 \text{s}} \qquad \boxed{m^3/h = 0{,}277 \ \ell \ /s}$$

Ex.24 - Denomina-se viscosidade a propriedade que tem os fluidos de resistir ao movimento de suas partículas. Desta forma, mede-se a variação de velocidade que se reflete sobre os esforços de cisalhamento. A viscosidade dinâmica no SI é dada em newton-segundo por metro quadrado: viscosidade de um líquido que ao percorrer a distância de 1 m, com a velocidade de 1 m/s, provoca uma tensão superficial de 1Pa (N/m^2), representada por $[\mu]$.

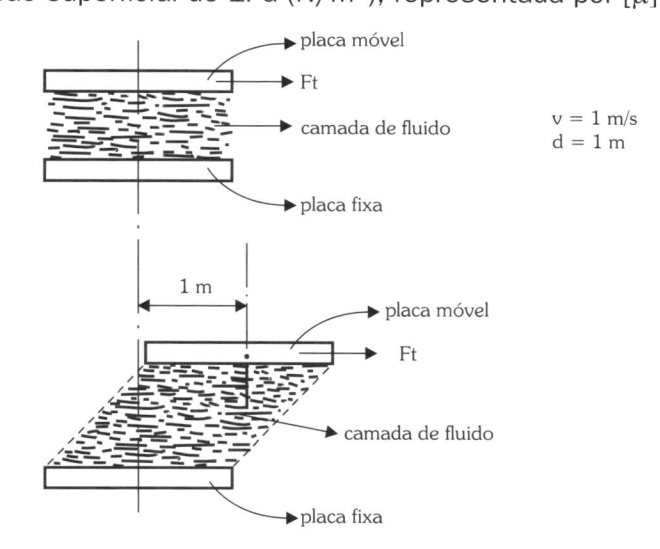

A unidade usual para esse tipo de viscosidade é o poise que equivale a 1 dina.s/cm^2. Expressar poise nas unidades do:

a) SI; **b)** Mk*S (técnico).

24.a) Sabe-se que $N = 10^5$ dina e $m^2 = 10^4$ cm^2, portanto, conclui-se que:

$$dina = 10^{-5}\ N \quad cm^2 = 10^{-4}\ m^2 \qquad poise = \frac{10^{-5}\ N.s}{10^{-4}\ m^2}$$

$$\boxed{poise = 10^{-1}\ Ns/m^2}$$

24.b) Como kgf = 9,80665 N conclui-se que:

$$N = \frac{1}{9,80665}\ kgf$$

$$poise = 10^{-1} \cdot \frac{1}{9,80665}\ \frac{kgf.s}{m^2}$$

$$poise = 10,19 \times 10^{-3} \frac{kgf.s}{m^2} \qquad \boxed{\frac{kgf.s}{m^2} \cong 98\ poise}$$

Ex.25 - A viscosidade cinemática de um fluido (ν) é definida através da relação entre a viscosidade dinâmica (μ) e a sua massa específica (ρ). No SI, a viscosidade cinemática é definida através da viscosidade dinâmica de 1 Ns/m^2 e a massa específica de 1 kg/m^3, o que resulta em uma viscosidade cinemática de 1 m^2/s. Porém, a unidade utilizada com maior frequência na prática é a do CGS que corresponde a cm^2/s (stoke).

Expressar Stoke nos:

a) SI
b) Mk*S (técnico)
c) centistokes
d) expressar centistoke no SI

25.a) stoke no SI

$$st = stoke = \frac{1\ cm^2}{s}\ cm^2 = 10^{-4}\ m^2$$

$$\boxed{st = stoke = \frac{10^{-4}\ m^2}{s}}$$

25.b) stoke no Mk*S (técnico)

o mesmo do SI

25.c) stoke em centistokes

$$cst = centistoke = 10^{-2}\ stoke$$

25.d) centistoke no SI

$$cst = centistoke = 10^{-2}\ stoke = 10^{-2}\ .\ 10^{-4}\ \frac{m^2}{s}$$

$$cst = centistoke = 10^{-6}\ m^2\ /\ s$$

$$m^2 = 10^6\ mm^2$$

$$centistoke = 10^{-6}\ .\ 10^{-6}\ mm^2\ /\ s \qquad \boxed{cst = mm^2\ /\ s}$$

Ex.26 - Demonstrar que a unidade de viscosidade cinemática de um fluido no SI é 1 m^2/s.

Pela definição de viscosidade cinemática tem-se que:

$$v = \frac{\infty}{\rho} = \frac{viscosidade\ dinâmica}{massa\ específica}$$

A unidade de viscosidade dinâmica no SI é Ns/m^2, e a unidade de massa específica no SI é kg/m^3.

Pela definição de força escreve-se que:

$$m = \frac{F}{a} = \frac{N}{m\ /\ s^2} \quad portanto \quad kg = \frac{N}{m\ /\ s^2}$$

Como a definição de $v = \dfrac{\infty}{\rho}$, conclui-se que:

$$v = \frac{\dfrac{N\ .\ s}{m^2}}{\dfrac{N}{m\ /\ s^2}}{m^3} = \frac{N\ .\ s\ m^4}{Nm^2\ .\ s^2}$$

$$\boxed{v = m^2\ /\ s}$$

2 Vínculos Estruturais

2.1 Introdução

Denominamos vínculos ou apoios os elementos de construção que impedem os movimentos de uma estrutura.

Nas estruturas planas, podemos classificá-los em três tipos.

2.1.1 Vínculo Simples ou Móvel

Esse tipo de vínculo impede o movimento de translação na direção normal ao plano de apoio, fornecendo-nos, desta forma, uma única reação (normal ao plano de apoio).

Representação simbólica

  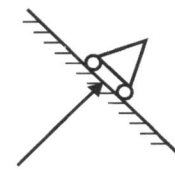

2.1.2 Vínculo Duplo ou Fixo

Esse tipo de vínculo impede o movimento de translação em duas direções, na direção normal e na direção paralela ao plano de apoio, podendo desta forma nos fornecer, desde que solicitado, duas reações, sendo uma para cada plano citado.

Representação simbólica

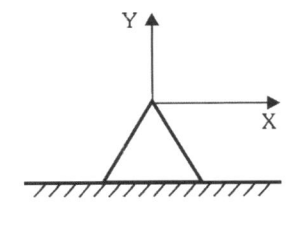 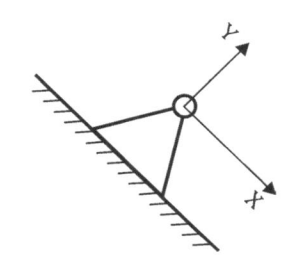

2.1.3 Engastamento

Esse tipo de vínculo impede a translação em qualquer direção e também a sua rotação, através de um contramomento, que bloqueia a ação do momento de solicitação.

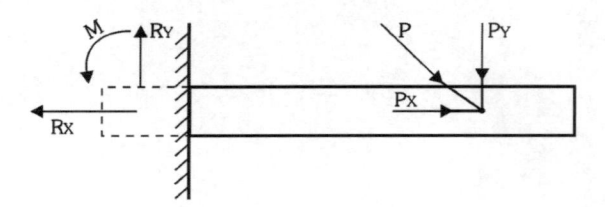

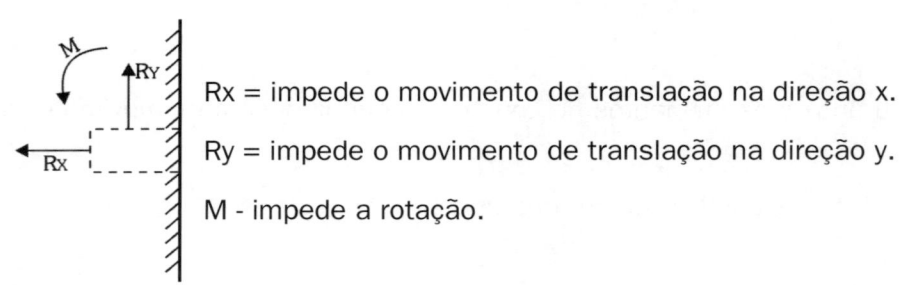

Rx = impede o movimento de translação na direção x.

Ry = impede o movimento de translação na direção y.

M - impede a rotação.

2.2 Estrutura

Denomina-se estrutura o conjunto de elementos de construção, composto com a finalidade de receber e transmitir esforços.

As estruturas planas são classificadas, pela sua estaticidade, em três tipos.

2.2.1 Estruturas Hipoestáticas

Essas estruturas são instáveis quanto à estaticidade, sendo bem pouco utilizadas no decorrer do nosso curso.

A sua classificação como hipoestática é devido ao fato de o número de equações da estática ser superior ao número de incógnitas.

Exemplo

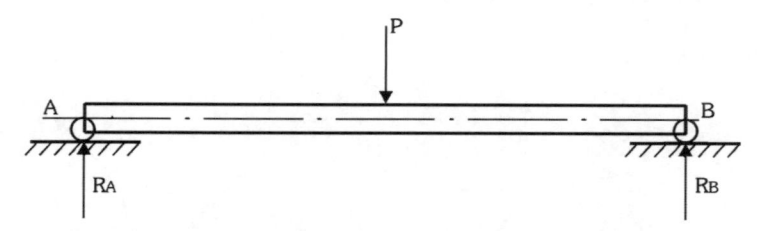

número de equações > número de incógnitas

2.2.2 Estruturas Isostáticas

A estrutura é classificada como isostática quando o número de reações a serem determinadas coincide com o número de equações da estática.

Exemplos

a)

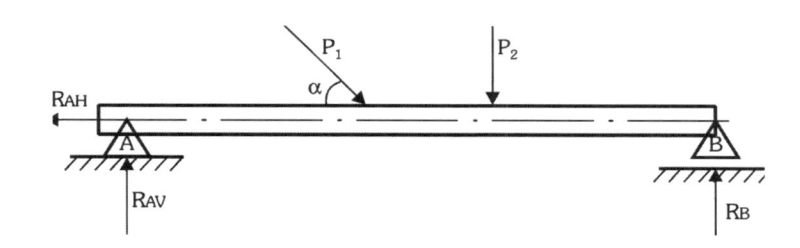

b)

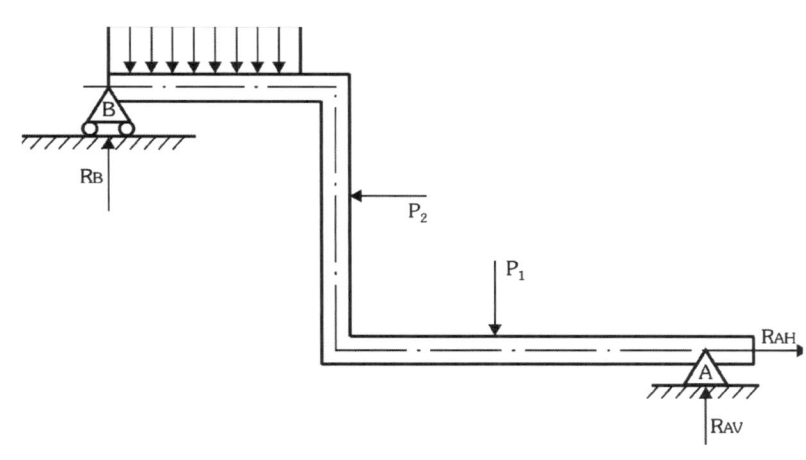

número de equações < número de incógnitas

2.2.3 Estruturas Hiperestáticas

A estrutura é classificada como hiperestática quando as equações da estática são insuficientes para determinar as reações nos apoios.

Para tornar possível a solução dessas estruturas, devemos suplementar as equações da estática com as equações do deslocamento, que serão estudadas posteriormente em resistência dos materiais.

Exemplos

a)

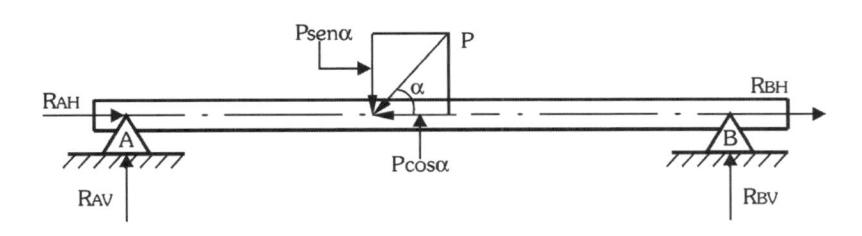

b)

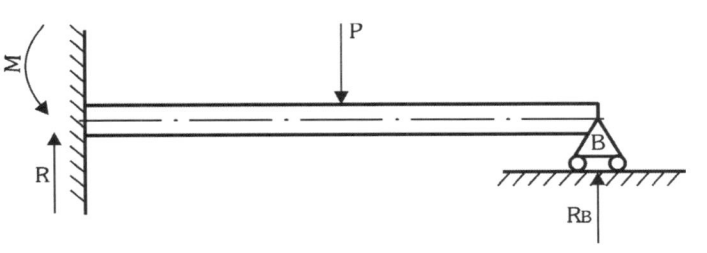

número de equações < número de incógnitas

Equilíbrio de Forças e Momentos

Para que um determinado corpo esteja em equilíbrio, é necessário que sejam satisfeitas as condições 3.1 e 3.2.

3.1 Resultante de Forças

A resultante do sistema de forças atuante será nula.

3.2 Resultante dos Momentos

A resultante dos momentos atuantes em relação a um ponto qualquer do plano de forças será nula.

3.3 Equações Fundamentais da Estática

Com base em 3.1 e 3.2, concluímos que para forças coplanares, $\Sigma Fx = 0$, $\Sigma Fy = 0$ e $\Sigma M = 0$.

3.4 Força Axial ou Normal F

É definida como força axial ou normal a carga que atua na direção do eixo longitudinal da peça. A denominação normal ocorre em virtude de ser perpendicular à secção transversal.

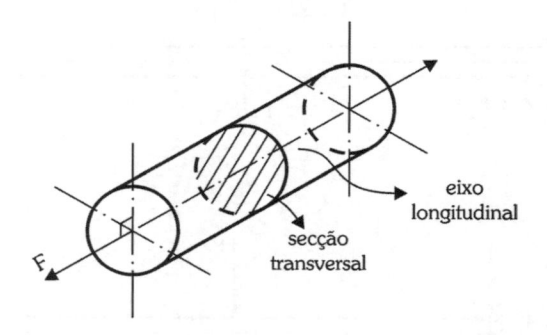

3.5 Tração e Compressão

A ação da força axial atuante, em uma peça, originará nesta tração ou compressão.

Tração na peça

A peça estará tracionada quando a força axial aplicada estiver atuando com o sentido dirigido para o seu exterior.

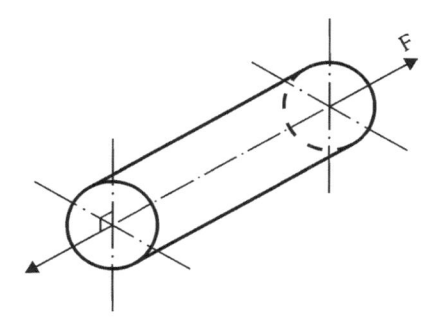

Compressão na peça

A peça estará comprimida quando a força axial aplicada estiver atuando com o sentido dirigido para o interior.

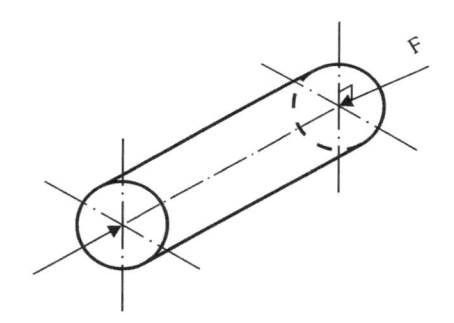

3.6 Ligação ou Nó

Denomina-se nó todo ponto de interligação dos elementos de construção componentes de uma estrutura.

3.7 Tração e Compressão em Relação ao Nó

Peça tracionada

Sempre que a peça estiver sendo tracionada, o nó estará sendo "puxado".

Tração na barra   Tração no nó

Peça comprimida

Sempre que a peça estiver sendo comprimida, o nó estará sendo "empurrado".

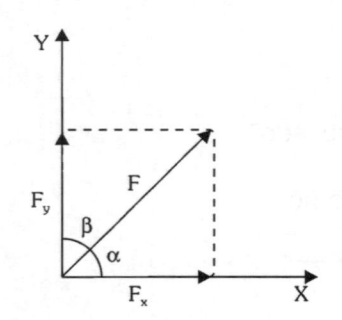

3.8 Composição de Forças

Consiste na determinação da resultante de um sistema, podendo ser resolvida gráfica ou analiticamente.

Exemplo 1

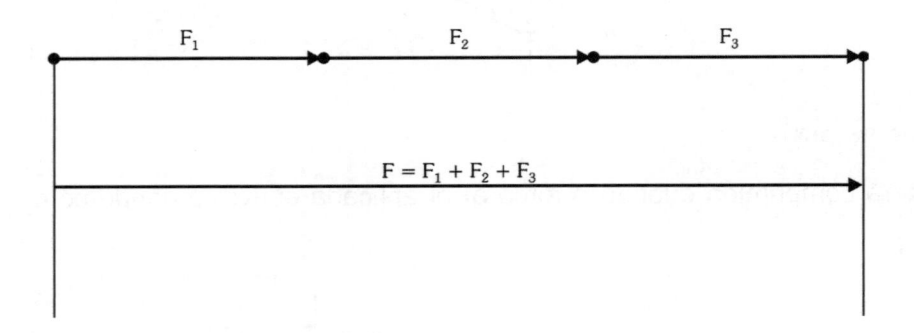

Exemplo 2

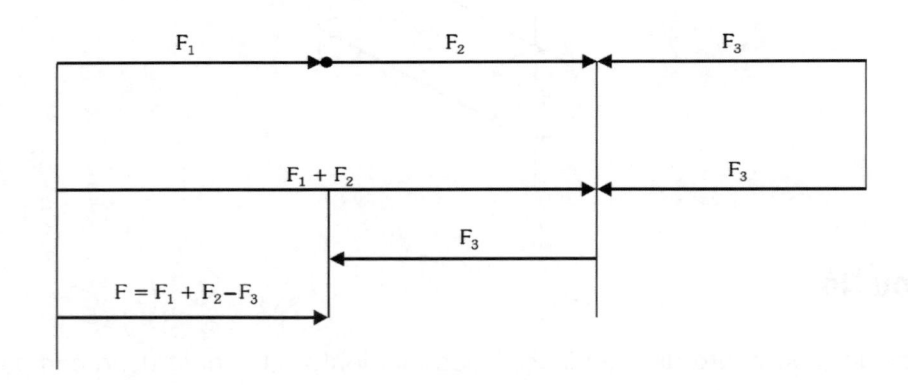

3.9 Decomposição de Força em Componentes Ortogonais

$$F_x = F\cos\alpha = F\,\text{sen}\,\beta$$

$$F_y = F\cos\beta = F\,\text{sen}\,\alpha$$

3.10 Conhecidos F_x e F_y, Determinar α e β

$$tg\alpha = \frac{F_y}{F_x}\,; \; sen\alpha = \frac{F_y}{F}\,; \; \cos\alpha = \frac{F_x}{F}$$

$$tg\beta = \frac{F_x}{F_y}\,; \; sen\beta = \frac{F_x}{F}\,; \; \cos\beta = \frac{F_y}{F}$$

3.11 Determinação Analítica da Resultante de Duas Forças que Formam entre Si Ângulo α

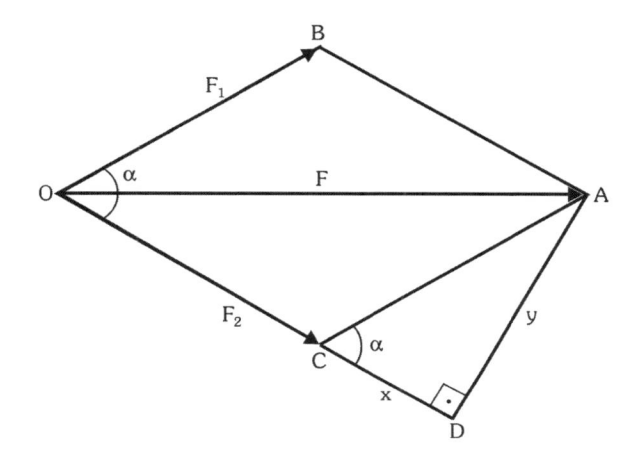

Através do $\triangle$ ODA, aplica-se o Teorema de Pitágoras, resultando:

I) $F^2 = (F_2 + x)^2 + y^2$

em que

$\overline{CD} = x$

$\overline{AD} = y$

Pelo $\triangle$ CDA tem-se:

$F_1{}^2 = x^2 + y^2$

portanto:

II) $y^2 = F_1{}^2 - x^2$

no mesmo $\triangle$ CDA conclui-se que:

III) $x = F_1 \cos \alpha$

Substituindo a equação **II** na equação **I** tem-se:

$F^2 = F_2^2 + 2F_2 x + x^2 + F_1^2 - x^2$

Substituindo a equação III na anterior tem-se:

$$F^2 = F_1{}^2 + F_2{}^2 + 2F_1 F_2 \cos \alpha$$

$$F = \sqrt{F_1{}^2 + F_2{}^2 + 2F_1 F_2 \cos \alpha}$$

Para $\alpha = 0$

Quando $\alpha = 0 \to \cos \alpha = 1$, portanto:

$$F^2 = F_1{}^2 + F_2{}^2 + 2F_1 F_2$$

$$F^2 = (F_1 + F_2)^2$$

$$\boxed{F = F_1 + F_2}$$

Quando $\alpha = 90° \to \cos \alpha = 0$, portanto:

$$F^2 = F_1{}^2 + F_2{}^2$$

$$\boxed{F = \sqrt{F_1^2 + F_2^2}}$$

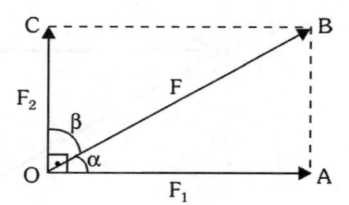

Quando $\alpha = 180° \to \cos \alpha = -1$, portanto:

$$F^2 = F_1{}^2 + F_2{}^2 - 2F_1 F_2$$

$$F^2 = (F_1 - F_2)^2 \text{ ou } (F_2 - F_1)^2$$

$$|F| = |F_1 - F_2| \text{ ou } |F_2 - F_1|$$

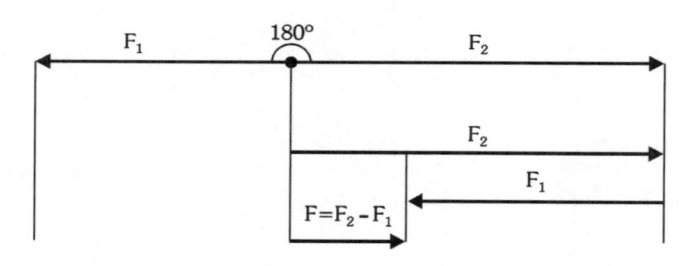

3.12 Determinação Analítica da Direção da Resultante

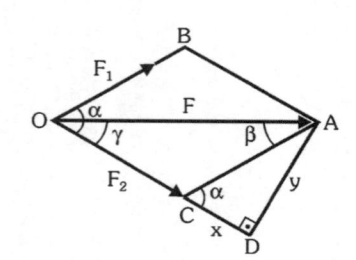

Através do $\triangle$ O AD tem-se:

$$\text{tg}\gamma = \frac{y}{F_2 + x}$$

No $\triangle$ ACD tem-se:

$$y = F_1 \operatorname{sen} \alpha$$

$$x = F_1 \cos \alpha$$

portanto, podemos escrever que:

$$tg\gamma = \frac{F_1 sen\alpha}{F_2 + F_1 \cos\alpha}$$

⚙ Exercícios ⚙

Ex.1 - Determine a resultante F dos sistemas de forças a seguir:

a) $F_1 = 10\,N$ $F_2 = 20\,N$ $F_3 = 25\,N$

Solução

$$F = 10 + 20 + 25 = 55\,N$$

Resposta

F = 55 N da esquerda para direita

b) 50 N   80 N   120 N

Solução

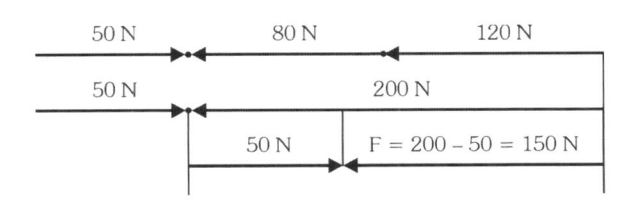

50 N   80 N   120 N

50 N   200 N

50 N   F = 200 − 50 = 150 N

Resposta

F = 150 N da direita para esquerda.

Ex.2 - Determine os componentes ortogonais F_x e F_y de uma carga F de 100 N que forma 40° com a horizontal.

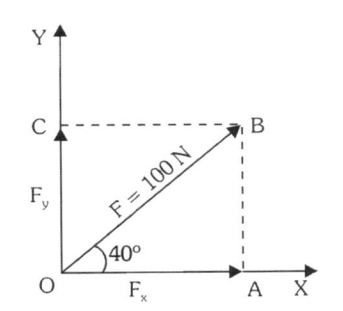

$F_x = 100 \cos 40° = 100 \times 0,766$

$$\boxed{F_x \cong 76,6\,N}$$

$F_y = 100\,sen\,40° = 100 \times 0,643$

$$\boxed{F_y \cong 64,3\,N}$$

Ex.3 - As componentes de uma carga F são respectivamente:

$F_x = 120\,N$ e $F_y = 90\,N$

Determinar:

a) A resultante F.

b) O ângulo que F forma com a horizontal.

c) O ângulo que F forma com a vertical.

Solução

a) Resultante F

$$F = \sqrt{F_x^2 + F_y^2}$$

$$F = \sqrt{120^2 + 90^2}$$

$$\boxed{F = 150\ N}$$

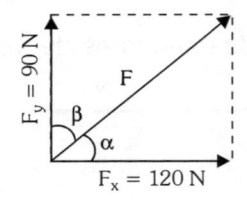

b) ângulo que F forma com a horizontal (α)

$$tg\alpha = \frac{F_y}{F_x} = \frac{90}{120} = 0,75$$

$$\boxed{\alpha \cong 37}$$

c) ângulo que F forma com a vertical (β)

$$\beta = 90° - \alpha = 90° - 37°$$

$$\boxed{\beta \cong 53°}$$

Ex.4 - As cargas $F_1 = 200\ N$ e $F_2 = 600\ N$ formam entre si um ângulo $\alpha = 60°$. Determinar a resultante das cargas (F) e o ângulo (γ) que F forma com a horizontal.

Solução

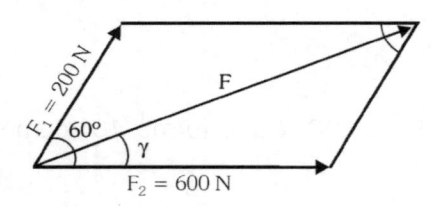

Resultante F

$$F = \sqrt{F_1^2 + F_2^2 + 2F_1F_2\cos\alpha}$$

$$F = \sqrt{200^2 + 600^2 + 2.200 \cdot 600 \cdot \cos 60°}$$

$$\boxed{F \cong 721\,N}$$

ângulo que F forma com F_2 (γ)

$$tg\gamma = \frac{F_1\ sen\alpha}{F_2 + F_1\ \cos\alpha}$$

$$tg\gamma = \frac{200sen60°}{600 - 200\cos 60°}$$

$$\boxed{\gamma = 13°54'}$$

3.13 Método das Projeções

O estudo do equilíbrio nesse método consiste em decompor as componentes das forças coplanares atuantes no sistema em x e y conforme o item 3.

Exemplos

Exemplo 1

A construção representada na figura está em equilíbrio. Calcular as forças normais atuantes nos cabos ①,②,③.

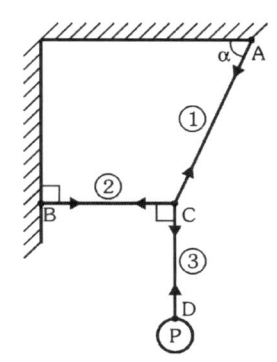

Solução

Os cabos estão todos tracionados (cabo não suporta compressão), portanto, os nós A, B, C, D estão sendo "puxados".

Com base no exposto, podemos colocar os vetores representativos das forças nos cabos.

Para determinarmos a intensidade das forças, iniciamos os cálculos pelo nó que seja o mais conveniente, ou seja, que possua a solução mais rápida, nó com o menor número de incógnitas, para o caso nó D.

$\Sigma Fy = 0$

$\boxed{F_3 = P}$

Nó D

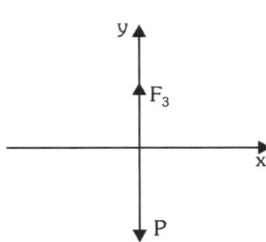

Determinada a força na barra 3, partimos para determinar F_1 e F_2, que serão calculados através do nó C.

$\Sigma Fy = 0$

$F_1 \, sen\alpha = P$

$\boxed{F_1 = \dfrac{P}{sen\,\alpha} = P\, cos\, sec\, \alpha}$

$\Sigma F_X = 0$

$F_1 \, cos\alpha = F_2$

$F_2 = \dfrac{P}{sen\,\alpha} \cdot cos\,\alpha$

$\boxed{F_2 = P\, cot\, g\, \alpha}$

Nó C

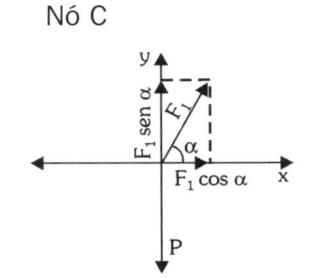

Exemplo 2

A construção representada na figura seguinte está em equilíbrio.

A intensidade da carga aplicada é P.

As cargas axiais nos cabos ①, ② e ③ serão determinadas através de:

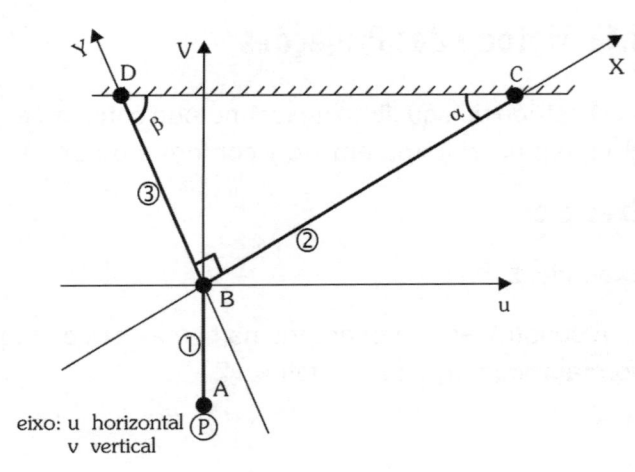

eixo: u horizontal
v vertical

Solução

Através do nó A determinamos a força no cabo ①, somando as cargas na vertical.

$$\Sigma F_v = 0$$

$$\boxed{F_1 = P}$$

Neste exemplo, apresenta-se a oportunidade de resolver, pela mudança de posição dos eixos x e y, a intensidade das cargas F_2 e F_3, de uma forma simplificada.

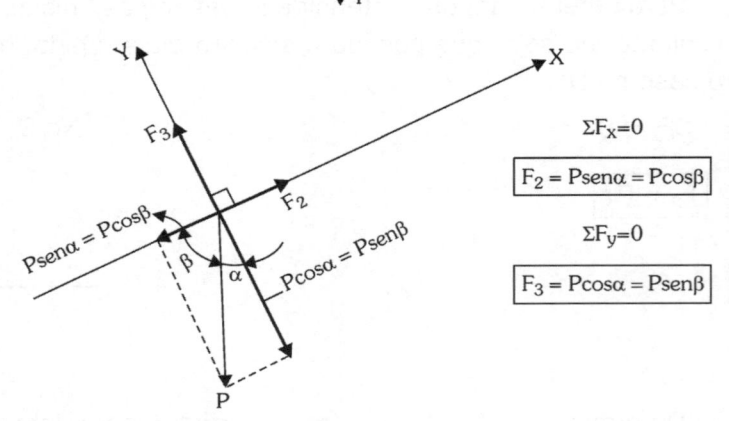

$$\Sigma F_x = 0$$

$$\boxed{F_2 = Psen\alpha = Pcos\beta}$$

$$\Sigma F_y = 0$$

$$\boxed{F_3 = Pcos\alpha = Psen\beta}$$

Utilize esse método, somente quando as cargas a serem determinadas estiverem defasadas 90°.

Exemplo 3

Uma carga de 1000 kgf está suspensa, conforme mostra a figura ao lado. Determinar as forças normais atuantes nas barras ①, ② e ③.

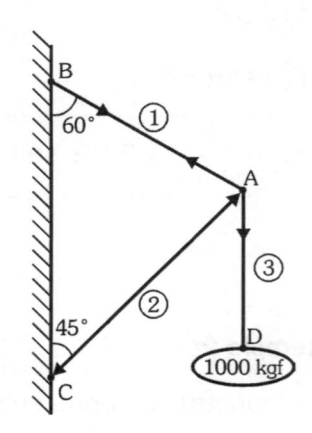

Solução

Iniciamos os cálculos pelo nó D. A carga de 1000 kgf traciona a barra 3, portanto teremos o sistema de forças a seguir.

$$\Sigma F_y = 0$$

$$\boxed{F_3 = 1000 \text{ kgf}}$$

A barra ③, tracionada, tende a "puxar" o nó A para baixo, sendo impedida pela barra ① que o "puxa" para cima, auxiliada pela barra ② que o "empurra" para cima para que haja equilíbrio.

Temos, portanto, a barra ① tracionada e a barra ② comprimida, resultando no sistema de forças atuante no nó A representado na figura.

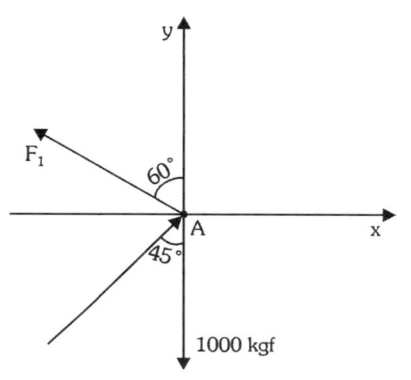

$$\Sigma F_X = 0$$

$$F_1 \text{ sen } 60° = F_2 \text{ sen } 45°$$

$$F_1 = \frac{F_2 \cos 45°}{\text{sen } 60°} \qquad (I)$$

$$\Sigma F_Y = 0$$

$$F_1 \cos 60° + F_2 \cos 45° = 1000 \qquad (II)$$

substituindo a equação **I** na equação **II**, temos:

$$\frac{F_2 \cos 45°}{\text{sen} 60°} \cdot \cos 60° + F_2 \cos 45° = 1000$$

$$\frac{F_2 \cdot 0,707 \cdot 0,5}{0,866} + 0,707 \, F_2 = 1000$$

$$1,115 \, F_2 = 1000$$

$$\boxed{F_2 \cong 897 \text{ kgf}}$$

substituindo F_2 na equação I, temos:

$$F_1 = \frac{F_2 \cos 45°}{\text{sen} 60°} = \frac{897 \times 0,707}{0,866}$$

$$\boxed{F_1 = 732 \text{ kgf}}$$

3.14 Método do Polígono de Forças

Para que um sistema de forças concorrentes atuantes em um plano esteja em equilíbrio, é condição essencial que o polígono de forças formado pela disposição geométrica dessas cargas esteja fechado.

É importante ressaltar que para a formação do polígono, o início de um vetor representativo de uma carga deve coincidir com o final do outro.

Exemplo

O vetor ① inicia-se em A e vai até B

O vetor ② inicia-se em B e vai até C

E assim sucessivamente

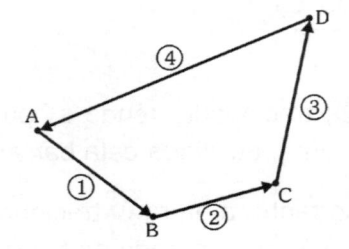

Exemplos

Exemplo 1

A construção dada está em equilíbrio. A carga P aplicada em D é de 1,4 tf. Determinar as forças normais atuantes nos cabos, utilizando o método do polígono de forças.

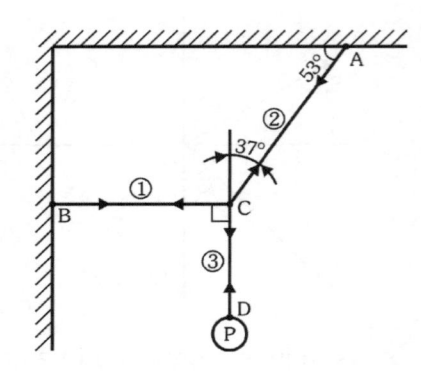

Solução

Neste caso, como temos apenas três forças a serem determinadas, o polígono será um triângulo de forças.

Sabemos que $F_3 = P$, como estudamos em exemplos anteriores.

Para traçarmos o triângulo de forças, vamos utilizar o nó C, procedendo da seguinte forma:

1. Traçamos o vetor força $F_3 = P$, que sabemos ser vertical.

2. A F_2 forma com F_3 um ângulo de 37°. Sabemos ainda que o vetor F_2 tem o seu início no final do vetor F_3, portanto, com uma inclinação de 37° em relação ao final do vetor F_3, traçamos o vetor F_2.

3. O vetor F_1 forma 90° com o vetor F_3. Sabemos que o início de F_3 é o final de F_1. Teremos, portanto, o triângulo de forças a seguir.

Pela lei dos senos temos:

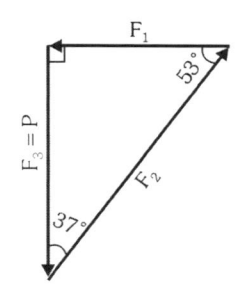

$$\frac{F_1}{\text{sen } 37°} = \frac{F_2}{\text{sen } 90°} = \frac{F_3}{\text{sen } 53°}$$

$$F_2 = \frac{P}{\text{sen } 53°} = \frac{1400}{0,8} = 1,750 \text{ kgf}$$

$$F_1 = F_2 \text{ sen } 37° = 1750 \times 0,6$$

F_1 = 1050 kgf
F_2 = 1750 kgf
F_3 = 1400 kgf

Observação Como se pode perceber, a carga 1,4 tf foi transformada em 1400 kgf.

Exemplo 2

A estrutura representada na figura está em equilíbrio. A carga P aplicada em D é de 2,4 tf. Determinar as forças normais atuantes nas barras ①, ② e ③ utilizando o método do polígono de forças.

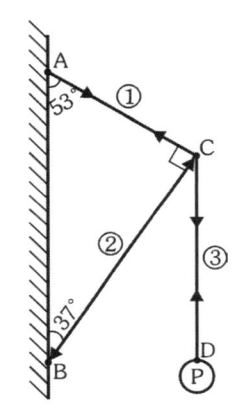

Solução

Observando a figura, concluímos que as barras ① e ③ estão tracionadas e a barra ② está comprimida. Temos, portanto, o esquema de forças a seguir.

Novamente para este caso temos um triângulo de forças.

Sabemos que F_3 = 2,4 tf, como já foi estudado em exemplos anteriores.

Novamente o nó C será objeto de estudo. Através de C, traçaremos o triângulo de forças.

1. Traçamos o vetor força F_3 = 2,4 tf, que sabemos ser vertical e para baixo.

2. A força F_2 forma com F_3 um ângulo de 37°. Sabemos ainda que o vetor F_2 tem o seu início no final do vetor F_3, portanto, com uma inclinação de 37° em relação ao final do vetor F_3, traçamos o vetor F_2.

3. O vetor F_1 forma 90° com o vetor F_2, pela extremidade final de F_2; com uma inclinação de 90° em relação a este, traçamos o vetor F_1. Temos desta forma o triângulo de forças.

Pela lei dos senos temos:

$$\frac{F_1}{\text{sen } 37°} = \frac{F_2}{\text{sen } 53°} = \frac{F_3}{\text{sen } 90°}$$

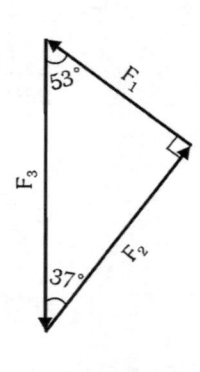

Como o sen 90° = 1, tem-se que:

$F_2 = F_3 \text{ sen } 53°$

$F_2 = 2,4 \times 0,8 = 1,92 \text{ tf}$

$F_1 = F_3 \text{ sen } 37°$

$F_1 = 2,4 \times 0,6 = 1,44 \text{ tf}$

Exemplo 3

Determinar a intensidade da força F que deve ser aplicada no eixo do disco de r = 2 m e m = 10 kg mostrado na figura, para que possa subir o degrau de h = 20 cm. Adotar g = 10 m/s².

Qual a intensidade da reação em A?

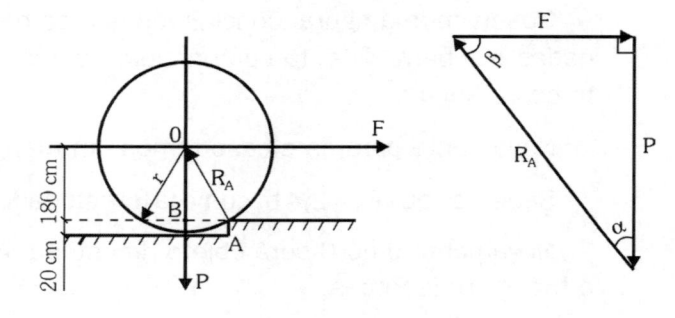

Solução

Traçaremos o triângulo de forças relativo ao equilíbrio do ponto 0. Como nos exemplos anteriores, vamos iniciar o traçado pela força P que sabemos ser vertical e para baixo.

A força F forma 90° com P e coincide com o final de F.

Os ângulos que R_A forma com P e com F serão determinados através do Δ OAB.

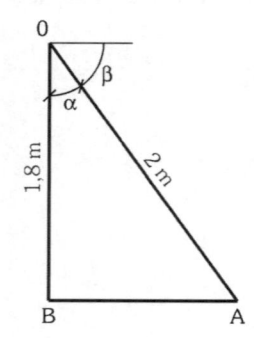

$$\cos \alpha = \frac{1,8}{2} = 0,9$$

$$\alpha = 26°$$

$$\beta = 90° - 26° = 64°$$

Pela lei dos senos, cálculo de F e R_A:

$$\frac{F}{\text{sen } 26°} = \frac{P}{\text{sen } 64°} = \frac{R_A}{\text{sen } 90°}$$

Como sen 90° = 1, tem-se:

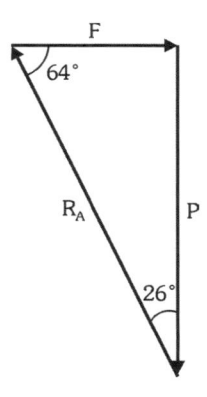

$$F = \frac{P}{\text{sen } 64°} \cdot \text{sen } 26°$$

$$F = \frac{100 \cdot 0,438}{0,9}$$

$$\boxed{F = 48,66 \text{ N}}$$

$$R_A = \frac{F}{\text{sen } 26°} = \frac{48,66}{0,438}$$

$$\boxed{R_A \cong 111,1N}$$

3.15 Momento de uma Força

Define-se momento de uma força em relação a um ponto qualquer de referência como o produto entre a intensidade de carga aplicada e a respectiva distância em relação ao ponto.

É importante observar que a direção da força e a distância estarão sempre defasadas 90°.

Na figura dada, o momento da força F em relação ao ponto A é obtido através do produto F.c, da mesma forma que o produto da carga P em relação a A é obtido através de P.b.

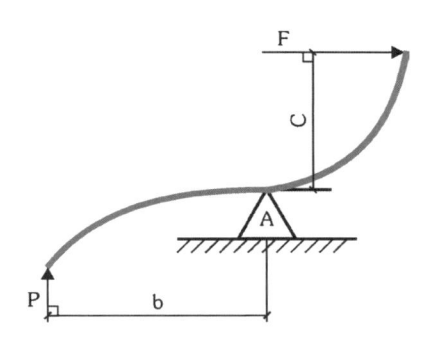

Para este curso, convencionaremos positivo o momento que obedecer ao sentido horário.

Nota	Muitos autores utilizam convenção contrária a esta, porém, para a sequência do nosso curso, é importante que o momento positivo seja horário.

3.15.1 Teorema de Varignon

O momento da resultante de duas forças concorrentes em um ponto E qualquer do seu plano em relação a um ponto A de referência é igual à soma algébrica dos momentos das componentes da força resultante em relação a esse ponto.

Para o caso da figura temos:

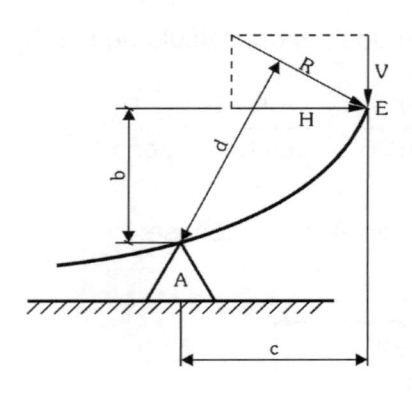

Rd = Hb + Vc

Exemplos

Exemplo 1

Determinar as reações nos apoios das vigas a, b, c, d, carregadas conforme mostram as figuras a seguir.

a) Viga solicitada por carga perpendicular.

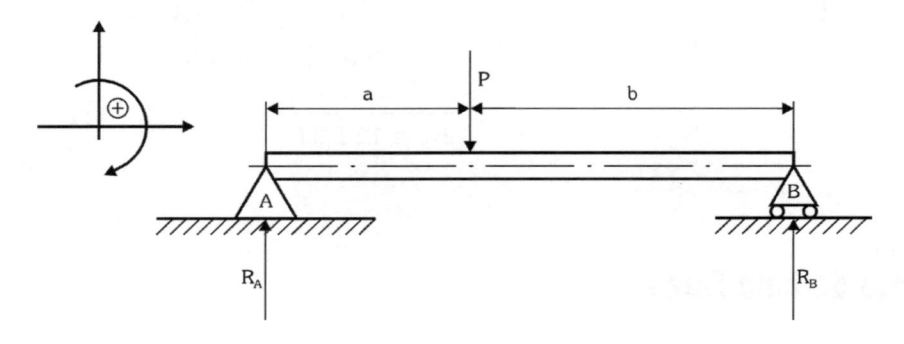

$$\Sigma M_A = 0 \qquad\qquad\qquad \Sigma M_B = 0$$

$$R_B (a+b) = P \cdot a \qquad\qquad R_A (a+b) = P \cdot b$$

$$\boxed{R_B = \frac{Pa}{(a+b)}} \qquad\qquad \boxed{R_A = \frac{Pb}{(a+b)}}$$

b) Viga solicitada por carga inclinada.

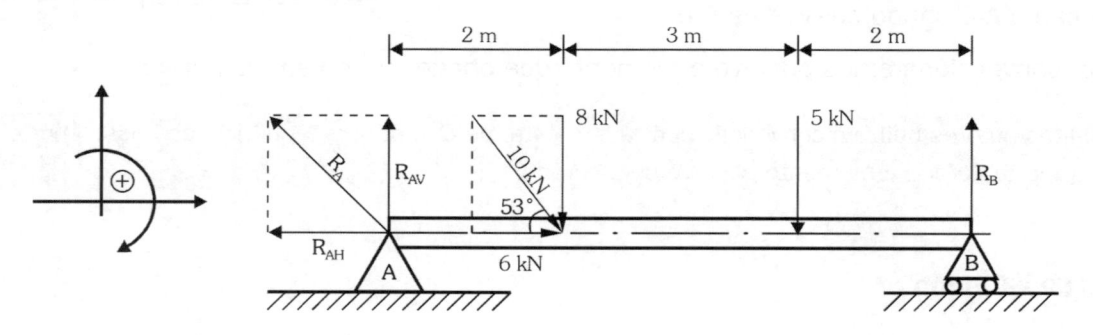

Solução

A primeira providência a ser tomada para solucionar este exemplo é decompor a carga de 10 kN, visando obter as componentes vertical e horizontal. A componente horizontal será obtida através de 10 cos 53° = 6 kN, e a componente vertical é obtida através de 10 sen 53° = 8 kN.

Agora, já temos condição de utilizar as equações do equilíbrio para solucionar o exemplo.

$\Sigma M_A = 0$

$7\,R_B = 5 \times 5 + 8 \times 2$

$\boxed{R_B \cong 5{,}86\ kN}$

$\Sigma F_V = 0$

$R_{AV} = 8 + 5 - R_B$

$R_{AV} = 8 + 5 - 5{,}86$

$\boxed{R_{AV} = 7{,}14\ kN}$

$\Sigma F_H = 0$

$\boxed{R_{AH} = 6\ kN}$

Resultante no apoio A

$$R_A = \sqrt{R_{AV}^2 + R_{AH}^2}$$

$$R_A = \sqrt{7{,}14^2 + 6^2}$$

$$\boxed{R_A \cong 9{,}33\ kN}$$

c) Viga solicitada por carga paralela ao suporte principal.

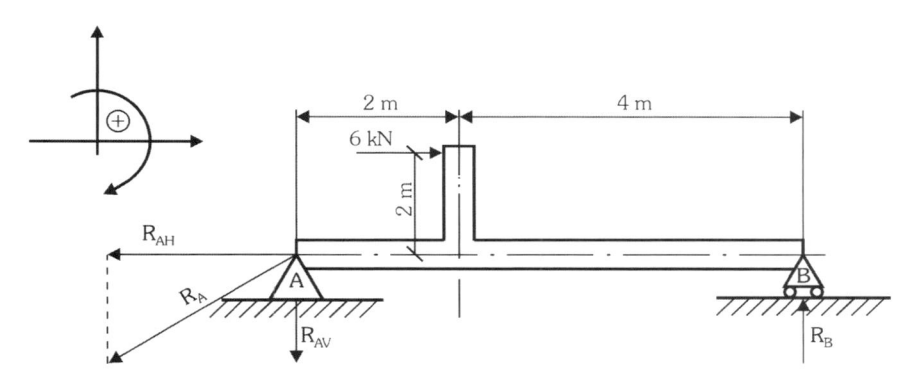

$\Sigma M_A = 0$

$6\,R_B = 6 \times 2$

$\boxed{R_B = 2\ kN}$

$\Sigma F_H = 0$

$\boxed{R_{AH} = 6\ kN}$

$\Sigma F_V = 0$

$\boxed{R_{AV} = R_B = 2\ kN}$

Resultante no apoio A

$$R_A = \sqrt{R_{AH}^2 + R_{AV}^2}$$

$$R_A = \sqrt{6^2 + 2^2} \qquad \boxed{R_A = 6{,}32\ kN}$$

d) Viga solicitada por torque.

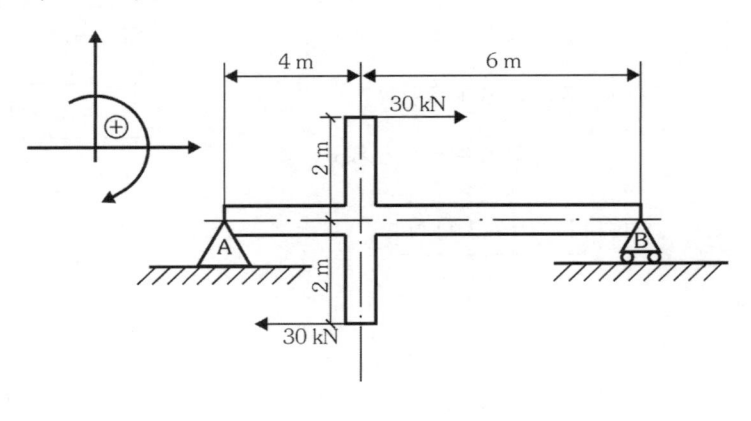

Figura A

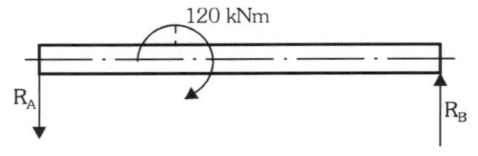

Figura B

O binário da figura A pode ser representado conforme a figura B.

$\Sigma M_A = 0$ $\Sigma F_V = 0$

$10\ R_B = 120$

$$\boxed{R_A = R_B = 12\ kN}$$

$$\boxed{R_B = 12\ kN}$$

⚙ Exercícios Resolvidos ⚙

Ex.1 - O suporte vertical ABC desliza livremente sobre o eixo AB, porém é mantido na posição da figura através de um colar preso no eixo. Desprezando o atrito, determinar as reações em A e B, quando estiver sendo aplicada no ponto C do suporte uma carga de 5 kN.

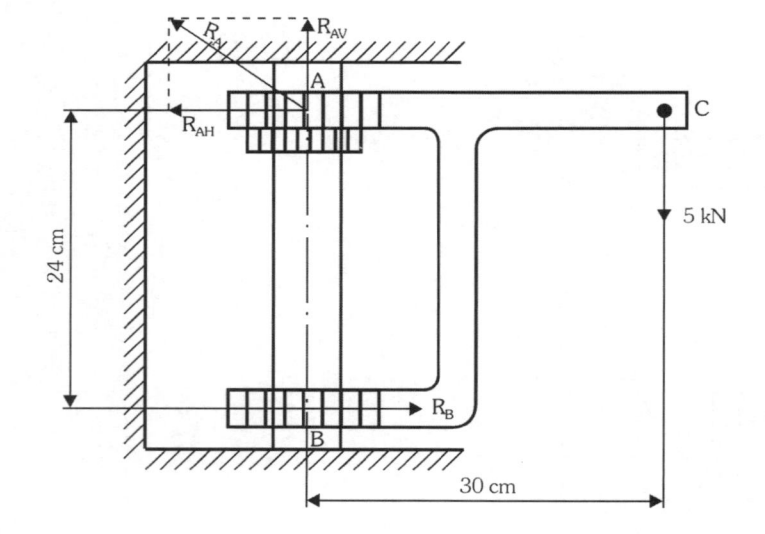

$\Sigma M_A = 0$

$24\ R_B = 5 \times 30$

$$\boxed{R_B = 6{,}25\ kN}$$

$\Sigma F_H = 0$

$$\boxed{R_{AH} = R_B = 6{,}25\ kN}$$

$\Sigma F_V = 0$

$$\boxed{R_{AV} = 5\ kN}$$

Reação em A

$$R_A = \sqrt{R_{AV}^2 + R_{AH}^2}$$

$$R_A = \sqrt{5^2 + 6,25^2} \qquad \boxed{R_A = 8 \text{ kN}}$$

Ex.2 - A figura a seguir representa uma junta rebitada, composta por rebites de diâmetros iguais. Determinar as forças atuantes nos rebites.

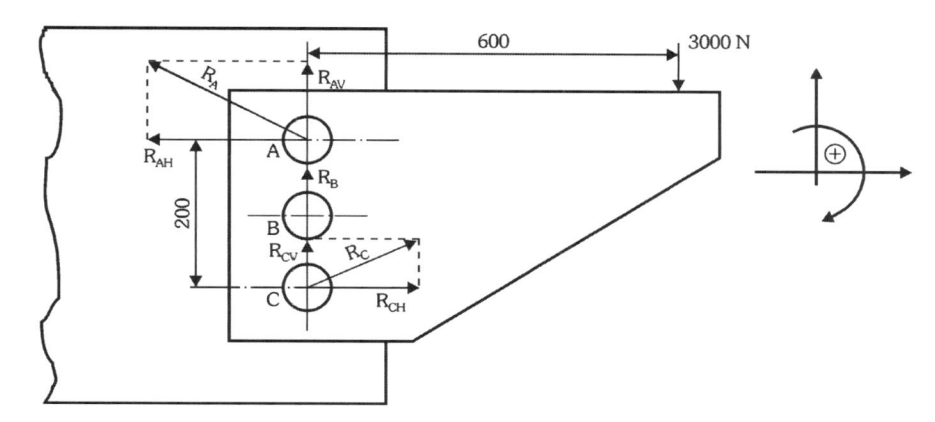

Como os diâmetros dos rebites são iguais, na vertical as cargas serão iguais:

$$\boxed{R_{AV} = R_B = R_{CV} = \frac{3000}{3} = 1000 \text{ N}}$$

O rebite B, por estar na posição intermediária, não possui reação na horizontal.

O rebite A está sendo "puxado" para a direita, portanto possui uma reação horizontal para a esquerda.

O rebite C, ao contrário de A, está sendo "empurrado" para a esquerda, portanto possui reação horizontal para a direita.

Esforços horizontais

$\Sigma M_A = 0$ $\qquad\qquad$ $\Sigma F_H = 0$

$200\, R_{CH} = 600 \times 300$ $\qquad$ $\boxed{R_{AH} = R_{CH} = 9000 \text{ N}}$

$\boxed{R_{CH} = 9000 \text{ N}}$

Força atuante nos rebites A e C

$$R_A = \sqrt{R_{AV}^2 + R_{AH}^2}$$

$$R_A = \sqrt{1000^2 + 9000^2}$$

$$\boxed{R_A = 9055 \text{ N}}$$

Como R_A e R_C são iguais, temos que:

$$\boxed{R_A \text{ e } R_C = 9055 \text{ N}}$$

Ex.3 - Determinar a intensidade da força F para que atue no parafuso o torque de 40 Nm.

A distância a (centro do parafuso ao ponto de aplicação da carga F) será determinada por:

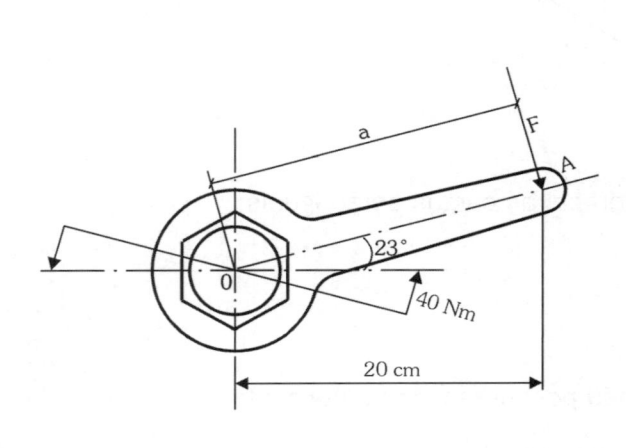

$$a = \frac{20}{\cos 23°} = \frac{20}{0,92}$$

$$a = 21,7 \text{ cm}$$

$$\boxed{a = 0,217 \text{ m}}$$

$$\Sigma M_O = 0$$

$$0,217 \, F = 40$$

$$\boxed{F = \frac{40}{0,217} \cong 184 \text{ N}}$$

Ex.4 - Um grifo é utilizado para rosquear um tubo de d = 20 mm a uma luva como mostra a figura. Determinar a intensidade da força F exercida pelo grifo no tubo, quando a força de aperto aplicada for 40 N.

O somatório de momentos em relação à articulação A soluciona o exercício:

$$\Sigma M_A = 0$$

$$30F = 180 \times 40 \rightarrow F = \frac{180 \times 40}{30}$$

$$\boxed{F = 240 \text{ N}}$$

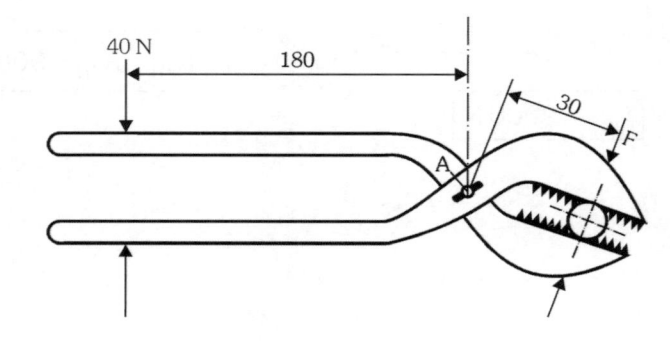

Ex.5 - A figura dada representa uma alavanca de comando submetida a um conjugado horário de 90 Nm exercido em 0. Projetar a alavanca para que possa operar com força de 150 N.

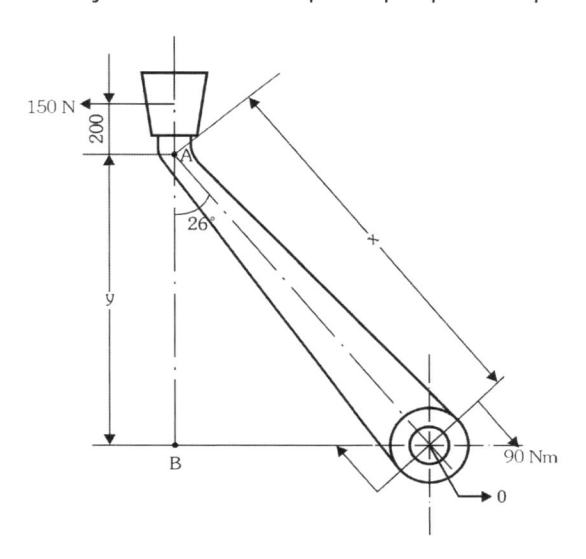

Solução

Para projetar a alavanca, precisamos determinar a dimensão y. Para determinarmos y, precisamos que as unidades sejam coerentes; por esta razão, transformaremos Nm em Nmm.

90 Nm = 90000 Nmm

dimensão y

$\Sigma M_O = 0$

150 (200 + y) = 90000

$y = \dfrac{90000}{150} - 200$

$\boxed{y = 400 \text{ mm}}$

dimensão x

Como x é a hipotenusa do triângulo ABO, temos:

$x = \dfrac{y}{\cos 26°} = \dfrac{400}{0,9}$

$\boxed{x \cong 455 \text{ mm}}$

Ex.6 - O guindaste da figura foi projetado para 5 kN. Determinar a força atuante na haste do cilindro e a reação na articulação A.

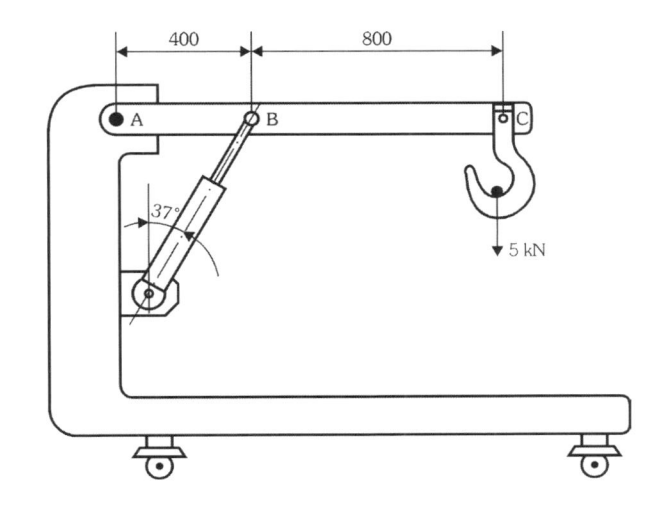

Solução

Esforços na viga AC

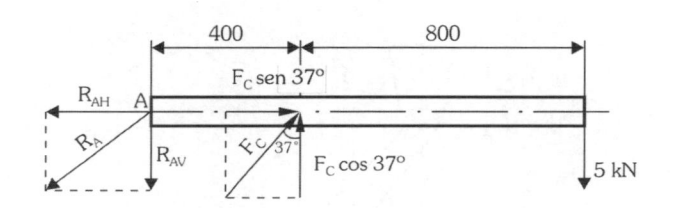

Força atuante na haste do cilindro

$\Sigma M_A = 0$

$400 \, F_c \cos 37° = 5 \times 1200$

$$\boxed{F_C = 18,75 \, kN}$$

Componentes de F_C

$F_C \cos 37° = 18,75 \times 0,8 = 15 \, kN$

$F_C \, sen \, 37° = 18,75 \times 0,6 = 11,25 \, kN$

Reações na articulação A

$\Sigma F_H = 0$

$R_{AH} = F_C \, sen \, 37° = 11,25 \, kN$

$\Sigma F_V = 0$

$R_{AV} = F_C \cos 37° - 5$

$R_{AV} = 15 - 5 = 10 \, kN$

Reação na articulação A

$$R_A = \sqrt{R_{AH}^2 + R_{AV}^2}$$

$$R_A = \sqrt{11,25^2 + 10^2}$$

$$\boxed{R_A \cong 15 \, kN}$$

Ex.7 - A figura representa uma escada de comprimento e peso desprezível. A distância do pé da escada à parede é de 3 m. No meio da escada há um homem de peso P = 800 N. A parede vertical não apresenta atrito. Determinar a reação da parede sobre a escada e a reação no ponto B.

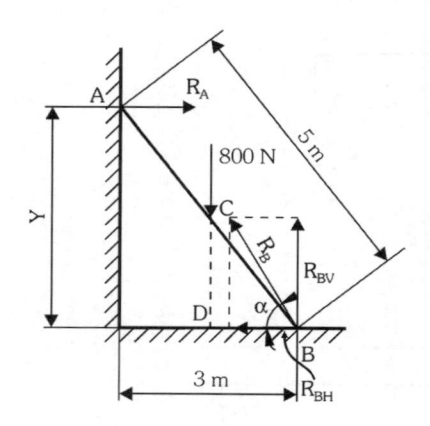

Solução: ângulo α

$$\cos \alpha = \frac{3}{5} = 0,6$$

$$\boxed{\alpha \cong 53°}$$

Esforços no apoio B

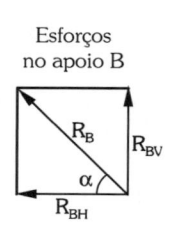

Podemos agora determinar a dimensão y:

$$y = 3 \, tg \, 53°$$

$$\boxed{y = 4 \, m}$$

Reação da parede vertical na escala:

$$\Sigma M_B = 0$$

$$4 \, R_A = 1,5 \times 800 \qquad \boxed{R_A = 300 \, N}$$

A distância 1,5 m foi obtida através do triângulo CDB:

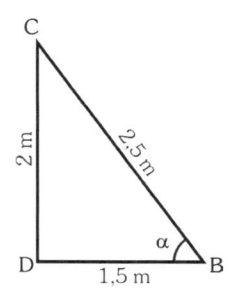

Reações em B

$$\Sigma F_V = 0$$

$$R_{BV} = 800 \, N$$

$$\Sigma F_H = 0$$

$$R_{BH} = R_A = 300 \, N$$

Resultante R_B

$$R_B = \sqrt{R_{BV}^2 + R_{BH}^2}$$

$$R_B = \sqrt{800^2 + 300^2}$$

$$\boxed{R_B \cong 855 \, N}$$

Ex.8 - Determinar a força que atua no prego quando uma carga de 80 N atua na extremidade A do extrator ("pé de cabra"), no caso representado na figura dada.

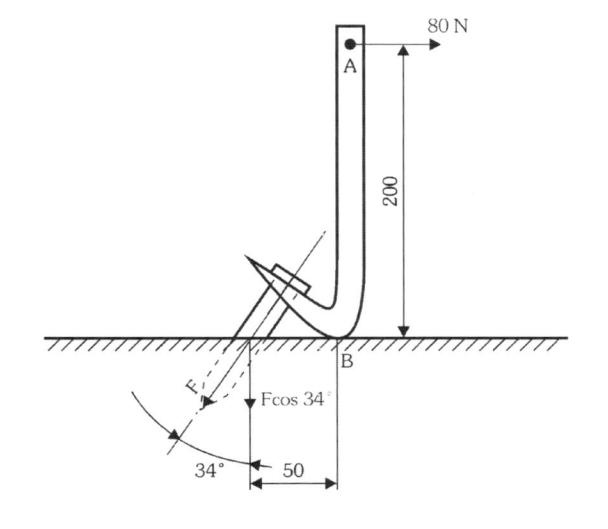

Solução

Força de extração do prego:

$$\Sigma M_B = 0$$

$$50 \, F \cos 34° = 80 \times 200$$

$$\boxed{F = 385 \, N}$$

Carga Distribuída

4.1 Introdução

Nos capítulos anteriores, estudamos somente a ação de cargas concentradas, isto é, cargas que atuam em um determinado ponto, ou região com área desprezível. No presente capítulo passamos a nos preocupar com a ação das cargas distribuídas, ou seja, cargas que atuam ao longo de um trecho.

Exemplos de Cargas Distribuídas

a) O peso próprio de uma viga

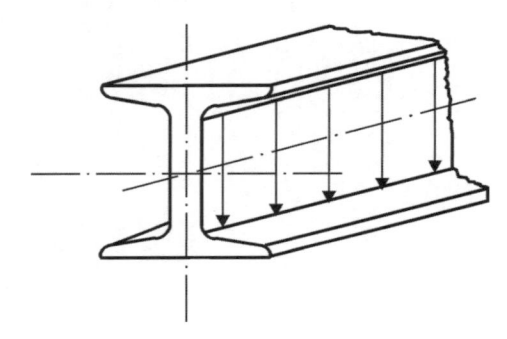

b) O peso de uma caixa-d'água atuando sobre uma viga

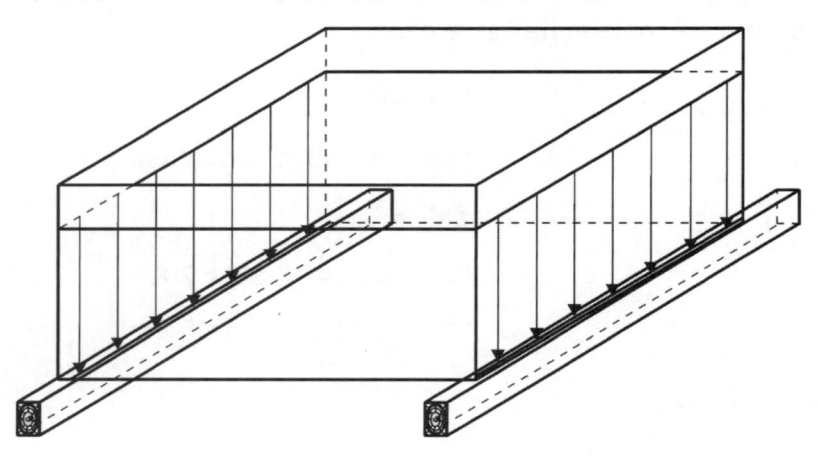

c) O peso de uma laje em uma viga

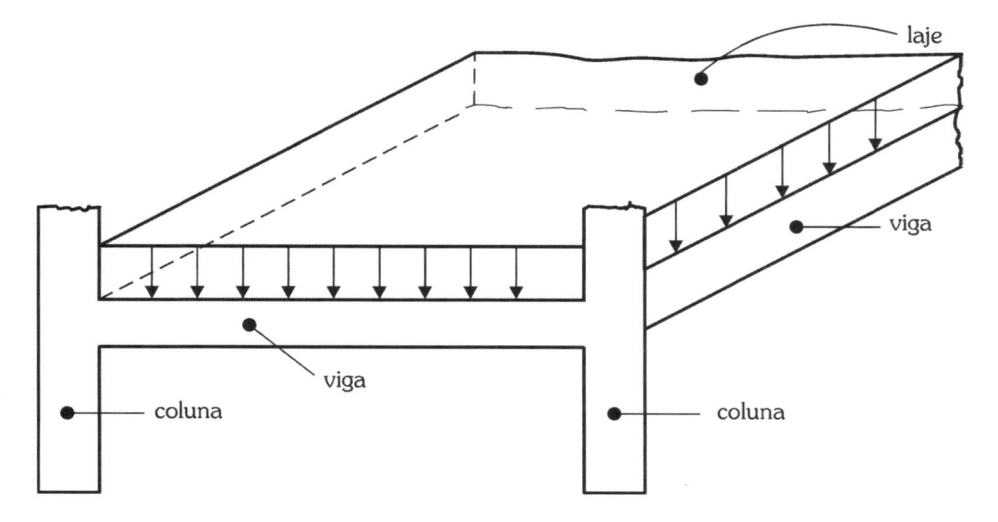

Podemos ainda citar como exemplos barragens, comportas, tanques, hélices etc.

Vamos agora, genericamente, estudar o caso de uma carga qualquer distribuída, como mostra a figura a seguir.

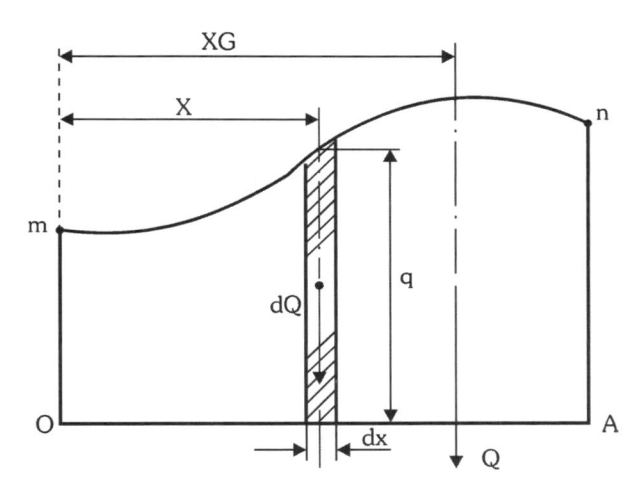

q - intensidade de carga no ponto correspondente

Adotamos para o estudo o infinitésimo de carga dQ que é determinado pelo produto qdx.

$$dQ = qdx$$

É fácil observar que a superfície da figura é composta por infinitos qdx, que correspondem às forças elementares das áreas elementares correspondentes. O somatório dessas cargas elementares expressa a resultante Q, determinada pela área total Om.n.A da figura.

4.2 Linha de Ação da Resultante

O momento de um infinitésimo de área em relação ao ponto O é expresso através do produto xdQ, que podemos escrever qxdx.

O somatório de todos os momentos em relação ao ponto O é expresso por:

$$\int_0^A qxdx$$

Denominamos X_G a abscissa que fixa o ponto de aplicação da concentrada Q em relação ao ponto O. Portanto, podemos escrever que:

$$QX_G = \int_0^A qxdx$$

$$X_G = \frac{\int_0^A qxdx}{Q}$$

Donde se conclui que a resultante Q atuará sempre no centro de gravidade da superfície que representa a carga distribuída. Através dessa superfície de carga ficam determinados a resultante e o ponto de aplicação da carga distribuída.

⚙ Exercícios Resolvidos ⚙

Ex.1 - Determinar as reações nos apoios, nas vigas solicitadas pela ação das cargas distribuídas, conforme as figuras dadas.

1.a)

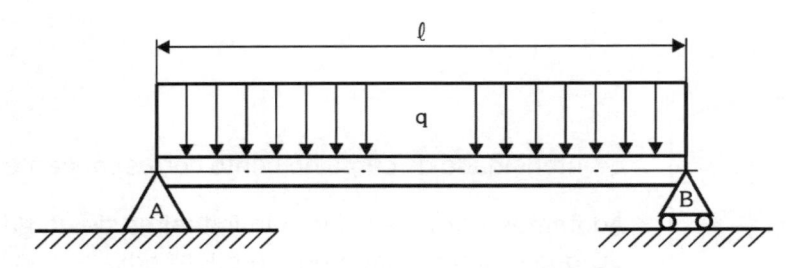

A resultante da carga distribuída de intensidade q e comprimento ℓ será q ℓ, e atuará no ponto $\ell / 2$ em relação a A ou B, como já foi estudado anteriormente.

Teremos, então:

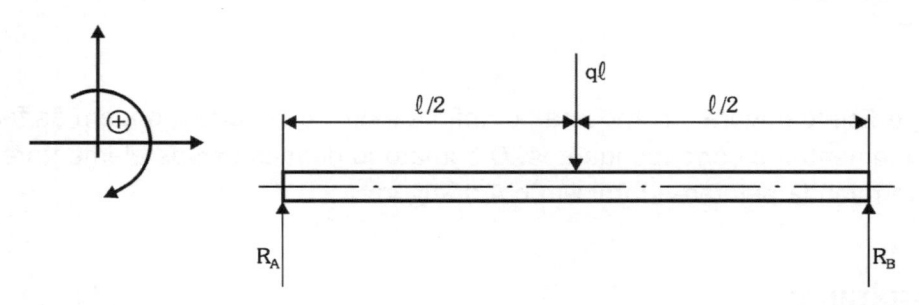

$\Sigma M_A = 0$ $\qquad\qquad$ $\Sigma M_B = 0$

$R_B \ell = q\ell \cdot \dfrac{\ell}{2}$ $\qquad\qquad$ $R_A \ell = q\ell \cdot \dfrac{\ell}{2}$

$\boxed{R_B = q\dfrac{\ell}{2}}$ $\qquad\qquad$ $\boxed{R_A = q\dfrac{\ell}{2}}$

1.b)

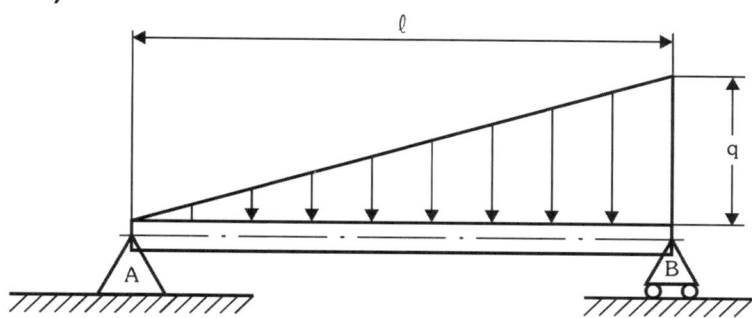

A carga distribuída, variando linearmente de 0 a q, possui resultante com intensidade $q\ell / 2$, que atuará a uma distância $\ell / 3$ de B (centro de gravidade do triângulo).

Teremos, então:

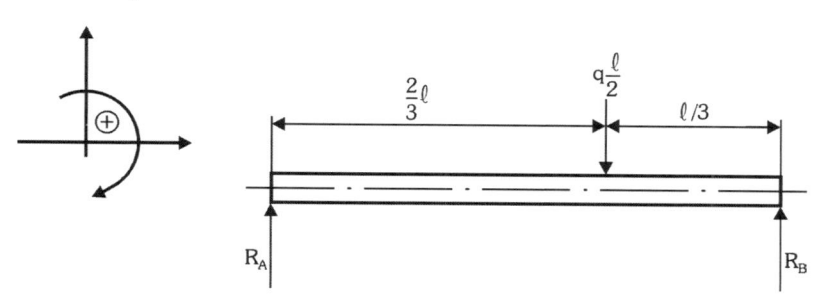

$$\Sigma M_A = 0 \qquad\qquad\qquad \Sigma M_B = 0$$

$$R_B \ell = \frac{q\ell}{2} \cdot \frac{2}{3} \ell \qquad\qquad R_A \ell = \frac{q\ell}{2} \cdot \frac{\ell}{3}$$

$$\boxed{R_B = \frac{q\ell}{3}} \qquad\qquad\qquad \boxed{R_A = \frac{q\ell}{6}}$$

1.c)

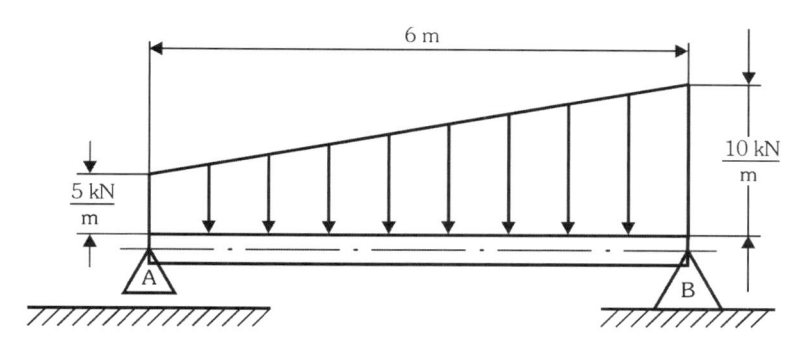

Na solução deste exercício vamos dividir o trapézio em um triângulo e um retângulo, obtendo desta forma as concentradas a seguir.

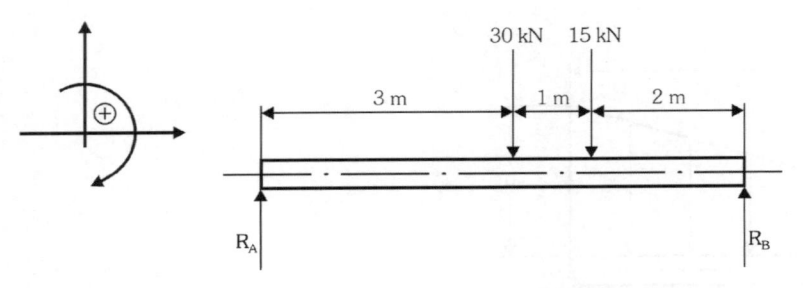

$$\Sigma M_A = 0$$

$$6\,R_B = 4 \times 15 + 30 \times 3$$

$$\boxed{R_B = 25\ kN}$$

$$\Sigma F_V = 0$$

$$R_A + R_B = 30 + 15$$

$$\boxed{R_A = 20\ kN}$$

1.d)

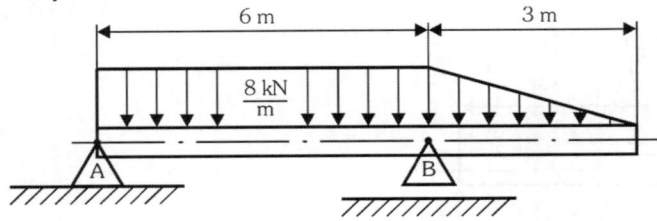

Solução idêntica ao exercício anterior.

Teremos, então:

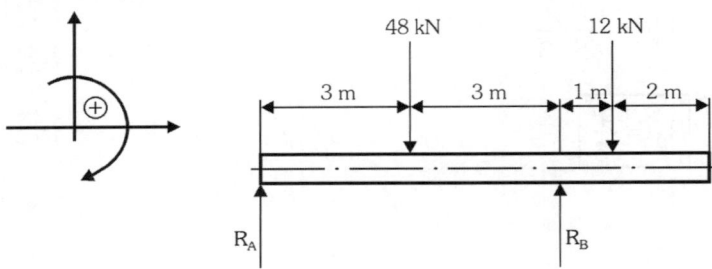

Ex.2 - Determinar a reação no apoio A e a força normal na barra ①, na viga carregada conforme a figura. Qual o ângulo a que R_A forma com a horizontal?

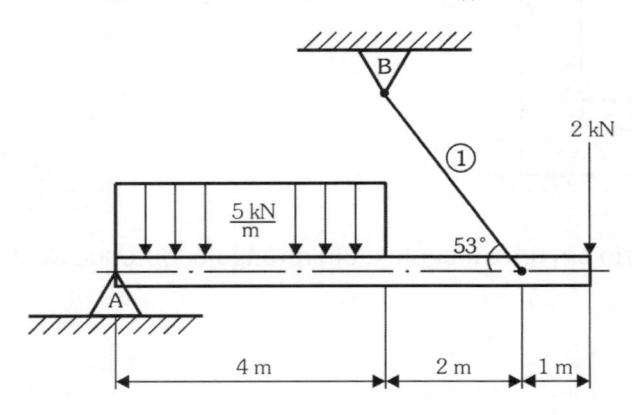

Na solução deste exercício devemos observar o tipo de solicitação na barra ①. A barra está tracionada, portanto "puxa" os nós. Decompomos a força normal na barra ①, determinando as componentes vertical e horizontal da força. O próximo passo é determinar a resultante da carga distribuída, bem como a sua localização. É fácil observar que para determinar R_A, temos de obter as componentes vertical e horizontal do apoio, para na sequência obtermos a resultante.

Temos, então, o esquema de forças a seguir:

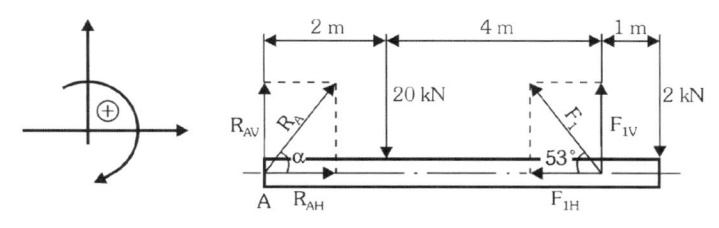

Força normal na barra ①

$\Sigma M_A = 0$

$6F_1 \operatorname{sen} 53° = 7 \times 2 + 20 \times 2$

$$F_1 = 11,25 \text{ kN}$$

Componente horizontal de F_1

$F_{1H} = F_1 \cos 53° = 11,25 \times 0,6 = 6,75 \text{ kN}$

Reação em A

Componente vertical R_{AV}

$\Sigma F_V = 0$

$R_{AV} + F_{1V} = 20 + 2$

$$R_{AV} = 22 - 9 = 13 \text{ kN}$$

Componente vertical de F_1

$F_{1V} = F_1 \operatorname{sen} 53° = 11,25 \times 0,8 = 9 \text{ kN}$

Componente horizontal R_{AH}

$\Sigma F_H = 0$

$$R_{AH} = F_{1H} = 6,75 \text{ kN}$$

Resultante R_A

$$R_A = \sqrt{R_{AH}^2 + R_{AV}^2}$$

$$R_A = \sqrt{6,75^2 + 13^2}$$

$$R_A \cong 14,65 \text{ kN}$$

Ângulo que R_A forma com a horizontal

$$\operatorname{tg} \alpha = \frac{R_{AV}}{R_{AH}} \quad \frac{13}{6,75}$$

$$\alpha = 62° 34'$$

Ex.3 - Determinar as reações nos apoios A e B da construção representada na figura a seguir. Qual o ângulo (α) que R_A forma com a horizontal?

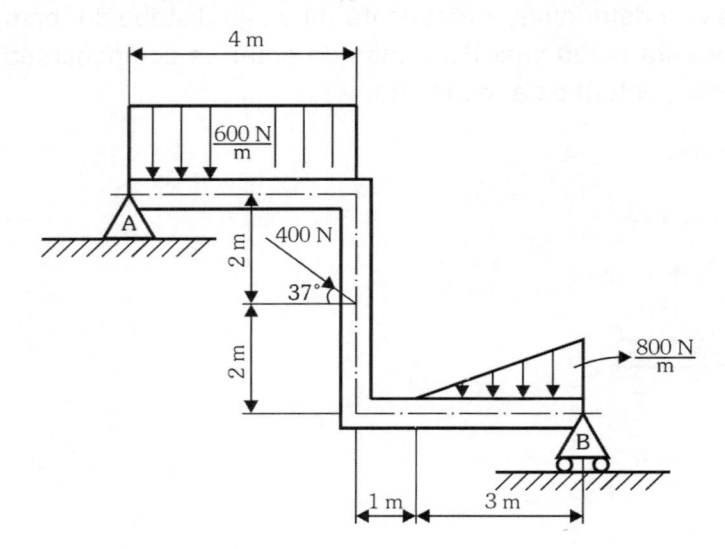

Pelo mesmo raciocínio do exercício anterior, chegamos ao esquema de forças a seguir:

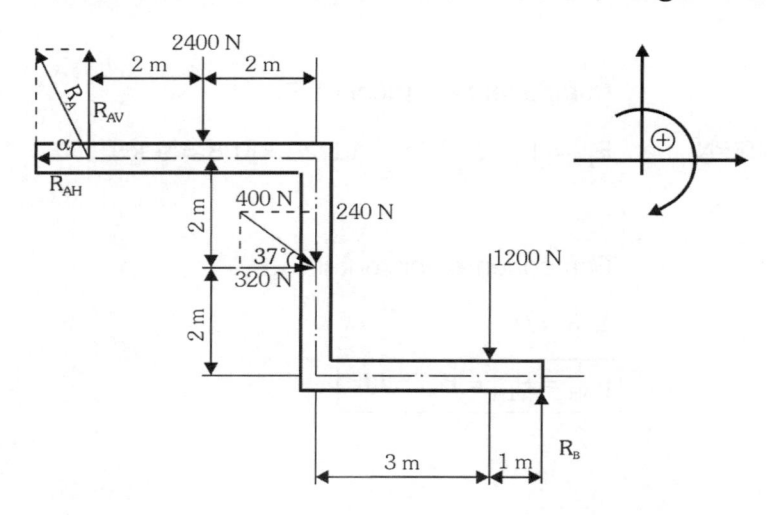

Reação no apoio B

$\Sigma M_A = 0$

$8 R_B = 1200 \times 7 + 240 \times 4 + 2400 \times 2 - 320 \times 2$

$\boxed{R_B = 1690 \text{ N}}$

$\Sigma F_V = 0$

$R_{AV} + R_B = 2400 + 240 + 1200 \quad \boxed{R_{AB} = 2150 \text{ N}}$

$\Sigma FH = 0$

$\boxed{R_{AH} = 320 \text{ N}}$

Resultante R_A

$$R_A = \sqrt{R_{AH}^2 + R_{AV}^2}$$

$$R_A = \sqrt{320^2 + 2150^2}$$

$$\boxed{R_A = 2174 \text{ N}}$$

Ângulo que R_A forma com a horizontal

$$\text{tg}\alpha = \frac{R_{AV}}{R_{AH}} = \frac{2150}{320}$$ $$\boxed{\alpha = 81°32'}$$

Ex.4 - Determinar as reações nos apoios A, B e C e a força normal atuante nas barras ① e ②, na construção representada na figura a seguir.

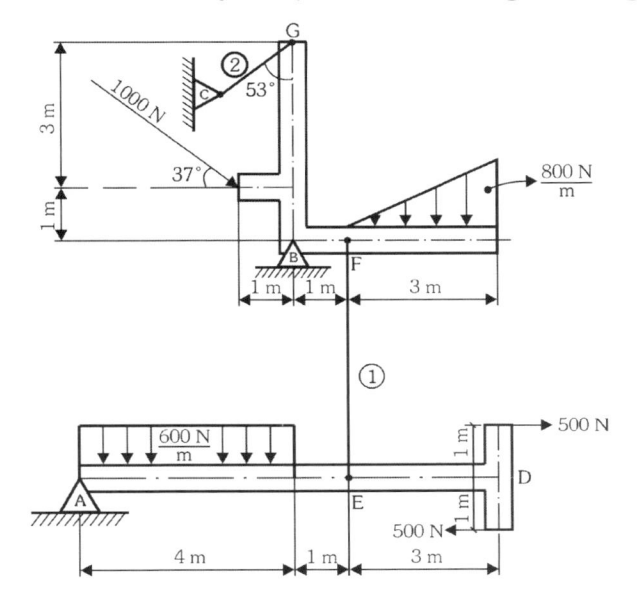

Para solucionar este exercício devemos calcular a força normal atuante na barra ① e a reação no apoio A, não nos preocupando com a parte superior do exercício.

Desta forma teremos, então, o seguinte esquema de forças:

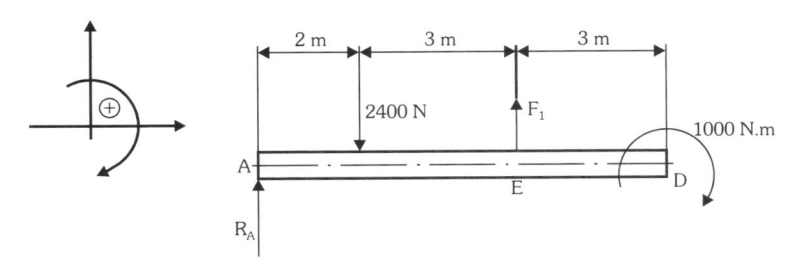

Força normal na barra ①

$\Sigma M_A = 0$

$5 F_1 = 2400 \times 2 + 1000$

$\boxed{F_1 = 1160 \text{ N}}$

Reação no apoio A

$\Sigma F_V = 0$

$R_A + F_1 = 2400$

$R_A = 2400 - 1160$

$\boxed{R_A = 1240 \text{ N}}$

A barra ① está tracionada, portanto "puxa" os nós E e F com a intensidade de 1160 N. Agora temos condição de calcular a parte superior de construção,com base no esquema de forças a seguir.

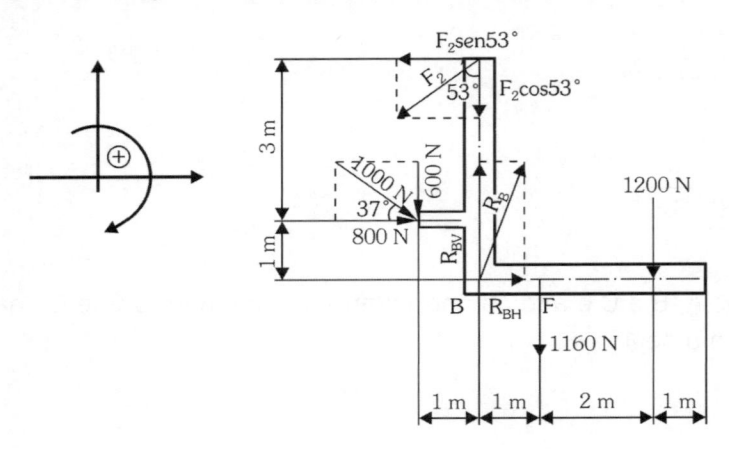

Força normal na barra 2

$\Sigma M_B = 0$

$4 F_2 \, sen53° = 1200 \times 3 + 1160 \times 1 + 800 \times 1 - 600 \times 1$

$$\boxed{F_2 = 1550 \text{ N}}$$

Componentes vertical e horizontal de F_2

$F_{2X} = F_2 \, sen \, 53° = 1550 \times 0,8 = 1240 \text{ N}$ $\qquad$ $F_{2y} = F_2 \, sen \, 53° = 1550 \times 0,6 = 930 \text{ N}$

Reação no apoio B

$\Sigma F_V = 0$ $\qquad\qquad\qquad\qquad$ $\Sigma F_H = 0$

$R_{BV} = F_2 \, cos \, 53° + 1160 + 1200 + 600$ $\qquad$ $R_{BH} = F_2 \, sen \, 53° - 800$

$R_{BV} = 930 + 1160 + 1200 + 600$ $\qquad\qquad$ $R_{BH} = 1200 + 800$

$$\boxed{R_{BV} = 3890 \text{ N}} \qquad\qquad \boxed{R_{BH} = 440 \text{ N}}$$

Resultante B

$R_B = \sqrt{R_{BV}^2 + R_{BH}^2}$

$R_B = \sqrt{3890^2 + 440^2}$

$$\boxed{R_B = 3915 \text{N}}$$

Tração e Compressão

Revisando assuntos do Capítulo 3.

5.1 Força Normal ou Axial F

Define-se como força normal ou axial aquela que atua perpendicularmente (normal) sobre a área da secção transversal de peça.

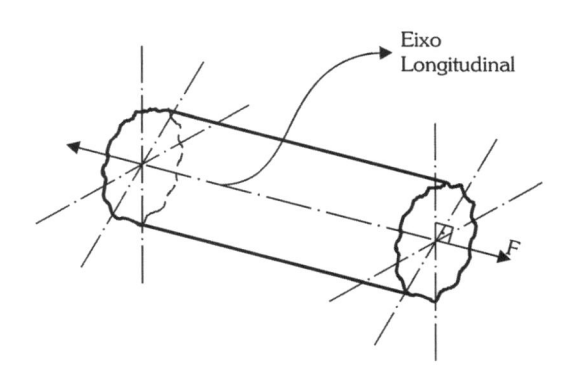

5.2 Tração e Compressão

Podemos afirmar que uma peça está submetida a esforço de tração ou compressão quando uma carga normal F atuar sobre a área da secção transversal da peça, na direção do eixo longitudinal.

Quando a carga atuar com o sentido dirigido para o exterior da peça ("puxada"), a peça estará tracionada. Quando o sentido de carga estiver dirigido para o interior da peça, a barra estará comprimida ("empurrada").

Peça tracionada

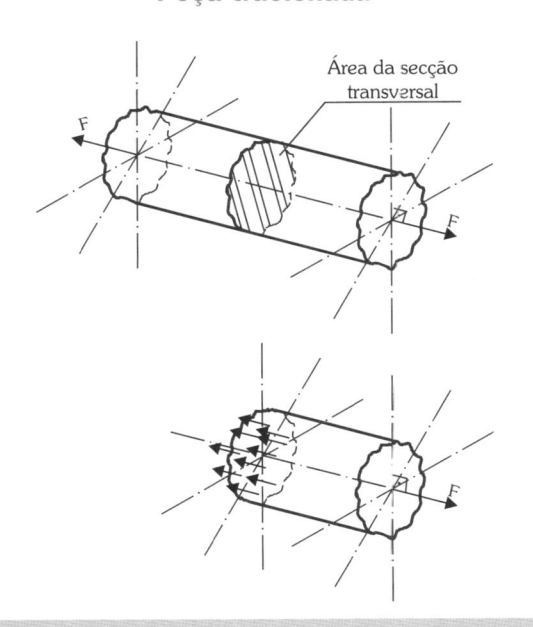

Peça comprimida

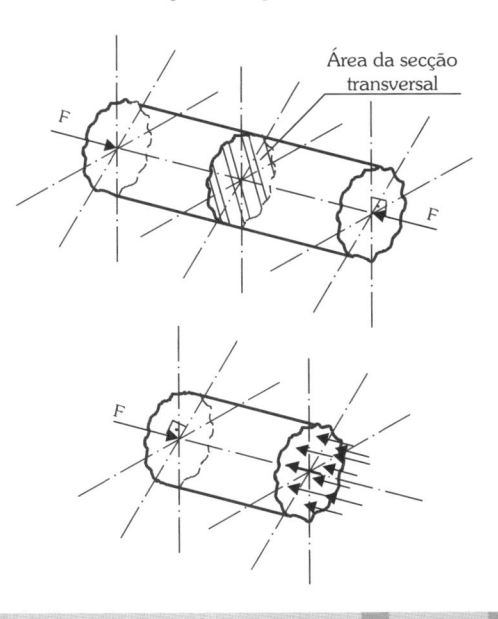

5.3 Tensão Normal σ

A carga normal F, que atua na peça, origina nela uma tensão normal que é determinada pela relação entre a intensidade da carga aplicada e a área da secção transversal da peça.

$$\sigma = \frac{F}{A}$$

Sendo: σ - tensão normal [Pa; ....]

F - força normal ou axial [N; ....]

A - área da secção transversal da peça [m^2; ....]

Unidade de Tensão no SI (Sistema Internacional)

A unidade de tensão no SI é o pascal, que corresponde à carga de 1 N atuando sobre uma superfície de 1 m^2.

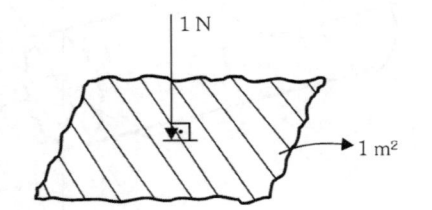

Como a unidade pascal é infinitesimal, utilizam-se com frequência os seus múltiplos:

MPa (megapascal)   kPa (quilopascal)

MPa = 10^6 Pa   kPa = 10^3 Pa

A unidade MPa (megapascal) corresponde à aplicação de 10^6 N (um milhão de newtons) na superfície de um metro quadrado (m^2). Como $m^2 = 10^6$ mm^2, conclui-se que:

$$\boxed{MP_a = N/mm^2}$$

MP_a corresponde à carga de 1 N atuando sobre a superfície de 1 mm^2.

5.4 Lei de Hooke

Após uma série de experiências, o cientista inglês Robert Hooke, no ano de 1678, constatou que uma série de materiais, quando submetidos à ação de carga normal, sofre variação na sua dimensão linear inicial, bem como na área da secção transversal inicial.

Ao fenômeno da variação linear Hooke denominou alongamento, constatando que:

- quanto maior a carga normal aplicada e o comprimento inicial da peça, maior o alongamento, e quanto maior a área da secção transversal e a rigidez do material, medida através do seu módulo de elasticidade, menor o alongamento, resultando daí a equação:

$$\Delta \ell = \frac{F \cdot \ell}{A \cdot E}$$

Como $\sigma = \dfrac{F}{A}$, podemos escrever a Lei de Hooke: $\Delta \ell = \dfrac{\sigma \cdot \ell}{E}$

Sendo: $\Delta \ell$ - alongamento da peça [m; ....]

σ - tensão normal [P_a; ....]

F - carga normal aplicada [N; ....]

A - área da secção transversal [m^2; ....]

E - módulo de elasticidade do material [P_a; ....]

ℓ - comprimento inicial da peça [m; ....]

O alongamento será positivo quando a carga aplicada tracionar a peça, e negativo quando a carga aplicada comprimir a peça.

É importante observar que a carga se distribui por toda área da secção transversal da peça.

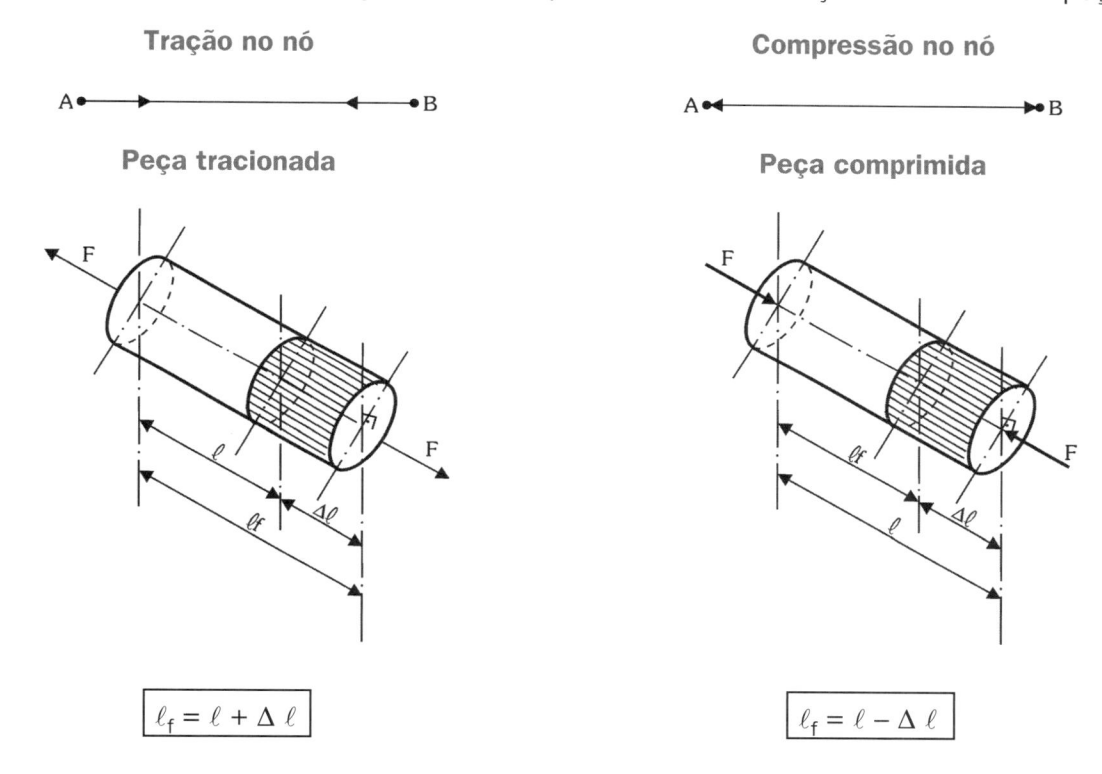

Tração no nó   **Compressão no nó**

Peça tracionada   **Peça comprimida**

$$\ell_f = \ell + \Delta \ell \qquad\qquad \ell_f = \ell - \Delta \ell$$

Sendo: ℓ_f - comprimento final da peça [m; ....]

ℓ - comprimento inicial da peça [m; ....]

$\Delta \ell$ - alongamento [m; ....]

A lei de Hooke, em toda a sua amplitude, abrange a deformação longitudinal (ε) e a deformação transversal (ε_τ).

Deformação longitudinal (ε)

Consiste na deformação que ocorre em uma unidade de comprimento (u.c) de uma peça submetida à ação de carga axial.

É definida pelas relações:

$$\varepsilon = \frac{\Delta \ell}{\ell} = \frac{\sigma}{E}$$

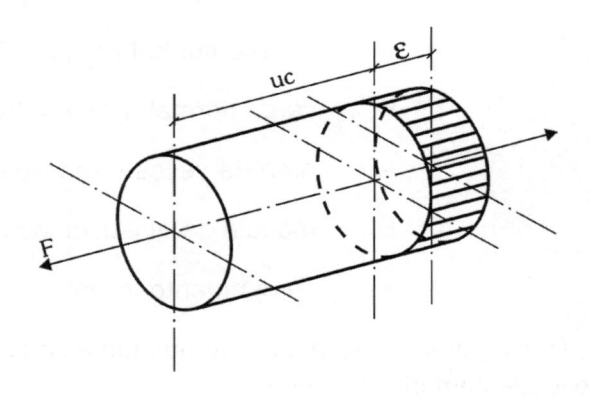

Deformação transversal (ε_t)

Determina-se através do produto entre a deformação unitária (ε) e o coeficiente de Poisson (ν).

$$\varepsilon_t = -\nu\varepsilon$$

como $\varepsilon = \dfrac{\Delta\ell}{\ell} = \dfrac{\sigma}{E}$, podemos escrever: $\varepsilon_t = \dfrac{\nu\sigma}{E}$ ou $\varepsilon_t = -\nu\dfrac{\Delta\ell}{\ell}$

Sendo:

ε_t - deformação transversal adimensional

σ - tensão normal atuante [P_a; ....]

E - módulo de elasticidade do material [P_a;;.....]

ε - deformação longitudinal adimensional

ν - coeficiente de Poisson adimensional

$\Delta\ell$ - alongamento [m;.......]

ℓ - comprimento inicial [m; ....]

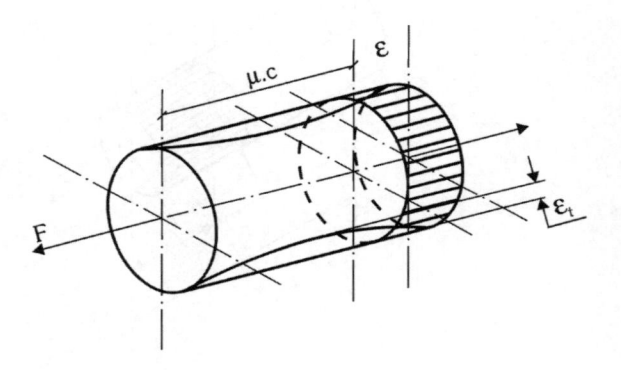

5.5 Materiais Dúcteis e Frágeis

Os materiais, conforme as suas características, são classificados como dúcteis ou frágeis.

5.5.1 Material Dúctil

O material é classificado como dúctil quando submetido a ensaio de tração, apresenta deformação plástica, precedida por uma deformação elástica, para atingir o rompimento.

Exemplo: aço   alumínio

cobre   bronze

latão   níquel

etc.

Diagrama tensão deformação do aço ABNT 1020

Ponto   O   -   início de ensaio carga nula

Ponto   A   -   limite de proporcionalidade

Ponto   B   -   limite superior de escoamento

Ponto   C   -   limite inferior de escoamento

Ponto   D   -   final de escoamento início da recuperação do material

Ponto   E   -   limite máximo de resistência

Ponto   F   -   limite de ruptura do material

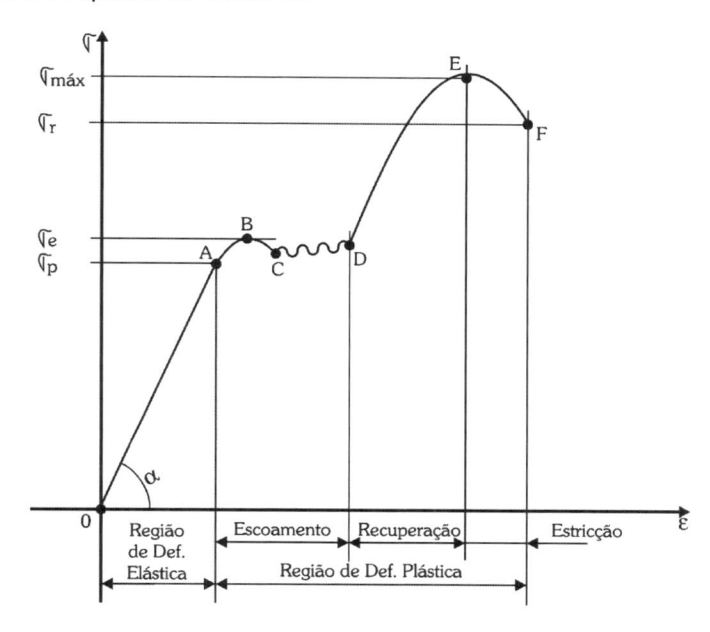

5.5.2 Material Frágil

O material é classificado como frágil quando submetido a ensaio de tração, não apresenta deformação plástica, passando da deformação elástica para o rompimento.

Exemplo: concreto, vidro, porcelana, cerâmica, gesso, cristal, acrílico, baquelite etc.

Diagrama tensão deformação do material frágil

Ponto O - Início de ensaio carga nula

Ponto A - Limite máximo de resistência,
ponto de reptura do material

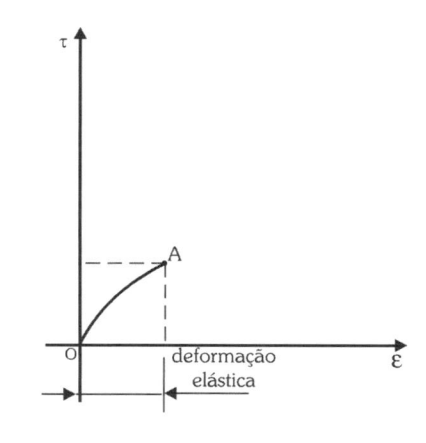

5.6 Estricção

No ensaio de tração, à medida que aumentamos a intensidade de carga normal aplicada, observamos que a peça apresenta alongamento na sua direção longitudinal e uma redução na secção transversal.

Na fase de deformação plástica do material, essa redução da secção transversal começa a se acentuar, apresentando estrangulamento da secção na região de ruptura. Essa propriedade mecânica é denominada estricção, sendo determinada pela expressão:

$$\varphi = \frac{A_0 - A_f}{A_0} \cdot 100\%$$

Sendo: φ - estricção [%]

A_0 - área da secção transversal inicial [mm^2; cm; ....]

A_f - área da secção transversal final [mm^2; cm^2; ....]

5.7 Coeficiente de Segurança k

O coeficiente de segurança é utilizado no dimensionamento dos elementos de construção, visando assegurar o equilíbrio entre a qualidade da construção e seu custo.

O projetista pode obter o coeficiente em normas ou determiná-lo em função das circunstâncias apresentadas.

Os esforços são classificados em três tipos:

5.7.1 Carga Estática

A carga é aplicada na peça e permanece constante. Como exemplos, podemos citar:

Um parafuso prendendo uma luminária.

Uma corrente suportando um lustre.

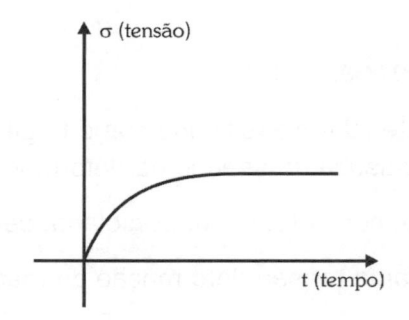

5.7.2 Carga Intermitente

Neste caso, a carga é aplicada gradativamente na peça, fazendo com que o seu esforço atinja o máximo, utilizando para isso um determinado intervalo de tempo. Ao atingir o ponto máximo, a carga é retirada gradativamente no mesmo intervalo de tempo utilizado para se atingir o máximo, fazendo com que a tensão atuante volte a zero, e assim sucessivamente.

Exemplo: o dente de uma engrenagem.

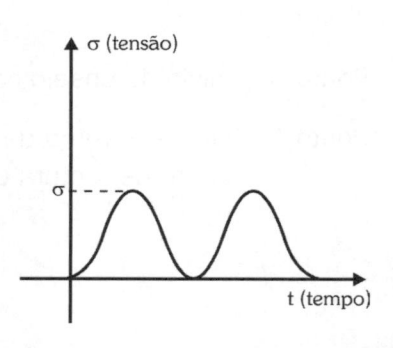

5.7.3 Carga Alternada

Nesse tipo de solicitação, a carga aplicada na peça varia de máximo positivo para máximo negativo ou vice-versa, constituindo-se na pior situação para o material.

Exemplo: eixos, molas, amortecedores etc.

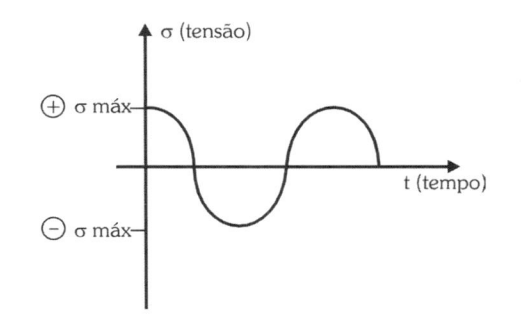

> ***Observação*** para cisalhamento substituir σ por τ.

Para determinar o coeficiente de segurança em função das circunstâncias apresentadas, deve ser utilizada a expressão a seguir:

$$k = x \cdot y \cdot z \cdot w$$

valores para x (fator de tipo de material)

x = 2 para materiais comuns

x = 1,5 para aços de qualidade e aço-liga

valores para y (fator do tipo de solicitação)

y = 1 para carga constante

y = 2 para carga interminente

y = 3 para carga alternada

valores para z (fator do tipo de carga)

z = 1 para carga gradual

z = 1,5 para choques leves

z = 2 para choques bruscos

valores para w (fator que prevê possíveis falhas de fabricação)

w = 1 a 1,5 para aços

w = 1,5 a 2 para fofo

Para carga estática, normalmente utiliza-se $2 \leq k \leq 3$ aplicado a σ_e (tensão de escoamento do material), para o material dúctil e/ou aplicado a σ_r (tensão de ruptura do material) para o material frágil.

Para o caso de cargas interminentes ou alternadas, o valor de k cresce, como mostra a equação para sua obtenção.

5.8 Tensão Admissível $\overline{\sigma}$ ou σ_{adm}

A tensão admissível é a ideal de trabalho para o material nas circunstâncias apresentadas. Geralmente, essa tensão deve ser mantida na região de deformação elástica do material.

Porém, há casos em que a tensão admissível pode estar na região da deformação plástica do material, visando principalmente a redução do peso de construção como acontece no caso de aviões, foguetes, mísseis etc.

Para o nosso estudo, restringir-nos-emos somente ao primeiro caso (região elástica) que é o que frequentemente ocorre na prática.

A tensão admissível é determinada pela relação σ_e (tensão de escoamento) coeficiente de segurança para os materiais dúcteis, σ_r (tensão de ruptura) coeficiente de segurança para os materiais frágeis.

$$\overline{\sigma} = \frac{\sigma_e}{k}$$ materiais dúcteis

$$\overline{\sigma} = \frac{\sigma_r}{k}$$ materiais frágeis

5.9 Peso Próprio

Em projetos de porte, é necessário levar em conta, no dimensionamento dos elementos de construção, o peso próprio do material, que será determinado pelo produto entre o peso específico do material e o volume da peça, conforme mostra o estudo a seguir.

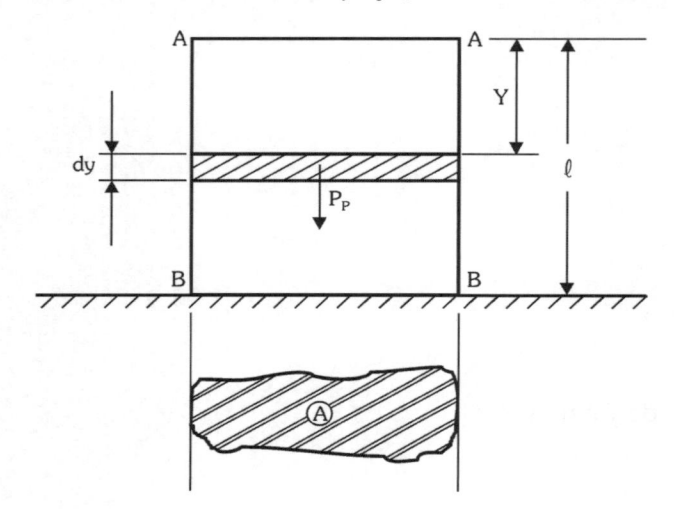

$0 \le y \le \ell$

$Pp = \gamma\, Ay$

Na secção AA

$y = 0 \rightarrow P_p = 0$

Na secção BB

$y = \ell \rightarrow P_{pmáx}$

$$P_{pmáx} = \gamma \cdot A \cdot \ell$$

Sendo: P_p - peso próprio do elemento dimensionado; [N; ...]

         A   - área da secção transversal da peça; [m^2; ...]

         γ - peso específico do material [N/m^3; ...]

         ℓ - comprimento da peça mm; [m; ...]

5.10 Aço e Sua Classificação

Aço é um produto siderúrgico que se obtém através de via líquida, cujo teor de carbono não supere a 2%.

Classificação

Aço extradoce	< 0,15%C		
Aço doce	0,15%	a	0,30%C
Aço meio doce	0,30%	a	0,40%C
Aço meio duro	0,40%	a	0,60%C
Aço duro	0,60%	a	0,70%C
Aço extraduro	> 0,70%C		

5.11 Dimensionamento de Peças

Peças de secção transversal qualquer

Área mínima

$$A_{mín} = \frac{F}{\overline{\sigma}}$$

Em que:

$A_{mín}$ - área mínima da secção transversal [m^2:...]

F - carga axial aplicada [N].

$\overline{\sigma}$ - tensão admissível do material [Pa]

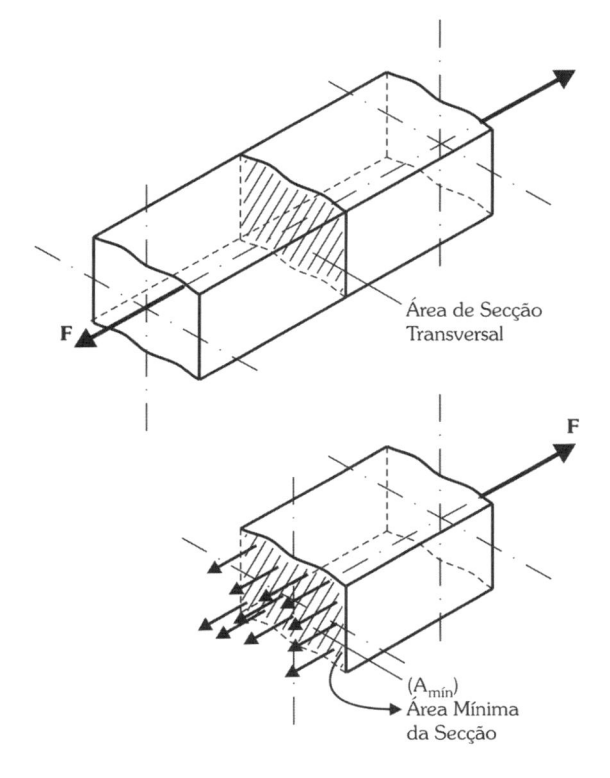

Área de Secção Transversal

$(A_{mín})$ Área Mínima da Secção

Peças de secção transversal circular

Diâmetro da peça

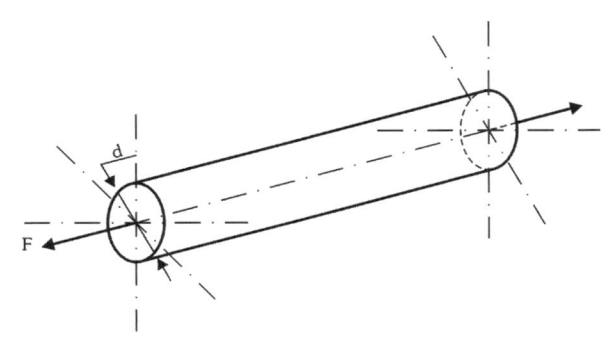

$\overline{\sigma} = \dfrac{F}{A}$ como a área do círculo é $A = \dfrac{\pi\, d^2}{4}$, tem–se que:

$\overline{\sigma} = \dfrac{4\,F}{\pi\, d^2}$, portanto $\boxed{d = \sqrt{\dfrac{4\,F}{\pi\, \overline{\sigma}}}}$

Sendo:

d - diâmetro da peça [m]

F - carga axial aplicada [N]

$\overline{\sigma}$ - tensão admissível do material [Pa]

π - constante trigonométrica 3,1415...

5.12 Dimensionamento de Correntes

A carga axial na corrente se divide na metade para cada secção tranversal do elo.

Tem-se então que: $\bar{\sigma} = \dfrac{F_c}{2A}$

Como a área do círculo é $A = \dfrac{\pi \, d^2}{4}$ tem-se que: $\bar{\sigma} = \dfrac{4\,F_c}{2\pi\,d^2} = \dfrac{2\,F_c}{\pi\,d^2}$ portanto, $\boxed{d = \sqrt{\dfrac{2\,F_c}{\pi\,\bar{\sigma}}}}$

Sendo:

d - diâmetro da barra do elo [m]

F_c - força na corrente [N]

π - constante trigonométrica 3, 1415...

$\bar{\sigma}$ - tensão admissível [Pa]

Propriedades Mecânicas

Tabela 1 - Coeficiente de Poisson (ν)

Material	ν	Material	ν
Aço	0,25 - 0,33	Latão	0,32 - 0,42
Alumínio	0,32 - 0,36	Madeira compensada	0,07
Bronze	0,32 - 0,35	Pedra	0,16 - 0,34
Cobre	0,31 - 0,34	Vidro	0,25
Fofo	0,23 - 0,27	Zinco	0,21

Tabela 2 - Características elásticas dos materiais

Material	Módulo de elasticidade E [GPa]	Material	Módulo de elasticidade E [GPa]
Aço	210	Latão	117
Alumínio	70	Ligas de Al	73
Bronze	112	Ligas de chumbo	17
Cobre	112	Ligas de estanho	41
Chumbo	17	Ligas de magnésio	45
Estanho	40	Ligas de titânio	114
Fofo	100	Magnésio	43
Fofo modular	137	Monel (liga níquel)	179
Ferro	200	Zinco	96

Observação   É comum encontrar o módulo de elasticidade em MPa (megapascal) ou N/mm^2.

Exemplos

$E_{aço} = 2,1 \times 10^5$ MPa

$E_{aℓ} = 7,0 \times 10^4$ MPa

$E_{cu} = 1,12 \times 10^5$ MPa

Tabela 3 - Peso específico dos materiais

Material	Peso específico γ [N / m^3]	Material	Peso específico γ [N / m^3]
Aço	$7,70 \times 10^4$	Gasolina 15 °C	$8,3 \times 10^3$
Água destilada 4 °C	$9,8 \times 10^3$	Gelo	$8,8 \times 10^3$
Alvenaria tijolo	$1,47 \times 10^4$	Graxa	$9,0 \times 10^3$
Alumínio	$2,55 \times 10^4$	Latão	$8,63 \times 10^4$
Bronze	$8,63 \times 10^4$	Leite (15 °C)	$1,02 \times 10^4$
Borracha	$9,3 \times 10^3$	Magnésio	$1,72 \times 10^4$
Cal hidratado	$1,18 \times 10^4$	Níquel	$8,50 \times 10^4$
Cerveja	$1,00 \times 10^4$	Ouro	$1,895 \times 10^5$
Cimento em pó	$1,47 \times 10^4$	Papel	$9,8 \times 10^3$
Concreto	$2,00 \times 10^4$	Peroba	$7,8 \times 10^3$
Cobre	$8,63 \times 10^4$	Pinho	$5,9 \times 10^3$
Cortiça	$2,4 \times 10^3$	Platina	$2,08 \times 10^5$
Chumbo	$1,1 \times 10^5$	Porcelana	$2,35 \times 10^4$
Diamante	$3,43 \times 10^4$	Prata	$9,80 \times 10^4$
Estanho	$7,10 \times 10^4$	Talco	$2,65 \times 10^4$
Ferro	$7,70 \times 10^4$	Zinco	$6,90 \times 10^4$

Tabela 4 - Coeficiente de dilatação linear dos materiais

Material	Coeficiente de dilatação linear α [°C]$^{-1}$	Material	Coeficiente de dilatação linear α [°C]$^{-1}$
Aço	$1,2 \times 10^{-5}$	Latão	$1,87 \times 10^{-5}$
Alumínio	$2,3 \times 10^{-5}$	Magnésio	$2,6 \times 10^{-5}$
Baquelite	$2,9 \times 10^{-5}$	Níquel	$1,3 \times 10^{-5}$
Bronze	$1,87 \times 10^{-5}$	Ouro	$1,4 \times 10^{-5}$
Borracha [20 °C]	$7,7 \times 10^{-5}$	Platina	9×10^{-6}
Chumbo	$2,9 \times 10^{-5}$	Prata	$2,0 \times 10^{-5}$
Constantan	$1,5 \times 10^{-5}$	Tijolo	6×10^{-6}
Cobre	$1,67 \times 10^{-5}$	Porcelana	3×10^{-6}
Estanho	$2,6 \times 10^{-5}$	Vidro	8×10^{-6}
Ferro	$1,2 \times 10^{-5}$	Zinco	$1,7 \times 10^{-5}$

Tabela 5 - Módulo de elasticidade transversal

Material	Módulo de elasticidade transversal G [GPa]
Aço	80
Alumínio	26
Bronze	50
Cobre	45
Duralumínio 14	28
Fofo	88
Magnésio	17
Nylon	10
Titânio	45
Zinco	32

Tabela 6 - Tensões

Materiais	Tensão de escoamento (σ_e) [MPa]	Tensão de ruptura (σ_r) [MPa]
Aço-carbono		
ABNT 1010 - L	220	320
- T	380	420
ABNT 1020 - L	280	360
- T	480	500
ABNT 1030 - L	300	480
- T	500	550
ABNT 1040 - L	360	600
- T	600	700
ABNT 1050 - L	400	650
Aço-liga		
ABNT 4140 - L	650	780
- T	700	1000
ABNT 8620 - L	440	700
- T	700	780
Ferro fundido		
Cinzento	–	200
Branco	–	450
Preto F	–	350
P	–	550
Modular	–	670

Materiais	Tensão de escoamento (σ_e) [MPa]	Tensão de ruptura (σ_r) [MPa]
Materiais não ferrosos		
Alumínio	300 - 120	70 - 230
Duralumínio 14	100 - 420	200 - 500
Cobre telúrio	60 - 320	230 - 350
Bronze de níquel	120 - 650	300 - 750
Magnésio	140 - 200	210 - 300
Titânio	520	600
Zinco	–	290
Materiais não metálicos		
Borracha	–	20 - 80
Concreto	–	0,8 - 7
Madeiras		
Peroba	–	100 - 200
Pinho	–	100 - 120
Eucalipto	–	100 - 150
Plásticos		
Nylon	–	80
Vidro		
Vidro plano	–	5 - 10
L - laminado	F - ferrítico	
T - trefilado	P - perlítico	

Esta tabela foi adaptada das normas da ABNT NB-82; EB-126; EB-127; PEB-128; NB-11.

As tensões de ruptura das madeiras devem ser consideradas paralelas às fibras.

⚙ Exercícios ⚙

Ex.1 - A barra circular representada na figura é de aço, possui d = 20 mm e comprimento ℓ = 0,8 m. Encontra-se submetida à ação de uma carga axial de 7,2 kN.

Pede-se determinar para a barra:

a) Tensão normal atuante (σ)

b) O alongamento $(\Delta\ell)$

c) A deformação longitudinal (ε)

d) A deformação transversal (ε_t)

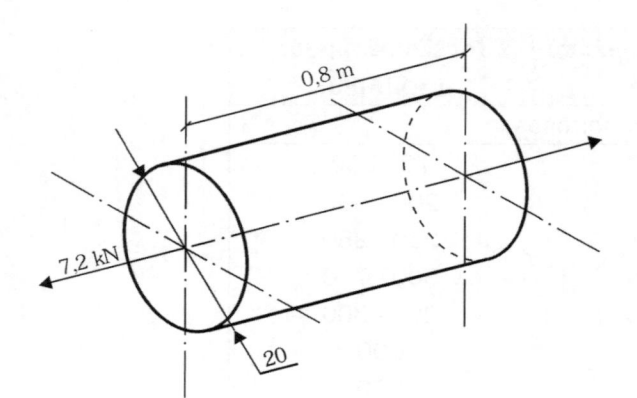

$E_{aço}$ = 210 GPa (módulo de elasticidade do aço)

$\nu_{aço}$ = 0,3 (coeficiente de Poisson)

Solução

a) Tensão normal atuante

$$\sigma = \frac{F}{A} = \frac{4F}{\pi d^2}$$

$$\sigma = \frac{4 \times 7200 \, N}{\pi(20 \times 10^{-3} \, m)^2} = \frac{4 \times 7200 \, N}{\pi \times 20^2 \times 10^{-6} \, m^2}$$

$$\sigma = \frac{4 \times 7200}{\pi \times 20^2} \times 10^6 \, \frac{N}{m^2} \rightarrow MPa \qquad \boxed{\sigma \cong 22,9 \, MPa}$$

b) Alongamento da barra ($\Delta\ell$)

$$\Delta\ell = \frac{\sigma \times \ell}{E_{aço}} = \frac{22,9 \times 10^6 \, Pa \times 0,8 \, m}{210 \times 10^9 \, Pa}$$

$$\Delta\ell = \frac{22,9 \times 0,8}{210} \times 10^{-3} \, m$$

$\boxed{\Delta\ell = 0,087 \times 10^{-3} \, m}$

$\boxed{\Delta\ell = 0,087 \, mm}$

$\boxed{\Delta\ell = 87 \, \mu m}$

c) A deformação longitudinal (ε)

$$\varepsilon = \frac{\Delta\ell}{\ell} = \frac{87 \, \mu m}{0,8 \, m} \qquad \boxed{\varepsilon \cong 109 \, \mu}$$

d) Deformação transversal (ε_t)

$$\varepsilon_t = \nu_{aço} \cdot \varepsilon$$

$$\varepsilon_t = -0,3 \times 109 \qquad \boxed{\varepsilon_t \cong -33 \, \mu}$$

Ex.2 - Determinar o diâmetro da barra ① da construção representada na figura. O material da barra é o ABNT 1010 L com σ_e = 220 MPa, e o coeficiente de segurança indicado para o caso é k = 2.

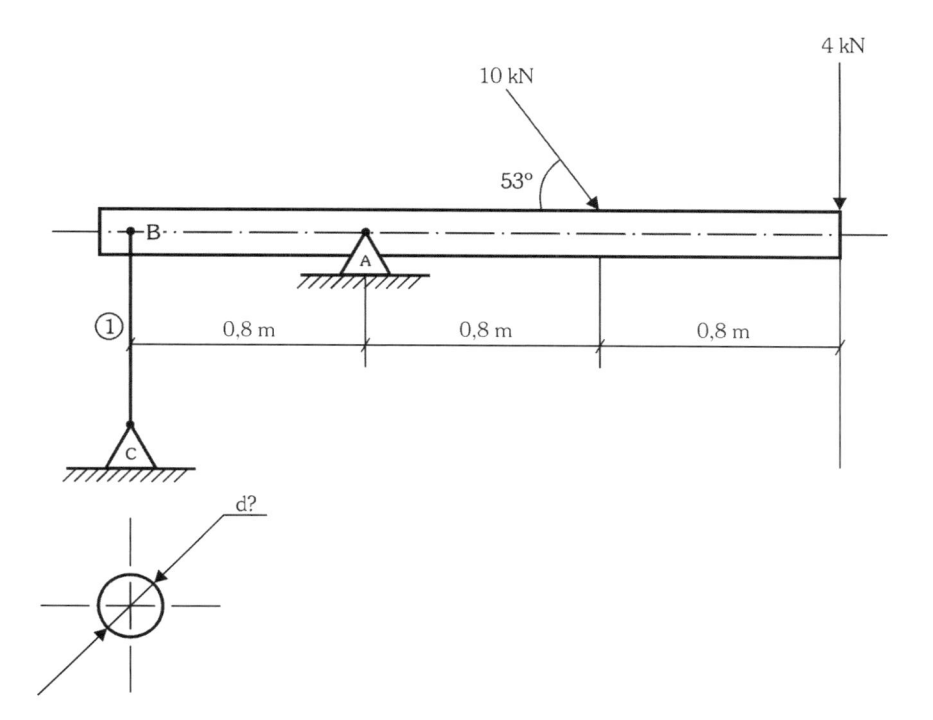

Solução

1 - Carga axial na barra ①

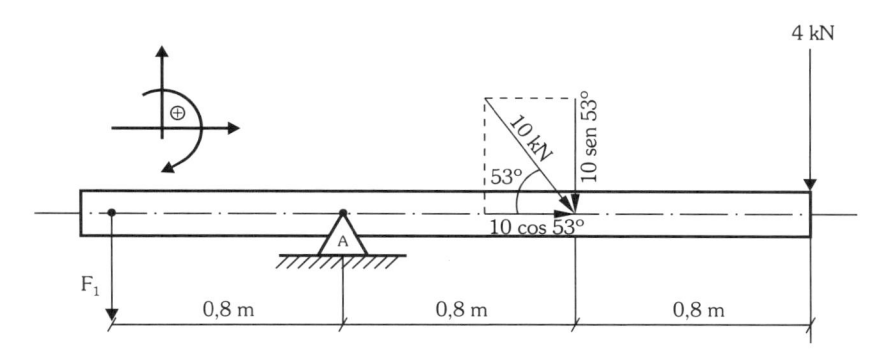

$$\Sigma M_A = 0$$

$$0{,}8\, F_1 = 0{,}8 \times 10\ \text{sen}\ 53° + 1{,}6 \times 4$$

$$\boxed{F_1 = 16\ \text{kN}}$$

2 - Dimensionamento da barra

2.1 - Tensão admissível (σ)

$$\bar{\sigma} = \frac{\sigma e}{k} = \frac{220}{2} = 110\ \text{MPa}$$

2.2 - Diâmetro da barra

$$\bar{\sigma} = \frac{F_1}{A_1} = \frac{4F_1}{\pi d_1^2}$$

$$d_1 = \sqrt{\frac{4F_1}{\pi\sigma}}$$

$$d_1 = \sqrt{\frac{4 \times 16000 \, \cancel{N}}{\pi \times 110 \times 10^6 \, \dfrac{\cancel{N}}{m^2}}} = \sqrt{\frac{4 \times 16000 \times 10^{-6} m^2}{\pi \times 110}}$$

$$d_1 = \sqrt{\frac{4 \times 16000}{\pi \times 110}} \times 10^{-3} m$$

$$d_1 = 13,6 \times 10^{-3} m \rightarrow d_1 = 13,6 \text{ mm}$$

A barra possuirá $\boxed{d \cong 14 \text{ mm}}$

Ex.3 - A figura representa duas barras de aço soldadas na secção BB.

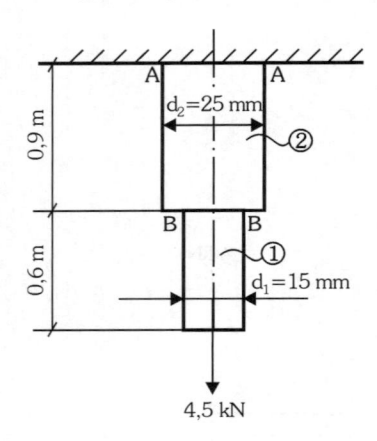

4,5 kN

A carga de tração que atua na peça é 4,5 kN.

A secção ① da peça possui $d_1 = 15$ mm e comprimento $\ell 1 = 0,6$ m, e a secção ② possui $d_2 = 25$ mm e $\ell_2 = 0,9$ m.

Desprezando o efeito do peso próprio do material, pede-se determinar para as secções ① e ②:

a) A tensão normal (σ_1 e σ_2)

b) O alongamento ($\Delta\ell_1$ e $\Delta\ell_2$)

c) A deformação longitudinal (ε_1 e ε_2)

d) A deformação transversal (ε_{t_1} e ε_{t_2})

e) O alongamento total da peça ($\Delta\ell$)

$E_{aço} = 210$ GPa $\qquad \nu_{aço} = 0,3$

Solução

a) Tensão normal (σ_1 e σ_2)

Secção ① da barra, tem-se:

$$\sigma_1 = \frac{F_1}{A_1} = \frac{4 \cdot F_1}{\pi d_1^2}$$

$$\sigma_1 = \frac{4 \times 4500 \, N}{\pi(15 \times 10^{-3} m)^2} = \frac{4 \times 4500}{\pi \times 15^2} \times 10^6 Pa \qquad \boxed{\sigma_1 \cong 25,5 \text{ MPa}}$$

Secção ② da barra, tem-se:

$$\sigma_2 = \frac{F_2}{A_z} = \frac{4 \cdot F_2}{\pi \cdot d_2^2}$$

A carga F_2 é a própria carga de 4.5 kN, portanto tem-se:

$$\sigma_2 = \frac{4 \times 4500 \text{ N}}{\pi \times (25 \times 10^{-3} \text{ m})^2} = \frac{4 \times 4500 \text{ N}}{\pi \times 25^2 \times 10^{-6} \text{ m}^2}$$

$$\sigma_2 = \frac{4 \times 4500}{\pi \times 25^2} \times 10^6 \text{ Pa}$$

$$\boxed{\sigma \cong 9,2 \text{ MPa}}$$

b) Alongamento da barra

Secção ①:

$$\Delta \ell_1 = \frac{\sigma_1 \times \ell_1}{E_{aço}} = \frac{25,5 \times 10^6 \text{ Pa} \times 0,6 \text{ m}}{210 \times \underset{10^3}{10^9} \text{ Pa}} = \frac{25,5 \cdot 0,6}{210} \cdot 10^{-3} \text{ m}$$

$$\boxed{\begin{aligned} \Delta \ell_1 &\cong 0,073 \times 10^{-3} \text{ m} \\ \Delta \ell_1 &\cong 0,073 \text{ mm} \\ \Delta \ell_1 &\cong 73 \text{ µm} \end{aligned}}$$

Secção ②:

$$\Delta \ell_2 = \frac{\sigma_2 \times \ell_2}{E_{aço}} = \frac{9,2 \times 10^6 \text{ Pa} \times 0,9 \text{ m}}{210 \times \underset{10^3}{10^9} \text{ Pa}} = \frac{9,2 \cdot 0,9}{210} \cdot 10^{-3} \text{ m}$$

$$\boxed{\begin{aligned} \Delta \ell_2 &\cong 0,039 \times 10^{-3} \text{ m} \\ \Delta \ell_2 &\cong 0,039 \text{ mm} \\ \Delta \ell_2 &\cong 39 \text{ µm} \end{aligned}}$$

c) Deformação longitudinal (ε_1 e ε_2)

Secção ①:

$$\varepsilon_1 = \frac{\Delta \ell_1}{\ell_1} = \frac{73 \text{ µm}}{0,6 \text{ m}} \qquad \boxed{\varepsilon_1 \cong 122 \text{ µ}}$$

Secção ②:

$$\varepsilon_2 = \frac{\Delta \ell_2}{\ell_2} = \frac{39 \text{ µm}}{0,6 \text{ m}} \qquad \boxed{\varepsilon_2 \cong 43 \text{ µ}}$$

d) Deformação transversal (ε_1 e ε_{t_2})

Secção 1

$\varepsilon_{t_1} = -\nu_{aço} \cdot \varepsilon_1$

$\varepsilon_{t_1} = -0,3 \times 122$ $\boxed{\varepsilon_{t_1} \cong -0,37\ \mu}$

Secção 2

$\varepsilon_{t_2} = -\nu_{aço} \cdot \varepsilon_2$

$\varepsilon_{t_2} = -0,3 \times 43$ $\boxed{\varepsilon_{t_2} \cong -13\ \mu}$

e) Alongamento total da peça

$\Delta\ell = \Delta\ell_1 + \Delta\ell_2$

$\Delta\ell = 73 + 39$ $\boxed{\Delta\ell = 112\ \mu m}$

Ex.4 - Uma barra circular possui d = 32 mm e comprimento ℓ = 1,6 m. Ao ser tracionada por uma carga axial de 4 kN, apresenta um alongamento $\Delta\ell$ = 114 μm.

Qual é o material da barra?

Solução

1 - Tensão normal na barra

$$\sigma = \frac{F}{A} = \frac{4F}{\pi d^2} = \frac{4 \times 4000\ N}{\pi (32 \times 10^{-3}\ m)^2}$$

$$\sigma = \frac{16000}{\pi \times 32^2} \times 10^6\ Pa$$

$\boxed{\sigma = 5\ MPa}$

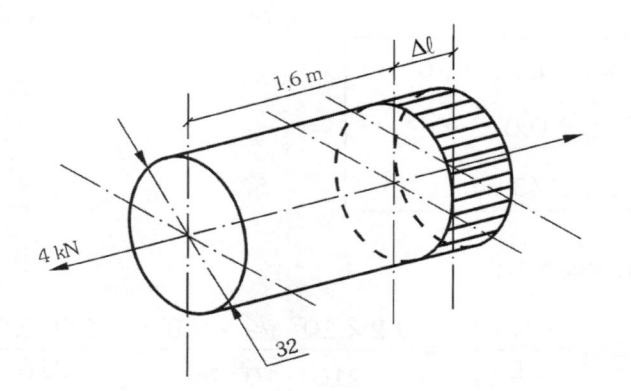

2 - Módulo de elasticidade do material

Pela lei de Hooke, tem-se:

$$\Delta\ell = \frac{\sigma \cdot \ell}{E}$$

portanto, o módulo de elasticidade será:

$$E = \frac{\sigma \cdot \ell}{\Delta\ell}$$

$$E = \frac{5 \times 10^6\ Pa \times 1,6\ m}{114 \times 10^{-6}\ m}$$

$$E = \frac{5 \times 1,6}{114} \times 10^{12}\ Pa$$

$E = 0{,}070 \times 10^{12}\,Pa$

$E = 70 \times 10^9\,Pa$

$\boxed{E = 70\,GPa}$

Através da tabela de módulo de elasticidade dos materiais (página 82), conclui-se que o material da barra é o alumínio, pois $E_{al} = 70$ GPa.

Ex.5 - O lustre da figura pesa 120 N e está preso ao teto através do ponto A por uma corrente de aço.

Determinar o diâmetro do arame da corrente, para que suporte com segurança K = 5, o peso do lustre.

O material do arame é o ABNT 1010L com σ_e = 220 MPa.

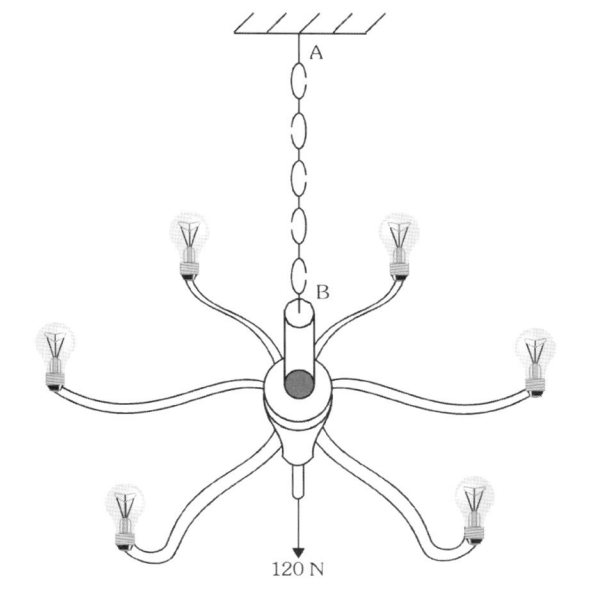

Solução

1 - Dimensionamento do arame.

1.1 - Tensão admissível ($\bar{\sigma}$)

$$\bar{\sigma} = \frac{\sigma_e}{k} = \frac{220}{5} = 44\,MPa \qquad \boxed{\bar{\sigma} = 44\ MPa}$$

1.2 - Diâmetro do arame

Como o elo não está soldado, conclui-se que a carga está sendo suportada por uma única área de secção transversal. Portanto, o dimensionamento será desenvolvido como se a corrente fosse um fio reto.

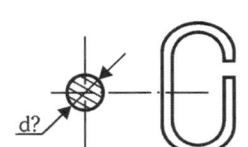

$$\bar{\sigma} = \frac{4F}{\pi d^2}$$

$$d = \sqrt{\frac{4F}{\pi\bar{\sigma}}}$$

$$d = \sqrt{\frac{4 \times 120\,\cancel{N}}{\pi \times 44 \times 10^6\,\dfrac{\cancel{N}}{m^2}}}$$

$$d = \sqrt{\frac{4 \times 120 \times 10^6\,m^2}{\pi \times 44}}$$

$$d = \sqrt{\frac{4 \times 120}{\pi \times 44}} \times 10^3\,m$$

$$\boxed{d \cong 2\ mm}$$

A corrente possui diâmetro do arame d = 2 mm.

Ex.6 - Determinar a área mínima da secção transversal das barras ②,③ e ④ da treliça representada na figura.

O material utilizado é o ABNT 1010L com σ_e = 220 MPa, e o coeficiente de segurança para o caso é k = 2.

1 - Carga axial nas barras

1.1 - Ângulo α

$$tg\alpha = \frac{2}{3} \rightarrow \alpha \cong 34°$$

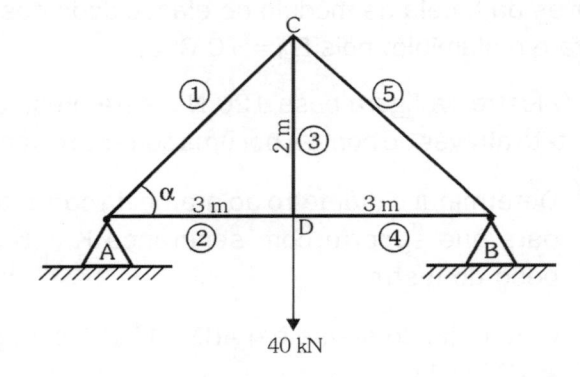

1.2 - Reações de apoio

Como a treliça é simétrica, conclui-se que:

$R_A = R_B = 20$ kN

1.3 - Carga axial na barra ②.

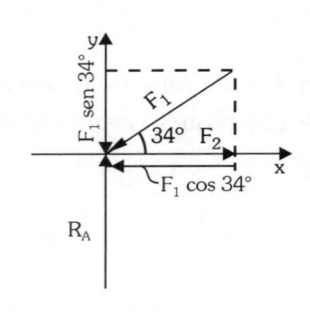

$$\Sigma'Fy = 0$$

$$F_1 \text{ sen } 34° = R_A = 20$$

$$F_1 = \frac{20}{\text{sen } 34°} \cong 35,7\text{kN}$$

$$\boxed{F_1 = \frac{20}{\text{sen } 34°} \cong 35,7\text{kN} \quad F_1 = 35,7\text{kN}}$$

$$\Sigma F_x = 0$$

$$F_2 = F_1 \cos 34°$$

$$F_2 = 35,7 \cos 34°$$

$$\boxed{F_2 \cong 29,6 \text{ kN}}$$

A carga axial na barra ② é F_2 = 29,6 kN.

1.4 - Carga axial na barra ③ através do equilíbrio do "D", tem-se que:

$$\Sigma Fy = 0$$

$$F_3 = 40 \text{ kN}$$

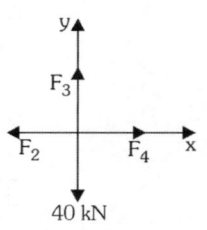

1.5 - Carga axial na barra ④.

Por simetria, conclui-se que:

$$\boxed{F_4 = F_2 = 29{,}6\ kN}$$

2 - Dimensionamento das barras

2.1 - Tensão admissível ($\bar{\sigma}$).

$$\bar{\sigma} = \frac{\sigma_e}{k} = \frac{220}{2} = 110\ MPa \qquad \boxed{\bar{\sigma} = 110\ MPa}$$

2.2 - Área mínima da secção transversal das barras ②; ③; ④

2.2.1 - Barras ② e ④

$$A_2 = A_4 = \frac{29600\ N}{110 \times 10^6\ \dfrac{N}{m^2}}$$

$$\boxed{\begin{array}{l} A_2 = A_4 = 269 \times 10^{-6}\ m^2 \\[4pt] A_2 = A_4 = 269\ mm^2 \end{array}}$$

2.2.2 - Barra ③

$$A_3 = \frac{40000\ \cancel{N}}{110 \times 10^6\ \dfrac{\cancel{N}}{m^2}}$$

$$\boxed{\begin{array}{l} A_3 \cong 364 \times 10^{-6}\ m^2 \\[4pt] A_3 \cong 364\ mm^2 \end{array}}$$

Ex.7 - A barra ① da figura é de aço, possui $A_1 = 400\ mm^2$ (área de secção transversal), e o seu comprimento é $\ell_1 = 800$ mm. Determinar para a barra ①:

a) Carga axial atuante (F_1).

b) Tensão normal atuante (σ_1).

c) O alongamento ($\Delta\ell_1$).

d) A deformação longitudinal (ε_1).

e) A deformação transversal (ε_{t_1}).

$$E_{aço} = 210\ GPa \qquad \nu_{aço} = 0{,}3$$

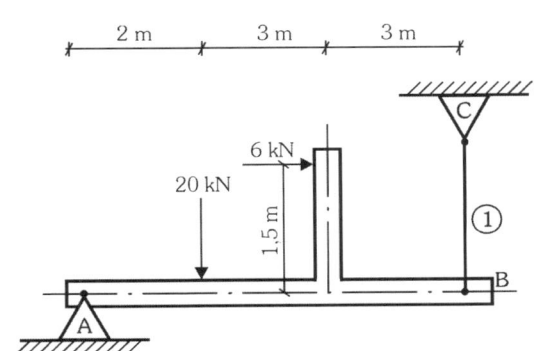

a) Carga axial na barra ①

$$\Sigma M_A = 0$$

$$8\,F_1 = 6 \times 1,5 + 20 \times 2$$

$$\boxed{F_1 = 6,125 \text{ kN}}$$

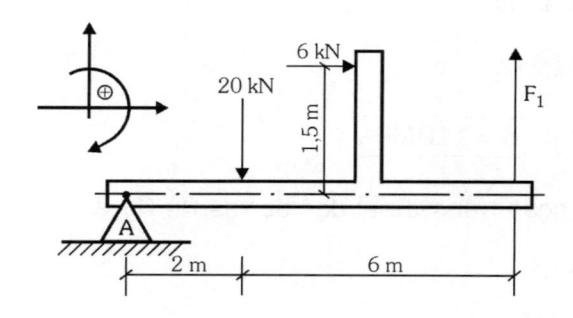

b) Tensão normal atuante (σ_1)

$$\sigma_1 = \frac{F_1}{A_1} = \frac{6125 \text{ N}}{400 \times 10^{-6}\text{ m}^2} = \frac{6125}{400} \times 10^6 \frac{\text{N}}{\text{m}^2}$$

$$\boxed{\sigma_1 \cong 15,3 \text{ MPa}}$$

c) Alongamento da barra ($\Delta\ell_1$).

$$\Delta\ell_1 = \frac{\sigma_1 \times \ell_1}{E_{\text{aço}}} = \frac{15,3 \times 10^6 \text{Pa} \times 800 \times 10^{-3}\text{ m}}{\underset{10^3}{210} \times 10^9 \text{ Pa}}$$

$$\Delta\ell_1 = \frac{15,3 \times 800}{210} \times 10^{-6}\text{ m}$$

$$\boxed{\begin{array}{l} \Delta\ell_1 \cong 58 \times 10^{-6}\text{ m} \\[2mm] \Delta\ell_1 \cong 58 \text{ μm} \end{array}}$$

d) Deformação longitudinal (ε_1)

$$\varepsilon_1 = \frac{\Delta\ell_1}{\ell_1} = \frac{58 \text{ μm}}{0,8 \text{ m}} \qquad \boxed{\varepsilon_1 = 72,5 \text{ μ}}$$

e) Deformação transversal (ε_t)

$$\varepsilon_{t_1} = \nu_{\text{aço}} \cdot \varepsilon_1$$

$$\varepsilon_{t_1} = -0,3 \times 72,5 \qquad\qquad \varepsilon_{t_1} \cong -22 \text{ μ}$$

Ex.8 - Dimensionar a secção transversal da barra ① da construção representada na figura. A barra possui secção transversal quadrada de lado (a).

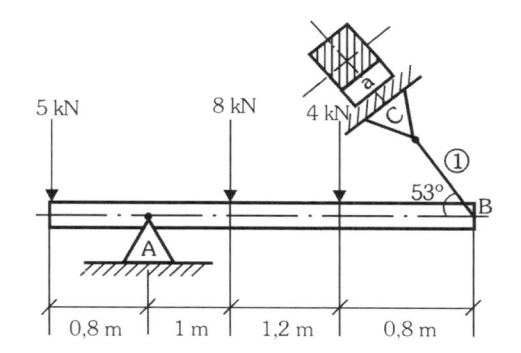

O material da barra é o ABNT 1020 L com $\sigma_e = 280$ MPa. Utilizar coeficiente de segurança k = 2.

1 - Carga axial na barra

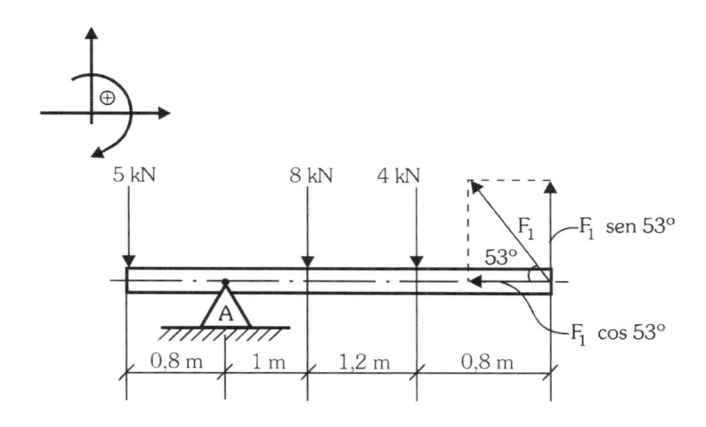

$$\sum MA = 0$$

$$3\,F_1 \,\text{sen}\, 53° = 4 \times 2{,}2 + 8 \times 1 - 5 \times 0{,}8$$

$$\boxed{F_1 = 5{,}3 \text{ kN}}$$

2 - Dimensionamento da barra

2.1 - Tensão admissível ($\bar{\sigma}$)

$$\bar{\sigma} = \frac{\sigma_e}{k} = \frac{280}{2} = 140\,\text{MPa} \qquad \boxed{\bar{\sigma} = 140\,\text{MPa}}$$

2.2 - Lado "a_1" da secção transversal.

$$\bar{\sigma} = \frac{F_1}{A_1} = \frac{F_1}{a_1^2}$$

$$a_1 = \sqrt{\frac{F_1}{\sigma}} = \sqrt{\frac{5300 \,\cancel{N}}{140 \times 10^6 \,\dfrac{\cancel{N}}{m^2}}}$$

$$a_1 = \sqrt{\frac{5300}{140}} \times 10^{-6} \, m^2$$

$$a_1 = \sqrt{\frac{5300}{140}} \times 10^{-3} \, m$$

$$a_1 \cong 6,15 \times 10^{-3} \, m$$

$$a_1 \cong 6,15 \, mm$$

Ex.9 - Uma barra de Al possui secção transversal quadrada com 60 mm de lado e o seu comprimento é de 0,8 m. A carga axial aplicada na barra é de 36 kN. Determinar a tensão normal atuante na barra e o seu alongamento.

$$E_{A\ell} = 0,7 \times 10^5 \, \text{MPa}$$

Solução

a) Tensão atuante na barra

Para calcular a tensão atuante na barra, devemos transformar a carga axial atuante para newtons, tendo então F = 36000 N.

$$\bar{\sigma} = \frac{F}{A} = \frac{36000}{\left(60 \times 10^{-3}\right)^2} = \frac{36000 \, N}{60^2 \times 10^{-6} m^2} = 10 \times 10^6 \, \frac{N}{m^2}$$

$$\boxed{\bar{\sigma} = 10 \, \text{MPa}}$$

Como se pode observar, a unidade do lado da secção foi transformada em m (60 mm = 60×10^{-3} m) para que pudéssemos obter a unidade de tensão no SI N/m^2 (pascal).

b) Alongamento na barra

$$\Delta\ell = \frac{F \times \ell}{A \times E_{A\ell}} = \frac{\sigma \cdot \ell}{E_{A\ell}} = \frac{10 \, \text{MPa} \times 0,8 \, m}{0,7 \times 10^5 \, \text{MPa}}$$

$$\Delta\ell = \frac{10 \times 0,8 \, m}{0,7 \times 10^5}$$

$$\Delta\ell = 114 \times 10^{-6} \, m$$

$$\boxed{\Delta\ell = 114 \, \mu m}$$

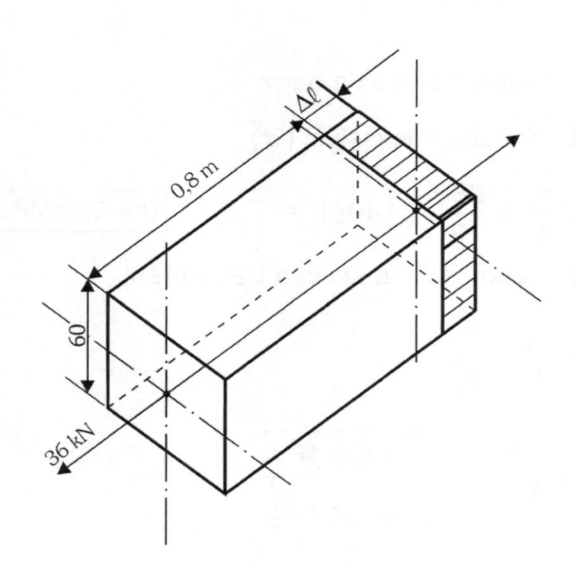

Ex.10 - Dimensionar a corrente da construção representada na figura. O material utilizado é o ABNT 1010L σ_e = 220 MPa e, o coeficiente de segurança indicado para o caso é k ≥ 2.

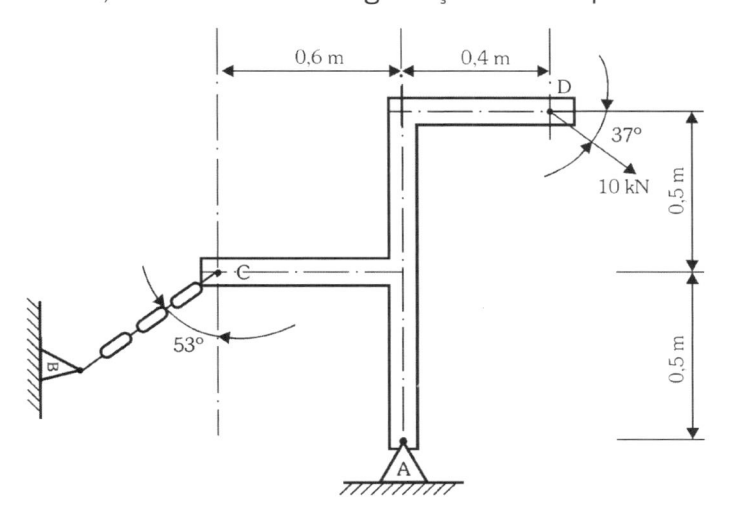

Solução

a) Força na corrente

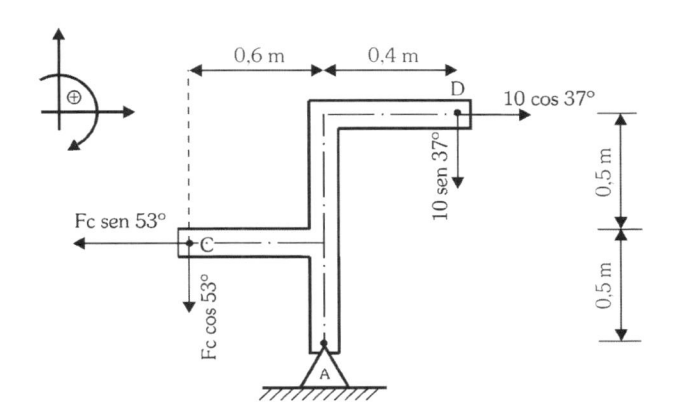

$\Sigma M_A = 0$

$-0,5\, F_C \operatorname{sen} 53° - 0,6\, F_C \cos 53° + 0,4 \times 10 \operatorname{sen} 37° + 1 \times 10 \cos 37° = 0$

$0,5\, F_C \operatorname{sen} 53° + 0,6\, F_C \cos 53° = 0,4 \times 10 \operatorname{sen} 37° + 10 \cos 37°$

$0,4\, F_C + 0,36\, F_C = 2,4 + 8$

$F_C = \dfrac{10,4}{0,76}$ \qquad $\boxed{F_C = 13,68 \text{ kN}}$

b) Dimensionamento do elo da corrente

A força atuante no elo divide-se em duas metades, uma para cada secção. Desta forma, podemos escrever que:

$$\bar{\sigma} = \frac{F_c}{2\,A} = \frac{F_c}{\dfrac{2\pi d^2}{4_2}} = \frac{2F_c}{\pi d^2}$$

$$d = \sqrt{\frac{2F_c}{\pi\sigma}}$$

b.1) Tensão admissível $\sigma_e = \dfrac{\sigma_e}{k} = \dfrac{220}{2} = 110 \text{ MPa}$

Para simplificar a resolução do problema, podemos escrever:

$\overline{\sigma} = 110 \text{N} / \text{mm}^2$

b.2) Dimensionamento do elo

Transformando a força na corrente em newtons, temos:

$d = \sqrt{\dfrac{2 \times 13680}{\pi \times 110}}$ $d = 8,9 \text{ mm}$

O diâmetro do perfilado do elo da corrente deve ser 9 mm.

Ex.11 - Dimensionar a barra ① da construção representada na figura, sabendo-se que a secção transversal da barra é quadrada, e o material a ser utilizado é o ABNT 1030 L com $\sigma_e = 300$ MPa. Utilize coeficiente de segurança $k \geq 2$.

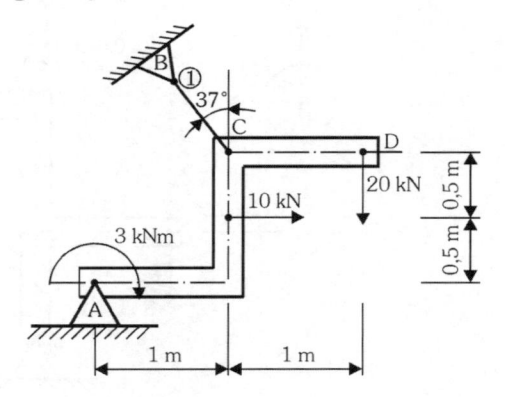

Solução

a) Força axial atuante na barra ①

$\sum M_A = 0$

$-F_1 \cos 37° - F_1 \sin 37° + 20 \times 2 + 10 \times 0,5 + 3 = 0$

$0,8\,F_1 + 0,6\,F_1 = 40 + 5 + 3$

$1,4\,F_1 = 48$

$$\boxed{F_1 = \dfrac{48}{1,4} = 34,28 \text{ kN}}$$

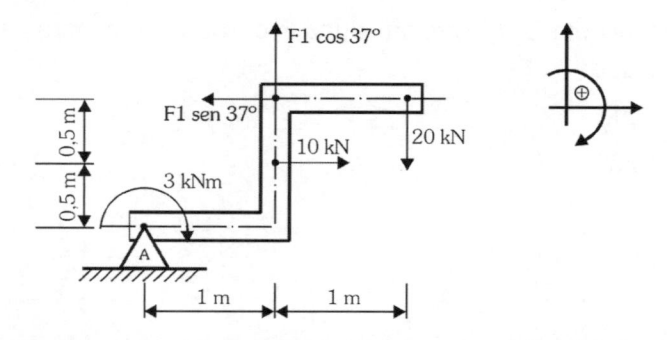

b) Dimensionamento da barra ①

b.1) Tensão admissível

$$\bar{\sigma} = \frac{\sigma e}{k} = \frac{300}{2} = 150 \text{ MPa}$$

150 MPa equivale a 150 N/mm²

b.2) Dimensões de secção transversal da barra

$$\bar{\sigma} = \frac{F}{A}$$

Como a barra possui secção transversal quadrada, denominamos o lado da secção de "a", obtendo desta forma:

$$\bar{\sigma} = \frac{F}{a^2}$$

Transformando a força na barra ① em newtons, temos que $F_1 = 34280$ N.

$$a = \sqrt{\frac{F}{\sigma}} = \sqrt{\frac{34280}{150}} \qquad \boxed{a \cong 15 \text{ mm}}$$

Ex.12 - Na construção representada na figura, a barra ① é de aço, mede 1,2 m e possui área da secção transversal 1600 mm². A barra ② é de cobre, mede 0,9 m e possui área de secção transversal 3600 mm². Determinar:

a) carga axial nas barras;

b) tensão normal nas barras 1 e 2;

c) os respectivos alongamentos;

d) as respectivas deformações longitudinais;

e) as respectivas deformações transversais.

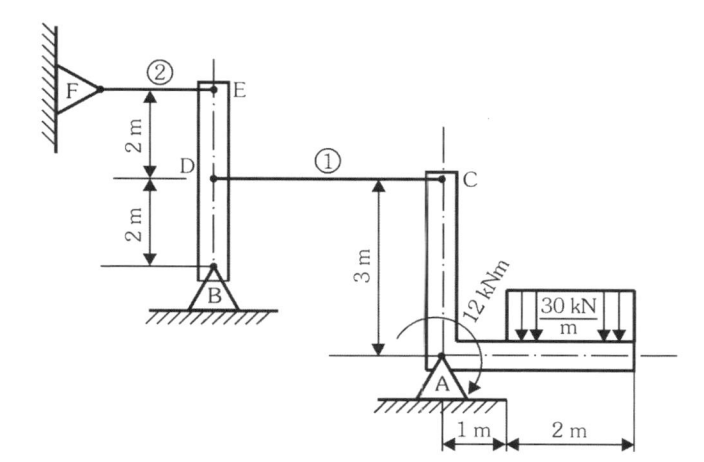

$E_{aço} = 2,1 \times 10^5$ MPa

$E_{cu} = 1,12 \times 10^5$ MPa

$\nu_{aço} = 0,30$ (coeficiente de Poisson do aço)

$\nu_{cu} = 0,32$ (coeficiente de Poisson do cobre)

Solução

a) Força axial nas barras

a.1) barra ①

$\Sigma M_A = 0$

$3 F_1 = 60 \times 2 + 12$ $\boxed{F_1 = \dfrac{132}{3}}$

$\boxed{F_1 = 44 \text{ kN}}$

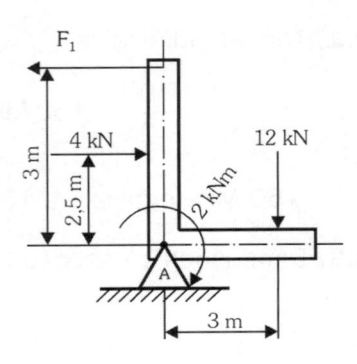

a.2) barra ②

$\Sigma M_B = 0$

$4 F_2 = 44 \times 2$

$\boxed{F_2 = 22 \text{ kN}}$

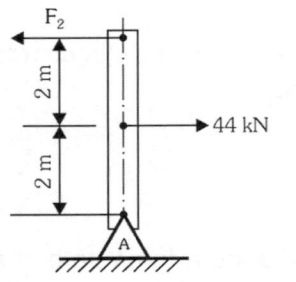

b) Tensão normal nas barras

b.1) barra ①

$$\sigma_1 = \frac{F_1}{A_1} = \frac{44000}{1600} = 27,5 \ \frac{N}{mm^2}$$

$\sigma_1 = 27,5 \ \dfrac{N}{mm^2}$ corresponde a $\sigma_1 = 27,5$ MPa

b.2) barra ②

$$\sigma_2 = \frac{F_2}{A_2} = \frac{22000}{3600} = 6,1 \ N/mm^2$$

$\boxed{\sigma_2 = 6,1 \ N/mm^2 \text{ corresponde a } \sigma_2 = 6,1 \text{ MPa}}$

c) Alongamento das barras

c.1) barra ①

$$\Delta \ell_1 = \frac{F_1 \cdot \ell_1}{A_1 \ E_{aço}} = \frac{\sigma_1 \cdot \ell_1}{E_{aço}}$$

$$\Delta \ell_1 = \frac{27,5 \times 1,2}{2,1 \times 10^5} = 157 \times 10^{-6} m \qquad \boxed{\Delta \ell_1 = 157 \ \mu m}$$

c.2) barra ②

$$\Delta \ell_2 = \frac{F_2 \cdot \ell_2}{A_2 \cdot E_{cu}} = \frac{\sigma_2 \cdot \ell_2}{E_{cu}}$$

$$\Delta \ell_2 = \frac{6,11 \times 0,9}{1,12 \times 10^5} = 49 \times 10^{-6} m \qquad \boxed{\Delta \ell_2 = 49 \ \mu m}$$

d) Deformação longitudinal das barras

d.1) barra ①

$$\varepsilon_1 = \frac{\sigma_1}{E_{aço}} = \frac{27,5}{2,1 \times 10^5} \qquad \boxed{\varepsilon_1 = 13 \times 10^{-5} = 130 \times 10^{-6} = 130 \ \mu}$$

$$\varepsilon_2 = \frac{\sigma_2}{E_{cu}} = \frac{6,11}{1,12 \times 10^5} \qquad \boxed{\varepsilon_2 = 5,45 \times 10^{-5} = 54,5 \times 10^{-6} = 54,5 \ \mu}$$

e) Deformação transversal das barras

e.1) barra ①

$$\varepsilon_{t_1} = -\nu_{aço} \cdot \varepsilon_1 = -0,3 \times 13 \times 10^{-5}$$

$$\boxed{\varepsilon_{t_1} = -3,9 \times 10^{-5} = -39 \times 10^{-6} = -39 \ \mu}$$

e.2) barra ②

$$\varepsilon_{t_2} = \nu_{cu} \cdot \varepsilon_2$$

$$\varepsilon_{t_2} = -0,32 \times 5,45 \times 10^{-5}$$

$$\boxed{\varepsilon_{t_2} = 1,74 \times 10^{-5} = 17,4 \times 10^{-6} = -17,4 \ \mu}$$

Ex.13 - Determinar as áreas mínimas das secções transversais das barras ①, ② e ③ da construção representada na figura. O material a ser utilizado é o ABNT 1020 L σ_e = 280 MPa; utilize coeficiente de segurança $k \geq 2$.

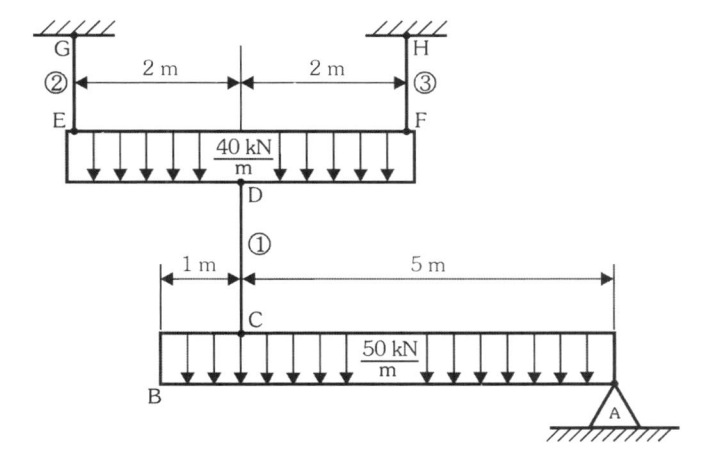

Solução

a) Força axial na barra ①

$\Sigma M_A = 0$

$5\,F_1 = 300 \times 3$

$$\boxed{F_1 = \frac{900}{5} = 180 \text{ kN}}$$

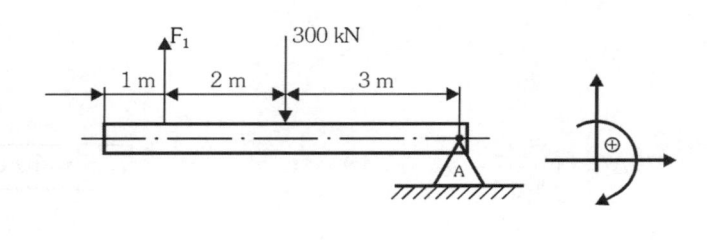

b) Força normal nas barras ② e ③

Como a carga de 340 kN está aplicada simetricamente às barras ② e ③, concluímos que:

$$\boxed{F_2 = F_3 = \frac{340}{2} = 170 \text{ kN}}$$

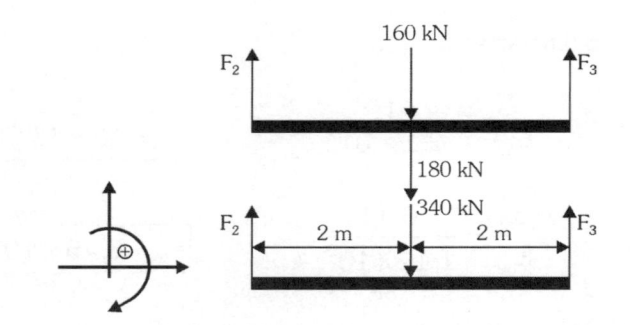

c) Áreas mínimas das secções transversais

c.1) Tensão admissível do material

Para que o material trabalhe com segurança k = 2 dada como ideal para o caso, temos:

$$\bar{\sigma} = \frac{\sigma_e}{k} = \frac{280}{2} = 140 \text{ MPa}$$

σ = 140 MPa ou para simplificar os cálculos, podemos utilizar σ = 140 N/mm².

c.2) Área mínima da secção transversal da barra ①

$$\bar{\sigma} = \frac{F_1}{A_1}$$

transformando F1 em newtons, temos:

$F_1 = 180.000$ N

$$A_1 = \frac{F_1}{\bar{\sigma}} = \frac{180000}{140}$$

$$\boxed{A_1 \cong 1286 \text{ mm}^2}$$

c.3) Área mínima da secção transversal das barras 2 e 3. Analogamente a c.2 temos que:

$$A_2 = A_3 = \frac{170.000}{140}$$

$$\boxed{A_2 = A_3 = 1214 \text{ mm}^2}$$

Ex.14 - A coluna da figura suporta uma carga de 240 kN. Considerando o peso próprio do material, determinar as tensões atuantes nas secções AA; BB; CC.

A coluna é de concreto, sendo que o bloco 1 tem $h_1 = 2$ m e área da secção transversal A1 = 0,24 m², o bloco 2 tem $h_2 = 2$ m e área da secção transversal $A_2 = 0,36$ m².

γ concreto = 2×10^4 N / m³

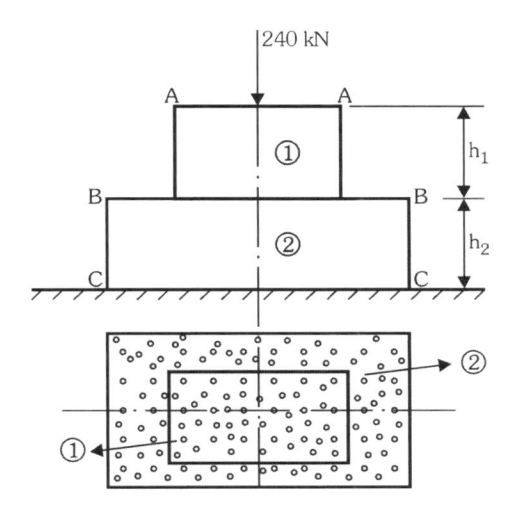

Solução

a) Tensão na secção AA

$$\sigma_{AA} = \frac{240000}{0,24} = 10^6 \, \frac{N}{m^2}$$

$$\boxed{\sigma_{AA} = 1 \, MPa}$$

b) Tensão na secção BB

A carga que atua na secção BB é de 240 kN mais o peso próprio do bloco 1.

$P_{p1} = \gamma_C \cdot A_1 \cdot h_1$

$P_{p1} = 2 \times 10^4 \times 0,24 \times 2$ x

$P_{p1} = 0,96 \times 10^4$ N = 9600 N

$$\sigma_{BB} = \frac{240000 + 9600}{0,36} = 0,693 \times 10^6 \, N / m^2$$

$$\boxed{\sigma_{BB} = 0,693 \, MPa}$$

c) Tensão na secção CC

A tensão na secção CC é obtida pelo somatório das cargas aplicadas na referida secção transversal.

$P_{p2} = \gamma_C \cdot A_2 \cdot h_2$

$$P_{p2} = 2 \times 10^4 \times 0,36 \times 2$$

$$P_{p2} = 1,44 \times 10^4 \text{ N} = 14400 \text{ N}$$

$$\sigma_{CC} = \frac{240000 + 9600 + 14400}{0,36}$$

$$\sigma_{CC} = 0,733 \times 10^6 \text{ N} / \text{m}^2 \qquad \boxed{\sigma_{CC} = 0,733 \text{ MPa}}$$

Ex.15 - Dimensionar a barra ① da construção, representada na figura. O material a ser utilizado é o ABNT 1020 com $\sigma_e = 280$ N / mm² e o coeficiente de segurança indicado para o caso é $k \geq 2$.

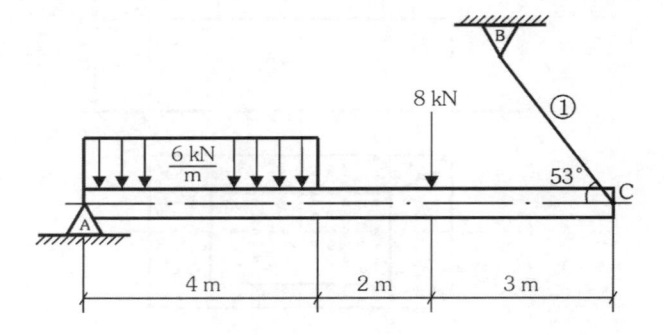

Solução

a) Força normal na barra ①

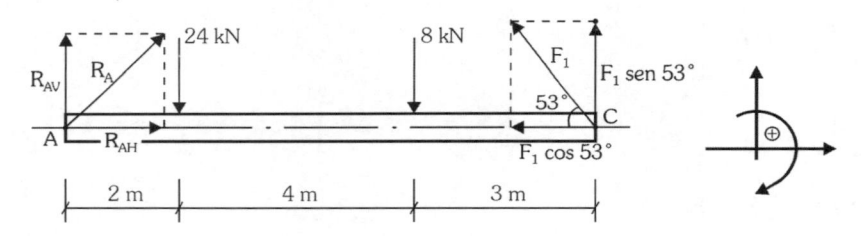

$$\Sigma M_A = 0$$

$$9 \, F_1 \text{ sen } 53° = 8 \times 6 + 24 \times 2$$

$$F_1 = \frac{48 + 48}{9 \times 0,8} \qquad \rightarrow \qquad \boxed{F_1 = 13,33 \text{ kN}}$$

b) Dimensionamento da barra ①

b.1) Tensão admissível

$$\bar{\sigma} \frac{\sigma_e}{k} = \frac{280}{2} = 140 \text{ N} / \text{mm}^2$$

b.2) Secção transversal da barra ①

$$A_1 = \frac{F_1}{\sigma} \quad \frac{13330}{140} \qquad \boxed{A_1 = 95,2 \text{ mm}^2}$$

Ex.16 - A barra ① da figura é de aço, possui comprimento $\ell_1 = 0,8$ m e área da secção transversal $A_1 = 400$ mm². Determinar a tensão normal na barra e o seu alongamento.

$$E_{aço} = 2,06 \times 10^5 \text{ N/mm}^2$$

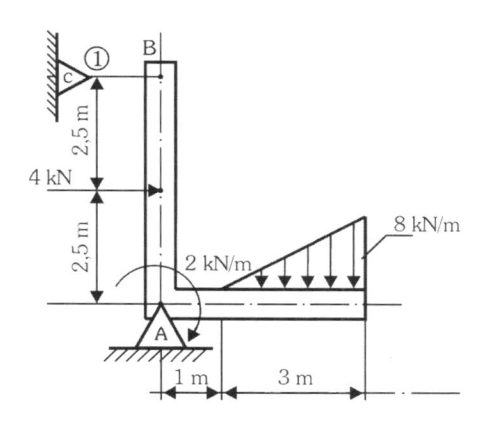

Solução

a) Força normal na barra ①

$$\Sigma M_A = 0$$

$$5 F_1 = 4 \times 2,5 + 2 + 12 \times 3$$

$$F_1 = \frac{10 + 2 + 36}{5} \qquad \boxed{F_1 = 9,6 \text{ kN}}$$

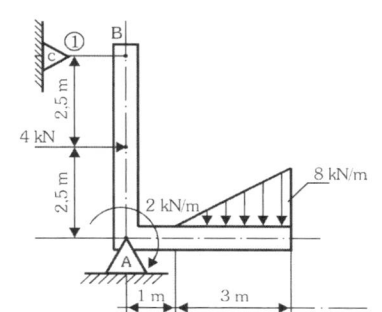

b) Tensão normal na barra ①

$$\sigma_1 = \frac{F_1}{A_1} = \frac{9600}{400}$$

$$\boxed{\sigma_1 = 24 \text{ N / mm}^2}$$

c) Alongamento da barra 1

$$\Delta \ell_1 = \frac{F_1 \cdot \ell_1}{A_1 \cdot E_{aço}} \qquad \frac{9600 \times 800}{400 \times 2 \times 10^5}$$

$$\Delta \ell_1 = \frac{9,6 \times 10^3 \times 8 \times 10^2}{400 \times 2 \times 10^5}$$

$$\boxed{\Delta \ell_1 = 0,096 \text{ mm} = 96 \text{ µm}}$$

Ex.17 - A viga AB absolutamente rígida suporta o carregamento da figura, suspensa através dos pontos AB, pelas barras ① e ② respectivamente. A barra ① é de aço, possui comprimento ℓ e área de secção transversal A_1.

A barra ② é de Aℓ, possui também comprimento ℓ e área de secção transversal A_2.

Determinar a relação entre as áreas das secções transversais das barras, sabendo que a viga AB permanece na horizontal após a aplicação das cargas.

$E_{aço}$ = 210 GPa

$EA\ell$ = 70 GPa

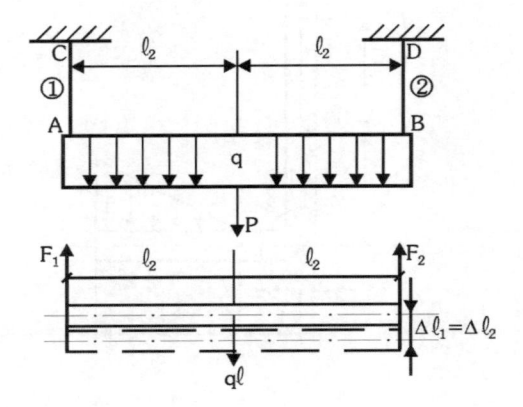

Solução

a) A carga concentrada do carregamento é $q\ell$.

A viga permanece na horizontal após a aplicação das cargas.

Conclui-se que:

$$F_1 = F_2 = \frac{q\ell}{2}$$

(por simetria) e que,

$$\Delta\ell_1 = \Delta\ell_2$$

$$\frac{F_1 \cdot \ell_1}{A_1 E_{aço}} = \frac{F_2 \cdot \ell_2}{A_2 E_{A\ell}}$$

$$\frac{A_2}{A_1} = \frac{E_{aço}}{E_{A\ell}} = \frac{210}{70} = 3 \qquad \boxed{A_2 = 3A_1}$$

6 Sistemas Estaticamente Indeterminados (Hiperestáticos)

6.1 Introdução

Os sistemas hiperestáticos são aqueles cuja solução exige que as equações da estática sejam complementadas pelas equações do deslocamento, originadas por ação mecânica ou por variação térmica.

O deslocamento originado por ação mecânica é determinado através da lei de Hooke.

$$\Delta \ell = \frac{F \cdot \ell}{A \cdot E}$$

Como a aplicação de uma carga axial na peça gera uma tensão normal $\sigma = \dfrac{F}{A}$, escrevemos a lei de Hooke.

$$\Delta \ell = \frac{\sigma \cdot \ell}{E}$$

Para estudar o deslocamento originado na peça pela variação de temperatura, vamos nos basear na experiência a seguir:

Suponhamos, inicialmente, que uma barra de comprimento ℓ_0 esteja a uma temperatura inicial t_0. A barra, ao ser aquecida, passa para uma temperatura t, automaticamente acarretando o aumento da sua medida linear, $\ell_f = \ell_0 + \Delta \ell$.

Essa variação da medida linear, observada na experiência, é proporcional à variação de temperatura (Δt), ao comprimento inicial da peça (ℓ_0), e ao coeficiente de dilatação linear do material (α); desta forma, podemos escrevê-la:

$$\ell_f - \ell_0 = \ell_0\, \alpha(t - t_0)$$

$$\Delta \ell = \ell_0\, \alpha\, \Delta t$$

em que: $\Delta \ell$ = variação da medida linear originada pela variação de temperatura (dilatação) [m; mm; ...]

ℓ_0 = comprimento inicial da peça [m; mm; ...]

α = coeficiente de dilatação linear do material $[^\circ C]^{-1}$

Δt = variação de temperatura $[^\circ C]$

Para os casos de resfriamento da peça, $(t - t_0) < 0$, portanto:

$$\Delta \ell = -\ell_0\, \alpha\, \Delta t$$

6.2 Tensão Térmica

Suponhamos, agora, o caso de uma peça biengastada, de comprimento ℓ e secção transversal A, conforme mostra a figura.

Se retirarmos um dos engastamentos, a variação de temperatura $\Delta t > 0$ vai provocar o alongamento da peça (dilatação), uma vez que a peça estará livre.

Com o engastamento duplo, originar-se-á uma carga axial, que retém o alongamento da peça.

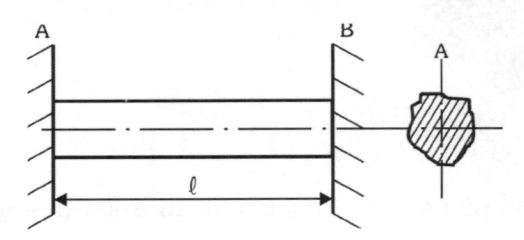

Peça livre a uma temperatura inicial (t_0).

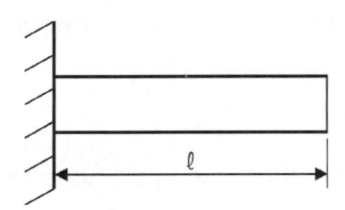

Dilatação $\Delta\ell$ originada pela variação de temperatura $(\Delta t > 0)$.

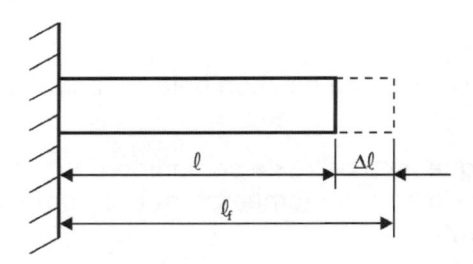

Dilatação contida pela reação dos engastamentos.

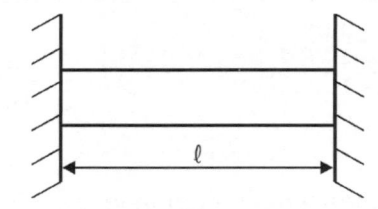

A variação linear devido à variação de temperatura $\Delta\ell(t)$ e a variação linear devido à carga axial de reação $\Delta\ell(R)$ são iguais, pois a variação total é nula. Desta forma, temos:

$$\Delta\ell\,(t) = \Delta\ell\,(R)$$

$$\ell_0\;\alpha\;\Delta t = \frac{F \cdot \ell_0}{A \cdot E}$$

$$\boxed{F = A \cdot E \cdot \alpha \cdot \Delta t} \qquad \text{força axial térmica atuante na peça}$$

A tensão térmica atuante será:

$$\sigma = \frac{F}{A} = \frac{\cancel{A}E\,\alpha\Delta t}{\cancel{A}} \qquad \boxed{\sigma = E \cdot \alpha \cdot \Delta t}$$

em que: F - força axial térmica [N; kN; ...)

σ - tensão normal térmica [MPa; N/mm^2; ...]

α - coeficiente de dilatação linear do material [°C]$^{-1}$

Δt - variação de temperatura [°C]

⚙ Exercícios ⚙

Ex.1 - A figura dada representa uma viga I de aço com comprimento $\ell = 4$ m e área de secção transversal A = 2800 mm^2 engastada nas paredes A e B, livre de tensões a uma temperatura de 17 °C. Determinar a força térmica e a tensão térmica, originada na viga, quando a temperatura subir para 42 °C.

$E_{aço} = 2,1 \times 10^5$ MPa

$\alpha_{aço} = 1,2 \times 10^{-5}\ °C^{-1}$

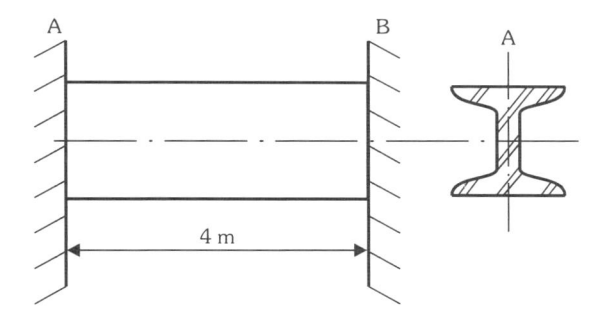

Solução

Transformando a unidade de área no SI, temos:

A = 2.800 × 10^{-6} m^2

A variação de temperatura no sistema é:

Δt = 42 − 17 = 25°

Transformando a unidade do módulo de elasticidade em pascal, temos:

$E_{aço} = 2,1 \times 10^5$ MPa = 2,1 × 10^{11} N/m^2

Força axial térmica

F = A · E · α · Δt

F = 2.800 × 10^{-6} × 2,1 × 10^{11} × 1,2 × 10^{-5} × 25

$\boxed{\text{F} = 176400\,\text{N}}$

Tensão térmica

$$\sigma = \frac{F}{A} = \frac{176400\ N}{2800 \times 10^{-6}\,m^2}$$

$$\sigma = 63 \times 10^6\ N/m^2 \qquad \sigma = 63\ MPa$$

Ex.2 - Uma barra circular de alumínio possui comprimento $\ell = 0{,}3$ m à temperatura de 17 °C. Determine a dilatação e o comprimento final da barra quando a temperatura atingir 32 °C.

$$\alpha_{A\ell} = 2{,}4 \times 10^{-5}{}^{\circ}C^{-1}$$

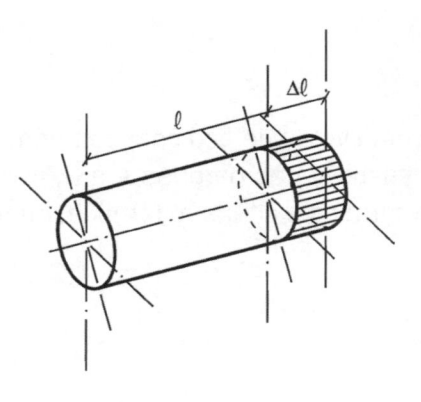

Solução

1. Dilatação da barra

$\Delta\ell = \ell_0\,\alpha\Delta t$

$\Delta\ell = 0{,}3 \times 2{,}4 \times 10^{-5} \times (32 - 17)$

$\Delta\ell = 10{,}8 \times 10^{-5}$ m

ou

$\Delta\ell = 108 \times 10^{-6}$ m $\qquad \boxed{\Delta\ell = 108\ \mu m}$

2. Comprimento final da barra

Comprimento da barra 0,3 m = 300 mm

O alongamento da barra 108 μm = 0,108 mm, portanto, o comprimento final da barra é:

$\ell_f = \ell_0 + \Delta\ell = 300 + 0{,}108$

$\boxed{\ell_f = 300{,}108\ mm}$

Ex.3 - O conjunto representado na figura é constituído por uma secção transversal $A_1 = 3600$ mm^2 e comprimento de 500 mm e uma secção transversal $A_2 = 7200$ mm^2 e comprimento de 250 mm. Determinar as tensões normais atuantes nas secções transversais das partes ① e ② da peça, quando houver uma variação de temperatura de 20 °C. O material da peça é aço.

$E_{aço} = 2{,}1 \times 10^5$ MPa $\qquad \alpha_{aço} = 1{,}2 \times 10^{-5}$ °C^{-1}

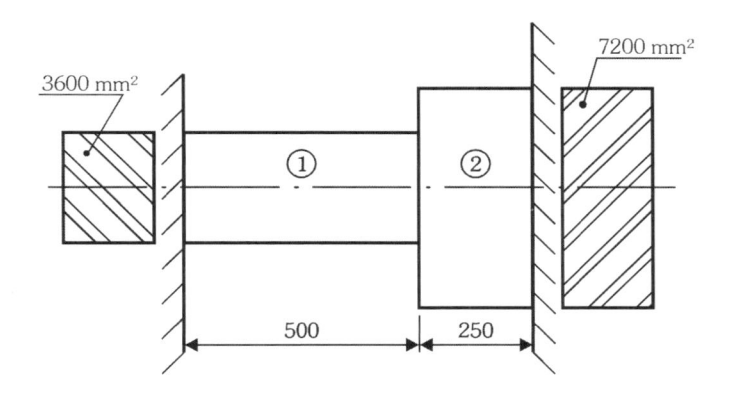

Solução

A carga axial atuante na peça é a mesma que atua como reação nos engastamentos. Para determinar essa força, é importante lembrar que o somatório dos deslocamentos é nulo, portanto podemos escrever que:

$$\ell_1 \alpha_{aço} \Delta t - \frac{F\ell_1}{A_1 \cdot E_{aço}} = \ell_2 \alpha_{aço} \Delta t - \frac{F\ell_2}{A_2 \cdot E_{aço}}$$

Como $\ell_1 = 2\ell_2$ e $A_2 = 2A_1$, podemos escrever a equação anterior desta forma:

$$2\ell_2 \alpha_{aço} \Delta t - \frac{2F\ell_2}{A_1 \cdot E_{aço}} = \ell_2 \alpha_{aço} \Delta t - \frac{F\ell_2}{2A_1 \cdot E_{aço}}$$

$$2\ell_2 \alpha_{aço} \Delta t - \ell_2 \alpha_{aço} \Delta t = \frac{2F\ell_2}{A_1 \cdot E_{aço}} - \frac{F\ell_2}{2A_1 \cdot E_{aço}}$$

$$\ell_2 \alpha_{aço} \Delta t = \frac{3}{2} \cdot \frac{F\ell_2}{A_1 \cdot E_{aço}}$$

$$\boxed{F = \frac{2}{3} A_1 E_{aço} \cdot \alpha_{aço} \Delta t}$$

Transformando as unidades em SI, temos:

$$F = \frac{2}{3} \times 3600 \times 10^{-6} \times 2,1 \times 10^{11} \times 1,2 \times 10^{-5} \times 20$$

$$\boxed{F = 120960 \text{ N}}$$

Tensão normal atuante nas secções ① e ②

$$\sigma_1 = \frac{F}{A_1} = \frac{120960}{3600 \times 10^{-6}} = \frac{120960 \times 10^6}{3600}$$

$$\sigma_1 = 33,6 \times 10^6 \text{N} / \text{m}^2$$

$$\boxed{\sigma_1 = 33,6 \text{ MPa}}$$

$$\sigma_2 = \frac{F}{A_2} = \frac{120960}{7200 \times 10^{-6}}$$

$$\sigma_2 = 16,8 \times 10^6 \, \text{N} / \text{m}^2$$

$$\boxed{\sigma_2 = 16,8 \, \text{MPa}}$$

Ex.4 - A figura representa uma viga I de aço com comprimento 5 m e área de secção transversal de 3600 mm^2.

A viga encontra-se engastada na parede A e apoiada na parede B, com uma folga de 1 mm desta, a uma temperatura de 12 °C. Determinar a tensão atuante na viga quando a temperatura subir para 40 °C.

$E_{aço} = 2,1 \times 10^5$ MPa $\alpha_{aço} = 1,2 \times 10^{-5}$ °C^{-1}

Solução

Se a viga estivesse livre, o seu alongamento seria:

$\Delta\ell = \ell_0 \, \alpha\Delta t$

$\Delta\ell = 5 \times 1,2 \times 10^{-5} \times (40 - 12)$

$\Delta\ell = 5 \times 12 \times 10^{-6} \times 28$

$\boxed{\Delta\ell = 1680 \times 10^{-6} \, \text{m}}$

transformando $\Delta\ell$ para mm para comparar com a folga:

$\boxed{\Delta\ell = 1,68 \, \text{mm}}$

Como existe a folga de 1 mm, a parte do alongamento que será responsável pela tensão é:

$\Delta\ell^* = \Delta\ell - 1 = 1,68 - 1 = 0,68$ mm

A variação de temperatura necessária para se obter $\Delta\ell^* = 0,68$ mm será calculada por:

$\Delta\ell = (\ell_0 + 1) \, \alpha\Delta t$

$$\Delta t = \frac{\Delta\ell}{(\ell_0 + 1)\alpha} = \frac{0,68}{5001 \times 1,2 \times 10^{-5}} \qquad \boxed{\Delta t = 11,33 \, °\text{C}}$$

Tensão atuante na viga

$\sigma = E \cdot \alpha \cdot \Delta t$

$\alpha = 2{,}1 \times 10^5 \times 1{,}2 \times 10^{-5} \times 11{,}33$ $\boxed{\alpha = 28.55 \text{ MPa}}$

Ex.5 - Um tubo de aço com $D_{aço} = 100$ mm envolve um tubo de Cu com $D_{cu} = 80$ mm e $d_{cu} = 60$ mm com mesmo comprimento do tubo de aço. O conjunto sofre uma carga de 24 kN aplicada no centro das chapas de aço da figura.

$E_{aço} = 210$ GPa, $E_{cu} = 112$ GPa.

Determinar as tensões normais no tubo de Cu e no tubo de aço.

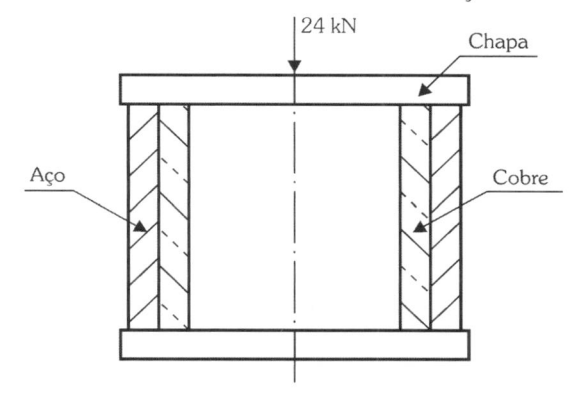

Solução

A carga de 24 kN atua simultaneamente nos tubos de Cu e Aço, portanto podemos escrever que:

$$\boxed{F_{aço} + F_{cu} = 24 \text{ kN}} \tag{I}$$

A carga aplicada nos tubos faz com que eles sofram uma variação da sua medida linear inicial. É fácil observar que as duas variações serão as mesmas.

$$\Delta \ell_{aço} = \Delta \ell_{cu}$$

$$\frac{F_{aço} \cdot \ell_{aço}}{A_{aço} \cdot E_{aço}} = \frac{F_{cu} \cdot \ell_{cu}}{A_{cu} \cdot E_{cu}}$$

Como os comprimentos são iguais, podemos escrever que:

$$\frac{F_{aço}}{A_{aço} \cdot E_{aço}} = \frac{F_{cu}}{A_{cu} \cdot E_{cu}}$$

$$\boxed{F_{aço} \frac{A_{aço} \cdot E_{aço}}{A_{cu} \cdot E_{cu}} = F_{cu}} \tag{II}$$

Secções transversais dos tubos

$$A_{aço} = \frac{\pi}{4}\left(D_{aço}^2 - d_{aço}^2\right) = \frac{\pi}{4}\left(100^2 - 80^2\right)$$

$$\boxed{A_{aço} = 900\ \pi_{mm^2}}$$

$$A_{cu} = \frac{\pi}{4}\left(D_{cu}^2 - d_{cu}^2\right) = \frac{\pi}{4}(80^2 - 60^2)$$

$$\boxed{A_{cu} = 700\ \pi_{mm^2}}$$

Substituindo os valores de área, obtidos na equação II, temos:

$$F_{aço} = \frac{900\,\pi \cdot 210}{700\,\pi \cdot 112}F_{cu}$$

$$\boxed{F_{aço} = 2,14\ F_{cu}}$$

Substituindo a relação na equação I, temos:

$2,41\ F_{cu} + F_{cu} = 24$

$3,41\ F_{cu} = 24$

$$\boxed{F_{cu} = 7\ kN}$$

como

$F_{aço} + F_{cu} = 24$ $\qquad\qquad F_{aço} = 24 - 7$ $\boxed{F_{aço} = 17\ kN}$

Tensão normal no tubo de aço

Transformando o valor das cargas em newtons e as áreas em m^2, temos:

$F_{aço} = 17000\ N \qquad A_{aço} = 900 - \times 10^{-6}\ m^2$

$F_{cu} = 700\ N \qquad\quad A_{cu} = 700 - \times 10^{-6}\ m^2$

$$\sigma_{aço} = \frac{F_{aço}}{A_{aço}} = \frac{17000}{900\,\pi \times 10^{-6}} = 6 \times 10^6\ \frac{N}{m^2}$$

$$\boxed{\sigma_{aço} = 6\ MPa}$$

$$\sigma_{cu} = \frac{F_{cu}}{A_{cu}} = \frac{7000}{700\,\pi \times 10^{-6}} = 3,18 \times 10^6\ \frac{N}{m^2} \qquad\qquad \boxed{\sigma_{cu} = 3,18\ MPa}$$

Ex.6 - A viga AE, absolutamente rígida, suporta o carregamento representado na figura, suspensa através dos pontos A, C e E pelas barras ①, ② e ③ respectivamente. As barras ① e ③ são de aço, possuem as mesmas dimensões, possuindo comprimento de 1,2 m, e a área da secção transversal é igual a 400 mm^2.

A barra ② é de $\Delta\ell$, possui comprimento de 2 m e área de secção transversal de 800 mm^2.

A viga permanece na horizontal após a aplicação das cargas. Determinar:

a) a força normal nas barras;

b) os respectivos alongamentos;

c) as tensões normais atuantes nas barras.

$E_{aço} = 210$ GPa $\qquad\qquad EA_\ell = 70$ GPa

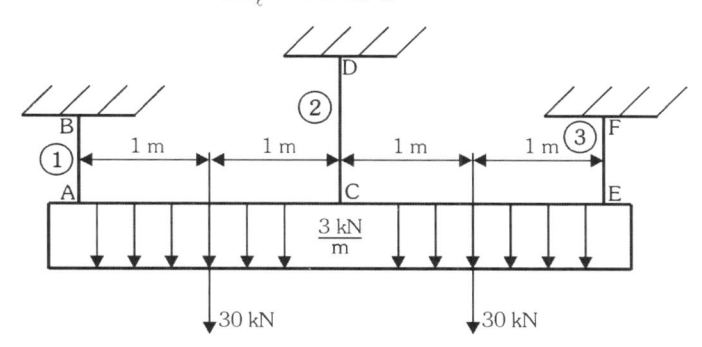

Solução

Como a viga permanece na horizontal, após aplicação das cargas, concluímos que:

$\Delta\ell_1 = \Delta\ell_2 = \Delta\ell_3$

$$\frac{F_1\ell_1}{A_1 E_{aço}} = \frac{F_2\ell_2}{A_2 EA_\ell} = \frac{F_3\ell_3}{A_3 E_{aço}}$$

Como $\ell_1 = \ell_3$ e $A_1 = A_3$ concluímos que:

$F1 = F3 \qquad\qquad$ (I)

$$\frac{F_1\ell_1}{A_1 E_{aço}} = \frac{F_2\ell_2}{A_2 E_A}$$

$$\boxed{F_1 = \frac{A_1 \times E_{aço}}{A_2 \times E_{A\ell} \times \ell_1}} \qquad$$ (II)

Substituindo os valores na equação II, temos:

$$F_1 = \frac{400 \times 210 \times 2}{800 \times 70 \times 1,2} F_2$$

$$\boxed{F_1 = 2,5\, F_2}$$

a) Força normal nas barras

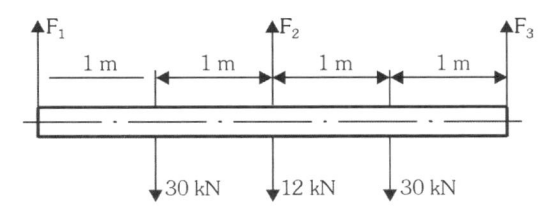

$\Sigma F_y = 0$

$F_1 + F_2 + F_3 = 72$

como $F_1 = F_3$ e $F_1 = 2,5\, F_2$, temos que:

$2,5\, F_2 + F_2 + 2,5\, F_2 = 72$

$$\boxed{F_2 = 12\ kN}$$

como $F_1 = 2,25\ F_2$, concluímos que:

$$\boxed{F_1 = F3 = 30\ kN}$$

b) Alongamento das barras

Como a viga permanece na horizontal, os alongamentos são iguais.

$$\Delta\ell_1 = \Delta\ell_2 = \Delta\ell_3 = \frac{30000 \times 1,2}{400 \times 10^{-6} \times 2,1 \times 10^{11}}$$

$$\Delta\ell_1 = \Delta\ell_2 = \Delta\ell_3 = \frac{30000 \times 1,2}{40 \times 2,1 \times 10^{6}}$$

$$\Delta\ell_1 = \Delta\ell_2 = \Delta\ell_3 = 429 \times 10^{-6}\ m$$

$$\boxed{\Delta\ell_1 = \Delta\ell_2 = \Delta\ell_3 = 429\ \mu m}$$

c) Tensões normais atuantes nas barras

c.1) barras ① e ③

$$\sigma_1 = \sigma_3 = \frac{3000}{400 \times 10^{-6}} = 75 \times 10^{6}\ Pa$$

$$\boxed{\sigma_1 = \sigma_3 = 75\ MPa}$$

c.2) barra ②

$$\sigma_1 = \frac{F_2}{A_2} = \frac{12000}{800 \times 10^{-6}} = 15 \times 10^{6}\ Pa$$

$$\boxed{\sigma_2 = 15\ MPa}$$

Ex.7 - A viga AD de aço, absolutamente rígida, suporta o carregamento da figura, articulada em A, e suspensa através dos pontos B e D pelas barras ① e ② respectivamente. A barra ① é de Cu, tem comprimento igual a 2 m e área da secção transversal com 600 mm². A barra ② é de aço, tem comprimento igual a 3 m e área de secção transversal com 480 mm². $E_{aço} = 210\ GPa$ e $E_{cu} = 112\ GPa$.

Determinar: **a)** a força normal nas barras;

b) a tensão normal nas barras;

c) os respectivos alongamentos.

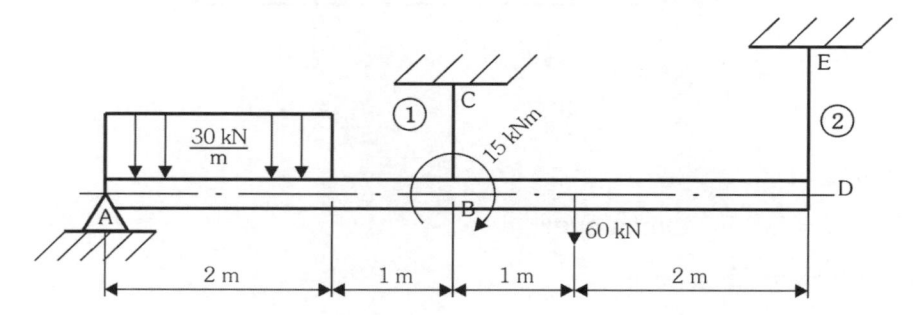

Solução

a) Força normal nas barras

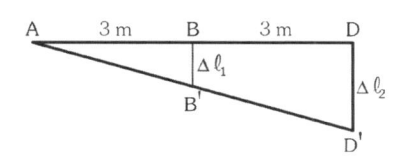

a.1) A viga AD, ao sofrer a ação das cargas, desloca a extremidade D para uma posição D', formando o ∆ABDD'. O ponto B desloca-se para uma posição B', formando ∆ABB'.

O deslocamento DD' representa o alongamento da barra ②, enquanto o deslocamento BB' representa o alongamento da barra 1. Como ∆ADD' ~ ∆ABB', concluímos que:

$$\frac{\Delta \ell_1}{3} = \frac{\Delta \ell_2}{6} \qquad \boxed{\Delta \ell_2 = 2\Delta \ell_1}$$

$$\frac{F_2 \ell_2}{A_2 E_{aço}} = \frac{2F_1 \ell_1}{A_1 E_{cu}}$$

$$F_2 = \frac{2 \times A_2 \times E_{aço} \times \ell_1}{A_1 \times E_{cu} \times \ell_2} F_1$$

$$F_2 = \frac{2 \times 480 \times 210 \times 2}{600 \times 112 \times 3} F_1 \qquad \boxed{F_2 = 2F_1}$$

As unidades não foram transformadas no SI, pois todas serão canceladas.

a.2) Para concluirmos a solução do problema necessitamos recorrer às equações de estática. Como não foi pedida a reação no apoio A, somente uma equação da estática soluciona o sistema.

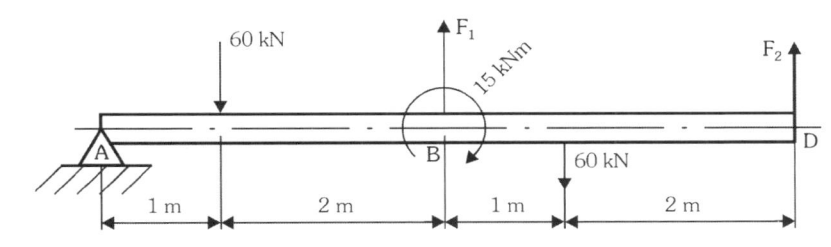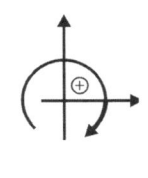

$\Sigma M_A = 0$

$6 F_2 + 3 F_1 = 60 \times 4 + 15 + 60 \times 1$

como $F_2 = 2 F_1$, temos que

$6 \times 2 F_1 + 3 F_1 = 315$ $\qquad \boxed{F_1 = 21 \text{ kN}}$

sendo $F_2 = 2 F_1$ temos que

$F_2 = 2 \times 21 = 42$ kN

b) Tensão normal nas barras

b.1) barra ① (Cu)

$$\sigma_1 = \frac{F_1}{A_1} = \frac{21000}{600 \times 10^{-6}} = 35 \times 10^6 \text{ Pa} \quad \boxed{\sigma_1 = 35 \text{ MPa}}$$

b.2) barra ② (aço)

$$\sigma_2 = \frac{F_2}{A_2} = \frac{42000}{480 \times 10^{-6}} = 87,5 \times 10^6 \text{ Pa} \quad \boxed{\sigma_2 = 87,5 \text{ MPa}}$$

c) Alongamento nas barras

c.1) barra ① (Cu)

$$\Delta\ell_1 = \frac{\sigma_1 \times \ell_1}{E_{cu}} \quad \frac{35 \times 10^6 \times 2}{1,12 \times 10^{11}}$$

$$\Delta\ell_1 = 625 \times 10^{-6} \text{m} \qquad \boxed{\Delta\ell_1 = 625 \text{ μm}}$$

c.2) alongamento da barra ② (aço)

$$\Delta\ell_2 = 2\Delta\ell_1 \qquad \boxed{\Delta\ell_2 = 2 \times 625 = 1250 \text{ μm}}$$

Ex.8 - Determinar as forças normais, as tensões normais e o alongamento sofrido pelas barras da treliça hiperestática, mostrada na figura. A barra ① é de aço, tem comprimento igual a 1 m e área de secção transversal com 600 mm².

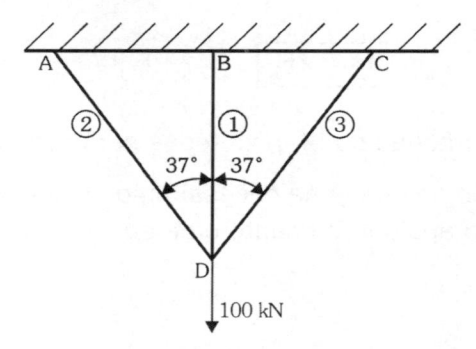

As barras ② e ③ são também de aço e possuem área de secção transversal de 400 mm². $E = 210_{aço}$ GPa.

Solução

a) Força normal nas barras

Ao ser aplicada a carga no ponto D, este se desloca para uma posição D', provocando, desta forma, alongamento nas barras da treliça.

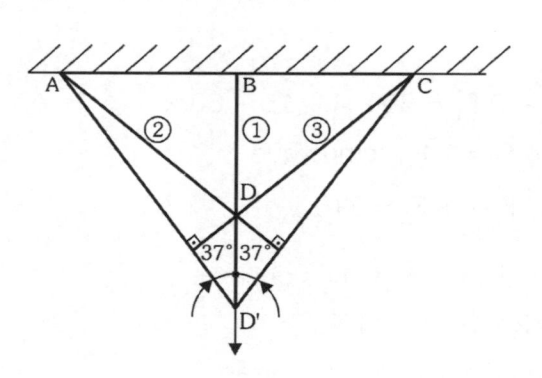

O ângulo de 37° sofre uma infinitésima diminuição. Por esta razão podemos admiti--lo constante.

Desta forma, podemos escrever que:

$$\boxed{\Delta\ell_2 = \Delta\ell_3 = \Delta\ell_1 \cos 37°} \qquad \text{(I)}$$

Comprimento das barras ② e ③:

$$\ell_2 = \ell_3 = \frac{\ell_1}{\cos 37°} = \frac{1}{0,8} = 1,25\,m$$

Como as barras ② e ③ possuem as mesmas características, concluímos que:

$$F_3 = F_2 \qquad\qquad\qquad (II)$$

Da equação I, tiramos que:

$$\frac{F_1\ell_1 \cos 37°}{A_1 E_{aço}} = \frac{F_2\ell_2}{A_2 E_{aço}}$$

$$\frac{F_1 \times 1 \times 0,8}{600} = \frac{1,25}{400}F_2$$

$$F_1 = \frac{600 \times 1,25}{0,8 \times 400}F_2$$

$$\boxed{F_1 = 2,34\,F_2} \qquad\qquad (III)$$

Para solucionarmos o sistema, precisamos de mais uma equação, que será fornecida por uma das equações do equilíbrio.

$$\Sigma Fv = 0$$

$$F_1 + F_2 \cos 37° + F_3 \cos 37° = 100 \qquad (IV)$$

Substituindo II e III na equação IV, temos:

$$2,34\,F_2 + 0,8\,F_2 + 0,8\,F_2 = 100$$

$$3,94\,F_2 = 100$$

$$\boxed{F_2 = 25,38\ kN}$$

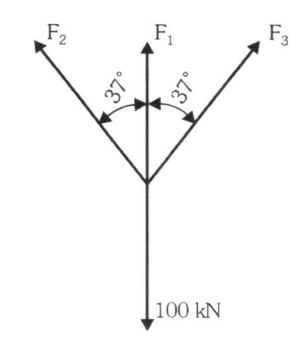

como $F_3 = F_2 = 25,38\ kN$ e $F_1 = 2,34\,F_2$

$$F_1 \cong 2,34 \times 25,38$$

$$\boxed{F_1 \cong 59,39\ kN}$$

b) Tensão normal nas barras

   b.1) barra ①

$$\sigma_1 = \frac{F_1}{A_1} = \frac{59.390}{600 \times 10^{-6}} = 99 \times 10^6\ Pa \qquad \boxed{\sigma_1 = 99\ MPa}$$

   b.2) barras ② e ③

$$\sigma_2 = \frac{F_2}{A_2} = \frac{25.380}{400 \times 10^{-6}} = 63,45 \times 10^6\ Pa \qquad \boxed{\sigma_2 = 63,45\ MPa}$$

$$\boxed{\sigma_3 = \sigma_2 = 63,45\ MPa}$$

c) Alongamento das barras

c.1) barra ①

$$\Delta \ell_1 = \frac{\sigma_1 \cdot \ell_1}{E_{aço}} = \frac{99 \times 1}{2,1 \times 10^5}$$

$$\Delta \ell_1 \cong 472 \times 10^{-6}\, m \qquad \boxed{\Delta \ell_1 \cong 472\ \mu m}$$

c.2) barras ② e ③

$$\Delta \ell_2 = \frac{\sigma_2 \cdot \ell_2}{E_{aço}} = \frac{63,45 \times 1,25}{2,1 \times 10^5}$$

$$\Delta \ell_2 \cong 378 \times 10^{-6}\, m \qquad \boxed{\Delta \ell_2 = 378\ \mu m}$$

$$\boxed{\Delta \ell_3 = \Delta \ell_2 \cong 378\ \mu m}$$

Ex.9 - Determinar as forças e as tensões normais atuantes nas barras ① e ② da construção representada na figura. A barra ① é de Cu, possui área de secção transversal com 100 mm². A barra ② é de aço, possui área de secção transversal com 140 mm².

$E_{aço} = 210$ GPa

$E_{Cu} = 112$ GPa

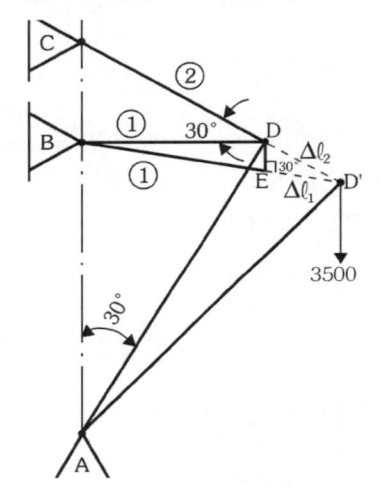

Solução

a) Força normal nas barras ① e ②

Aplicada a carga de 3500 N, o ponto D desloca-se para uma posição D' alongando as barras ① e ②. O ângulo de 30° permanece constante, pois a diferença é infinitesimal.

Então, podemos escrever que:

$$\boxed{\Delta \ell_1 = \Delta \ell_2 \cos 30°} \qquad\qquad (1)$$

admitindo-se como o comprimento da barra ②, podemos escrever que:

$$\boxed{\ell_1 = \Delta \ell_2 \cos 30° = \ell \cos 30°} \qquad\qquad (2)$$

substituindo a equação (2) na equação (1), e desenvolvendo-se esta, tem-se que:

$$\frac{F_1 \ell_1}{A_1 \cdot E_{cu}} = \frac{F_2 \ell_2 \cdot \cos 30^\circ}{A_2 \cdot E_{aço}}$$

$$\frac{F_1 \cdot \ell \cos 30^\circ}{A_1 \cdot E_{cu}} = \frac{F_2 \cdot \ell \cos 30^\circ}{A_2 \cdot E_{aço}}$$

$$F_2 = \frac{A_2 \cdot E_{aço}}{A_1 \cdot E_{cu}} \cdot F_1 \qquad F_2 = \frac{140 \times 210}{100 \times 112} \cdot F_1$$

$$\boxed{F_2 = 2,625\, F_1}$$
$\qquad\qquad\qquad\qquad\qquad$ (3)

Para solucionar o sistema, precisamos de mais uma equação que será fornecida pelas equações do equilíbrio.

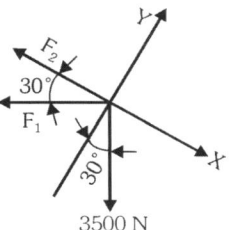

$$\Sigma Fx = 0$$

$$\boxed{F_2 + F_1 \cos 30^\circ = 3500 \operatorname{sen} 30^\circ}$$

substituindo a equação (3) na equação (4), vem que:

$$2,625\, F_1 + 0,866\, F_1 = 1750$$

$$3,49\, F_1 = 1750$$

$$\boxed{F_1 = 501\ N}$$

Como $F_2 = 2,625\, F_1$ vem que:

$$F_2 = 2,625 \times 501 = 1315\ N$$

b) Tensão normal nas barras ① e ②

    b.1) barra 1 (Cu)

$$\sigma_1 = \frac{F_1}{A_1} = \frac{501}{100 \times 10^{-6}} = 5,01 \times 10^6\ Pa$$

$$\boxed{\sigma_1 = 5,01\ MPa}$$

b.2) barra 2 (aço)

$$\sigma_2 = \frac{F_2}{A_2} = \frac{1315}{140 \times 10^{-6}} = 9,39 \times 10^6\ Pa$$

$$\boxed{\sigma_2 = 9,39\ MPa}$$

7 Treliças Planas

7.1 Definição

Denomina-se treliça plana o conjunto de elementos de construção (barras redondas, chatas, cantoneiras, perfiladas, I,U etc.) interligados entre si, sob forma geométrica triangular, através de pinos, solda, rebites, parafusos, que visam formar uma estrutura rígida com a finalidade de receber e ceder esforços.

A denominação treliça plana deve-se ao fato de todos os elementos do conjunto pertencerem a um único plano.

A sua utilização na prática é comum em pontes, coberturas, guindastes, torres etc.

7.2 Dimensionamento

Para dimensionar uma treliça plana, podemos utilizar o método dos nós, ou o método de Ritter, que são os analíticos, utilizados com maior frequência.

7.2.1 Método dos Nós

A resolução de treliça plana, pela utilização do método dos nós, consiste em verificar o equilíbrio de cada nó da treliça, observando a sequência enunciada a seguir.

a) O primeiro passo é determinar as reações nos apoios.

b) Em seguida, indentificamos o tipo de solicitação em cada barra (barra tracionada ou comprimida).

c) Verifica-se o equilíbrio de cada nó da treliça, iniciando sempre os cálculos pelo nó que tenha o menor número de incógnitas.

⚙ Exercícios ⚙

Ex.1 - Determinar as forças normais nas barras da treliça dada.

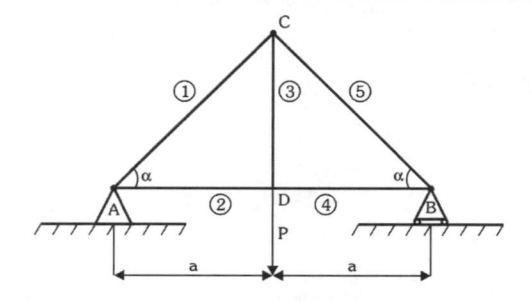

Solução

a) Reações nos apoios

As reações R_A e R_B são iguais, pois a carga P está aplicada simetricamente aos apoios, portanto, podemos escrever que:

$$\boxed{R_A = R_B = \frac{P}{2}}$$

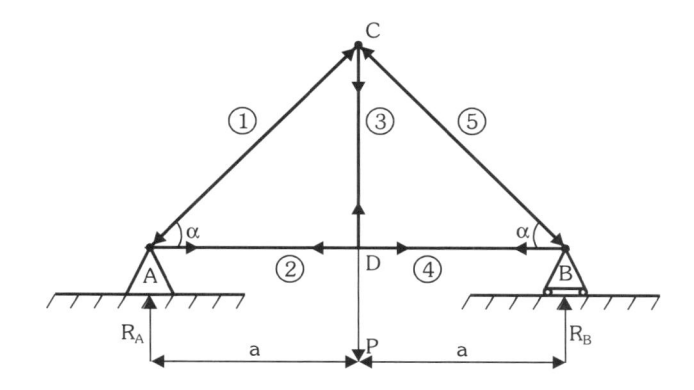

b) Identificação dos esforços nas barras

As barras ① e ⑤ são comprimidas, pois equilibram as reações nos apoios.

A barra ③ é tracionada, pois equilibra a ação da carga P no nó D.

As barras ② e ④ são tracionadas, pois equilibram as componentes horizontais das barras ① e ⑤.

c) Com o estudo anterior, a treliça está preparada para ser dimensionada. Para iniciar os cálculos, vamos trabalhar com o nó A, que juntamente com o nó B é o que possui o menor número de incógnitas.

$\Sigma F_y = 0$

$$F_1 \operatorname{sen}\alpha = \frac{P}{2}$$

$$\boxed{F_1 = \frac{P}{2\operatorname{sen}\alpha} = \frac{P}{2}\cos\sec\alpha}$$

$\Sigma F_x = 0$

$$F_2 = F_1 \cos\alpha$$

$$\boxed{F_2 = \frac{P}{2} \cdot \frac{\cos\alpha}{\operatorname{sen}\alpha} = \frac{P}{2}\cot g\,\alpha}$$

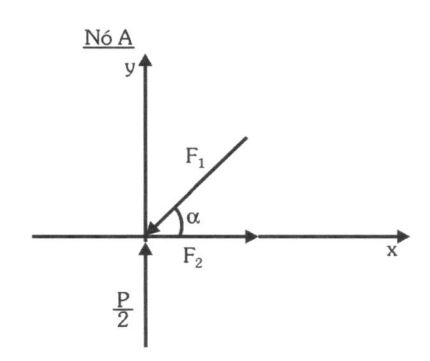

Determinada a força na barra ②, o nó que se torna mais simples para os cálculos é o D.

$\Sigma F_y = 0$

$\boxed{F_3 = P}$

$\Sigma F_x = 0$

$\boxed{F_4 = F_2 = \dfrac{P}{2} \cot g\, \alpha}$

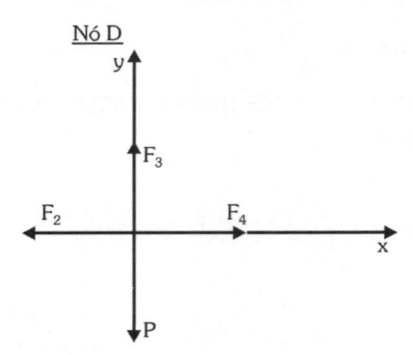

Para determinar a força normal na barra ⑤ utilizaremos o nó B.

$\Sigma F_y = 0$

$F_5\, sen\alpha = \dfrac{P}{2}$

$\boxed{F_5 = \dfrac{P}{2sen\alpha} = \dfrac{P}{2}\cos sec\, \alpha}$

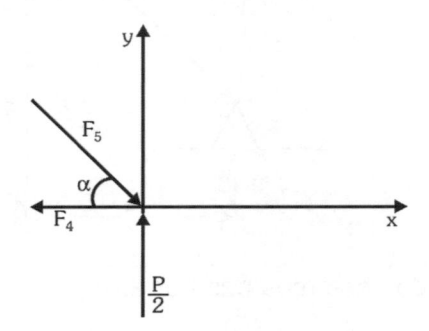

Observação As forças normais nas barras ④ e ⑤ poderiam ser determinadas através da simetria das cargas e da treliça.

Ex.2 - Determinar as forças normais nas barras da treliça dada.

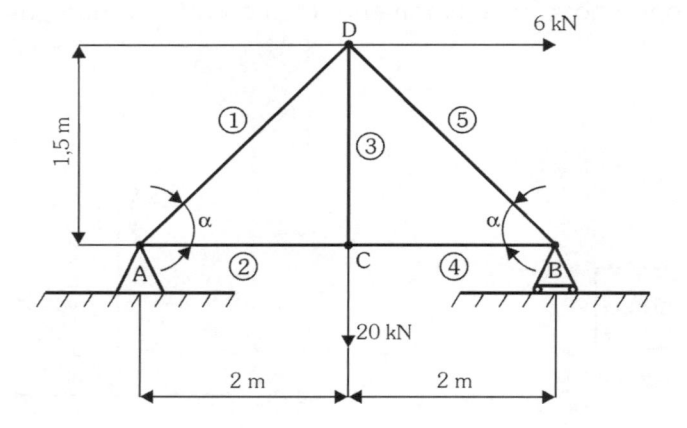

Solução

O ângulo α formado pelas barras ① e ② e pelas barras ④ e ⑤ é determinado pela tgα.

$tg\alpha = \dfrac{1,5}{2} = 0,75$

$\boxed{\alpha \cong 37°}$

a) Reações nos apoios

$$\Sigma M_A = 0$$

$$4R_B = 20 \times 2 + 6 \times 1,5$$

$$\boxed{R_B = \frac{49}{4} = 12,25 \text{ kN}}$$

$$\Sigma F_y = 0$$

$$R_{AV} + R_B = 20$$

$$\boxed{R_{AV} = 20 - 12,25 = 7,75 \text{ kN}}$$

$$\Sigma F_H = 0$$

$$\boxed{R_{AH} = 6 \text{ kN}}$$

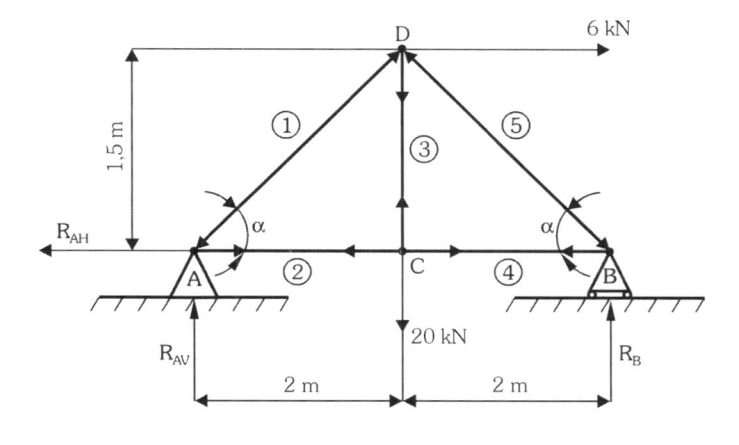

b) Forças normais nas barras

O nó A é um dos indicados para o início dos cálculos por ter, juntamente com o nó B, o menor número de incógnitas.

$$\Sigma F_y = 0$$

$$F_1 \operatorname{sen} 37° = R_{AV} = 7,75$$

$$\boxed{F_1 = \frac{7,75}{0,6} = 12,9 \text{ kN}}$$

$$\Sigma F_x = 0$$

$$F_2 = R_{AH} + F_1 \cos 37°$$

$$F_2 = 6 + 12,9 \times 0,8$$

$$\boxed{F_2 = 16,3 \text{ kN}}$$

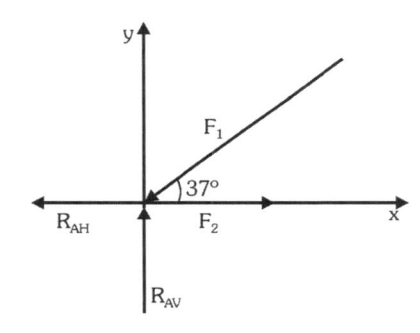

Determinada a força F_2, o nó mais simples para prosseguir os cálculos é o C.

$$\Sigma F_x = 0$$

$$\boxed{F_4 = F_2 = 16,3 \text{ kN}}$$

$$\Sigma F_y = 0$$

$$\boxed{F_3 = 20 \text{ kN}}$$

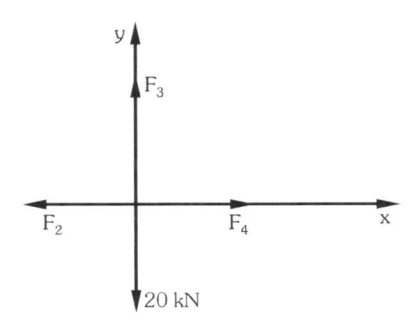

Para determinar a força normal na barra 5, utilizamos o nó B.

$\Sigma F_y = 0$

$F_5 \, sen37° = R_B$

$F_5 = \dfrac{12,25}{0,6}$

$\boxed{F_5 = 20,42 \text{ kN}}$

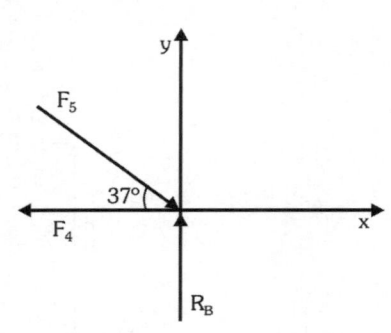

Ex.3 - Determinar a força normal nas barras da treliça dada.

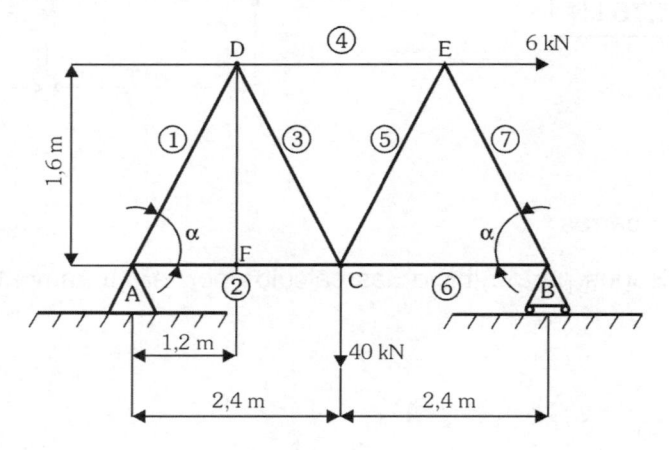

Solução

O ângulo α será determinado através da tangente do triângulo ADF.

$tg\alpha = \dfrac{1,6}{1,2}$

$\boxed{\alpha \cong 53°}$

Reações nos apoios

$\Sigma M_A = 0$

$4,8 \, R_B = 6 \times 1,6 + 40 \times 2,4$

$\boxed{R_B = 22 \text{ kN}}$

$\Sigma F_H = 0$

$\boxed{R_{AH} = 6 \text{ kN}}$

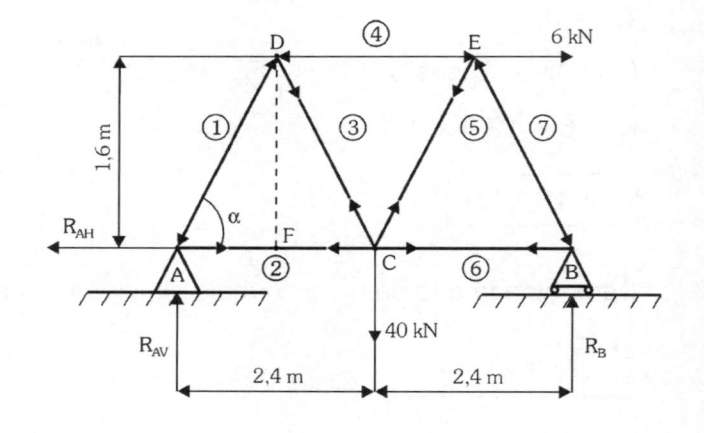

$\Sigma F_y = 0$

$R_{AV} + R_B = 40 \text{ kN}$

$R_{AV} = 40 - 22$

$\boxed{R_{AV} = 18 \text{ kN}}$

Utilizando o nó A, determinamos a força normal nas barras ① e ②.

$\Sigma F_y = 0$

$F_1 \, sen53° = R_{AV}$

$$\boxed{F_1 = \dfrac{18}{0,8} = 22,5 \text{ kN}}$$

$\Sigma F_x = 0$

$F_2 = R_{AH} + F_1 \cos 53°$

$F_2 = 6 + 22,5 \times 0,6$

$$\boxed{F_2 = 19,5 \text{ kN}}$$

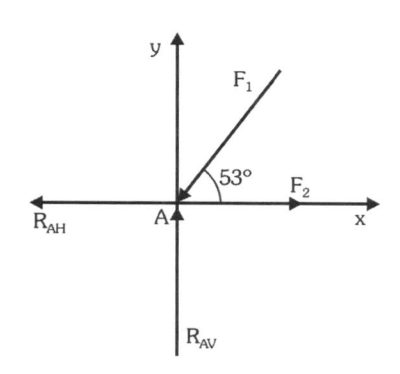

Determinada a força na barra ①, temos condição de utilizar o nó D para calcular F_3 e F_4.

$\Sigma F_y = 0$

$F_3 \cos37° = F_1 \cos 37°$

$$\boxed{F_3 = F_1 = 22,5 \text{ kN}}$$

$\Sigma F_x = 0$

$F_4 = (F_1 + F_3) \, sen37°$

$F_4 = 2 \times 22,5 \times 0,6$

$$\boxed{F_4 = 27 \text{ kN}}$$

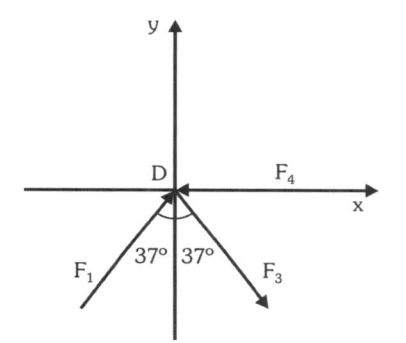

O nó B é conveniente para os cálculos das forças nas barras 6 e 7.

$\Sigma F_y = 0$

$F_7 \, sen53° = R_B$

$$\boxed{F_7 = \dfrac{22}{0,8} = 27,5 \text{ kN}}$$

$\Sigma F_x = 0$

$F_6 = F_7 \cos 53° = 27,5 \times 0,6$

$$\boxed{F_6 = 16,5 \text{ kN}}$$

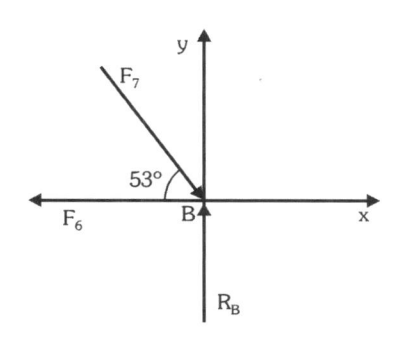

Finalmente, o nó E para determinar a força na barra ⑤.

$$\Sigma F_y = 0$$

$$F_5 \cos 37° = F_7 \cos 37°$$

$$\boxed{F_5 = F_7 = 27,5 \text{ kN}}$$

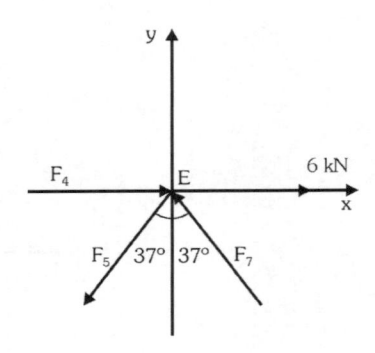

Ex.4 - Determinar as forças normais atuantes nas barras da treliça dada.

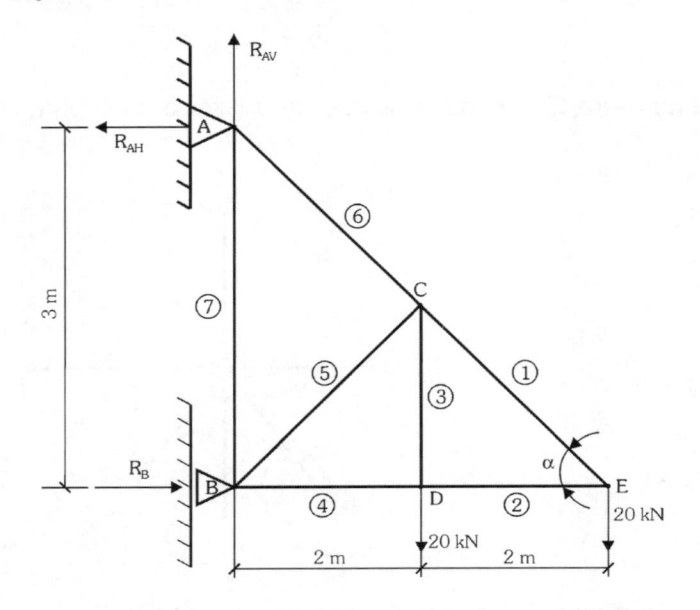

Solução

Para solucionar este exercício, partimos determinando o ângulo α através da sua tangente.

$$\text{tg}\alpha = \frac{3}{4}$$

$$\text{tg}\alpha = 0,75$$

$$\boxed{\alpha = 37°}$$

Reações nos apoios

$$\Sigma M_A = 0 \qquad\qquad \Sigma F_H = 0$$

$$3 R_B = 20 \times 2 + 20 \times 4 \qquad \boxed{R_{AH} = R_B = 40 \text{ kN}}$$

$$\boxed{R_B = \frac{120}{3} = 40 \text{ kN}}$$

$$\Sigma F_V = 0$$

$$R_{AV} = 20 + 20$$

$$\boxed{R_{AV} = 40 \text{ kN}}$$

Força normal nas barras

Iniciamos os cálculos pelo nó E que é, juntamente com o nó A, o nó com o menor número de incógnitas.

$\Sigma F_Y = 0$

$F_1 \text{ sen } 37° = 20$

$$\boxed{F_1 = \frac{20}{0,6} = 33,33 \text{ kN}}$$

$\Sigma F_x = 0$

$F_2 = F_1 \cos 37°$

$F_2 = 33,33 \times 0,8$

$$\boxed{F_2 = 26,67 \text{ kN}}$$

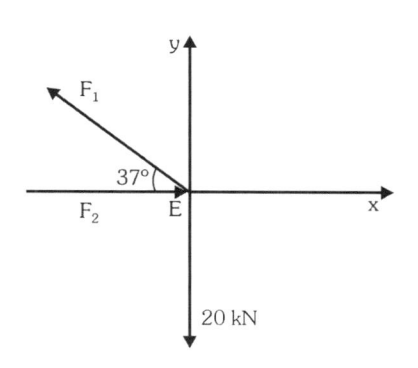

Determinada a força F_2, o nó D apresenta-se como o mais simples para o prosseguimento dos cálculos.

$\Sigma Fy = 0$

$$\boxed{F_3 = 20 \text{ kN}}$$

$\Sigma F_H = 0$

$$\boxed{F_4 = F_2 = 26,67 \text{ kN}}$$

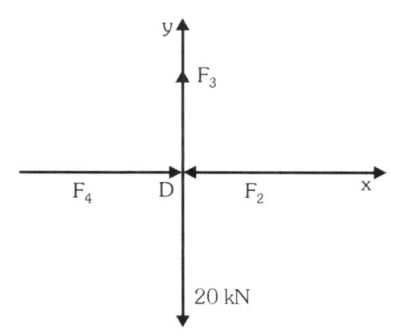

As forças normais nas barras ⑤ e ⑦ são determinadas através do nó B. O ângulo formado pelas barras ④ e ⑤ é de $\alpha = 37°$ e o ângulo formado pelas barras ⑤ e ⑦ é o complemento de α, ou seja, 53°.

$\Sigma F_x = 0$

$F_5 \cos 37° + F_4 = 40$

$$F_5 = \frac{40 - 26,66}{0,8}$$

$$\boxed{F_5 = 16,67 \text{ kN}}$$

$\Sigma F_y = 0$

$F_7 = F_5 \text{ sen } 37°$

$F_7 = 16,67 \times 0,6$

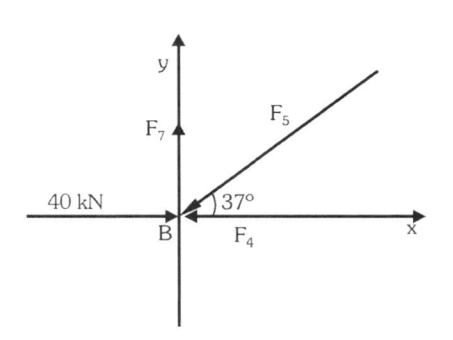

$$\boxed{F_7 = 10 \text{ kN}}$$

A força normal na barra ⑥ é determinada pelo equilíbrio do nó A. O ângulo formado pelas barras ⑥ e ⑦ é de 53°. Temos, portanto:

$$\Sigma F_x = 0$$

$$F_6 \, sen53° = R_{AH}$$

$$\boxed{F_6 = \frac{40}{0,8} = 50 \text{ kN}}$$

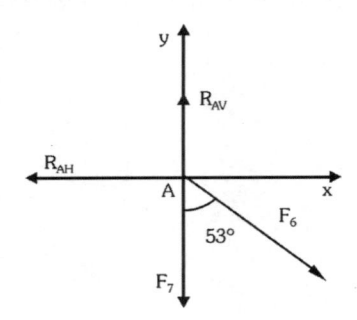

Ex.5 - Determinar as forças normais nas barras do guindaste representado na figura.

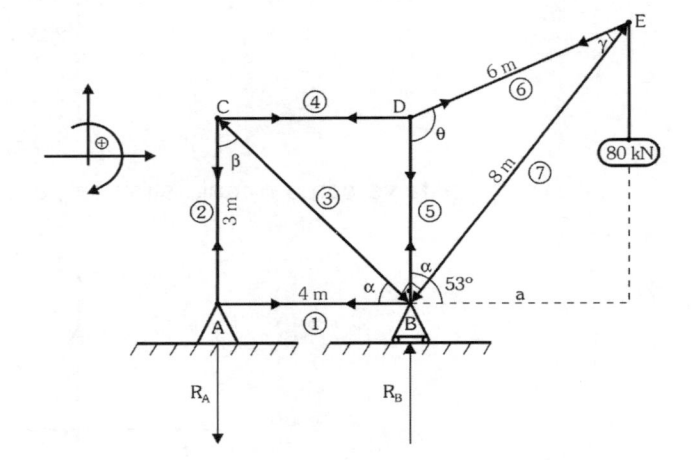

Ângulos α e β

$$tg\alpha = \frac{3}{4} \quad \boxed{\alpha = 37°}$$

$$tg\beta = \frac{4}{3} \quad \boxed{\beta = 53°}$$

Solução

Cálculo dos ângulos

$$\frac{sen\,\gamma}{3} = \frac{sen\,\alpha}{6} = \frac{sen\,\theta}{8}$$

$$sen\,\gamma = 0,5 \quad sen\,\alpha = 0,5 \quad sen\,37° = 0,5 \times 0,6 = 0,3$$

$$sen\,\gamma = 0,3$$

$$\boxed{\gamma = 16°}$$

$$\theta = 180 - (37 + 16)$$

$$\boxed{\theta \cong 127°}$$

comprimento a

$a = 8 \times \cos 53°$

$a = 8 \times 0,6 = 4,8$ m

$\Sigma M_A = 0$

$4\,R_B = 80 \times 8,8$

$\boxed{R_B = 176 \text{ kN}}$

$\Sigma F_x = 0$

$\boxed{F_1 = 0}$

$\Sigma F_y = 0$

$\boxed{F_2 = 96 \text{ kN}}$

$\Sigma F_y = 0$

$F_3 \cos 53° = F_2 = 96$

$F_3 = \dfrac{96}{0,6} = 160$ kN

$\boxed{F_3 = 160 \text{ kN}}$

$\Sigma F_x = 0$

$F_4 = F_3 \operatorname{sen} 53°$

$\boxed{F_4 = 160 \times 0,8 = 128 \text{ kN}}$

$\Sigma F_x = 0$

$F_6 = \dfrac{F_4}{\cos 37°} = \dfrac{128}{0,8}$

$\boxed{F_6 = 160 \text{ kN}}$

$\Sigma F_y = 0$

$F_5 = F_6 \operatorname{sen} 37° = 160 \times 0,6$

$\boxed{F_5 = 96 \text{ kN}}$

$\boxed{\beta = 53°}$

$\Sigma F_y = 0$

$R_A = 176 - 80$

$\boxed{R_A = 96 \text{ kN}}$

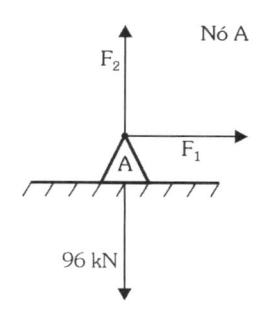

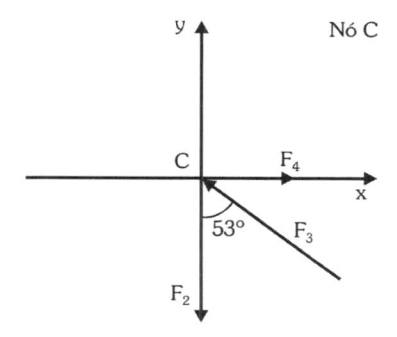

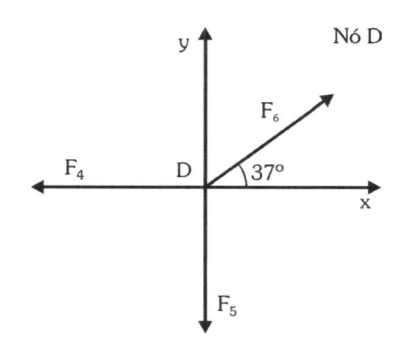

$$\Sigma F_x = 0$$

$$F_7 \operatorname{sen} 37° = F_6 \operatorname{sen} 53°$$

$$F_7 = \frac{160 \times 0,8}{0,6}$$

$$\boxed{F_7 = 213,3 \text{ kN}}$$

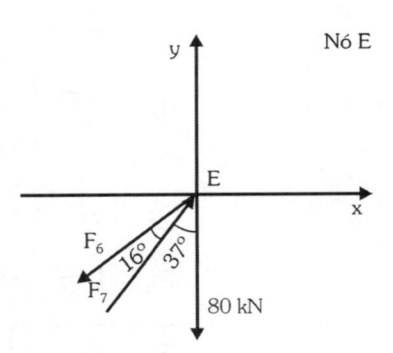

Respostas

$F_1 = 0$	$F_4 = 128$ kN	$F_7 = 213,3$ kN
$F_2 = 96$ kN	$F_5 = 96$ kN	$R_A = 96$ kN
$F_3 = 160$ kN	$F_6 = 160$ kN	$R_B = 176$ kN

7.3 Método das Secções ou Método de Ritter

Para determinar as cargas axiais atuantes nas barras de uma treliça plana, através do método de Ritter, deve-se proceder da seguinte forma:

Corta-se a treliça em duas partes; adota-se uma das partes para verificar o equilíbrio, ignorando a outra parte até o próximo corte. Ao cortar a treliça, deve-se observar que o corte a intercepte de tal forma que se apresentem no máximo três incógnitas, para que possa haver solução, através das equações do equilíbrio. É importante ressaltar que entram nos cálculos somente as barras da treliça que forem cortadas, as forças ativas e reativas da parte adotada para a verificação de equilíbrio. Repetir o procedimento até que todas as barras da treliça estejam calculadas.

Nesse método, pode-se considerar inicialmente todas as barras tracionadas, ou seja, barras que "puxam" os nós. As barras que apresentarem sinal negativo nos cálculos estarão comprimidas.

Os exercícios que seguem mostram a aplicação deste método, na resolução de treliças planas.

⚙ Exercícios ⚙

Ex.1 - Determinar as forças axiais nas barras da treliça dada.

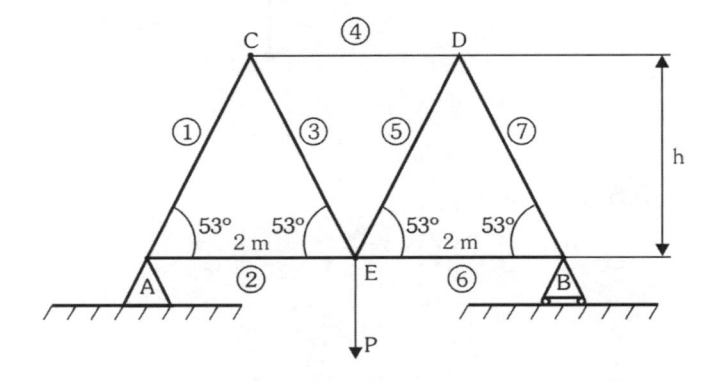

Solução

A altura h é determinada pela tangente de 53°.

h = tg 53°

$$\boxed{h \cong 1,33 \text{ m}}$$

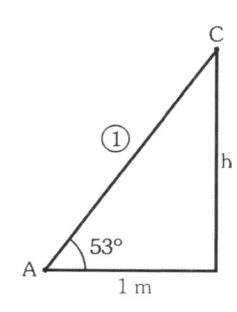

A reação nos apoios A e B será P/2, pois a carga P é simétrica aos apoios.

Para determinar a carga axial nas barras ① e ②, aplicamos o corte AA na treliça e adotamos a parte à esquerda do corte para verificar o equilíbrio.

$\Sigma F_v = 0$

$$F_1 \, \text{sen} 53° + \frac{P}{2} = 0$$

$$F_1 = -\frac{P}{2 \, \text{sen} \, 53°}$$

$$\boxed{F_1 = -0,625 \, P} \quad \text{(BC)}$$

$\Sigma F_h = 0$

F2 + F1 cos 53 = 0

$$F_2 = -F_1 \cos 53° = -\left(-\frac{P}{2} \cdot \frac{0,6}{0,8}\right)$$

$$\boxed{F_2 = +0,375 \, P} \quad \text{(BT)}$$

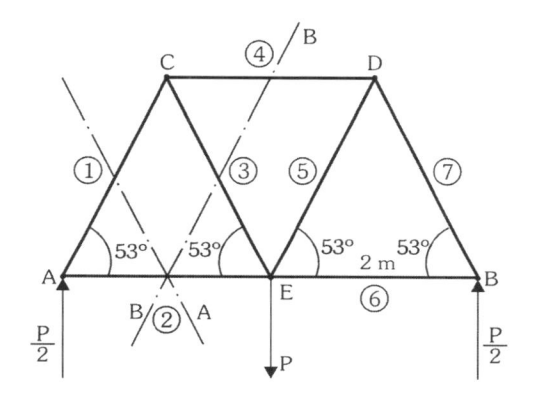

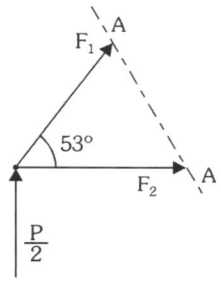

Observação	BT - barra tracionada
	BC - barra comprimida

Através do corte BB, determinamos as forças nas barras ③ e ④.

$\Sigma M_E = 0$

$$1,33 \, F_4 + 2\frac{P}{2} = 0$$

$$\boxed{F_4 = -\frac{P}{1,33} = -0,75P} \quad \text{(BC)}$$

$$\Sigma F_V = 0$$

$$F_3 \text{ sen } 53° = \frac{P}{2}$$

$$\boxed{F_3 = \frac{P}{2 \text{ sen } 53°} = 0,625\, P} \qquad \text{(BT)}$$

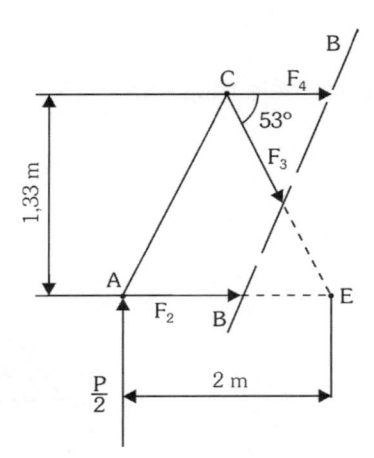

Como a treliça é simétrica, podemos concluir que:

$$F_7 = F_1 = -0,625\, P$$

$$F_6 = F_2 = +0,375\, P$$

$$F_5 = F_3 = +0,625\, P$$

Ex.2 - Determinar as forças axiais nas barras da treliça dada.

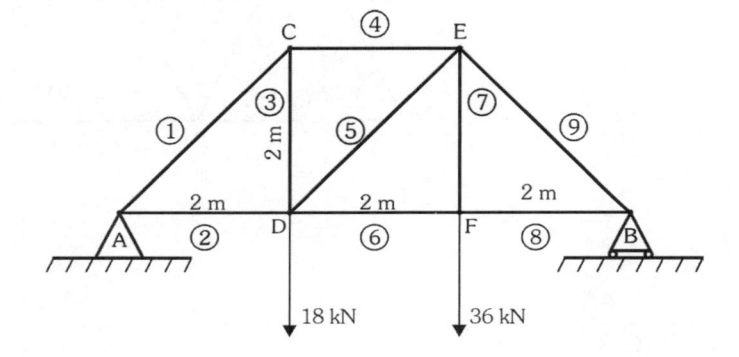

Solução

A reação nos apoios A e B é determinada pelo somatório de momentos em relação ao apoio A e o somatório das forças na vertical.

O ângulo α é determinado pela sua tangente.

$$\text{tg } \alpha = \frac{2}{2} = 1$$

$$\boxed{\alpha = 45°}$$

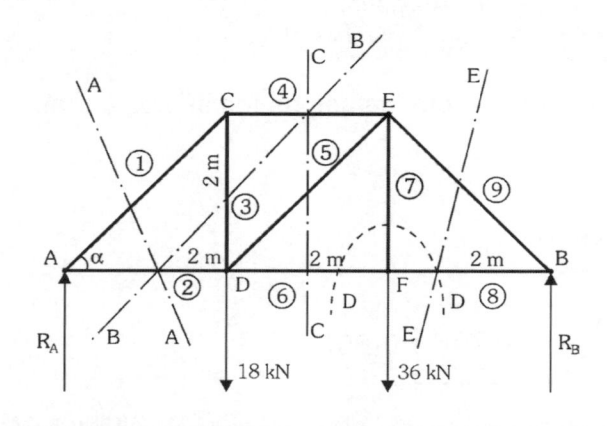

Reações nos apoios

$\Sigma M_A = 0$

$6 R_B = 36 \times 4 + 18 \times 2$

$\boxed{R_B = 30 \text{ kN}}$

$\Sigma F_V = 0$

$R_A + R_B = 36 + 18$

$\boxed{R_A = 24 \text{ kN}}$

Através do corte AA, determinam-se as cargas axiais nas barras ① e ②.

$\Sigma F_V = 0$

$F_1 \text{ sen } 45° + 24 = 0$

$\boxed{F_1 = -\dfrac{24}{0,707} = -33,95 \text{ kN}}$ (BC)

$\Sigma F_H = 0$

$F_2 + F_1 \cos 45° = 0$

$F_2 = - F_1 \cos 45°$

$F_2 = - (-33,95) \cdot 0,707$

$\boxed{F_2 = + 24 \text{ kN}}$ (BT)

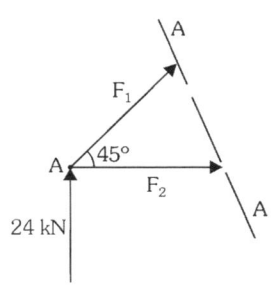

Aplica-se o corte BB na treliça e adota-se a parte à esquerda para cálculo, para que se determine a força axial nas barras ③ e ④.

$\Sigma F_V = 0$

$\boxed{F_3 = 24 \text{ kN}}$ (BT)

$\Sigma M_D = 0$

$2 F_4 + 24 \times 2 = 0$

$\boxed{F_4 = - 24 \text{ kN}}$ (BC)

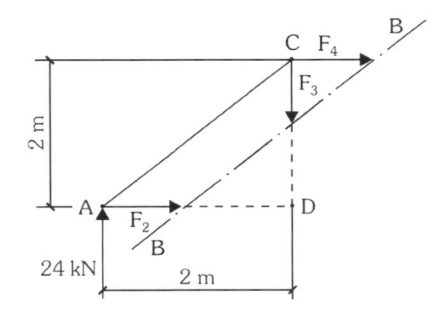

Para determinar as forças nas barras ⑤ e ⑥, aplica-se o corte CC e adota-se a parte à esquerda do corte para o cálculo.

$\Sigma F_V = 0$

$F_5 \text{ sen} 45° + 24 - 18 = 0$

$\boxed{F_5 = -\dfrac{6}{0,707} = -8,49 \text{ kN}}$ (BC)

$$\Sigma M_E = 0$$

$$-2\,F_6 + 4 \times 24 - 18 \times 2 = 0$$

$$F_6 = \frac{96 - 36}{2} = \frac{60}{2}$$

$$\boxed{F_6 = 30 \text{ kN}} \qquad \text{(BT)}$$

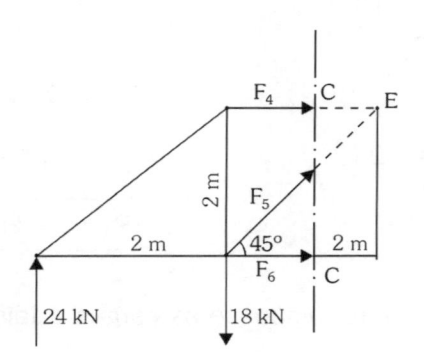

No corte DD, isolamos o nó F da treliça para determinar a força nas barras ⑦ e ⑧.

$$\Sigma F_V = 0$$

$$\boxed{F_7 = 36 \text{ kN}} \qquad \text{(BT)}$$

$$\Sigma F_H = 0$$

$$\boxed{F_8 = F_6 = 30 \text{ kN}} \qquad \text{(BC)}$$

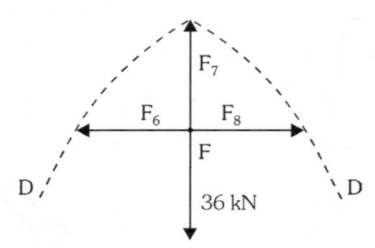

Através do corte EE, determina-se a força axial na barra ⑨.

$$\Sigma F_V = 0$$

$$F_9 \text{ sen } 45° + 30 = 0$$

$$\boxed{F_9 = -\frac{30}{0,707} = -42,43 \text{ kN}} \qquad \text{(BC)}$$

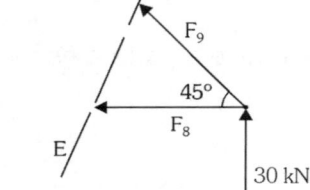

Ex.3 - Calcular as forças axiais nas barras da treliça dada.

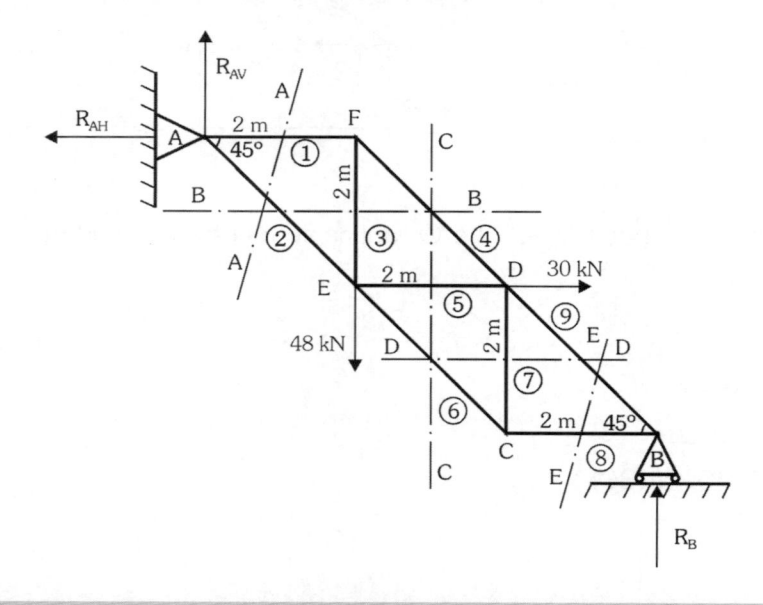

As reações nos apoios são determinadas pelas equações do equilíbrio.

$\Sigma M_A = 0$

$6 R_B = 48 \times 2 - 30 \times 2$

$\boxed{R_B = 6 \text{ kN}}$

$\Sigma F_V = 0$

$R_{AV} + R_B = 48$

$\boxed{R_{AV} = 48 - 6 = 42 \text{ kN}}$

$\Sigma F_H = 0$

$\boxed{R_{AH} = 30 \text{ kN}}$

Aplica-se o corte AA na treliça e adota-se a parte à esquerda do corte para determinar as cargas nas barras ① e ②.

$\Sigma F_V = 0$

$F_2 \text{ sen } 45° = R_{AV}$

$\boxed{F_2 = \dfrac{42}{0,707} = 59,4 \text{ kN}} \quad$ (BT)

$\Sigma F_H = 0$

$F_1 + F_2 \cos 45° - R_{AH} = 0$

$F_1 = R_{AH} - F_2 \cos 45°$

$F_1 = 30 - \dfrac{42}{0,707} \times 0,707$

$\boxed{F_1 = -12 \text{ kN}} \quad$ (BC)

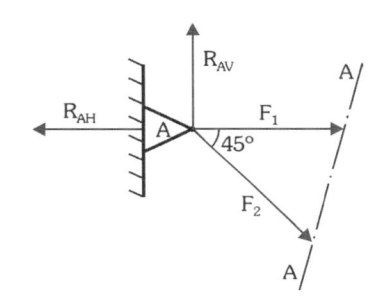

Para determinar as cargas axiais nas barras ③ e ④, aplica-se o corte BB na treliça e adota-se para cálculo a parte acima do corte.

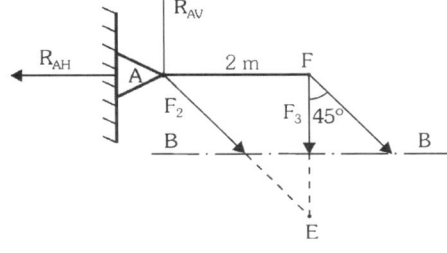

$\Sigma m_E = 0$

$2 F_4 \text{ sen } 45° - 2 R_{AH} + 2 R_{AV} = 0$

$F_4 = \dfrac{30 - 42}{0,707} = -\dfrac{12}{0,707}$

$\boxed{F_4 \cong -16,97 \text{ kN}} \quad$ (BC)

$\Sigma M_A = 0$

$2 F_3 + 2 F_4 \cos 45° = 0$

$F_3 = -F_4 \cos 45°$

$F_3 = -\left(-\dfrac{12}{0,707}\right) \cdot 0,707$

$\boxed{F_3 = +12 \text{ kN}} \quad$ (BT)

O corte CC determina as cargas axiais nas barras ⑤ e ⑥.

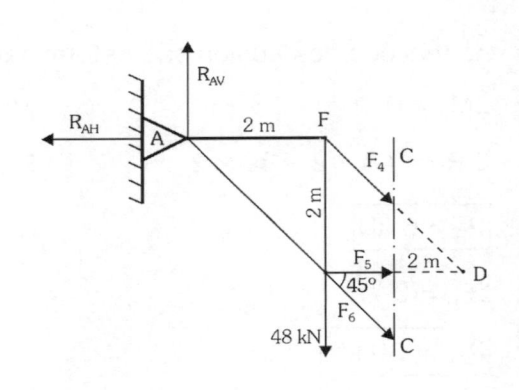

$\Sigma M_D = 0$

$-2\,F_6\,\text{sen}\,45° - 48 \times 2 - 2\,R_{AH} + 4\,R_{AV} = 0$

dividindo os membros da equação por 2, temos:

$-F_6\,\text{sen}\,45° - 48 - R_{AH} = 2\,R_{AV} = 0$

$$F_6 = \frac{-48 - 30 + 2 \times 42}{0,707} = \frac{84 - 30 - 48}{0,707}$$

$\boxed{F_6 = 8,49\ \text{kN}}$

$\Sigma M_F = 0$

$-2\,F_5 - 2\,F_6\cos 45° + 2\,R_{AV} = 0$

dividindo a equação por 2, temos:

$-F_5 - F_6\cos 45° + R_{AV} = 0$

$F_5 = 42 - 8,49 \times 0,707$

$\boxed{F_5 = 42 - 6 = 36\ \text{kN}}$

Através do corte DD dado na treliça, adota-se a parte inferior dela para determinar a carga axial nas barras ⑦ e ⑨.

$\Sigma M_C = 0$

$\cancel{2}F_9\,\text{sen}\,45° + \cancel{2}R_B = 0$

$$F_9 = -\frac{R_B}{\text{sen}\,45°} \rightarrow F_9 = -\frac{6}{0,707}$$

$\boxed{F_9 = -8,49\ \text{kN}}$

$\Sigma M_B = 0$

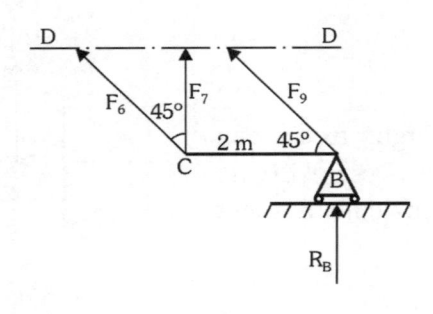

$2\,F_7 + 2\,F_6\cos 45° = 0$

$F_7 = -F_6\cos 45°$

$F_7 = -8,49 \times 0,707$

$\boxed{F_7 = -6\,\text{kN}}$

A força normal nas barras ⑧ e ⑨ será determinada através do corte EE.

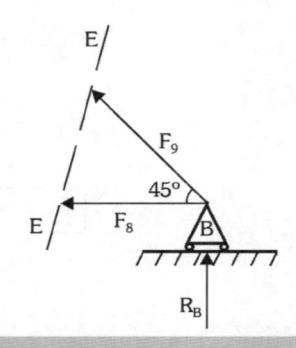

$\Sigma F_H = 0$

$F_8 = -F_9\cos 45°$

$F_8 = -(-8,49 \times 0,707)$

$\boxed{F_8 = +6\ \text{kN}}$

$$\Sigma F_y = 0$$

$$F_9 \ sen \ 45° + R_B = 0$$

$$F_9 = \frac{-R_B}{sen \ 45°} = \frac{-6}{0,707} \rightarrow \boxed{F_9 = -8,49 \ kN} \quad (BC)$$

Ex.4 - Determinar as cargas axiais nas barras da treliça dada, através do método de Ritter.

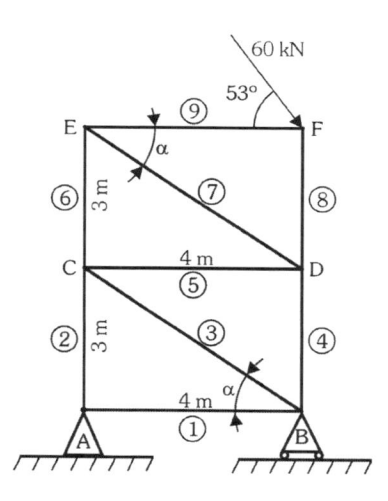

Decomposição da carga de 60 kN.

Componente horizontal

$$Fx = 60 \cos 53°$$

$$\boxed{Fx = 36 \ kN}$$

Componente vertical

$$Fy = 60 \ sen \ 53°$$

$$\boxed{Fy = 48 \ kN}$$

Solução

A primeira providência para solucionar essa treliça é decompor a carga de 60 kN e determinar as reações nos apoios A e B.

Determina-se o ângulo através da sua tangente.

$$tg\alpha = \frac{3}{4} = 0,75$$

$$\boxed{\alpha = 37°}$$

$$\Sigma M_A = 0$$

$$4 \ R_B = 48 \times 4 + 36 \times 6$$

$$\boxed{R_B = 102 \ kN}$$

$$\Sigma F_v = 0$$

$$R_{AV} = R_B - 48$$

$$\boxed{R_{AV} = 54 \ kN}$$

$$\Sigma F_H = 0$$

$$\boxed{R_{AH} = 36 \ kN}$$

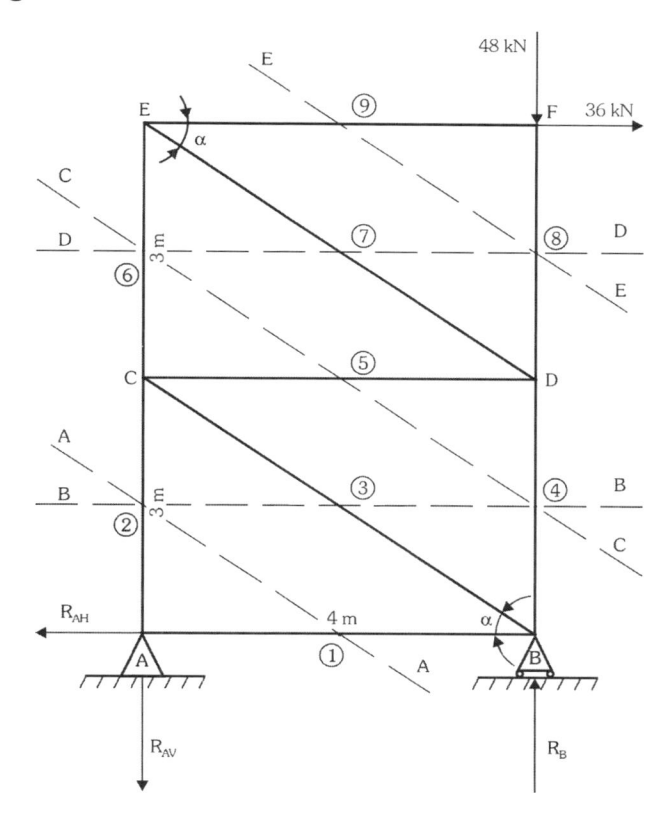

Aplica-se o corte AA na treliça para determinar as cargas axiais nas barras ① e ②.

$\Sigma F_V = 0$

$\boxed{F_2 = R_{AV} = 54 \text{ kN}}$ (BT)

$\Sigma F_H = 0$

$\boxed{F_1 = R_{AH} = 36 \text{ kN}}$ (BT)

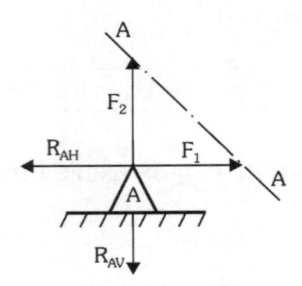

Para determinar as forças nas barras ③ e ④, aplica-se na treliça o corte BB e adota-se para o cálculo a parte inferior do corte.

$\Sigma M_C = 0$

$- 4\,F_4 - 4\,R_B + 3\,R_{AH} = 0$

$F_4 = \dfrac{3 \times 36 - 4 \times 102}{4}$

$F_4 = \dfrac{108 - 408}{4}$

$\boxed{F_4 = -75 \text{ kN}}$ (BC)

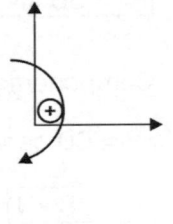

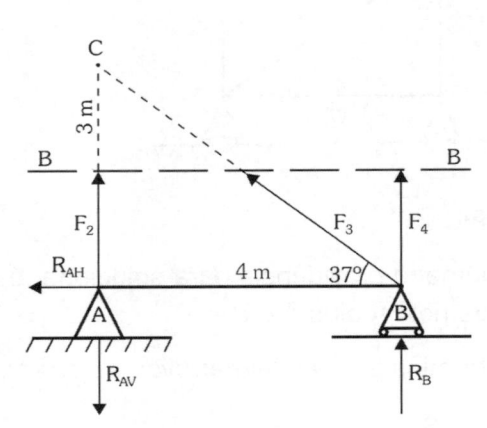

$\Sigma M_A = 0$

$- 4\,F_3 \operatorname{sen} 37° - 4\,F_4 - 4\,R_B = 0$

$F_3 \operatorname{sen} 37° = - F_4 - R_B$

$F_3 = \dfrac{-(-75) - 4 \times 102}{\operatorname{sen} 37°} = \dfrac{+75 - 102}{0,6}$

$\boxed{F_3 = -45 \text{ kN}}$ (BC)

As forças nas barras ⑤ e ⑥ são determinadas através do corte CC, adotando-se para cálculo a parte da treliça acima do corte.

$\Sigma F_H = 0$

$\boxed{F_5 = 36 \text{ kN}}$ (BT)

$\Sigma F_V = 0$

$F_6 + F_4 + 48 = 0$

$F_6 = - 48 - F_4$

$F_6 = - 48 - (-75)$

$\boxed{F_6 = + 27 \text{ kN}}$ (BT)

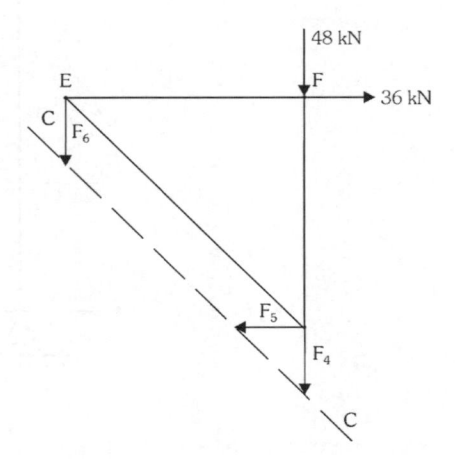

Aplica-se o corte DD na treliça e adota-se a parte acima do corte para os cálculos, para determinar as cargas axiais nas barras ⑦ e ⑧.

$\Sigma F_H = 0$

F_7 sen $53° + 36 = 0$

$$\boxed{F_7 = -\frac{36}{0,8} = -45 \text{ kN}} \quad (BC)$$

$\Sigma M_E = 0$

$4 F_8 + 4 \times 48 = 0$

$$\boxed{F_8 = -48 \text{ kN}} \quad (BC)$$

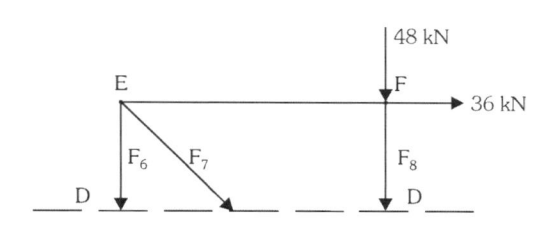

A força axial na barra ⑨ é determinada através do corte EE, adotando-se para cálculo a parte da treliça acima do corte.

$\Sigma_{FH} = 0$

$$\boxed{F_9 = 36 \text{ kN}} \quad (BT)$$

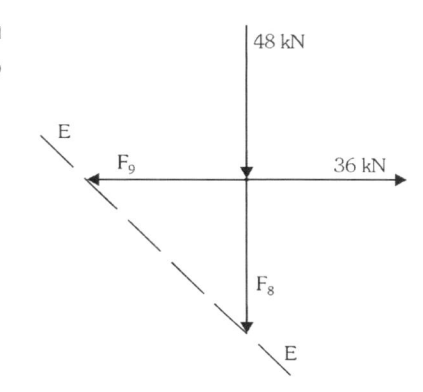

Ex.5 - Determinar as forças axiais atuantes nas barras da treliça Howe mostrada na figura, utilizando o método de Ritter.

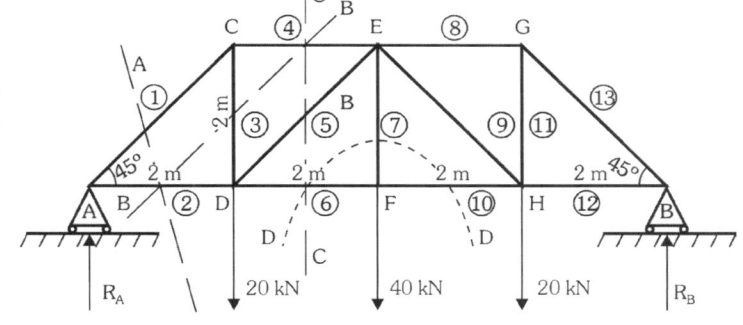

Solução

As reações nos apoios A e B são iguais e a intensidade é de 40 kN, pois as cargas são simétricas aos apoios.

$\Sigma F_V = 0$

F_1 sen $45° + 40 = 0$

$$\boxed{F_1 = -\frac{40}{0,707} = -56,58 \text{ kN}} \quad (BC)$$

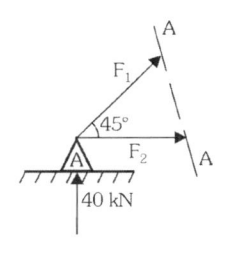

$\Sigma F_H = 0$

$F_2 + F_1 \cos 45° = 0$

$F_2 = -F_1 \cos 45°$

$F_2 = -(-56,58)\,0,707$

$\boxed{F_2 = 40 \text{ kN}}$ (BT)

$\Sigma F_V = 0$

$\boxed{F_3 = 40 \text{ kN}}$ (BT)

$\Sigma F_H = 0$

$F_4 = -F_2$

$\boxed{F_4 = -40 \text{ kN}}$ (BC)

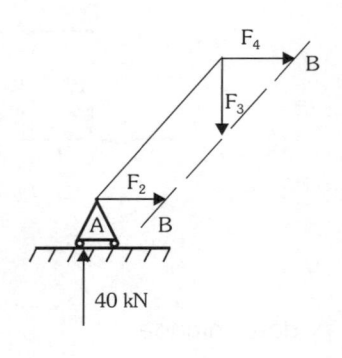

$\Sigma F_V = 0$

$F_5 \, \text{sen}\, 45° + 40 - 20 = 0$

$F_5 = \dfrac{20-40}{\text{sen}\,45°} = \dfrac{-20}{0,707}$

$\boxed{F_5 = -28,28 \text{ kN}}$ (BC)

$\Sigma F_H = 0$

$F_6 + F_5 \cos 45° + F_4 = 0$

$F_6 = -F_5 \cos 45° - F_4$

$F_6 = -\left(-\dfrac{20}{0,707} \times 0,707\right) - (-40)$

$\boxed{F_6 = +20 + 40 = 60 \text{ kN}}$ (BT)

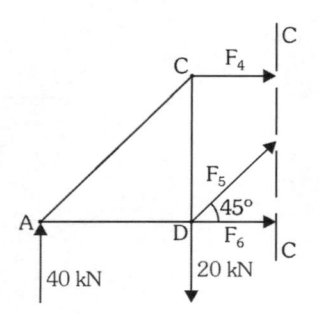

$\Sigma F_V = 0$

$\boxed{F_7 = 40 \text{ kN}}$ (BT)

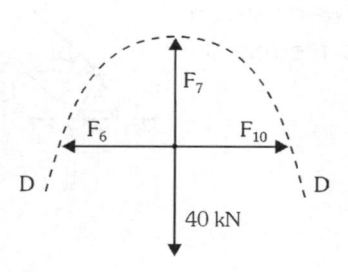

Por simetria, podemos concluir que:

$F_8 = F_4 = -40 \text{ kN (BC)}$

$F_9 = F_5 = -28,28 \text{ kN (BC)}$

$F_{10} = F_6 = 60 \text{ kN (BT)}$

$F_{11} = F_3 = 40 \text{ kN (BT)}$

$F_{12} = F_2 = 40 \text{ kN (BT)}$

$F_{13} = F_1 = -56,58 \text{ kN (BC)}$

Cisalhamento Puro

8.1 Definição

Um elemento de construção submete-se a esforço de cisalhamento quando sofre a ação de uma força cortante. Além de provocar cisalhamento, a força cortante dá origem a um momento fletor que, por ser de baixíssima intensidade, será desprezado neste capítulo.

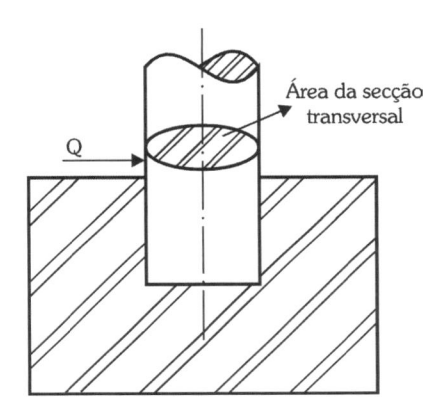

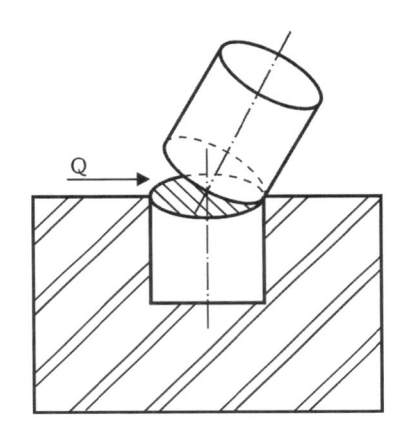

8.2 Força Cortante Q

Denomina-se força cortante a carga que atua tangencialmente sobre a área de secção transversal da peça.

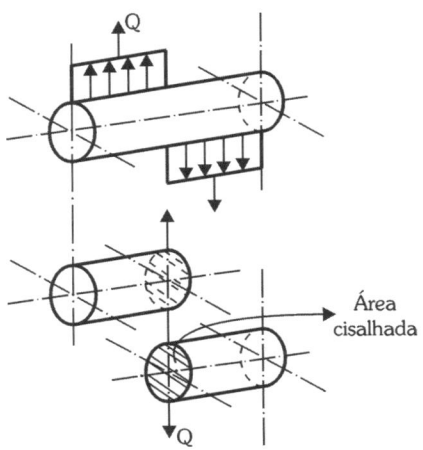

8.3 Tensão de Cisalhamento (τ)

A ação da carga cortante sobre a área da secção transversal da peça causa nesta uma tensão de cisalhamento, que é definida pela relação entre a intensidade da carga aplicada e a área da secção transversal da peça sujeita a cisalhamento.

$$\tau = \frac{Q}{A_{cis}}$$

Para o caso de mais de um elemento estar submetido a cisalhamento, utiliza-se o somatório das áreas das secções transversais para o dimensionamento. Se os elementos possuírem a mesma área de secção transversal, basta multiplicar a área de secção transversal pelo número de elementos (n).

Tem-se então:

$$\tau = \frac{Q}{n \cdot A_{cis}}$$

em que:

τ = tensão de cisalhamento [Pa, ...]

Q = carga cortante [N]

A_{cis} = área da secção transversal da peça [m²]

n - número de elementos submetidos a cisalhamento [adimensional]

Se as áreas das secções transversais forem desiguais, o esforço atuante em cada elemento é proporcional à sua área de secção transversal.

8.4 Deformação do Cisalhamento

Supondo-se o caso da secção transversal retangular da figura, observa-se o seguinte:

Ao receber a ação da carga cortante, o ponto C desloca-se para a posição C', e o ponto D para a posição D', gerando o ângulo denominado distorção.

A distorção é medida em radianos (portanto adimensional), através da relação entre a tensão de cisalhamento atuante e o módulo de elasticidade transversal do material.

$$\gamma = \frac{\tau}{G}$$

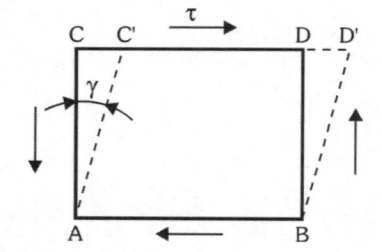

Em que:

γ - distorção [rad]

τ - tensão de cisalhamento atuante [Pa]

G - módulo de elasticidade transversal do material [Pa]

8.5 Tensão Normal (σ) e Tensão de Cisalhamento (τ)

A tensão normal atua na direção do eixo longitudinal da peça, ou seja, perpendicular à secção transversal, enquanto a tensão de cisalhamento é tangencial à secção transversal da peça.

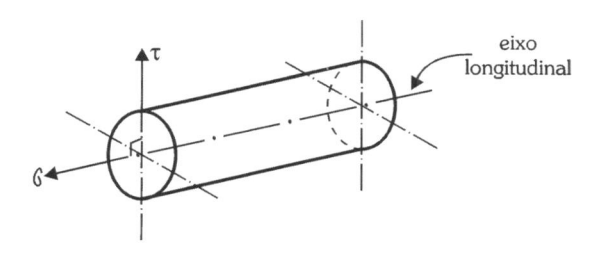

8.6 Pressão de Contato σ_d

No dimensionamento de juntas rebitadas, parafusadas, pinos, chavetas etc., torna-se necessária a verificação da pressão de contato entre o elemento e a parede do furo na chapa (nas juntas).

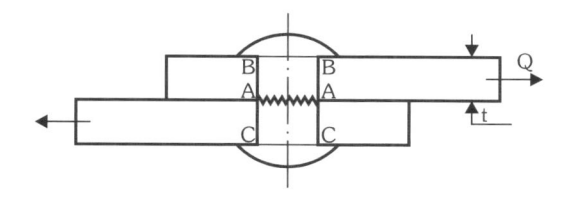

A carga Q atuando na junta tende a cisalhar a secção AA (ver figura anterior).

Ao mesmo tempo, cria um esforço de compressão entre o elemento (parafuso ou rebite) e a parede do furo (região AB ou AC). A pressão de contato, que pode acarretar esmagamento do elemento e da parede do furo, é definida pela relação entre a carga de compressão atuante e a área da secção longitudinal do elemento, que é projetada na parede do furo.

Tem-se então que:

Região de contato

AB e AC

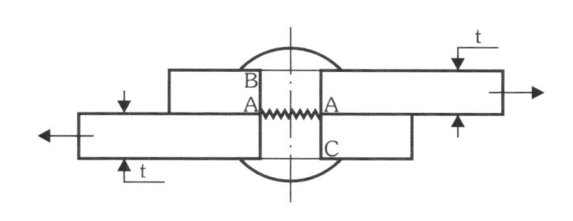

8.6.1 Pressão de Contato (Esmagamento)

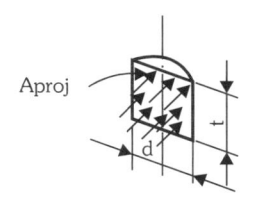

$$\sigma_d = \frac{Q}{n \cdot A_{proj}} = \frac{Q}{dt}$$

Quando houver mais de um elemento (parafuso ou rebite), utiliza-se

$$\sigma_d = \frac{Q}{n \cdot A_{proj}} = \frac{Q}{ndt}$$

em que:

σ_d - pressão de contato [Pa]

Q - carga cortante aplicada na junta [N]

n - número de elementos [adimensional]

d - diâmetro dos elementos [m]

t - espessura da chapa [m]

8.7 Distribuição ABNT NB14

As distâncias mínimas estabelecidas pela norma e que devem ser observadas no projeto de juntas são:

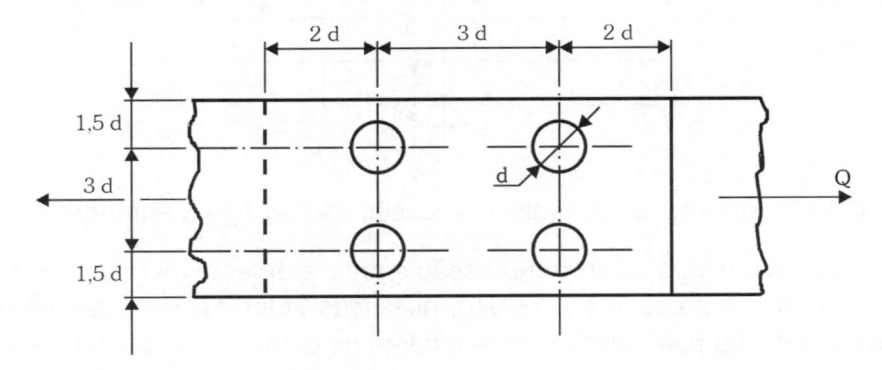

a) Na região intermediária, a distância mínima entre centros dos rebites deve ser três vezes o diâmetro do rebite.

b) Da lateral da chapa até o centro do primeiro furo, a distância deve ter duas vezes o diâmetro do rebite na direção da carga.

c) Da lateral da chapa até o centro do primeiro furo, no sentido transversal da carga, a distância deve ter 1,5 (uma vez e meia) o diâmetro do rebite.

Para o caso de bordas laminadas, permite-se reduzir as distâncias

d + 6 mm para rebites com d < 26 mm;

d + 10 mm para rebites com d > 26 mm.

8.8 Tensão Admissível e Pressão Média de Contato ABNT NB14 - Material Aço ABNT 1020

8.8.1 Rebites

Tração: $\bar{\sigma} = 140$ MPa

Corte: $\bar{\tau} = 105$ MPa

Pressão média de contato (cisalhamento duplo):

$\bar{\sigma}_d = 280$ MPa

Pressão média de contato (cisalhamento simples):

$\bar{\sigma}_d = 105$ MPa

8.8.2 Parafusos

Tração: $\bar{\sigma} = 140$ MPa

Corte: parafusos não ajustados $\bar{\tau} = 80$ MPa

parafusos ajustados $\bar{\tau} = 105$ MPa

Pressão de contato média (cisalhamento simples):

$\bar{\sigma}_d = 225$ MPa

Pressão de contato média (cisalhamento duplo):

$\bar{\sigma}_d = 280$ MPa

8.8.3 Pinos

Flexão: $\bar{\sigma} = 210$ MPa

Corte: $\bar{\tau} = 105$ MPa

Pressão média de contato (cisalhamento simples):

$\bar{\sigma}_d = 225$ MPa

Pressão média de contato (cisalhamento duplo):

$\bar{\sigma}_d = 280$ MPa

Em geral, a tensão admissível de cisalhamento é recomendável em torno de 0,6 a 0,8 da tensão admissível normal.

$$\boxed{\bar{\tau} = 0{,}6 \text{ a } 0{,}8\,\bar{\sigma}}$$

Ex.1 - Determinar a tensão de cisalhamento que atua no plano A da figura.

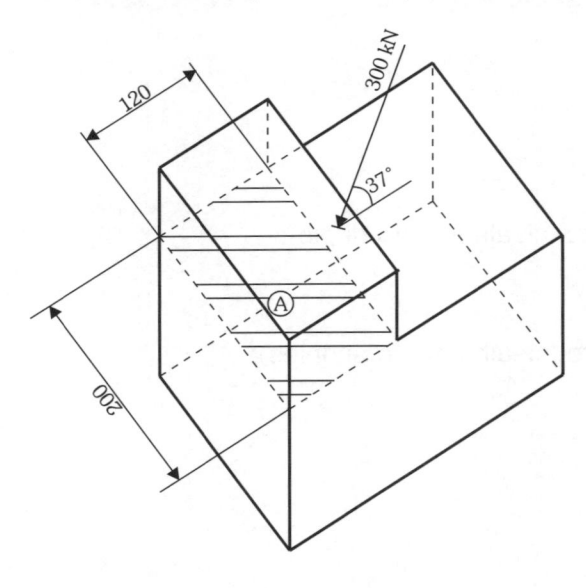

Solução

A tensão de cisalhamento atuante no plano A é definida através da componente horizontal da carga de 300 kN e área da secção A.

Tem-se então que:

$$\tau = \frac{300000\cos 37°}{200 \times 10^{-3} \times 120 \times 10^{-3}}$$

$$\tau = \frac{240000 \times 10^{6}}{200 \times 120}$$

$$\boxed{\tau = 10 \text{ MPa}}$$

Ex.2 - O conjunto representado na figura é formado por:

① - parafuso sextavado M12

② - garfo com haste de espessura 6 mm

③ - arruela de pressão

④ - chapa de aço ABNT 1020 espessura 8 mm

⑤ - porca M12

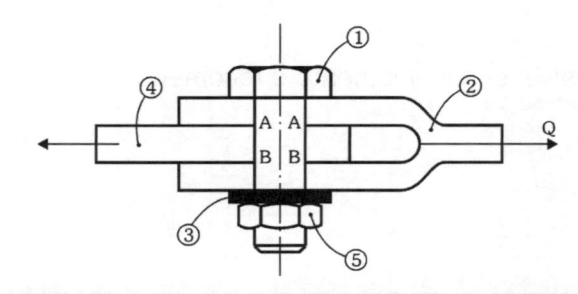

Supor que não haja rosca no parafuso, nas regiões de cisalhamento e esmagamento.

A carga Q que atuará no conjunto é de 6 kN. Determinar:

a) a tensão de cisalhamento atuante

b) a pressão de contato na chapa intermediária

c) a pressão de contato nas hastes do garfo.

Solução

a) tensão de cisalhamento atuante

O parafuso tende a ser cisalhado nas secções AA e BB, portanto, a tensão de cisalhamento é determinada por:

$$\tau = \frac{Q}{2A_{cis}} = \frac{Q}{\frac{2\pi d^2}{4}} = \frac{2Q}{\pi d^2}$$

$$\tau = \frac{2 \times 6000}{\pi(12 \times 10^{-3})^2} = \frac{2 \times 6000 \times 10^6}{\pi 12^2}$$

$$\boxed{\tau = 26,5 \text{ MPa}}$$

b) Pressão de contato na chapa intermediária

A carga de compressão que causa a pressão de contato entre a chapa intermediária e o parafuso é de 6kN, portanto a pressão de contato é determinada por:

$$\sigma di = \frac{Q}{t_{ch} \cdot dp} = \frac{6000}{(8 \times 10^{-3})(12 \times 10^{-3})}$$

$$\sigma di = \frac{6000 \times 10^6}{8 \times 12}$$

$$\boxed{\sigma di = 62,5 \text{ MPa}}$$

c) Pressão de contato nas hastes do garfo

A carga de compressão que causa a pressão de contato entre o furo da haste do garfo e o parafuso é de 3 kN, pois a carga de 6kN divide-se na mesma intensidade para cada haste, portanto, a pressão de contato será:

$$\sigma dh = \frac{Q}{2t_h \cdot dp} = \frac{6000}{2 \times 6 \times 10^{-3} \times 12 \times 10^{-3}}$$

$$\sigma dh = \frac{6000 \times 10^6}{2 \times 6 \times 12}$$

$$\boxed{\sigma dh = 41,7 \text{ MPa}}$$

Ex.3 - Projetar a junta rebitada para que suporte uma carga de 125 kN aplicada conforme a figura. A junta deve contar com cinco rebites. $\tau = 105$ MPa; $\sigma_d = 225$ MPa; $t_{ch} = 8$ mm (espessura das chapas).

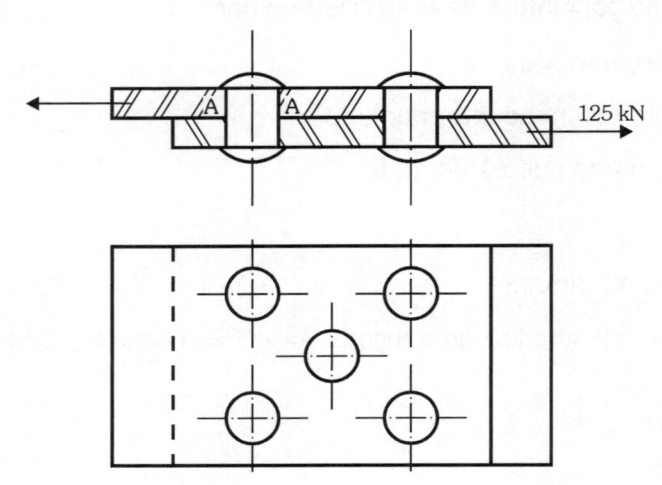

Solução

a) Cisalhamento nos rebites

Observa-se na figura que a junta é simplesmente cisalhada, ou seja, cada rebite sofre cisalhamento na sua respectiva secção AA. Tem-se então que:

$$\bar{\tau} = \frac{Q}{n \cdot A_{cis}}$$

Como os rebites possuem secção transversal circular e a área do círculo é dada por:

$$A_{cis} = \frac{\pi d^2}{4}$$

a fórmula da tensão do cisalhamento passa a ser:

$$\bar{\tau} = \frac{4Q}{n\pi d^2}$$

de que:

$$d = \sqrt{\frac{4Q}{n\pi d^2}}$$

$$d = \sqrt{\frac{4 \times 125000}{5 \times \pi \times 105 \times 10^6}}$$

$$d = 10^{-3}\sqrt{\frac{500000}{5 \times \pi \times 105}}$$

$$d = 17,4 \times 10^{-3} \text{ m}$$

$$\boxed{d = 17,4 \text{ mm}}$$

b) Pressão de contato (esmagamento)

O rebite é dimensionado através da pressão de contato, para que não sofra esmagamento. Aplica-se a fórmula

$$\overline{\sigma}_d = \frac{Q}{n \cdot d \cdot t_{ch}} \rightarrow d = \frac{Q}{n \cdot t_{ch} \cdot \overline{\sigma}_d}$$

$$d = \frac{125000}{5 \times 8 \times 10^{-3} \times 225 \times 10^{6}}$$

$$d = 13,9 \times 10^{-3}\,m$$

$$\boxed{d = 13,9 \text{ mm}}$$

Prevalece sempre o diâmetro maior para que as duas condições estejam satisfeitas. Portanto, os rebites a serem utilizados na junta terão d = 18 mm (DIN 123 e 124).

Para que possa ser mantida e reforçada a segurança da construção, o diâmetro normalizado do rebite deve ser igual ou maior ao valor obtido nos cálculos.

c) Distribuição

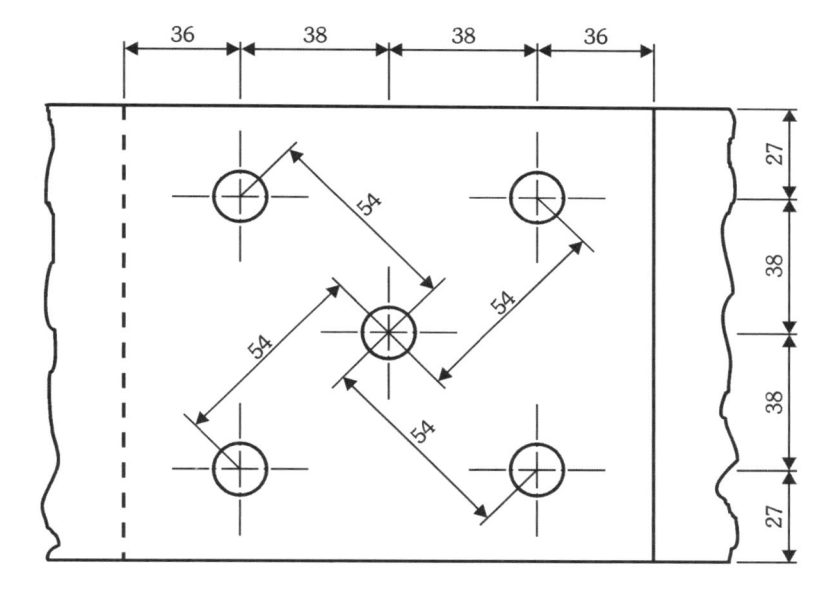

Os espaços entre os rebites dessa distribuição são os mínimos que podem ser utilizados.

As cotas de 38 mm representadas na junta são determinadas da seguinte forma:

Supõe-se que as cotas sejam iguais no sentido longitudinal e transversal.

Tem-se então que:

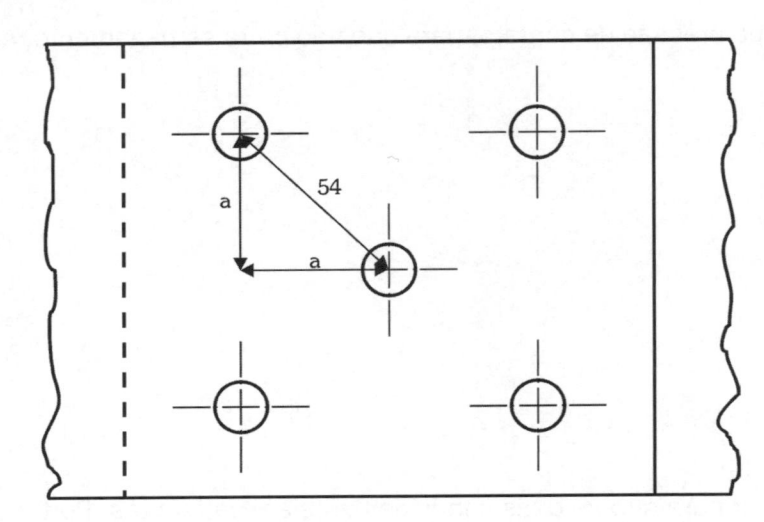

portanto,

a = 54 cos 45°

a ≅ 38 mm

Ex.4 - Determinar o domínio da relação entre a espessura da chapa e o diâmetro do rebite em uma junta simplesmente cisalhada, para que somente o dimensionamento ao cisalhamento seja suficiente no projeto da junta.

$\bar{\tau}$ = 105 MPa (cisalhamento)

$\bar{\sigma}_d$ = 225 MPa (esmagamento)

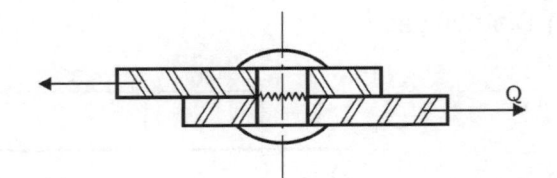

Solução

Para que somente o dimensionamento ao cisalhamento seja suficiente no projeto da junta, é indispensável que o número de rebites necessários para suportar o cisalhamento (n_c) seja maior ou igual ao número de rebites necessários ao esmagamento (n_e). Tem-se então que:

$n_c \geq n_e$

$$\frac{4Q}{\bar{\tau}\pi d^2} \geq \frac{Q}{\bar{\sigma}_d \times d \times t_{ch}}$$

$$\frac{t_{ch}}{d} \geq \frac{\bar{\tau}\pi}{4\bar{\tau}_d} \geq \frac{105\pi}{4 \times 225}$$

$$\boxed{\frac{t_{ch}}{d} \geq 0,37}$$

Quando a relação entre a espessura da chapa e o diâmetro do rebite for maior ou igual a 0,37, somente o dimensionamento ao cisalhamento é suficiente para projetar a junta.

Ex.5 - Determinar o domínio da relação entre a espessura da chapa e o diâmetro do rebite, em uma junta duplamente cisalhada, para que somente o dimensionamento ao cisalhamento seja suficiente no projeto da junta.

$\bar{\tau}$ = 105 MPa (cisalhamento)

$\bar{\sigma}_d$ = 280 MPa (esmagamento)

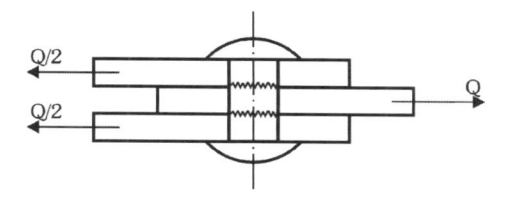

Solução

Para que somente o dimensionamento ao cisalhamento seja suficiente no projeto da junta, é indispensável que o número de rebites necessários para suportar o cisalhamento seja maior ou igual ao número de rebites necessários ao esmagamento.

Tem-se então que:

nc ≥ ne

$$\frac{2Q}{\bar{\tau}\pi d^2} \geq \frac{Q}{\sigma_d \times d \times t_{ch}} \qquad\qquad \frac{t_{ch}}{d} \geq \frac{105\pi}{2 \times 280}$$

$$\frac{t_{ch}}{d} \geq \frac{\tau\pi}{2\sigma_d} \qquad\qquad \boxed{\frac{t_{ch}}{d} \geq 0,59}$$

Quando a relação entre a espessura da chapa e o diâmetro do rebite for maior ou igual a 0,59, somente o dimensionamento ao cisalhamento é suficiente para projetar a junta.

Se a relação:

$$\frac{t_{ch}}{d} < 0,59$$

Somente o dimensionamento à pressão de contato é suficiente para dimensionar a junta.

Ex.6 - Projetar a junta rebitada para que suporte a carga de 100 kN aplicada conforme a figura.

$\bar{\tau}$ = 105 MPa (cisalhamento)

σ_d = 280 MPA (esmagamento)

t_{ch} = 10 mm (espessura da chapa)

$\bar{\sigma}$ = 140 MPa (tração na chapa)

A junta vai contar com oito rebites.

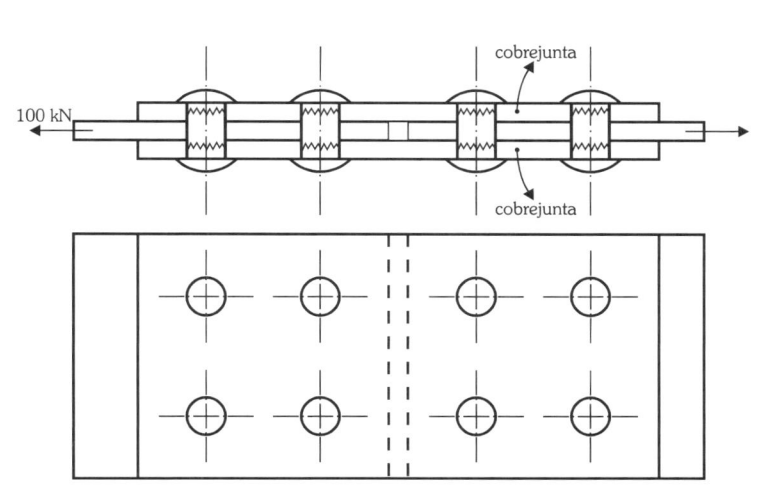

Solução

O dimensionamento desse tipo de junta efetua-se pela análise de sua metade, pois a sua outra metade fica dimensionada por analogia. Tem-se, portanto, que:

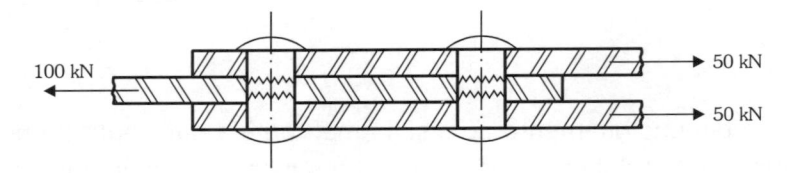

a) Cisalhamento

Cada rebite possui duas áreas cisalhadas, portanto o dimensionamento ao cisalhamento é efetuado através de:

$$\overline{\tau} = \frac{Q}{n \cdot 2\,\mathrm{Acis}} = \frac{Q}{4 \times 2\dfrac{\pi d^2}{4}} = \frac{Q}{2\pi d^2}$$

$$d = \sqrt{\frac{Q}{2\pi\,\overline{\tau}}}$$

$$d = \sqrt{\frac{100000}{2\pi \times 105 \times 10^6}}$$

$$d = \sqrt{\frac{50000}{\pi\,105}} \times 10^{-3}$$

$$d = 12,3 \times 10^{-3}\,\mathrm{m} \qquad \boxed{d = 12,3\ \mathrm{mm}}$$

b) Pressão de contato (esmagamento)

A possibilidade maior de esmagamento ocorre no contato entre a chapa intermediária e os rebites, pois nos cobrejuntas a carga atuante é inferior à carga da chapa intermediária.

Tem-se então que:

$$\overline{\sigma}_d = \frac{Q}{n d\, t_{ch}} = \frac{Q}{n d \cdot \overline{\sigma}_d} = \frac{100000}{4 \times 10 \times 10^{-3} \times 280 \times 10^6}$$

$$\boxed{d = 8,92\ \mathrm{mm}}$$

Os rebites a serem utilizados devem satisfazer as duas condições ao mesmo tempo, portanto o diâmetro será d = 14 mm (DIN 123 e 124), valor normalizado imediatamente superior, adotado para reforçar a segurança.

c) Distribuição

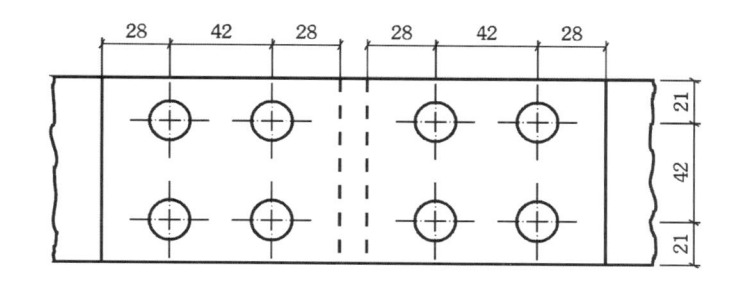

d) Verificação da resistência à tração na chapa

A chapa intermediária é a que sofre a maior carga, portanto se ela suportar a tração, automaticamente os cobrejuntas suportam.

Chapa intermediária

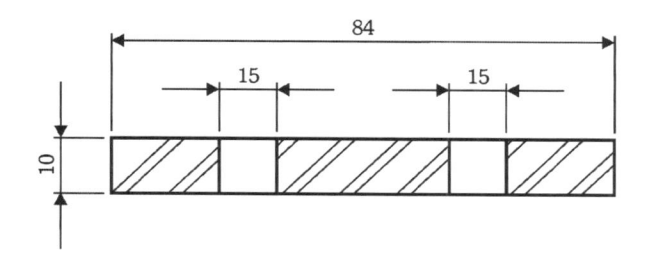

Supondo furos de 15 mm, ou seja, 1 mm de folga, tem-se que:

A = (84 − 2 × 15)10

A = 540 mm^2 = 540 × 10^{-6} m^2

Tensão normal atuante na chapa

$$\sigma = \frac{100000}{540 \times 10^{-6}} \qquad \boxed{\sigma = 185 \text{ MPa}}$$

Como a σ atuante > $\overline{\sigma}$, conclui-se que a secção transversal deve ser reforçada.

e) Dimensionamento da secção transversal da chapa

$$\sigma = \frac{Q}{A} \quad \rightarrow \quad A = \frac{Q}{\overline{\sigma}}$$

$$\left(\ell - 30\right)10 = \frac{Q}{\overline{\sigma}} \quad \rightarrow \quad \ell = \frac{Q}{10\,\overline{\sigma}} + 30$$

$$\ell = \frac{100000}{10 \times 140} + 30$$

$$\boxed{\ell \cong 102 \text{ mm}}$$

Para que suporte a tração com segurança, a largura mínima da chapa será $\ell = 102$ mm.

f) Distribuição final

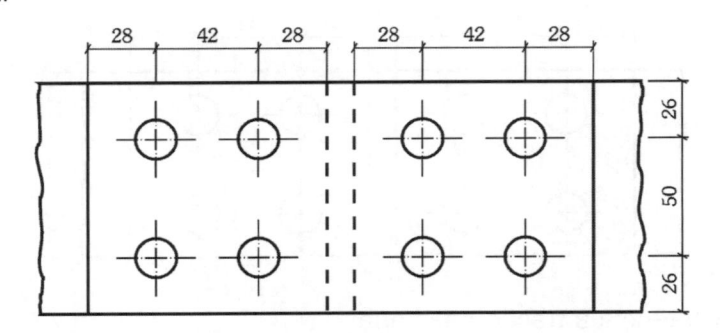

Ex.7 - Dimensionar os rebites da junta excêntrica representada na figura.

Os diâmetros dos rebites devem ser iguais, t_{ch} = 10 mm.

Pela ABNT NB14:

$\bar{\tau}$ = 105 MPa

$\bar{\sigma}_d$ = 225 MPa

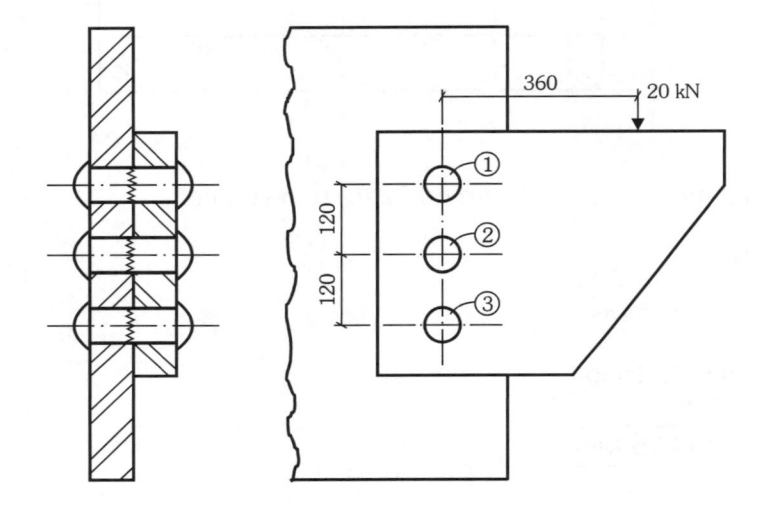

Solução

a) Esforços nos rebites

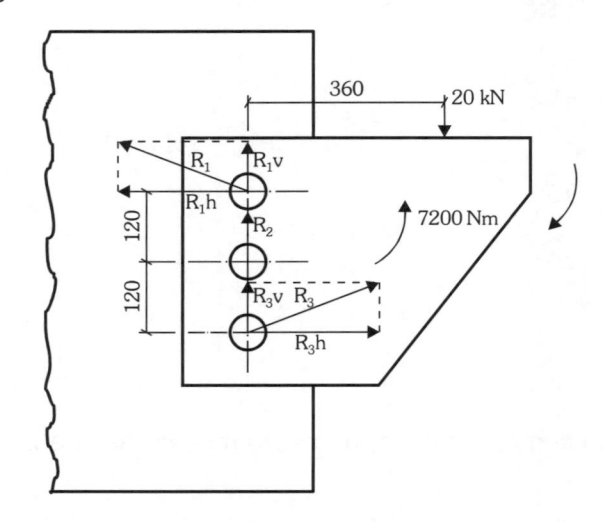

O rebite ② encontra-se em uma posição simétrica às duas laterais (superior e inferior) e aos rebites ① e ③. Portanto, o rebite ② é o centro geométrico da distribuição.

Desta forma, somente os rebites ① e ③ possuem componentes horizontais.

Como todos os rebites têm o mesmo diâmetro, na vertical os componentes são iguais.

Tem-se então que:

$$R_{1v} = R_{2v} = R_{3v} = \frac{20000}{3}$$

$$R_{1v} = R_{2v} = R_{3v} = 6667 \ N$$

A carga horizontal no rebite ① é determinada pelo somatório de momentos em relação ao rebite ③.

Tem-se então que:

$$\sum M ③ = 0$$

$$240 \, R_{1H} = 20000 \times 360$$

$$R_{1H} = \frac{20000 \times 360}{240}$$

$$\boxed{R_{1H} = 30000 \ N}$$

A carga horizontal no rebite ③ tem a mesma intensidade da carga horizontal no rebite ①.

$$\sum F_H = 0$$

$$R_{1H} = R_{3H} = 30000 \ N$$

Conclui-se portanto que:

Os rebites mais solicitados são ① e ③ e a carga cortante que atua neles é:

$$R_1 = \sqrt{30000^2 + 6667^2}$$

$$R_1 = \sqrt{(30 \times 10^3)^2 + (6,667 \times 10^3)^2}$$

$$R_1 = \sqrt{(900 + 44,45) \, 10^6}$$

$$R_1 = 10^3 \sqrt{944,45}$$

$$\boxed{R_1 = 30730 \ N}$$

As cargas nos rebites ① e ③ são iguais.

b) Dimensionamento dos rebites

    b.1) Cisalhamento

Adota-se o rebite que tenha a solicitação máxima para o dimensionamento. Neste caso, os rebites mais solicitados são ① e ③.

O desenvolvimento dos cálculos será em função do rebite ①. Tem-se, portanto, que:

$$\bar{\tau} = \frac{R_1}{Acis} = \frac{4R_1}{\pi d^2}$$

$$d = \sqrt{\frac{4R_1}{\pi\bar{\tau}}} = \sqrt{\frac{4 \times 30730}{\pi \times 150 \times 10^6}} \to d = 10^{-3}\sqrt{\frac{4 \times 30730}{\pi \times 105}}$$

$$d = 19,3 \times 10^{-3}\ m$$

$$\boxed{d = 19,3\ mm}$$

b.2) Pressão de contato (esmagamento)

A pressão de contato é verificada através da fórmula

$$\bar{\sigma}_d = \frac{R_1}{n \times d \times t_{ch}}$$

portanto,

$$d = \frac{R_1}{n \times t_{ch} \times \bar{\sigma}_d}$$

Como o rebite que está sendo dimensionado é o ①, n = 1, tem-se então que:

$$d = \frac{30730}{225 \times 10^6 \times 10 \times 10^{-3}} \qquad d = 13,65\ mm$$

O diâmetro dos rebites deve satisfazer as duas condições ao mesmo tempo, portanto d = 20 mm (DIN 123 e 124).

Ex.8 - A junta excêntrica da figura encontra-se carregada com uma carga de 90 kN, aplicada à distância de 200 mm em relação ao centro geométrico dos rebites. O diâmetro dos rebites é de 20 mm. Determinar a tensão de cisalhamento máxima atuante nos rebites.

Solução

A carga excêntrica de 90000 N provoca na junta a atuação de um momento de 90000 x 200 = 18000000 Nmm que corresponde a 18000 Nm.

Como todos os rebites possuem o mesmo diâmetro, conclui-se que na vertical, a carga de 90000 N estará distribuída na mesma intensidade para cada rebite.

A carga vertical em cada rebite tem a intensidade de:

$$\frac{9000}{6} = 15000\ N = 15\ kN$$

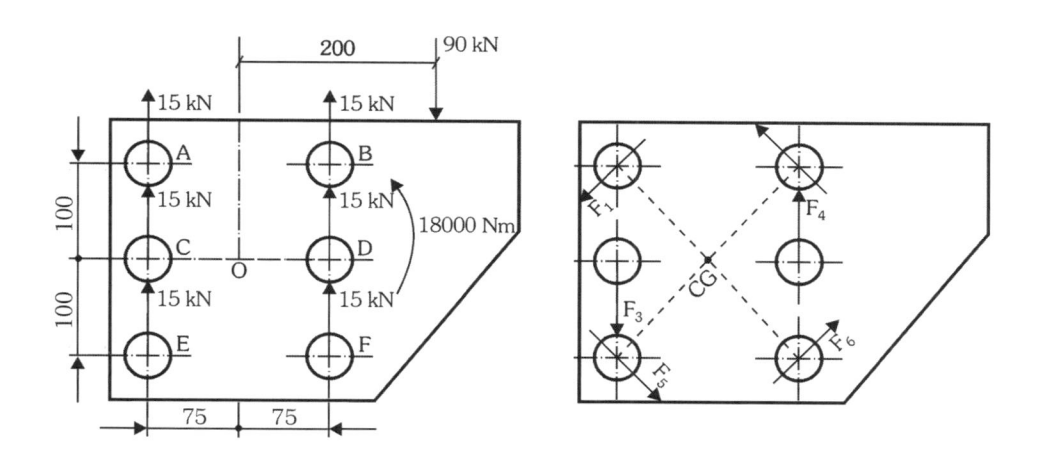

As forças F_1, F_2, F_5 e F_6 são da mesma intensidade, equidistantes ao centro geométrico da junta.

As quatro forças passam a denominar-se Fc para facilitar os cálculos.

Da mesma forma conclui-se que $F_3 = F_4$. Para facilitar os cálculos denominar-se-ão F'c.

A distância entre o centro geométrico da junta e os rebites das extremidades é 125 mm, obtida em função do triângulo (OBD) (teorema de Pitágoras).

$$\sum M(CG) = 0$$

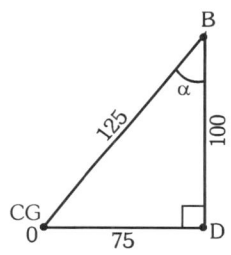

$$4\,Fc \times 125 + 2 \times 75\,F'c = 18000000$$

$$\boxed{0.5\,Fc + 0{,}15\,F'c = 1800} \qquad (I)$$

As cargas são proporcionais às distâncias em relação ao CG, de que se conclui que:

$$\frac{Fc}{125} = \frac{F'c}{75}$$

$$Fc = \frac{125}{75}F'c \quad \Rightarrow \quad \boxed{Fc = \frac{5}{3}F'c} \qquad (II)$$

substituindo II na equação I, tem-se que:

$$0{,}5 \times \frac{5}{3}F'c + 0{,}15\,F'c = 18000$$

$$(0{,}83 + 0{,}15)F'c = 18000$$

$$\boxed{F'c = 18367\ N \cong 18{,}37\ kN}$$

pela equação II tem-se que:

$$Fc = \frac{5}{3}F'c = \frac{5}{3} \times 18367\ N$$

$$\boxed{Fc = 30611\ N \cong 30{,}61\ kN}$$

A carga resultante em cada rebite é determinada por:

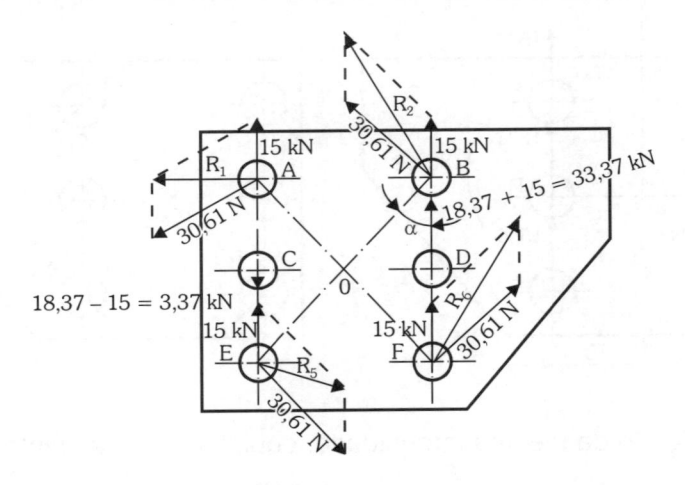

Os rebites mais solicitados são 2 e 6. Pelo triângulo ODB determina-se o ângulo a.

$$\cos\alpha = \frac{100}{125}$$

$$\cos\alpha = 0,8$$

Portanto, $\alpha = 37°$

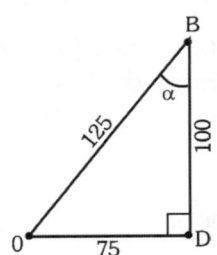

Se $\alpha = 37°$, conclui-se que a carga de 30,61 kN está defasada 37° em relação à horizontal, portanto, o ângulo formado pelas cargas de 15 kN e 30,61 kN é 53°.

$$R_2 = \sqrt{30,61^2 + 15^2 + 2 \times 15 \times 30,61 \times \cos 53°}$$

$$R_2 = \sqrt{936,97 + 225 + 550,98}$$

$$\boxed{R_2 = 41,38 \text{ kN}}$$

$$R_6 = R_2 \cong 41,38 \text{ kN}$$

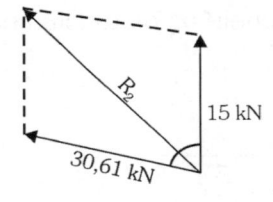

Observa-se graficamente que as resultantes R_2 e R_6 são as maiores, e como o objetivo do exercício é determinar a tensão máxima, as outras resultantes tornam-se desprezíveis.

A tensão máxima de cisalhamento é determinada através de:

$$\tau = \frac{41380 \times 4}{\pi(20 \times 10^{-3})^2}$$

$$\tau = \frac{41380 \times 4 \times 10^6}{\pi \times 400}$$

$$\boxed{\tau = 131,7 \text{ MPa}}$$

Ex.9 - Dimensionar os parafusos para construir a junta excêntrica representada na figura; $\overline{\tau}$ = 105 MPa, $\overline{\sigma}_d$ = 225 MPa, espessura das chapas 16 mm.

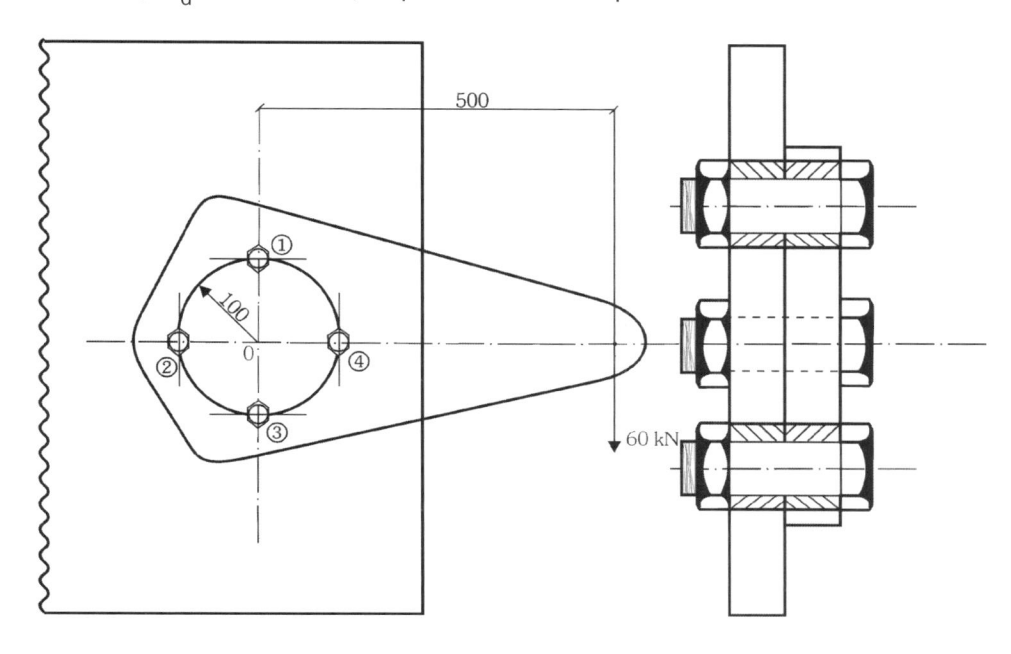

Solução

a) Carga de cisalhamento

A carga de 60 kN divide-se igualmente para os quatro parafusos da junta. Tem-se então:

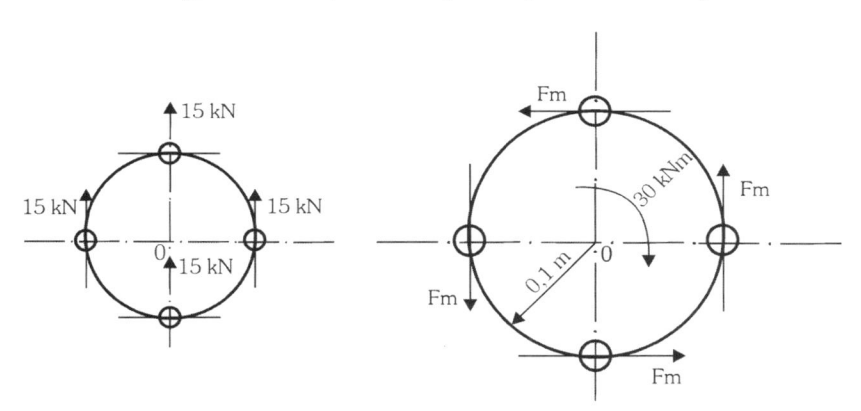

A excentricidade da carga provoca momento na junta, o que acarreta maior esforço nos parafusos.

Transformando-se as unidades para metro, escreve-se que:

• $M_0 = 0$

$4 \times 0,1 \times F_m = 60 \times 0,5 = 30$

$$F_m = \frac{30}{0,4}$$

$F_m = 75$ kN F_m: carga gerada pelo momento

A carga que atua em cada parafuso é:

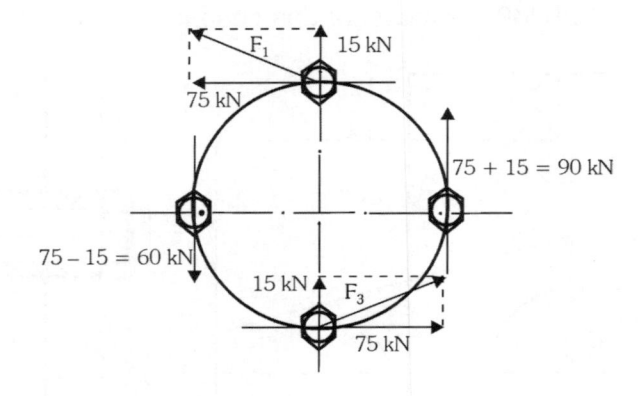

As cargas nos parafusos ① e ③ possuem a mesma intensidade:

$$F_1 = F_3 = \sqrt{75^2 + 15^2} \qquad \boxed{F_1 = F_3 = 76,5\ kN}$$

Porém a carga máxima atua no parafuso ④, sendo a sua intensidade 90 kN.

b) Dimensionamento

b.1) Cisalhamento

A junta tende a acarretar cisalhamento simples nos parafusos. Tem-se portanto:

$$\bar\tau = \frac{4F}{\pi d_c^{\,2}} \;\rightarrow\; d_c = \sqrt{\frac{4F_4}{\pi\tau}}$$

$$d_c = \sqrt{\frac{4 \times 90000}{\pi \times 105 \times 10^6}} = 33 \times 10^{-3}\ m$$

$$\boxed{d_c = 33\ mm}$$

b.2) Esmagamento

$$\bar\sigma d = \frac{F_4}{n \cdot d \cdot t_{ch}} \qquad d_e = \frac{900000}{225 \times 10^6 \times 1 \times 16 \times 10^{-3}}$$

$$d_e = \frac{90000}{225 \times 16} \times 10^{-3}\ m \qquad \boxed{d_e = 25\ mm}$$

A junta será construída com parafusos com d = 36 mm DIN 931.

8.9 Ligações Soldadas

8.9.1 Solda de Topo

Indicada somente para esforços de tração ou compressão.

8.9.2 Dimensionamento do Cordão

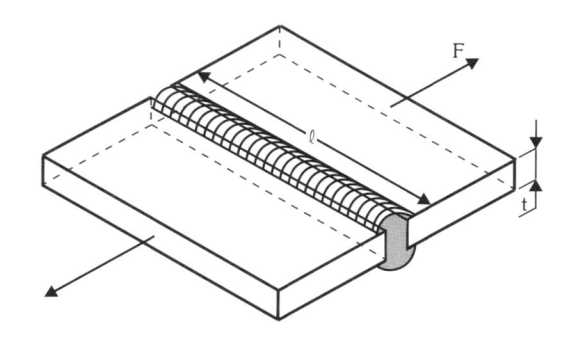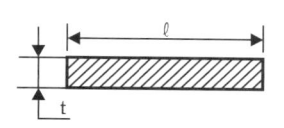

Área do cordão de solda submetida à ação da carga axial (F)

$A = \ell \times t$

Tensão normal do cordão:

$$\sigma_s = \frac{F}{A} = \frac{F}{\ell \times t}$$

Para dimensionar o cordão, utiliza-se a tensão admissível especificada para o caso.

A SAS (Sociedade Americana de Solda) especifica para estruturas:

tração (solda de topo) $\overline{\sigma}_s = 90$ MPa

cisalhamento (solda lateral) $\overline{\tau}_s = 70$ MPa

compressão $\overline{\sigma}_s = 130$ MPa

Portanto, ℓ é definido por:

$$\ell = \frac{F}{t \times \overline{\sigma}_s}$$

Sendo:

ℓ - comprimento do cordão [m...]

F - carga axial aplicada [N...]

t - espessura da chapa [m...]

$\overline{\sigma}_s$ - tensão admissível da solda [Pa...]

Exemplo 1

A junta de topo representada na figura, é composta por duas chapas com largura $\ell = 200$ mm e espessura t = 6 mm. A tensão admissível indicada pela SAS (Sociedade Americana de Solda) para solda de topo é $\overline{\sigma}_s = 90$ MPa.

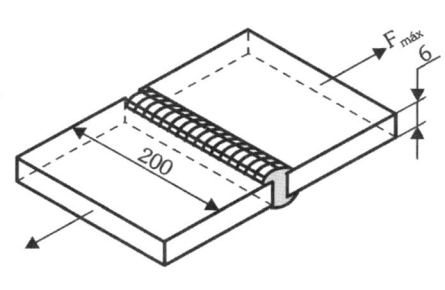

Determinar a carga máxima que poderá ser suportada pela junta.

Solução

Na solda de topo, considera-se para efeito de dimensionamento, somente a secção transversal da chapa, admitindo-se como desprezível o acabamento do cordão.

Tem-se então que:

$$F_{máx} = \bar{\sigma}_s \times \ell \times t$$

$$F_{máx} = 90 \times 10^6 \, \frac{N}{m^2} \times 200 \times 10^{-3} \, m \times 6 \times 10^{-3} \, m$$

$$\boxed{F_{máx} = 108.000 \text{ N} = 108 \text{ kN}}$$

8.9.3 Solda Lateral

Duas chapas unidas através de solda lateral têm os cordões dimensionados através do estudo a seguir.

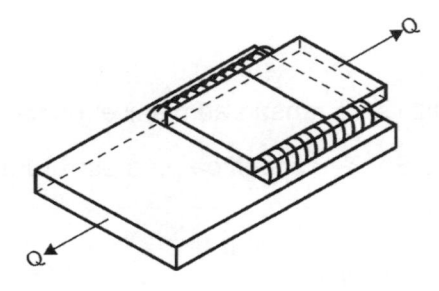

Na secção transversal do cordão, tem-se:

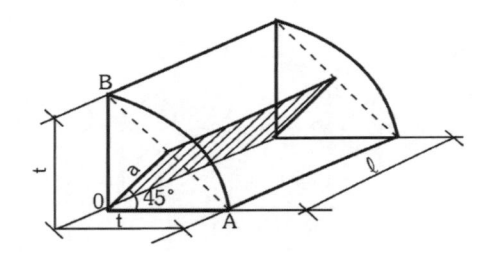

No dimensionamento do cordão, despreza-se o acabamento da solda, considerando-se somente o – AOB.

Observa-se na figura, que a área mínima de cisalhamento ocorre a 45°, sendo expressa por:

$$A_{mín} = a \times \ell$$

como $a = t \cos 45°$ tem-se:

$$A_{mín} = \ell \cdot t\cos45°$$

A tensão de cisalhamento no cordão é dada por:

$$\tau_s = \frac{Q}{A_{mín}} = \frac{Q}{\ell \cdot t \cdot \cos 45°}$$

Para dimensionar o cordão da solda, utiliza-se a ($\bar{\tau}_s$) tensão admissível da solda, e obtém-se:

$$\ell = \frac{Q}{\tau_s \cdot t \cdot \cos 45°}$$

Em que:

ℓ = comprimento do cordão [m]

Q = carga de cisalhamento [N]

t = espessura da chapa [m]

$\overline{\tau}_s$ = tensão admissível da solda no cisalhamento [Pa]

Se a carga aplicada na junta for excêntrica, o comprimento dos cordões será proporcional, conforme é demonstrado a seguir:

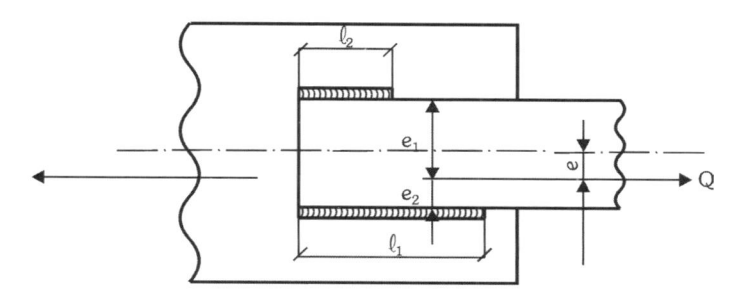

e - afastamento da carga em relação a linha de centro

Dimensionado o cordão total (ℓ), distribui-se conforme segue:

$$\frac{\ell_1}{e_1} = \frac{\ell_2}{e_2} = \frac{\ell}{e_1 + e_2}$$

$$\boxed{\ell_1 = \frac{e_1}{e_1 + e_2} \cdot \ell} \qquad \boxed{\ell_2 = \frac{e_2}{e_1 + e_2} \cdot \ell}$$

Em que:

ℓ - comprimento total da solda [m]

ℓ_1 - comprimento do cordão da lateral próximo da carga [m]

ℓ_2 - comprimento do cordão da lateral afastado da carga [m]

e_1 - afastamento maior da carga em relação à lateral da chapa [m]

e_2 - afastamento menor da carga em relação à lateral da chapa [m]

Exemplo 2

Dimensionar os cordões de solda (ℓ_1) da junta representada na figura. A carga de tração que atuará na junta é 40 kN, sendo que a espessura das chapas t = 6 mm. Para este caso, a SAS (Sociedade Americana de Solda) indica: $\overline{\tau}_s$ = 70 MPa.

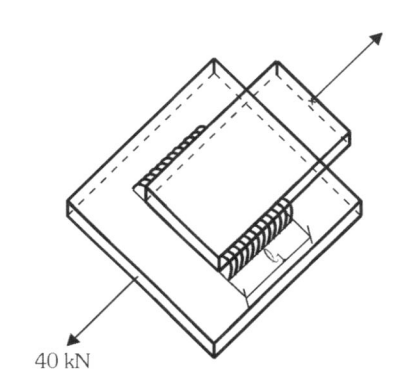

40 kN

Solução

Comprimento total da solda (ℓ)

$$\ell = \frac{Q}{\overline{\tau}_s \cdot t \cdot \cos 45°}$$

$$\ell = \frac{40 \times 10^3 \, \cancel{N}}{70 \times 10^{-6} \, \frac{\cancel{N}}{m^2} \times 6 \times 10^{-3} \, \cancel{m} \times \cos 45°}$$

$$\boxed{\ell \cong 0,135 \text{ m ou } \ell = 135 \text{ mm}}$$

Como a carga aplicada é concêntrica, conclui-se que:

$$2\ell_1 = \ell = 135 \text{ mm}$$

portanto, $\boxed{\ell_1 = \dfrac{135}{2} = 67,5 \text{ mm}}$

Exemplo 3

Dimensionar os cordões (ℓ_1 e ℓ_2) da junta excêntrica representada na figura.

Condições do projeto:

- intensidade da carga 60 kN
- espessura das chapas t = 10 mm
- afastamento maior $e_1 = 200$ mm
- afastamento menor $e_2 = 80$ mm

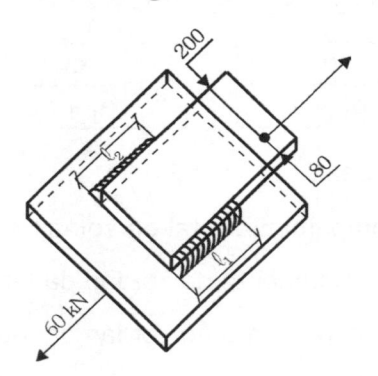

Para este caso a SAS (Sociedade Americana de Solda) indica $\overline{\tau} = 70\,\text{MPa}$.

Comprimento total da solda (ℓ)

$$\ell = \frac{Q}{\overline{\tau}_s \cdot t \cdot \cos 45°} = \frac{60 \times 10^3 \, N}{70 \times 10^{-6} \, \frac{N}{m^2} \times 10 \times 10^{-3} \, \cancel{m} \times 0,707}$$

$$\boxed{\ell \cong 0,120 \text{ m ou } \ell = 120 \text{ mm}}$$

Comprimento dos cordões ℓ_1 e ℓ_2

$$\ell_1 = \frac{e_1}{e_1 + e_2} \cdot \ell = \frac{200}{200 + 80} \cdot 120$$

$$\ell_1 = 86 \text{ mm}$$

Como $\ell = \ell_1 + \ell_2 = 120$ mm, conclui-se que:

$$\boxed{\ell_2 = 120 - 86 = 34 \text{ mm}}$$

8.9.4 Ligações Soldadas Solicitadas por Torque (Mt)

Tensão na solda

$$\tau = \frac{Mt \cdot r}{J_p}$$

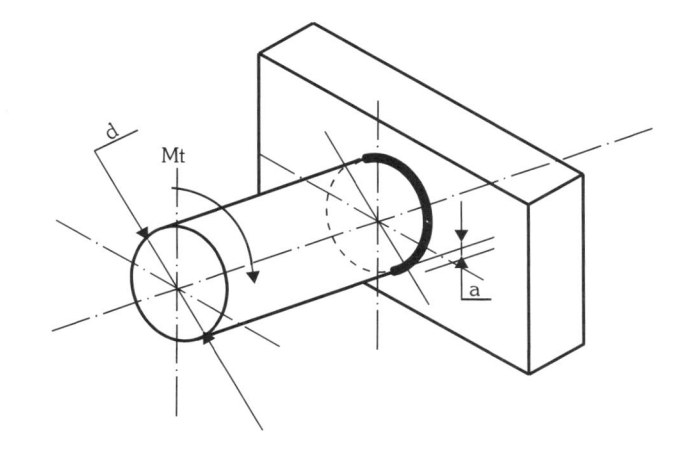

Momento polar de inércia (J_p)

$$J_p = \int r^2 dA$$

$$J_p = (0,5)^2 \neq \cdot a \cdot d$$

Como a é reduzido em relação ao diâmetro (d), considera-se r constante:

Portanto:

$$\tau = Mt \cdot \frac{(0,5\,d)}{(0,5\,d)^2\,\pi \cdot a \cdot d} = \frac{2\,Mt}{\pi \cdot a \cdot d^2}$$

Tensão no plano vertical

A tensão máxima ocorre na superfície de menor área a 45°.

Tem-se então:

$$\tau_{máx} = \frac{\tau}{\cos 45°} = \frac{2\,Mt}{\pi \cdot a \cdot d^2 \times 0,707}$$

$$\boxed{\tau_{máx} = \frac{2,83\,Mt}{\pi \cdot a \cdot d^2}}$$

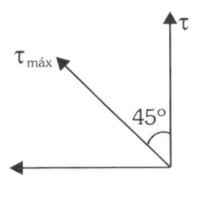

Onde:

$\tau_{máx}$ - tensão máxima atuante [Pa]

Mt - torque [Nm]

a - base do cordão da solda [m]

d - diâmetro do eixo [m]

π - constante trigonométrica 3,1415...

Exemplo 4

Um eixo de aço com d = 35 mm é ligado a uma chapa através de um cordão de solda, com base a = 10 mm.

A SAS (Sociedade Americana de Solda) indica para o caso $\overline{\tau} = 70\,MPa$.

Determine o torque máximo que poderá atuar na ligação.

$$M_t = \frac{\tau_s \cdot \pi \cdot a \cdot d^2}{2,83}$$

$$M_t = \frac{70 \times 10^6\,N/m^2 \times 10 \times 10^{-3}m \times (35 \times 10^{-3}m)^2 \times \pi}{2,83}$$

$$M_t = \frac{70 \times 10^6 \times 10 \times 10^{-3} \times 35^2 \times 10^{-6} \times \pi}{2,83}$$

$$\boxed{M_t = 952\ Nm}$$

Ligações soldadas de chapas perpendiculares solicitadas por torque.

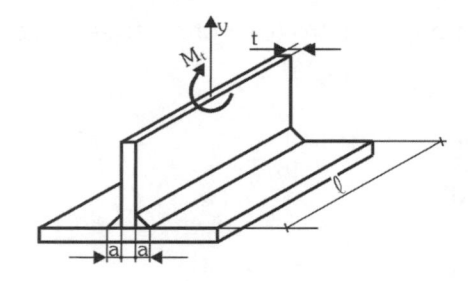

O torque M_t tende a girar a chapa vertical ao redor do eixo γ, sobre a chapa horizontal. A rotação é impedida através da ação dos cordões de solda. É fácil observar que a rigidez da chapa faz com que as tensões variem de:

- zero no eixo γ

- máxima em b/2 (periferia da chapa)

A tensão de cisalhamento no plano horizontal ($\tau_{máx}$) é igual à variação das tensões normais ao longo do comprimento ℓ (flexão)

portanto, tem-se:

$$\tau = \frac{M}{J}\quad Y_{máx} = \frac{12M_t(\ell/2)}{(2a)\ell^3} = \frac{3M_t}{a\ell^2}$$

Como a $\tau_{máx}$ ocorre na menor área, tem-se:

$$\tau_{máx} = \frac{\tau}{\cos 45°}$$

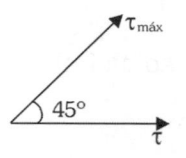

$$\boxed{\tau_{máx} = \frac{3Mt}{a \cdot \ell^2 \cos 45°}}$$

Sendo:

M_t - torque [Nm]

a - base do cordão [m]

ℓ - comprimento do cordão [m]

Exemplo 5

Duas chapas de aço foram soldadas perpendicularmente através de um cordão de solda de $\ell = 500$ mm e base de cordão de solda a = 12 mm. Pelas especificações do SAS (Sociedade Americana de Solda) a tensão admissível indicada é $\bar{\tau}_s = 70$ MPa. Qual o torque máximo que poderá atuar na junta?

$$\bar{\tau}_s = \frac{3\,Mt}{a\ell^2 \cos 45°}$$

$$M_t = \frac{\bar{\tau}_s \cdot a \cdot \ell^2 \cos 45°}{3}$$

$$M_t = \frac{70 \times 10^6 \, N/m^2 \times 12 \times 10^{-3} m \times (0,5\,m)^2 \times \cos 45°}{3}$$

$$M_t = \frac{70 \times 12 \times 0,5^2 \times \cos 45° \times 10^3}{3}\,(Nm)$$

$$\boxed{M_t = 49.490 \text{ Nm}}$$

8.10 Chavetas

Chaveta Plana		DIN6885
Chaveta Inclinada		DIN6886
Chaveta Meia-Lua		DIN6888
Chaveta Tangencial		DIN271
Chaveta Inclinada com Cabeça		DIN6887

Características

Chaveta Plana — É a mais comum, sendo indicada para torque de sentido único.

Chaveta Inclinada — O cubo é montado à força. O torque transmissível é maior que nas chavetas planas.

Chaveta Meia-Lua — Ajusta-se automaticamente, tornando-se mais econômica. Utiliza-se este tipo de chaveta em máquinas operatrizes, automóveis e em transmissões em geral com o torque médio.

Chavetas Tangenciais — Admitem aplicações de torque nos dois sentidos.

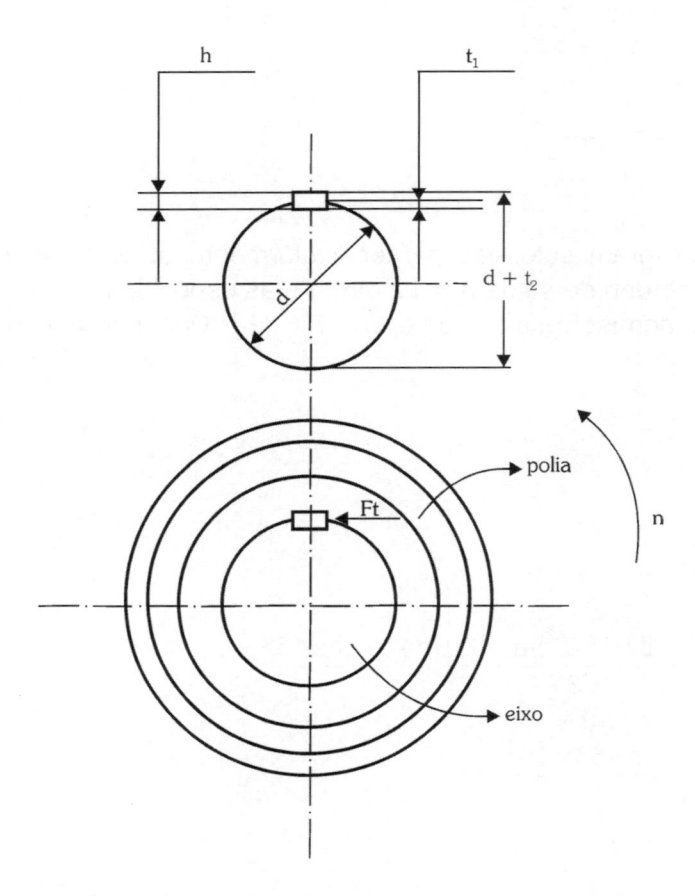

A carga tangencial atuante tende a provocar cisalhamento na superfície b x ℓ da chaveta.

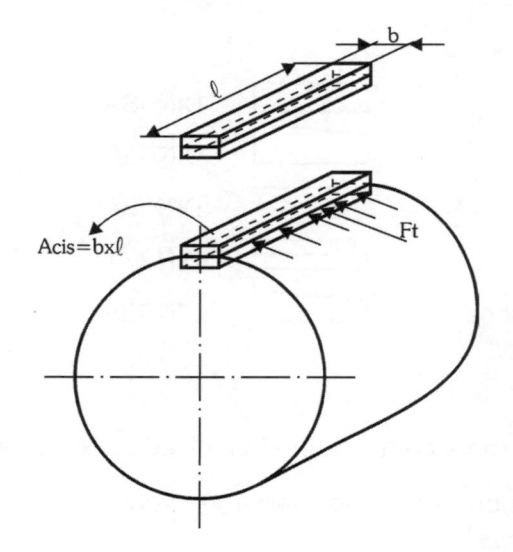

A tensão do cisalhamento é dada por:

$$\tau = \frac{F_t}{A_{cis}} = \frac{F_t}{b x \ell} \qquad \boxed{\tau = \frac{F_t}{b x \ell}}$$

A pressão de contato entre o cubo e a chaveta que pode acarretar no esmagamento da chaveta e do próprio rasgo no cubo é dada por:

$$\sigma d = \frac{Ft}{A_{esm}} = \frac{Ft}{\ell(h - t_1)}$$

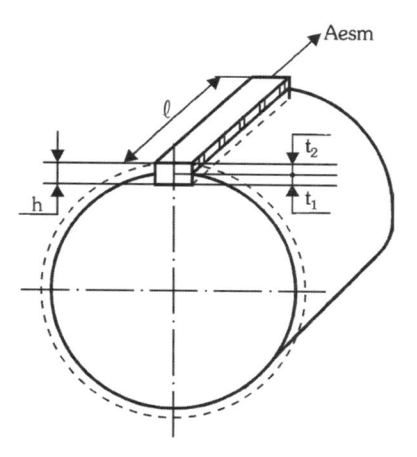

Material indicado para chavetas é o st60 ou st80 (ABNT 1060 a 1080).

Pressão média de contato $\overline{\sigma}_d = 100$ MPa.

Tensão admissível de cisalhamento $\overline{\tau} = 60$ MPa.

 Exercícios

Ex.1 - O eixo árvore de uma máquina unido a uma polia através da chaveta transmite uma potência de 70 CV, girando com uma frequência de 2 Hz. O diâmetro do eixo é 100 mm. Determinar o comprimento mínimo da chaveta (DIN6885).

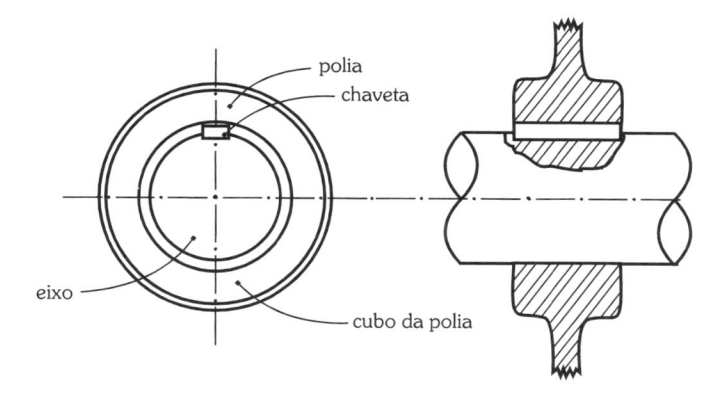

Solução

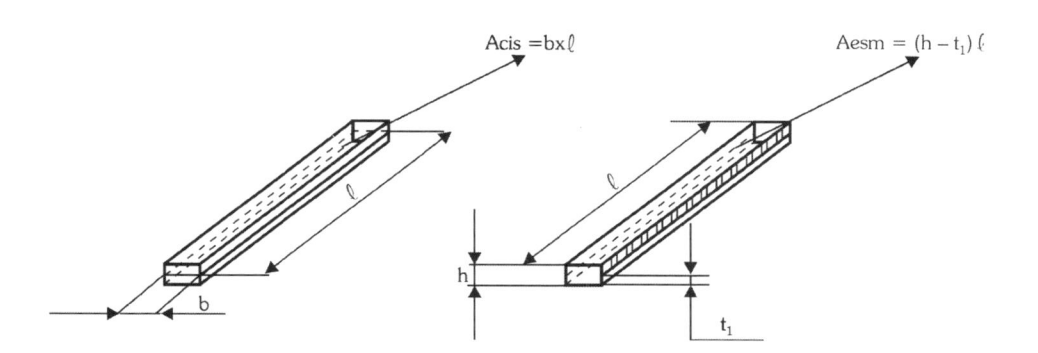

Através do DIN6885 (chaveta plana) encontram-se os seguintes valores:

$$d_{eixo} = 100 \text{ mm} \rightarrow \text{chaveta} \begin{cases} b = 28 \text{ mm} \\ h = 16 \text{ mm} \\ t_1 = 9,9 \text{ mm} \end{cases}$$

$$\bar{\tau} = 60 \text{ MPa} \qquad \bar{\sigma}_d = 100 \text{ MPa}$$

O torque atuante na transmissão é de:

$$M_t = \frac{P}{\omega} = \frac{P}{2\pi f}$$

Como cv = 735,5 W, a potência transmitida corresponde a:

P = 735, 5 × 70

P = 51485 W

$$M_t = \frac{51485}{2\pi \times 2} \qquad M_T = 4097 \text{ Nm}$$

Força tangencial atuante:

$$F_t = \frac{2M_T}{d} = \frac{2 \times 4097}{10^{-1}} \qquad d = 10^{-1} \text{ m}$$

$$F_t = 81940 \text{ N}$$

Dimensionamento ao cisalhamento:

$$\bar{\tau} = \frac{F_t}{b\ell_c} \rightarrow \ell_c = \frac{F_t}{b \cdot \tau} = \frac{81940}{28 \times 10^{-3} \times 60 \times 10^6}$$

$$\ell_c = 48,8 \times 10^{-3} \text{ m}$$

$$\boxed{\ell_c = 49 \text{ mm}}$$

Dimensionamento da pressão de contato (esmagamento):

$$\bar{\sigma}_d = \frac{F_t}{\ell_e(h - t_1)} \qquad\qquad \ell_e = \frac{F_t}{\sigma_d(h - t_1)}$$

$$\ell_e = \frac{81940}{100 \times 10^6 (16 - 9,9) \times 10^{-3}}$$

$$\ell_e = \frac{81940 \times 10^{-3}}{100 \times 6,1}$$

$$\boxed{\ell_e \cong 135 \text{ mm}}$$

Chaveta a ser utilizada B 28 x 10 x 135 DIN6885 forma A extremos arredondados

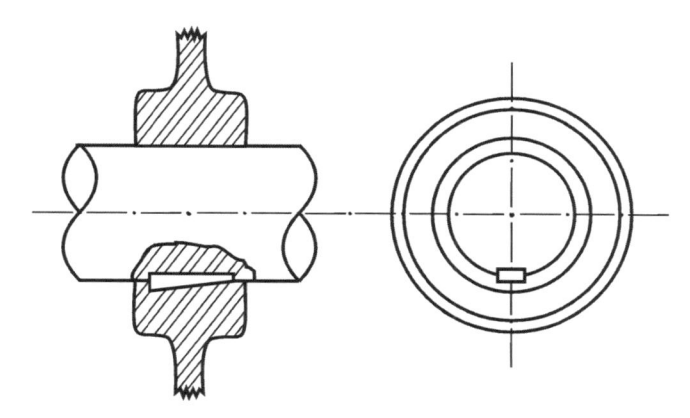 material st-60

Ex.2 - O eixo árvore de um redutor encontra-se unido a uma engrenagem através de chaveta (DIN6886), visando transmitir P = 15 CV com uma frequência de 8 Hz. O diâmetro do eixo é de 48 mm. Determinar o comprimento mínimo da chaveta. (DIN6886 chaveta inclinada) material st-60.

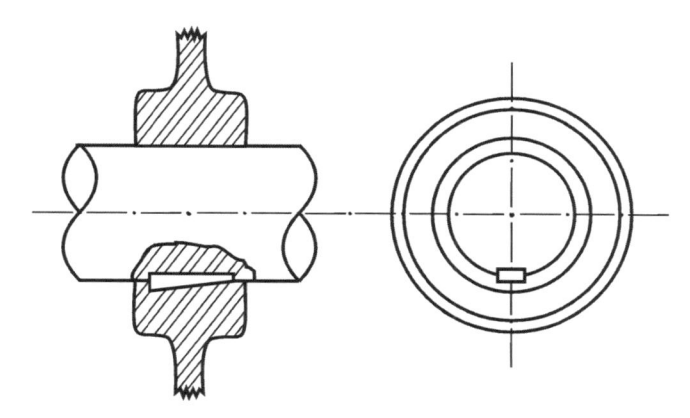

Solução

Analogamente ao exercício anterior, tem-se que:

$A_{cis} = b \times \ell c$

$A_{esm} = \ell\,(h - t_1)$

Através da DIN6886 (chaveta inclinada), encontram-se os seguintes valores:

$$d_{eixo} = 48 \text{ mm} \rightarrow \text{chaveta} \begin{cases} b = 14 \text{ mm} \\ h = 9 \text{ mm} \\ t_1 = 5,5 \text{ mm} \end{cases}$$

material st-60

$\bar{\tau} = 60 \text{ MPa} \quad \bar{\sigma}_d = 100 \text{ MPa}$

Como CV = 735,5 W, a potência transmitida em watts corresponde a:

P = 735,5 × 15 $\qquad$ P = 11032,5 W

O torque transmitido será:

$$M_T = \frac{P}{2\pi f} = \frac{11032,5}{2\pi \times 8}$$

$M_T = 220 \text{ Nm}$

Força tangencial:

$$F_t = \frac{2M_t}{d} = \frac{2 \times 220}{48 \times 10^{-3}} \qquad F_t = 9.167 \text{ N}$$

Dimensionamento do cisalhamento

$$\overline{\tau} = \frac{F_t}{b \times \ell_c} \rightarrow \ell_c = \frac{F_t}{b \cdot \tau}$$

$$\ell_c = \frac{9167}{14 \times 10^{-3} \times 60 \times 10^6}$$

$$\ell_c \cong 11 \times 10^{-3} \, m$$

$$\boxed{\ell_c \cong 11 \, mm}$$

Dimensionamento à pressão de contato (esmagamento)

$$\overline{\sigma}_d = \frac{F_t}{\ell_e (h - t_1)}$$

$$\ell_c = \frac{F_t}{\sigma d (h - t_1)} = \frac{9167}{100 \times 10^6 (9 - 5,5) 10^{-3}}$$

$$\ell_c \cong 26 \times 10^{-3} \, m$$

$$\boxed{\ell_c = 26 \, mm}$$

como $\ell_e > \ell_c$, prevalece $\ell_c = 26$ mm

A chaveta a ser utilizada é A 14 × 9 × 26 DIN6886.

Características Geométricas das Superfícies Planas

9.1 Momento Estático

9.1.1 Momento Estático de um Elemento de Superfície

O momento estático de um elemento de superfície é definido através do produto entre a área do elemento e a distância que o separa do eixo de referência.

$$M_x = y \cdot dA$$

$$M_y = x \cdot dA$$

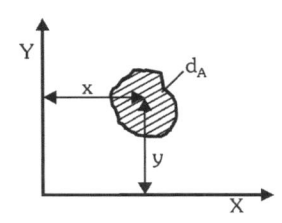

9.1.2 Momento Estático de uma Superfície Plana

Momento estático de uma superfície plana é definido através da integral de área dos momentos estáticos dos elementos de superfície que formam a superfície total.

$$M_x = \int_A y \, d_A$$

$$M_y = \int_A x \, d_A$$

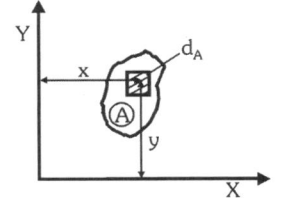

9.1.3 Centro de Gravidade de uma Superfície Plana

É um ponto localizado na própria figura, ou fora desta, no qual se concentra a superfície.

A localização do ponto dar-se-á através das coordenadas x_G e y_G, obtidas através da relação entre o respectivo momento estático de superfície e a área total desta.

$$X_G = \frac{\int_A x d_A}{\int_A dA}$$

$$y_G = \frac{\int_A y d_A}{\int_A dA}$$

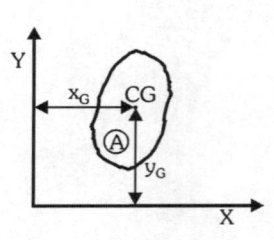

Para simplificar a determinação do centro de gravidade, divide-se a superfície plana em superfícies geométricas cujo centro de gravidade é conhecido, tais como retângulos, triângulos, quadrados etc. Através da relação entre somatório dos momentos estáticos dessa superfície e a sua área total determinam-se coordenadas do centro de gravidade.

$$x_G = \frac{A_1 X_1 + \ldots A_n x_n}{A_1 + \ldots A_n}$$

$$y_G = \frac{A_1 y_1 + \ldots A_n y_n}{A_1 + \ldots A_n}$$

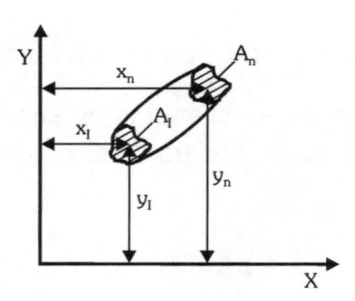

$$x_G = \frac{\sum_{i=1}^{i=n} A_i X_i}{\sum_{i=1}^{i=n} A_i}$$

$$y_G = \frac{\sum_{i=1}^{i=n} A_i Y_i}{\sum_{i=1}^{i=n} A_i}$$

9.1.4 Tabela do Centro de Gravidade de Superfícies Planas

Superfície

Coordenadas do C.G

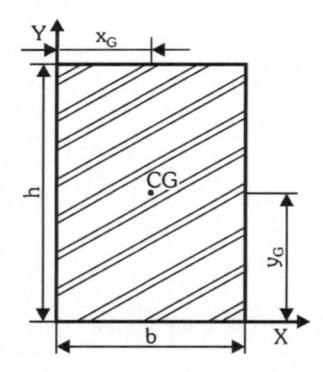

$$x_G = b / 2$$

$$y_G = h / 2$$

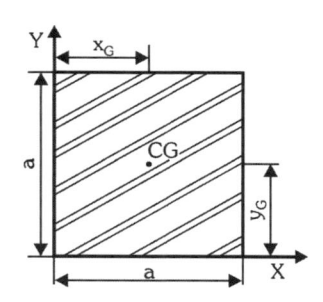

$$x_G = y_G = \frac{a}{2}$$

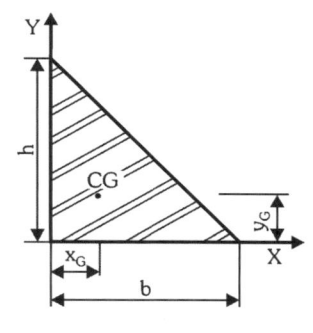

$$X_G = b / 3$$
$$Y_G = h / 3$$

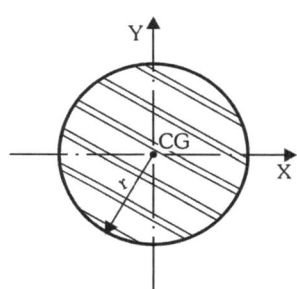

$$X_G = 0$$
$$Y_G = 0$$

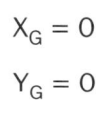

$$x_G = \frac{4r}{3\pi}$$

$$y_G = \frac{4r}{3\pi}$$

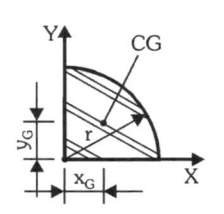

$$x_G = 0$$

$$y_G = \frac{4r}{3\pi}$$

Ex.1 - Determinar as coordenadas do centro de gravidade do trapézio representado na figura a seguir.

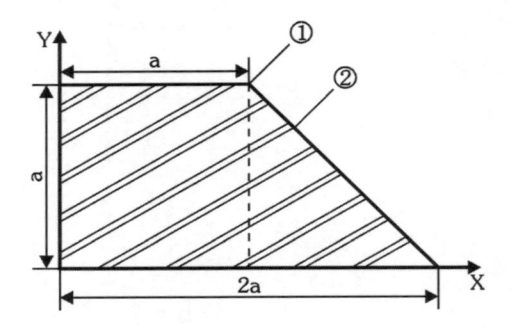

Solução

Na resolução deste exercício, denomina-se o quadrado de lado "a" como figura ①, e o triângulo de catetos igual a "a" como figura ②.

$$A_1 = a^2 \qquad\qquad A_2 = a^2 / 2$$

$$x_1 = a / 2$$

$$x_2 = a + \frac{a}{3} = \frac{4a}{3}$$

$$Y_1 = a / 2$$

$$Y_2 = a / 3$$

$$x_G = \frac{A_1 x_1 + A_2 x_2}{A_1 + A_2} = \frac{a^2 \cdot \dfrac{a}{2} + \dfrac{a^2}{2} \cdot \dfrac{4a}{3}}{a^2 + \dfrac{a^2}{2}}$$

$$x_G = \frac{\dfrac{a^3}{2} + \dfrac{4a^3}{6}}{\dfrac{2a^2 + a^2}{2}} = \frac{\dfrac{3a^3 + 4a}{6}}{\dfrac{3a^2}{2}}$$

$$x_G = \frac{7a^3}{6\dfrac{3a^2}{2}} = \frac{7a^3}{9a^2} = \frac{7a}{9} = 0,777\,a$$

$$y_G = \frac{A_1 y_1 + A_2 y_2}{A_1 + A_2} = \frac{a^2 \cdot \dfrac{a}{2} + \dfrac{a^2}{2} \cdot \dfrac{a}{3}}{a^2 + \dfrac{a^2}{2}}$$

$$y_G = \frac{\dfrac{a^3}{2} + \dfrac{a^3}{6}}{\dfrac{3}{2}a^2} = \frac{\dfrac{3a^3 + a^3}{6}}{\dfrac{3}{2}a^2}$$

$$y_G = \frac{\dfrac{4a^3}{6}}{\dfrac{3}{2}a^2} = \frac{4a^3}{9a^2} = \frac{4a}{9} \cong 0,444a$$

$$\boxed{\begin{array}{l} x_G = 0,777\ a \\ Y_G = 0,444\ a \end{array}}$$

Localização do ponto na superfície

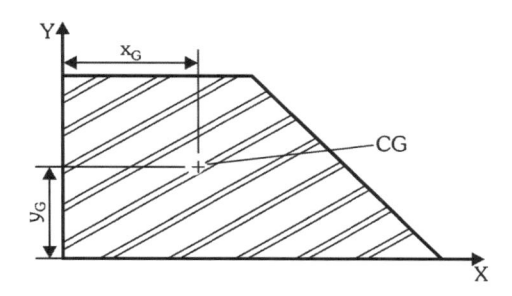

Ex.2 - Determinar as coordenadas do CG da superfície hachurada representada na figura.

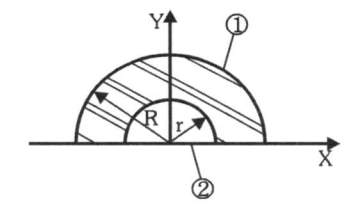

Solução

A figura 1 corresponde ao semicírculo de raio R e a figura 2 corresponde ao semicírculo de raio r.

$$A_1 = \frac{\pi R^2}{2} \qquad\qquad\qquad A_2 = \frac{\pi \cdot r^2}{2}$$

$$x_1 = 0 \qquad\qquad\qquad x_2 = 0$$

$$y_1 = \frac{4R}{3\pi} \qquad\qquad\qquad y_2 = \frac{4}{3} \cdot \frac{r}{\pi}$$

A coordenada $x_G = 0$, pois as coordenadas x_1 e x_2 são iguais a zero.

$$y_G = \frac{A_1 y_1 - A_2 y_2}{A_1 - A_2}$$

$$y_G = \frac{\dfrac{\pi R^2}{2} \cdot \dfrac{4R}{3\pi} - \dfrac{\pi r^2}{2} \cdot \dfrac{4r}{3\pi}}{\dfrac{\pi R^2}{2} - \dfrac{\pi r^2}{2}} = \frac{\dfrac{4R^3}{6} - \dfrac{4r^3}{6}}{\dfrac{\pi}{2} - (R^2 - r^2)}$$

$$y_G = \frac{\dfrac{4}{6}(R^3 - r^3)}{\dfrac{\pi}{2}(R^2 - r^2)} = \frac{4}{3\pi} \cdot \frac{(R^3 - r^3)}{(R^2 - r^2)}$$

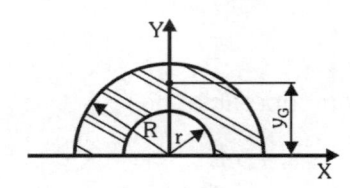

Localização do ponto na figura

Ex.3 - Determinar as coordenadas do centro de gravidade da cantoneira de abas desiguais representada na figura a seguir.

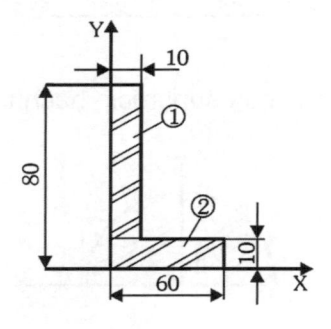

Solução

Divide-se a cantoneira em dois retângulos:

$A_1 = 700$ mm^2	$A_2 = 600$ mm^2
$x_1 = 5$ mm	$x_2 = 30$ mm
$y_1 = 45$ mm	$y_2 = 5$ mm

$$x_G = \frac{A_1 x_1 + A_2 x_2}{A_1 + A_2} = \frac{700 \times 5 + 600 \times 30}{700 + 600}$$

$$x_G = \frac{3500 + 18000}{1300} \qquad \boxed{x_G = 16{,}53 \text{ mm}}$$

$$y_G = \frac{A_1 y_1 + A_2 y_2}{A_1 + A_2} = \frac{700 \times 45 + 600 \times 5}{700 + 600}$$

$$y_G = \frac{31500 + 3000}{1300} \qquad \boxed{y_G = 26{,}53 \text{ mm}}$$

Localização do ponto na figura

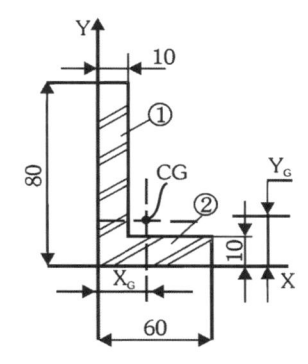

Ex.4 - Determinar as coordenadas do centro de gravidade do perfil ⊔ representado na figura a seguir.

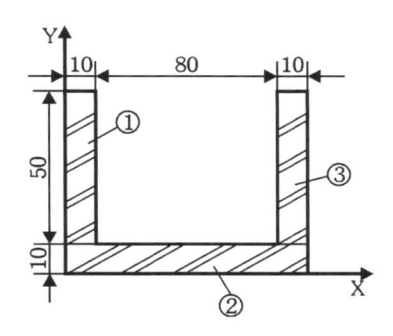

Solução

Divide-se o perfil ⊔ em três retângulos para iniciar os cálculos.

$A_1 = 500$ mm² $\qquad$ $A_2 = 1000$ mm² $\qquad$ $A_3 = 500$ mm²

$x_1 = 5$ mm $\qquad$ $x_2 = 50$ mm $\qquad$ $x_3 = 95$ mm

$y_1 = 35$ mm $\qquad$ $y_2 = 5$ mm $\qquad$ $y_3 = 35$ mm

$$x_G = \frac{A_1x_1 + A_2x_2 + A_3x_3}{A_1 + A_2 + A_3} = \frac{500 \times 5 + 1000 \times 50 + 500 \times 95}{500 + 1000 + 500}$$

$$x_G = \frac{2500 + 50000 + 47500}{2000} \qquad \boxed{x_G = 50 \text{ mm}}$$

$$y_G = \frac{A_1y_1 + A_2y_2 + A_3y_3}{A_1 + A_2 + A_3} = \frac{500 \times 35 + 1000 \times 5 + 500 \times 35}{500 + 1000 + 500}$$

$$y_G = \frac{17500 + 5000 + 17500}{2000} \qquad \boxed{y_G = 20 \text{ mm}}$$

Localização do CG na superfície

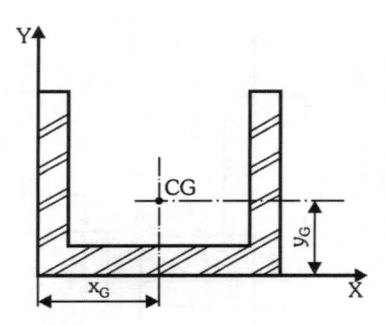

Ex.5 - Determinar as coordenadas do CG da superfície hachurada representada na figura a seguir.

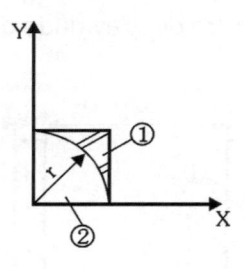

Solução

Para determinar o CG da superfície hachurada, denomina-se a figura ① o quadrado de lado "r", a figura ② o quadrante de círculo de raio "r".

Interpreta-se a área da figura ② como sendo retirada da figura ①; desta forma, para determinar as coordenadas, subtrai-se o momento estático da área ② do momento estático da área ①. Procede-se da mesma forma em relação à área total.

Assim, teremos:

$$x_G = \frac{A_1 x_1 - A_2 x_2}{A_1 - A_2} \qquad\qquad y_G = \frac{A_1 y_1 - A_2 y_2}{A_1 - A_2}$$

$$A_1 = r^2 \qquad\qquad A_2 = \frac{\pi r^2}{4}$$

$$x_1 = r / 2 \qquad\qquad x_2 = \frac{4r}{3\pi}$$

$$y_1 = r / 2 \qquad\qquad y_2 = \frac{4r}{3\pi}$$

Como $x_1 = y_1$ e $x_2 = y_2$, podemos concluir que $x_G = y_G$. Teremos, portanto:

$$x_G = y_G = \frac{r_2 \cdot \dfrac{r}{2} - \dfrac{\pi r^2}{4} \cdot \dfrac{4r}{3\pi}}{r^2 - \dfrac{\pi r^2}{4}}$$

$$x_G = y_G = \frac{\dfrac{r^3}{2} - \dfrac{r^3}{3}}{r^2(1 - \dfrac{\pi}{4})} = \frac{\dfrac{3r^3 - 2r^3}{6}}{r^2(\dfrac{4-\pi}{4})}$$

$$x_G = y_G = \frac{r^3}{6(\dfrac{4-\pi}{4})r^2}$$

$$\boxed{x_G = y_G = 0{,}775 \, r}$$

Localização do ponto na superfície

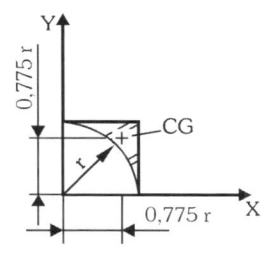

Ex.6 - Determinar as coordenadas do centro de gravidade da superfície hachurada representada na figura a seguir.

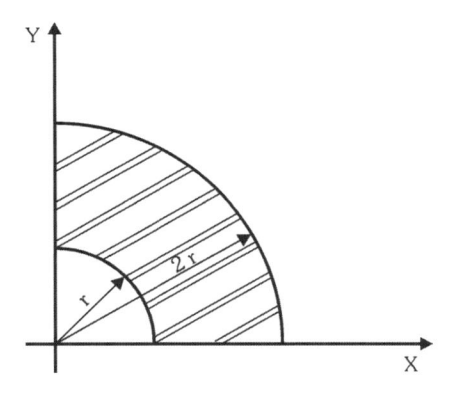

Solução

Para determinar centro e gravidade da superfície, denomina-se superfície ① o quadrante de círculo de raio "2 r", e superfície ② o quadrante de círculo de raio "r", e analogamente ao exercício anterior, determinam-se as coordenadas através de:

$$x_G = \frac{A_1 x_1 - A_2 x_2}{A_1 - A_2} \qquad\qquad y_G = \frac{A_1 y_1 - A_2 y_2}{A_1 - A_2}$$

$$A_1 = \frac{\pi(2r)^2}{4} = \pi r^2 \qquad\qquad A_2 = \frac{\pi r^2}{4}$$

$$x_1 = \frac{4}{3} \cdot \frac{2r}{\pi} = \frac{8r}{3\pi} \qquad\qquad x_2 = \frac{4r}{3\pi}$$

$$y = \frac{4}{3} \cdot \frac{2r}{\pi} = \frac{8r}{3\pi} \qquad\qquad y_2 = \frac{4r}{3\pi}$$

Como $x_1 = y_1$ e $x_2 = y_3$, conclui-se que $x_G = y_G$.

$$x_G = y_G = \frac{\pi r^2 \cdot \dfrac{8r}{3\pi} - \dfrac{\pi r^2}{4} \cdot \dfrac{4}{3}\dfrac{r}{\pi}}{\pi r^2 - \dfrac{\pi r^2}{4}}$$

$$x_G = y_G = \frac{\dfrac{8r^3}{3} - \dfrac{r^3}{3}}{\dfrac{3}{4} - \dfrac{\pi r^2}{4}} = \frac{\dfrac{7r^3}{3}}{\dfrac{3}{4}\pi r^2}$$

$$x_G = y_G = \frac{28r^3}{9\pi r^2} \qquad\qquad \boxed{x_G = y_G = 0{,}99\,r}$$

Localização do ponto na superfície

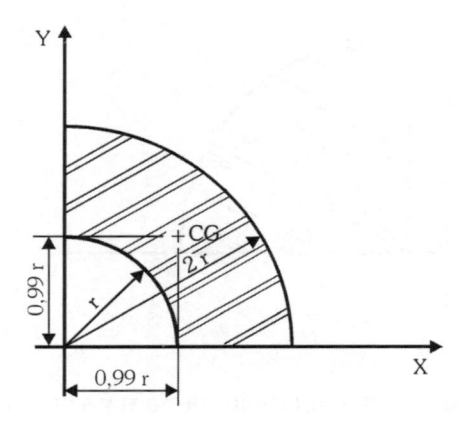

Ex.7 - Determinar as coordenadas do CG da superfície hachurada representada na figura.

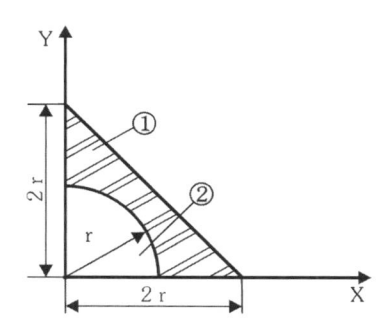

Solução

Denomina-se superfície ① o triângulo de cateto 2 r, e superfície ② o quadrante de círculo de raio "r". Analogamente aos exercícios ⑤ e ⑥, determinam-se as coordenadas x_G e y_G.

$$A_1 = \frac{2r \times 2r}{2} = 2r^2 \qquad A_2 = \frac{\pi r^2}{4}$$

$$x_1 = \frac{2r}{3} \qquad\qquad x_2 = \frac{4r}{3\pi}$$

$$y_1 = \frac{2r}{3} \qquad\qquad y_2 = \frac{4r}{3\pi}$$

Como $x_1 = y_1$ e $x_2 = y_2$, conclui-se que $x_G = y_G$.

$$x_G = y_G = \frac{A_1 x_1 - A_2 x_2}{A_1 - A_2}$$

$$x_G = y_G = \frac{2r^2 \cdot \dfrac{2r}{3} - \dfrac{\pi r^2}{4} \cdot \dfrac{4r}{3\pi}}{2r^2 - \dfrac{\pi r^2}{4}} = \frac{\dfrac{4r^3}{3} - \dfrac{r^3}{3}}{r^2(2 - \dfrac{\pi}{4})}$$

$$x_G = y_G = \frac{r^3}{r^2(2 - \dfrac{\pi}{4})} = \frac{r}{1,215}$$

$$\boxed{x_G = y_G = 0,82\,r}$$

Localização do ponto na superfície

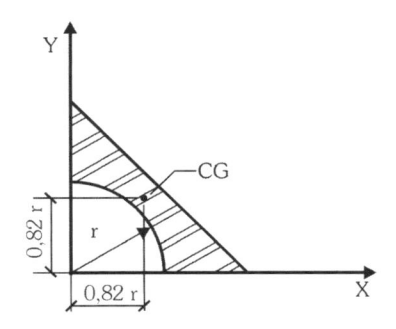

Ex.8 - Determinar as coordenadas do CG da superfície hachurada representada na figura.

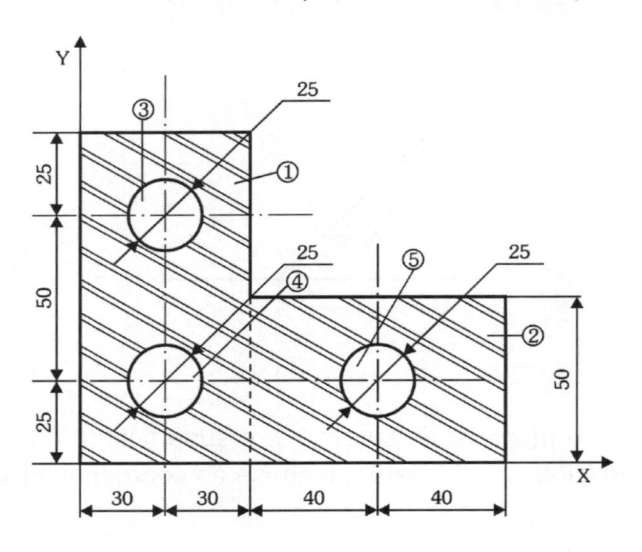

Solução

Divide-se a figura em cinco superfícies geométricas conhecidas. A superfície ① será o retângulo de 60 x 100, a superfície ② corresponde ao retângulo de 50 x 80, as superfícies ③, ④ e ⑤ correspondem aos furos representados na superfície. Temos então:

$A_1 = 10 \times 60 = 6000 \text{ mm}^2$

$x_1 = 30 \text{ mm}$

$y_1 = 50 \text{ mm}$

$A_3 = \dfrac{\pi \times 25^2}{4} = 490,87 \text{ mm}^2$

$x_3 = 30 \text{ mm}$

$y_3 = 75 \text{ mm}$

$A_5 = 490,87 \text{ mm}^2$

$x_5 = 100 \text{ mm}$

$y_5 = 25 \text{ mm}$

$A_2 = 50 \times 80 = 4000 \text{ mm}^2$

$x_2 = 100 \text{ mm}$

$y_2 = 25 \text{ mm}$

$A_4 = 490,87 \text{ mm}^2$

$x_4 = 30 \text{ mm}$

$y_4 = 25 \text{ mm}$

$$x_G = \frac{A_1 x_1 + A_2 x_2 - A_3 x_3 - A_4 x_4 - A_5 x_5}{A_1 + A_2 - A_3 - A_4 - A_5}$$

$$x_G = \frac{6000 \times 30 + 4000 \times 100 - 490,87 \times 30 - 490,87 \times 100}{6000 + 4000 - 3 \times 490,87}$$

$$x_G = \frac{180000 + 400000 - 14726 - 14726 - 49087}{10000 - 1472,6}$$

$$\boxed{x_G = \frac{501461}{8527,4} = 58,8 \text{ mm}}$$

$$y_G = \frac{A_1 y_1 + A_2 y_2 - A_3 y_3 - A_4 y_4 - A_5 y_5}{A_1 + A_2 - A_3 - A_4 - A_5}$$

$$y_G = \frac{6000 \times 50 + 4000 \times 25 - 490,87 \times 75 - 490,87 \times 25 - 490,87 \times 25}{6000 + 4000 - 3 \times 490,87}$$

$$y_G = \frac{300,000 + 100.000 - 36815 - 12272 - 12272}{8527,4}$$

$$\boxed{y_G = \frac{338641}{8527,4} = 39,7 \text{ mm}}$$

Localização do ponto na superfície

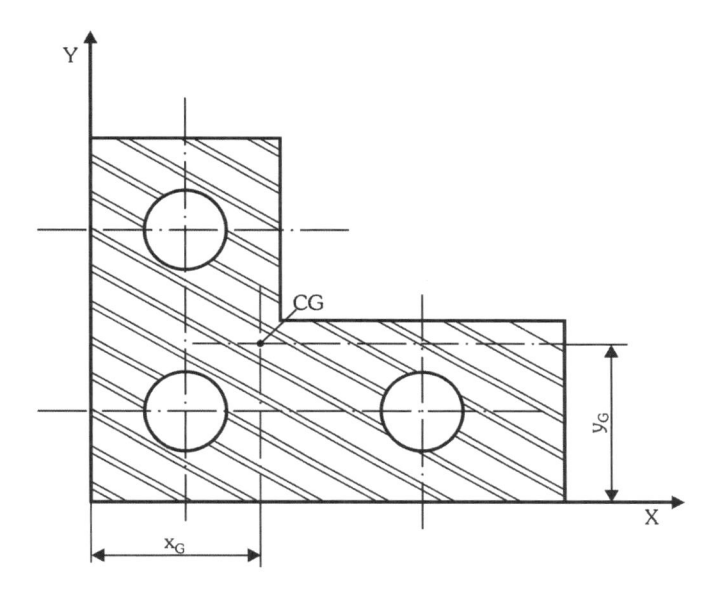

Ex.9 - Determinar as coordenadas do CG da superfície hachurada representada na figura a seguir.

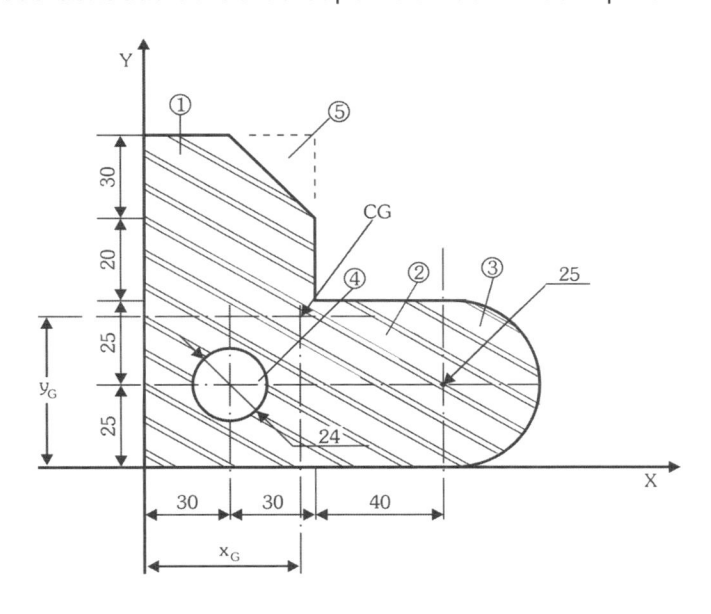

Solução

Divide-se a figura nas superfícies geométricas mostradas na figura, ou seja, a área ① representa o retângulo 60×100, a área ② representa o retângulo 40×50, a área ③ o semicírculo de raio 25, a área ④ o furo de diâmetro 24 e área ⑤ representa o triângulo de catetos 30.

$A_1 = 60 \times 100 = 6000 \text{ mm}^2$

$x_1 = 30 \text{ mm}$

$y_1 = 50 \text{ mm}$

$A_2 = 50 \times 40 = 2000 \text{ mm}^2$

$x_2 = 60 + 20 = 800 \text{ mm}$

$y_2 = 25 \text{ mm}$

$A_3 = \dfrac{\pi \times 25^2}{2} = 981,75 \text{ mm}^2$

$x_3 = 100 + \dfrac{4 \cdot 25}{3 \cdot \pi} = 110,6 \text{ mm}$

$A_4 = \dfrac{\pi \times 24^2}{4} = 452,4 \text{ mm}^2$

$x_4 = 30 \text{ mm}$

$y_4 = 25 \text{ mm}$

$A_5 = \dfrac{30 \times 30}{2} = 450 \text{ mm}^2$

$x_5 = 60 - \dfrac{30}{3} = 50 \text{ mm}$

$y_5 = 100 - \dfrac{30}{3} = 90 \text{ mm}$

$x_G = \dfrac{A_1 x_1 + A_2 x_2 + A_3 x_3 - A_4 x_4 - A_5 x_5}{A_1 + A_2 + A_3 - A_4 - A_5}$

$x_G = \dfrac{6000 \times 30 + 2000 \times 80 + 981,75 \times 110,6 - 452,4 \times 30 - 450 \times 50}{6000 + 2000 + 981,75 - 452,4 - 450}$

$x_G = \dfrac{180000 + 160000 + 108582 - 13572 - 22500}{8080}$

$\boxed{x_G = \dfrac{412510}{8080} \cong 51 \text{ mm}}$

$y_G = \dfrac{A_1 y_1 + A_2 y_2 + A_3 y_3 - A_4 y_4 - A_5 y_5}{A_1 + A_2 + A_3 - A_4 - A_5}$

$y_G = \dfrac{6000 \times 50 + 2000 \times 25 + 981,75 \times 25 - 452,4 \times 25 - 450 \times 90}{6000 + 2000 + 981,75 - 452,4 - 450}$

$\boxed{y_G \cong 40 \text{ mm}}$

Localização do ponto na superfície

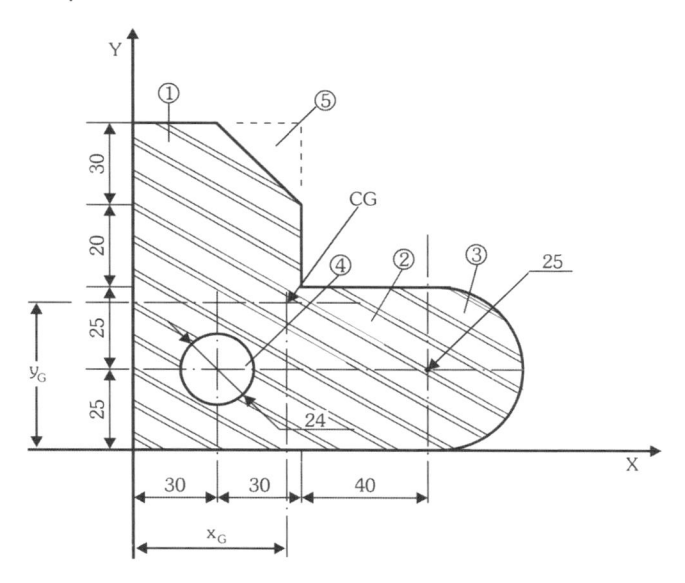

Ex.10 - O perfil representado na figura é composto por uma viga I $125 \times 25,7$ e uma chapa 120×10 [mm]. Determinar o CG do conjunto. A peça é simétrica em relação a y.

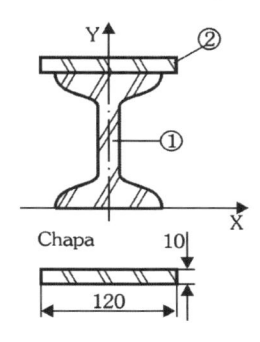

$A_1 = 3270$ mm²

$y_1 = 76,2$ mm

$A_1 = 32,7$ cm² $= 3270$ mm²

$A_2 = 1200$ mm²

$y_2 = 157,4$ mm

Como a peça é simétrica em relação a y, concluímos que $x_G = 0$.

$$y_G = \frac{A_1 y_1 + A_2 y_2}{A_1 + A_2} = \frac{3270 \times 76,2 + 1200 \times 157,4}{3270 + 1200}$$

$$y_G = \frac{249174 + 188880}{4470}$$

$$\boxed{y_G \cong 98 \text{ mm}}$$

Localização do ponto na superfície

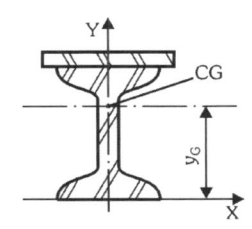

9.2 Momento de Inércia J (Momento de 2ª Ordem)

O momento de inércia de uma superfície plana em relação a um eixo de referência é definido através da integral de área dos produtos entre os infinitésimos da área que compõem a superfície e suas respectivas distâncias ao eixo de referência elevadas ao quadrado.

$$J_x = \int_A y^2 d_A \quad J_y = \int_A y^2 d_A$$

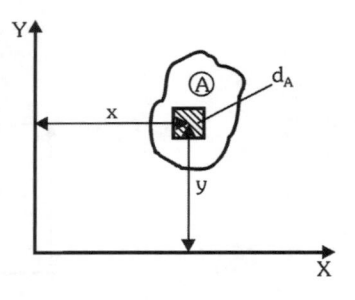

Análise dimensional de J

$[J] = [L]^2 [L]^2 = [L^4]$

portanto, a unidade de momento de inércia pode ser:

$[mm^4; cm^4; m^4;...]$

9.2.1 Importância do Momento de Inércia nos Projetos

O momento de inércia é uma característica geométrica importantíssima no dimensionamento dos elementos de construção, pois através de valores numéricos fornece uma noção de resistência da peça. Quanto maior for o momento de inércia da secção transversal de uma peça, maior a resistência da peça.

9.2.2 Translação de Eixos (Teorema de Steiner)

Sejam x e y os eixos baricêntricos da superfície A. Para determinar o momento de inércia da superfície em relação aos eixos u e v, paralelos a x e y, aplica-se o teorema de Steiner que é definido pelas seguintes integrais:

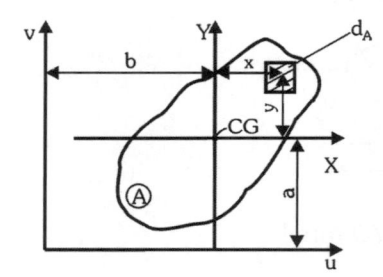

$$J_u = \int_A (y + a)^2 d_A \qquad\qquad J_v = \int_A (x + b) d_A$$

Desenvolvendo as integrais, tem-se:

$$J_u = \int_A (y + a)^2 d_A$$

$$J_u = \int_A y^2 d_A + 2a\int_A y d_A + a^2 \int_A d_A$$

Como $2a\int_A y d_A = 0$, pois x é o eixo baricêntrico, concluímos que:

$$J_u = \int_A y^2 d_A + a^2 \int_A d_A \qquad \boxed{J_u = J_x + a^2 A}$$

$$J_v = \int_A \left(x + b^2\right) d_A \qquad\qquad J_v = \int_A x^2 d_A + 2b\int_A x d_A + b^2 \int_A d_A$$

Como $2b\int_A yd_A = 0$, pois o eixo y é baricêntrico, concluímos que:

$$J_v\int_A x^2 d_A + ba^2\int_A d_A \qquad \boxed{J_v = J_y + b^2 A}$$

Baseando-se nas demonstrações anteriores, pode-se definir o momento de inércia de uma superfície plana em relação a um eixo paralelo ao eixo baricêntrico e o respectivo transporte de eixos, que será obtido através do produto, entre a área da superfície e a distância entre os eixos elevada ao quadrado.

$$J_u = J_x + Aa^2 \qquad\qquad J_v = J_y + Ab^2$$

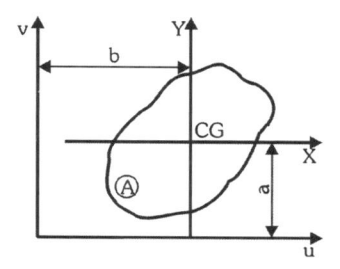

9.3 Raio de Giração i

O raio de giração de uma superfície plana em relação a um eixo de referência constitui-se em uma distância particular entre a superfície e o eixo, na qual o produto entre a referida distância elevada ao quadrado e a área total da superfície determina o momento de inércia da superfície em relação ao eixo.

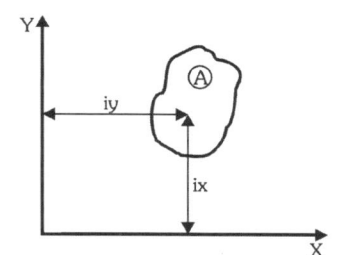

$$J_x = A \cdot i_x^2$$
$$J_y = A \cdot i_y^2$$

Para determinar o raio de giração da superfície, quando conhecido o seu momento de inércia, utilize-se a sua definição, que é expressa através da raiz quadrada da relação entre o momento de inércia e a área total da superfície.

$$i_x = \sqrt{\frac{J_x}{A}} \qquad\qquad i_y = \sqrt{\frac{J_y}{A}}$$

Análise dimensional de i

$$[i] = \left[\frac{[L]^4}{[L]^2}\right]^{1/2} = \left[[L]^2\right]^{1/2} = [L]$$

portanto, as unidades de i podem ser [m; cm; mm;...]

9.4 Módulo de Resistência W

Define-se módulo de resistência de uma superfície plana em relação aos eixos baricêntricos x e y como a relação entre o momento de inércia relativo ao eixo baricêntrico e a distância máxima entre o eixo e a extremidade da secção transversal estudada.

$$W_x = \frac{J_x}{y_{máx}}$$

$$W_y = \frac{J_y}{X_{máx}}$$

Análise dimensional de W

$$[W] = \frac{[J]}{[x \text{ ou } y]} = \frac{[L]^4}{[L]} = [L]^3$$

portanto, as unidades de W podem ser [m³; cm³; mm³;...]

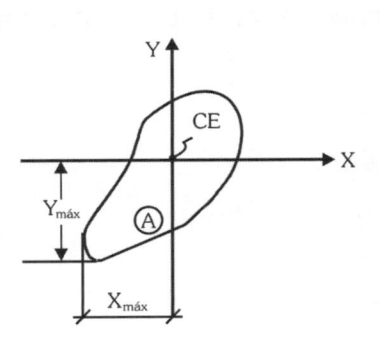

⚙ Exercícios ⚙

Ex.1 - Determinar o raio de giração e o módulo de resistência relativos aos eixos baricêntricos x e y dos perfis representados a seguir, sendo conhecido o momento de inércia deles.

a)

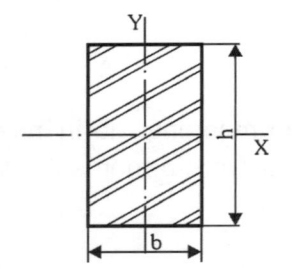

$$J_x = \frac{bh^3}{12}$$

$$J_y = \frac{hb^3}{12}$$

b)

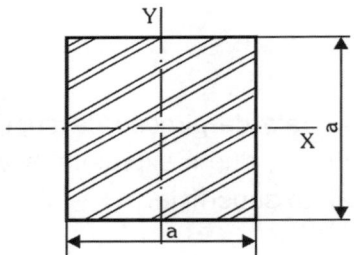

$$J_x = J_y = \frac{a^4}{12}$$

c)

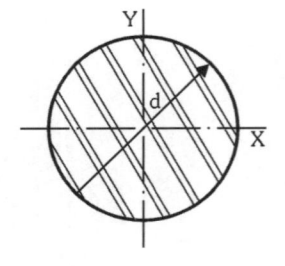

$$J_x = J_y = \frac{\pi d^4}{64}$$

d)

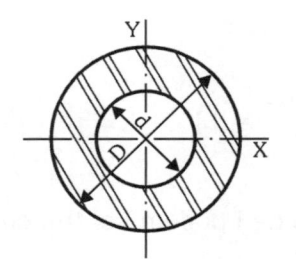

$$J_x = J_y = \frac{\pi}{64}(D^4 - d^4)$$

e)

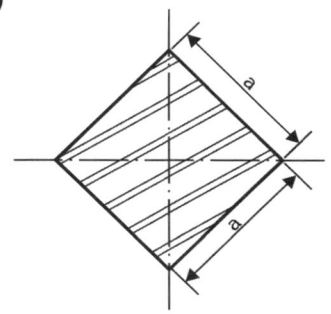

$$J_x = J_y = \frac{a^4}{12}$$

f)

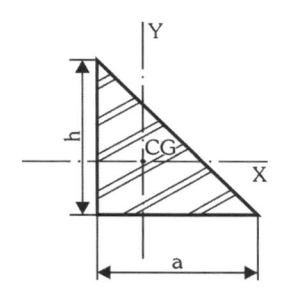

$$J_x = \frac{bh^3}{36}$$

$$J_y = \frac{hb^3}{36}$$

g)

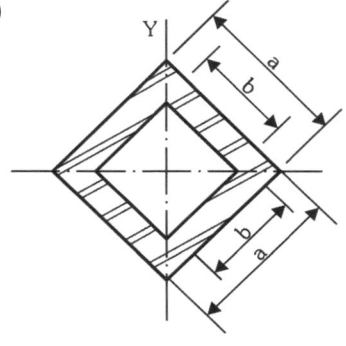

$$J_x = J_y = \frac{(a^4 - b^4)}{12}$$

h)

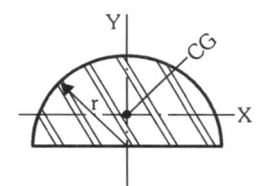

$$J_x = 0,1098 \; r^4$$

$$J_y = 0,3927 \; r^4$$

i)

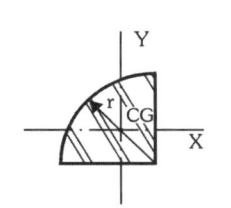

$$J_x = J_y = 0,0549 \; r^4$$

j)

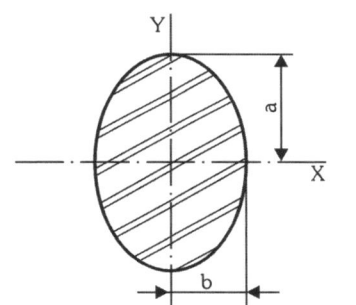

$$J_x = \frac{\pi b a^3}{4}$$

$$J_y = \frac{\pi a b^3}{4}$$

Solução

a)

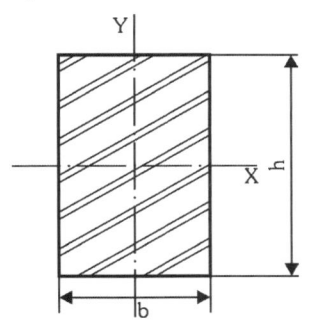

Módulo de Resistência

$$W_x = \frac{J_x}{y_{máx}} = \frac{bh^3}{12\frac{h}{2}} \qquad W_x = \frac{bh^2}{6}$$

$$W_y = \frac{J_y}{x_{máx}} = \frac{hb^3}{12\frac{b}{2}} \qquad W_y = \frac{hb^2}{6}$$

Raio de Giração i

$$i_x = \sqrt{\frac{J_x}{A}} = \sqrt{\frac{bh^3}{12bh}}$$

$$i_y = \sqrt{\frac{J_y}{A}} = \sqrt{\frac{hb^3}{12bh}}$$

$$i_x = \sqrt{\frac{h^2}{12}} = \frac{h}{\sqrt{12}} = \frac{h}{2\sqrt{3}}$$

$$i_y = \sqrt{\frac{b^2}{12}} = \frac{b}{\sqrt{12}} = \frac{b}{2\sqrt{3}}$$

$$\boxed{i_x = \frac{h\sqrt{3}}{6}}$$

$$\boxed{i_y = \frac{b\sqrt{3}}{6}}$$

b)

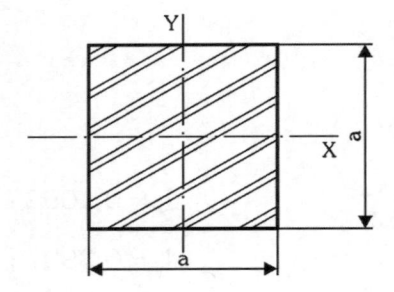

Raio de Giração i

$$i_x = i_y = \sqrt{\frac{a^4}{12a^2}} = \frac{a}{\sqrt{12}} = \frac{a}{2\sqrt{3}}$$

$$\boxed{i_x = i_y = \frac{a\sqrt{3}}{6}}$$

Módulo de Resistência W

$$\boxed{W_x = W_y = \frac{2a^4}{12^a} = \frac{a^3}{6}}$$

c)

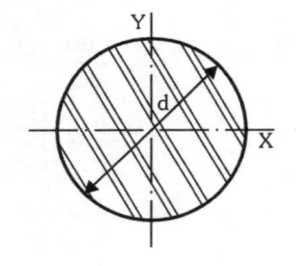

Raio de Giração i

$$i_x = i_y = \sqrt{\frac{4\pi d^4}{64\pi d^2}} = \sqrt{\frac{d^2}{16}}$$

$$\boxed{i_x = i_y = \frac{d}{4}}$$

Módulo de Resistência W

$$\boxed{W_x = W_y = \frac{2\pi d^4}{64d} = \frac{\pi d^3}{32}}$$

d)

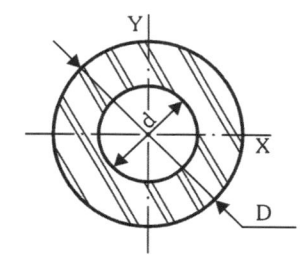

Raio de Giração i

$$i_x = i_y = \sqrt{\frac{J_x}{A}} = \sqrt{\frac{4\pi(D^4 - d^4)}{64\pi(D^2 - d^2)}}$$

$$i_x = i_y = \sqrt{\frac{\pi}{16} \cdot \frac{(D^2 - d^2)(D^2 - d^2)}{\pi(D^2 - d^2)}}$$

$$\boxed{i_x = i_y = \sqrt{\frac{(D^2 + d^2)}{4}}}$$

Módulo de Resistência W

$$W_x = W_y = \frac{2\pi(D^4 - d^4)}{64D}$$

$$\boxed{W_x = W_y = \frac{\pi(D^4 - d^4)}{32D}}$$

e)

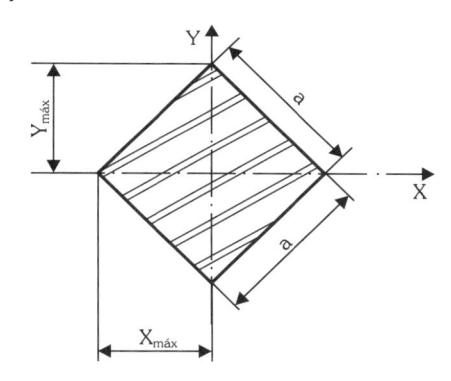

Raio de Giração i

$$i_x = i_y = \sqrt{\frac{a^4}{12a^2}}$$

$$i_x = i_y = \frac{a}{\sqrt{12}} = \frac{a}{2\sqrt{3}}$$

$$\boxed{i_x = i_y = \frac{a\sqrt{3}}{6}}$$

Módulo de Resistência W

Para determinar o módulo de resistência da superfície, precisa-se do valor de $y_{máx}$ e $x_{máx}$, que pelo fato de a superfície ser simétrica em relação aos eixos x e y, serão iguais.

$$y_{máx} = x_{máx} = \frac{a\sqrt{2}}{2}$$

$$W_x = W_y = \frac{2a^4}{12a\sqrt{2}} = \frac{2a^4\sqrt{2}}{12a\sqrt{2}\sqrt{2}}$$

$$\boxed{W_x = W_y = \frac{a^3\sqrt{2}}{12}}$$

f)

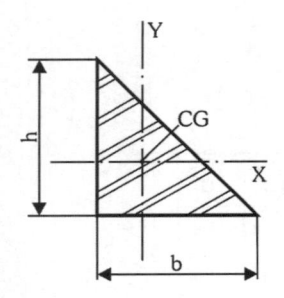

Raio de Giração i

$$i_x = \sqrt{\frac{J_x}{A}} = \sqrt{\frac{2bh^3}{36bh}} \qquad\qquad i_y = \sqrt{\frac{J_x}{A}} = \sqrt{\frac{2hb^3}{36hb}}$$

$$i_x = \sqrt{\frac{h^2}{18}} = \frac{h}{\sqrt{18}} = \frac{h}{3\sqrt{2}} \qquad i_y = \sqrt{\frac{b^2}{18}} = \frac{b}{\sqrt{18}} = \frac{b}{3\sqrt{2}}$$

$$\boxed{i_x = \frac{h\sqrt{2}}{6}} \qquad\qquad \boxed{i_y = \frac{b\sqrt{2}}{6}}$$

Módulo de Resistência W

$$W_x = \frac{J_x}{y_{máx}} = \frac{3bh^3}{36 \times 2h} \qquad \boxed{W_x = \frac{hb^2}{24}}$$

$$W_y = \frac{J_y}{x_{máx}} = \frac{3hb^3}{36 \times 2b} \qquad \boxed{W_y = \frac{hb^2}{24}}$$

g)

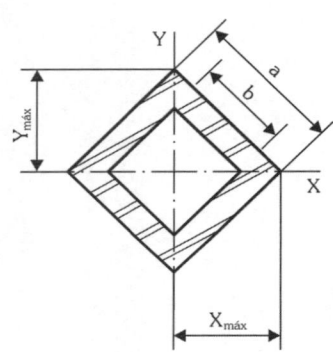

$$J_x = J_y = \frac{a^4 - b^4}{12}$$

$$A = a^2 - b^2$$

$$x_{máx} = y_{máx} = \frac{a\sqrt{2}}{2}$$

Raio de Giração i

$$i_x = i_y = \sqrt{\frac{a^4 - b^4}{12(a^2 - b^2)}} = \sqrt{\frac{(a^2 + b^2)(a^2 - b^2)}{12(a^2 - b^2)}}$$

$$\boxed{i_x = i_y = \sqrt{\frac{a^2 + b^2}{12}}}$$

Módulo de Resistência W

$$W_x = W_y = \frac{\dfrac{a^4 - b^4}{12}}{\dfrac{a\sqrt{2}}{2}} = \frac{a^4 - b^4}{6a\sqrt{2}}$$

$$W_x = W_y = \frac{(a^4 - b^4)\sqrt{2}}{6.a\sqrt{2}.\sqrt{2}}$$

$$W_x = W_y = \frac{\sqrt{2}(a^4 - b^4)}{12a}$$

$$W_x = W_y = 0,11785.\frac{(a^4 - b^4)}{a}$$

h)

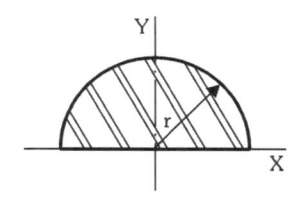

Raio de Giração i

$$i_x = \sqrt{\frac{J_x}{A}} \qquad i_x = \sqrt{\frac{0,1098\,r^4}{\frac{\pi r^2}{2}}} \qquad i_x = \sqrt{\frac{2 \times 0,1098\,r^4}{\pi r^2}}$$

$$\boxed{i_x = 0,264\ r}$$

$$i_x = \sqrt{\frac{J_x}{A}} \qquad i_y = \sqrt{\frac{0,3927\,r^4}{\frac{\pi r^2}{2}}} \qquad i_y = \sqrt{\frac{2 \times 0,3927}{\pi} \cdot r^2}$$

$$\boxed{i_y = 0,5 \cdot r}$$

Módulo de Resistência W

$$W_x = \frac{J_x}{y_{máx}} \qquad y_{máx} = r\frac{4r}{3\pi} = \frac{3\pi r - 4r}{3\pi} = \frac{(3\pi - 4)}{3\pi} \cdot r \qquad y_{máx} = 0,575\ r$$

$$W_x = \frac{0,1098\,r^4}{0,575\,r} = 0,191\,r^3$$

$$W_y = \frac{J_y}{x_{máx}} \qquad x_{máx} = r \qquad W_y = \frac{0,3927\,r^4}{r} = 0,3927\,r^3$$

i)

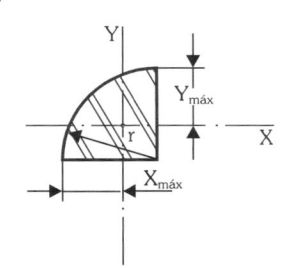

$$J_x = J_y = 0,0549\,r^4$$

$$A = \frac{\pi r^2}{4}$$

$$y_{máx} = x_{máx} = r - \frac{4r}{3\pi}$$

Raio de Giração i

$$i_x = i_y = \sqrt{\frac{0,0549\ r^4 \cdot 4}{\pi r^2}} = \sqrt{\frac{4 \times 0,0549\ r^2}{\pi}} \qquad \boxed{i_x = i_y = 0,26\ r}$$

Módulo de Resistência W

$$W_x = W_y = \frac{0,0549\, r^4}{r - \dfrac{4\,r}{3\pi}} = \frac{0.549\, r^4}{\dfrac{3\pi r}{3\pi} - \dfrac{4\,r}{3\pi}}$$

$$W_x = W_y = \frac{0,0549\, r^4}{r\left(\dfrac{3\pi - 4}{3\pi}\right)} = \frac{0.549\, r^3 \cdot 3\pi}{(3\pi - 4)}$$

$$\boxed{W_x = W_y = \frac{0,517\, r^3}{5,42} = 0,095\, r^3}$$

j)

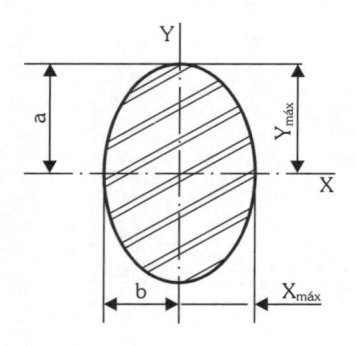

$$J_x = \frac{\pi b a^3}{4}$$

$$J_\gamma = \frac{\pi a b^3}{4}$$

$$A = \pi a b$$

Raio de Giração i

$$i_x = \sqrt{\frac{\pi b a^3}{4\pi a b}} = \sqrt{\frac{a^2}{4}} = \frac{a}{2}$$

$$i_\gamma = \sqrt{\frac{\pi a b^3}{4\pi a b}} = \sqrt{\frac{b^2}{4}} = \frac{b}{2}$$

Módulo de Resistência W

$$W_x = \frac{\pi b a^3}{4\,a} = \frac{\pi b a^2}{4}$$

$$W_y = \frac{\pi a b^3}{4\,b} = \frac{\pi a b^2}{4}$$

Tabela

Momento de Inércia, Raio de Giração e Módulo de Resistência

Secção	Momento de Inércia	Raio de Giração (i)	Módulo de Resistência (W)
(figura)	$J_x = \dfrac{bh^3}{12}$ $J_y = \dfrac{hb^3}{12}$	$i_x = \dfrac{h\sqrt{3}}{6}$ $i_y = \dfrac{b\sqrt{3}}{6}$	$W_x = \dfrac{bh^2}{6}$ $W_y = \dfrac{hb^2}{6}$

Secção	Momento de Inércia	Raio de Giração (i)	Módulo de Resistência (W)
	$J_x = J_y = \dfrac{a^4}{12}$	$i_x = i_y = \dfrac{a\sqrt{3}}{6}$	$w_x = w_y = \dfrac{a^3}{6}$
	$J_x = J_y = \dfrac{\pi d^4}{64}$	$i_x = i_y = \dfrac{d}{4}$	$W_x = W_y = \dfrac{\pi d^3}{32}$
	$J_x = J_\gamma = \dfrac{\pi(D^4 - d^4)}{64}$	$i_x = i_\gamma = \dfrac{\sqrt{D^2 + d^2}}{4}$	$W_x = W_\gamma = \dfrac{\pi(D^4 - d^4)}{32D}$
	$J_x = J_y = \dfrac{a^4}{12}$	$i_x = i_y = \dfrac{a\sqrt{3}}{6}$	$W_x = W_y = \dfrac{a^3\sqrt{2}}{12}$
	$J_x = \dfrac{bh^3}{36}$ $J_y = \dfrac{hb^3}{36}$	$i_x = \dfrac{h\sqrt{2}}{6}$ $i_y = \dfrac{b\sqrt{2}}{6}$	$W_x = \dfrac{bh^2}{24}$ $W_y = \dfrac{hb^2}{24}$

Secção	Momento de Inércia	Raio de Giração (i)	Módulo de Resistência (W)
	$J_x = J_y = \dfrac{a^4 - b^4}{12}$	$i_x = i_y = \dfrac{\sqrt{a^2 + b^2}}{12}$	$W_x = W_y = \dfrac{\sqrt{2(a^4 - b^4)}}{12a}$
	$J_x = 0,1098\ r^4$ $J_y = 0,3927\ r^4$	$i_x = 0,264\ r$ $i_y = 0,5\ r$	$W_x = 0,19\ r^3$ $W_y = 0,3927\ r^3$
	$J_x = J_y = 0,0549\ r^4$	$i_x = i_y = 0,264\ r$	$W_x = W_y = 0,0953\ r^3$

Ex.2 - Determinar o momento de inércia relativo ao eixo baricêntrico x no retângulo de base b e altura h conforme mostra a figura.

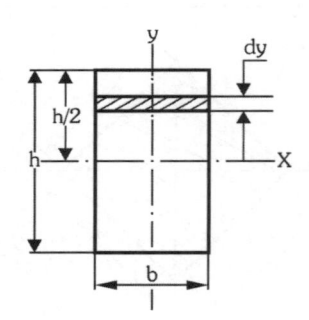

Solução

Como o eixo de x é baricêntrico, divide pela metade a altura h. Desta forma, pode-se escrever que:

$$J_x = 2\int_0^{\frac{h}{2}} y^2\, d_A \qquad\qquad \text{como } d_A = b\,dy,\ \text{temos que:}$$

$$J_x = 2\int_0^{\frac{h}{2}} b y^2\, dy \qquad\qquad J_x = 2b\int_0^{\frac{h}{2}} y^2\, dy = 2b\ \big|_0^{\frac{h}{2}}\left[\frac{1}{3} y^3\right]$$

$$J_x = 2b\left[\frac{1}{3}\left(\frac{h}{2}\right)^3 - \frac{1}{3}(0)^3\right] = \frac{2bh^3}{24} \qquad\qquad J_x = \frac{bh^3}{12}$$

Ex.3 - Determinar o momento de inércia relativo ao eixo baricêntrico x no triângulo de base b e altura h representado na figura.

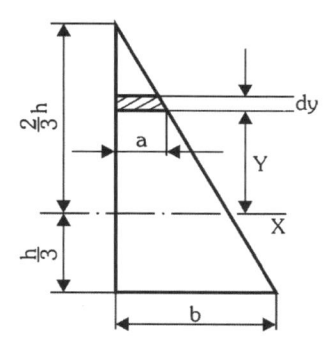

Solução

O eixo x baricêntrico está localizado a $\dfrac{h}{3}$ da base do triângulo.

Tem-se então:

$J_x \displaystyle\int y^2 d_A$ como $d_A = a.dy$, tem-se que:

$J_x \displaystyle\int_{\frac{-h}{3}}^{\frac{2}{3}h} y^2$ $d_A \displaystyle\int_{\frac{-h}{3}}^{\frac{2}{3}h} ay^2\, dy$

por semelhança de triângulos conclui-se que:

$$\frac{b}{h} = \frac{a}{\left(\dfrac{2}{3}h - y\right)} \therefore a = \frac{b}{h}\left(\frac{2}{3}h - y\right)$$

substituindo-se "a" na integral, tem-se que:

$$J_x = \int_{\frac{-h}{3}}^{\frac{2}{3}h} \frac{b}{h}\left(\frac{2}{3}h - y\right) y^2\, dy \qquad J_x = \frac{b}{h}\int_{\frac{-h}{3}}^{\frac{2}{3}h} \frac{2}{3}hy^2\, dy - \frac{b}{h}\int_{\frac{-h}{3}}^{\frac{2}{3}h} y^3\, dy$$

$$J_x = \frac{b}{h}\cdot\frac{2}{3}h\int_{\frac{-h}{3}}^{\frac{2}{3}h} y^2\, dy - \frac{b}{h}\int_{\frac{-h}{3}}^{\frac{2}{3}h} y^3\, dy \rightarrow J_x = \left[\frac{2b}{3}\cdot\frac{y^3}{3} - \frac{b}{h}\cdot\frac{y^4}{4}\right]_{\frac{-h}{3}}^{\frac{2}{3}h}$$

$$J_x = \frac{2b}{9}\left(\frac{2}{3}h\right)^3 - \frac{2b}{9}\left(-\frac{h}{3}\right)^3 - \left[\frac{\left(\frac{2}{3}h\right)^4}{4}\cdot\frac{b}{h} - \frac{b}{h}\cdot\frac{\left(-\frac{h}{3}\right)^4}{4}\right]$$

$$J_x = \frac{2b}{9}\cdot\frac{8h^3}{27} + \frac{2b}{9}\frac{h^3}{27} - \frac{16h^4\cdot b}{81\times 4h} = \frac{h^4 b}{h\times 81\times 4}$$

$$J_x = \frac{2b}{9} \cdot \frac{9h^3}{27} - \frac{15hb^3}{324}$$

$$J_x = \frac{2bh^3}{27} - \frac{15bh^3}{324}$$

$$J_x = \frac{2bh^3 - 15bh^3}{324} = \frac{9bh^3}{324} \qquad\qquad J_x = \frac{bh^3}{36}$$

Ex.4 - Determinar momento de inércia, raio de giração e módulo de resistência relativos aos eixos baricêntricos x e y nos perfis representados a seguir.

a)

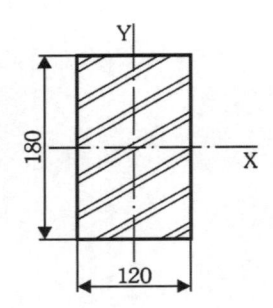

b)

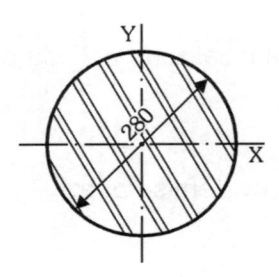

c)

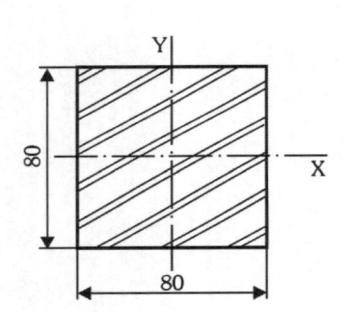

d)

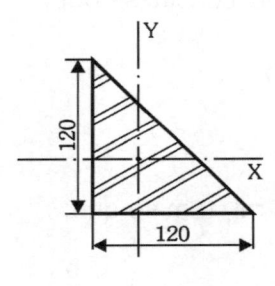

Solução

Transformando as unidades em [cm], tem-se que:

a)

a.1) Momentos de inércia

$$J_x = \frac{bh^3}{12} = \frac{12 \times 18^3}{12} = 5832 \text{ cm}^4 \qquad\qquad J_y = \frac{hb^3}{12} = \frac{18 \times 12^3}{12} = 2592 \text{ cm}^4$$

a.2) Raios de giração

$$i_x = \frac{h\sqrt{3}}{6} = \frac{18\sqrt{3}}{6} = 5,2 \text{ cm} \qquad\qquad i_y = \frac{b\sqrt{3}}{6} = \frac{12\sqrt{3}}{6} = 3,46 \text{ cm}$$

a.3) Módulos de resistência

$$W_x = \frac{bh^2}{6} = \frac{12 \times 18^2}{6} = 648 \text{ cm}^3 \qquad W_y = \frac{hb^2}{6} = \frac{18 \times 12^2}{6} = 432 \text{ cm}^3$$

b)

b.1) Momentos de inércia

$$J_x = J_y = \frac{\pi d^4}{64} = \frac{\pi 28^4}{64} \cong 30.172 \text{ cm}^4$$

b.2) Raios de giração

$$i_x = i_y = \frac{d}{4} = \frac{28}{4} = 7 \text{ cm}$$

b.3) Módulos de resistência

$$W_x = W_y = \frac{\pi d^3}{32} = \frac{\pi 28^3}{4} = 2155 \text{ cm}^3$$

c)

c.1) Momentos de inércia

$$J_x = J_y = \frac{a^4}{12} = \frac{8^4}{12} \cong 341 \text{ cm}^4$$

c.2) Raios de giração

$$i_x = i_y = \frac{a\sqrt{3}}{6} = \frac{8\sqrt{3}}{6} \cong 2,31 \text{ cm}^4$$

c.3) Módulos de resistência

$$W_x = W_y = \frac{a^3}{6} = \frac{8^3}{6} = 85,33 \text{ cm}^3$$

d) Como os catetos do triângulo são iguais, conclui-se que $J_x = J_y$

d.1) Momentos de inércia

$$J_x = J_y = \frac{12 \times 12^3}{36} = 576 \text{ cm}^4$$

d.2) Raios de giração

$$i_x = i_y = \frac{12\sqrt{2}}{6} = 2,82 \text{ cm}$$

d.3) Módulos de resistência

$$W_x = W_y = \frac{12^3}{24} = 72 \text{ cm}^3$$

Ex.5 - Determinar momento de inércia, raio de giração e módulo de resistência relativos aos eixos baricêntricos x e y do perfil representado na figura.

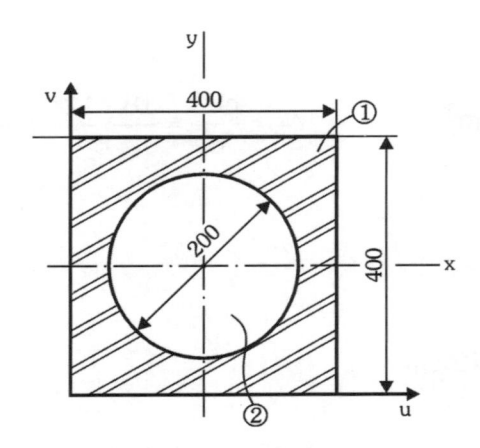

Solução

Inicialmente, transformam-se as unidades em [cm] com a finalidade de facilitar os cálculos.

O quadrado será denominado superfície (1), enquanto o círculo passa a ser superfície (2).

Momento de Inércia

$$J_x = \frac{a^4}{12} = \frac{40^4}{12} \cong 213.333,3 \text{ cm}^4 \qquad\qquad J_x = \frac{\pi d^4}{64} = \frac{\pi \times 20^4}{64} = 7854 \text{ cm}^4$$

Como as duas figuras são concêntricas, não há transporte de eixos; desta forma, para se obter o momento de inércia da superfície, subtrai-se o momento de inércia do furo, do momento de inércia do quadrado.

$$J_x = J_{x1} - J_{x2} = 213.333,3 - 7854 \qquad\qquad \boxed{J_x = 205.479,3 \text{ cm}^4}$$

Os momentos de inércia são iguais em relação aos eixos x e y, portanto, conclui-se que:

$$J_x = J_y = 205.479,3 \text{ cm}^4$$

Raio de Giração

$$i_x = i_y = \sqrt{\frac{J}{A}}$$

$$A = A_1 - A_2$$

$$A_1 = 40 \times 40 = 1600 \text{ cm}^2$$

$$A_2 = \frac{\pi D^2}{4} = \frac{\pi \times 20^2}{4} = 314,16 \text{ cm}^2$$

$$A = A_1 - A_2 = 1600 - 314,16 = 1285,84 \text{ cm}^2 \qquad \boxed{i_x = i_y = 12,64 \text{ cm}}$$

$$i_x = i_y = \sqrt{\frac{205479,3}{1485,84}}$$

Módulo de Resistência

Como a superfície é simétrica em relação aos eixos x e y, concluímos que:

$$W_x = W_y = \frac{205.479,3}{20}$$

$$\boxed{W_x = W_y = 10273,96 \text{ cm}^3}$$

Ex.6 - Determinar os momentos de inércia relativos aos eixos u e v do exercício anterior.

Solução

A superfície sendo simétrica em relação aos eixos x e y, conclui-se que $J_u = J_v$, pois a distância entre os eixos laterais é a mesma.

Aplicando-se o teorema de Steiner, temos:

$$J_u = J_x + A_{y2}$$

$$J_u = 205.479,3 + 1285,84 + 20^2$$

$$J_u = 719.815,3 \text{ cm}^4$$

Como $J_u = J_v$, conclui-se que: $\qquad J_v = 719.815,3 \text{ cm}^4$

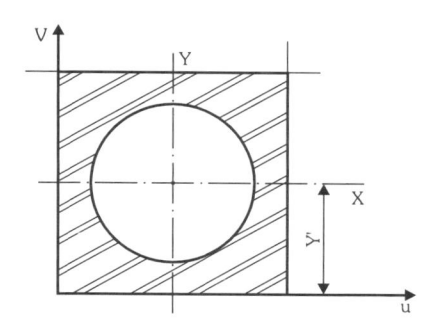

Ex.7 - Determinar momento de inércia, raio de giração e módulo de resistência relativos aos eixos baricêntricos x e y da superfície hachadura representada na figura.

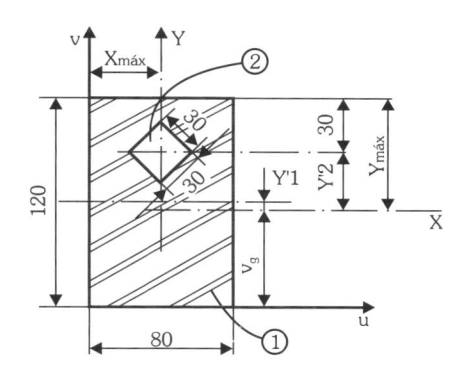

Solução

Para resolver este exercício, a primeira providência é localizar o eixo x em relação ao eixo u, através da coordenada vg. A coordenada ug é dispensável por ser de simetria.

Denomina-se o retângulo de superfície (1) e o losango de superfície (2); tem-se então:

$$vg = \frac{A_1 v_1 - A_2 v_2}{A_1 - A_2}$$

Observação As medidas estão transformadas para cm

$$vg = \frac{96 \times 6 - 9 \times 9}{96 - 9} = \frac{576 - 81}{87}$$

$$\boxed{vg = 5,69 \text{ cm}}$$

Momento de Inércia

$$J_x = J_{x1} + A_1 y_1^2 - (J_{x2} + A_2 y_2^2)$$

$$J_x = \frac{8 \times 12^3}{12} + 96(6 - 5,69)^2 - \left[\frac{3^4}{12} + 9(9 - 5,69)^2 \right]$$

$$J_x = 1.152 + 2,23 - (6,75 + 98,6)$$

$$\boxed{J_x = 1048,9 \ cm^4}$$

Para determinar o momento de inércia J_x, não há transporte de eixos, pois o eixo y da peça coincide com o eixo y de cada figura geométrica da peça.

Portanto, podemos escrever que:

$$J_y = J_{y1} - J_{y2}$$

$$J_y = \frac{12 \times 8^3}{12} - \frac{3^4}{12}$$

$$J_y = 505,25 \ cm^4$$

Raios de Giração

$$i_x = \sqrt{\frac{J_x}{A}} = \sqrt{\frac{1048,9}{87}} \qquad \boxed{i_x = 3,47 \ cm}$$

$$i_y = \sqrt{\frac{J_y}{A}} = \sqrt{\frac{505,25}{87}} \qquad \boxed{i_y = 2,41 \ cm}$$

Módulos de Resistência

$$W_x = \frac{J_x}{y_{máx}} \quad e \quad W_y = \frac{J_y}{x_{máx}}$$

$$y_{máx} = 12 - 5,69 = 6,31 \ cm$$

$$\boxed{W_x = \frac{1048,9}{6,31} = 166,22 \ cm^3}$$

Como o eixo é de simetria, conclui-se que:

$$x_{máx} = \frac{8}{2} = 4 \text{ cm}$$

$$\boxed{W_y = \frac{505,25}{4} = 126,3 \text{ cm}^3}$$

Ex.8 - Determinar momento de inércia, raio de giração e módulo de resistência relativos aos eixos baricêntricos x e y no perfil T representado na figura.

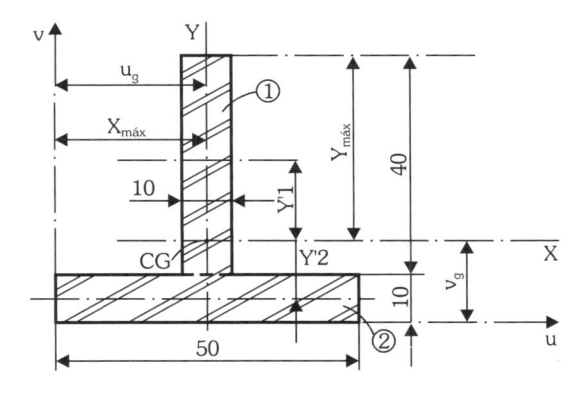

Solução

Na solução deste exercício, divide-se a superfície em dois retângulos, denominando-se aleatoriamente o retângulo vertical de (1) e o horizontal de (2). Determina-se em seguida a coordenada υ_g, com a finalidade de localizar o eixo x em relação o eixo u (eixo de referência).

Transformando as unidades do exercício para [cm], temos:

$$vg = \frac{A_1 v_1 + A_2 v_2}{A_1 + A_2} = \frac{4 \times 3 + 5 \times 0,5}{4 + 5} \qquad \boxed{vg = 1,61 \text{ cm}}$$

a coordenada ug = 2,5 cm, pois o eixo y é de simetria.

Momentos de Inércia

$$J_x = J_{x1} + A_1 y_1^2 + J_{x2} + A_2 y_2^2$$

$$J_x = \frac{1 \times 4^3}{12} + 4(3-1,61)^2 + \frac{5 \times 1^3}{12} + 5(1,61-0,5)^2$$

$$J_x = 5,33 + 7,73 + 0,42 + 6,16$$

$$\boxed{J_x = 19,64 \text{ cm}^4}$$

Em relação a y, não há transporte, pois o eixo y dos retângulos coincide com o eixo do $\perp$. Temos então que:

$$J_y = J_{y1} + J_{y2}$$

$$J_y = \frac{4 \times 1^3}{12} + \frac{1 \times 5^3}{12}$$

$$J_y = 0,33 + 10,41 \quad 10,74 \text{ cm}^4 \qquad \boxed{J_y = 10,74 \text{ cm}^4}$$

Raios de Giração

$$i_x = \sqrt{\frac{J_x}{A}} = \sqrt{\frac{19,64}{9}} \qquad \boxed{i_x = 1,47 \text{ cm}}$$

$$i_y = \sqrt{\frac{J_y}{A}} = \sqrt{\frac{10,74}{9}} \qquad \boxed{i_y = 1,09 \text{ cm}}$$

Módulos de Resistência

$$W_x = \frac{J_x}{y_{máx}} = \frac{19,64}{(5-1,61)} = 5,79 \text{ cm}^3 \qquad W_y = \frac{J_y}{x_{máx}} = \frac{10,74}{2,5} = 4,3 \text{ cm}^3$$

Ex.9 - Determinar momento de inércia, raio de giração e módulo de resistência relativos aos baricêntricos x e y no perfil I representado na figura.

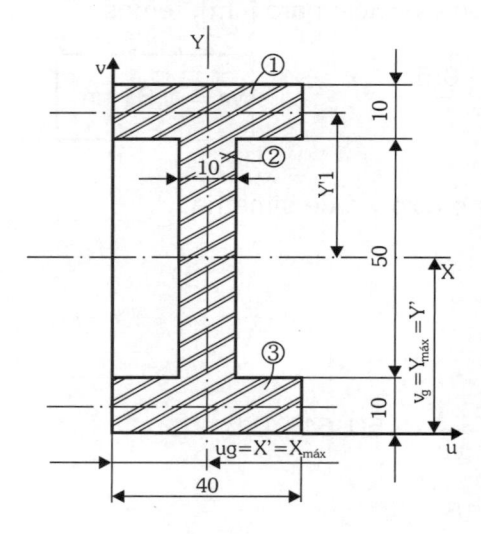

Solução

As unidades serão transformadas em [cm].

O perfil é simétrico em relação aos eixos x e y, portanto, conclui-se que:

$$ug = \frac{4}{2} = 2 \text{ cm} \qquad ug = \frac{7}{2} = 3,5 \text{ cm}$$

Momento de Inércia

Para determinar o momento de inércia relativo ao eixo x, divide-se a figura em três superfícies retangulares, duas horizontais que se denominam (1) e (3) e uma vertical que se denomina (2). A superfície (2) não apresenta transporte de eixos, pois o seu eixo x coincide com o eixo x do perfil I. Restam, portanto, os transportes das superfícies (1) e (3), que por serem iguais, são calculados uma única vez, e multiplica-se o resultado obtido por 2.

Teremos desta forma:

$$J_x = 2\left(J_{x1} + A_1 y_1^2\right) + J_{x2}$$

$$J_x = 2\left[\frac{4 \times 1^3}{12} + 4 \times 3^2\right] + \frac{1 \times 5^3}{12}$$

$$J_x = 2\,(0,33 + 36) + 10,41 \qquad \boxed{J_x = 83,07 \text{ cm}^4}$$

O momento de inércia em relação ao eixo y não possui transporte de eixos, pois os eixos y das superfícies retangulares coincidem com o eixo do perfil I.

Portanto, conclui-se que:

$$J_y = 2J_{y1} + J_{y2}$$

$$J_y = 2\left[\frac{1 \times 4^3}{12}\right] + \frac{5 \times 1^3}{12}$$

$$J_y = 10,67 + 0,42 \qquad \boxed{J_y = 11,09 \text{ cm}^4}$$

Raios de Giração

$$i_x = \sqrt{\frac{J_x}{A}}$$

$$A = A_1 + A_2 + A_3 = 4 + 5 + 4 = 13 \text{ cm}^2$$

$$\boxed{i_x = \sqrt{\frac{83,07}{13}} = 2,53 \text{ cm}}$$

$$i_y = \sqrt{\frac{J_y}{A}} = \sqrt{\frac{11,09}{13}} \qquad \boxed{i_y = 0,92 \text{ cm}}$$

Como a superfície é simétrica em relação aos eixos, conclui-se que:

$$y_{máx} = \frac{h}{2} = \frac{7}{2} = 3,5 \text{ cm} \qquad\qquad x_{máx} = \frac{b}{2} = \frac{4}{2} = 2 \text{ cm}$$

$$W_x = \frac{J_x}{y_{máx}} = \frac{83,07}{3,5} = 23,71 \text{ cm}^3$$

$$W_y = \frac{J_y}{x_{máx}} = \frac{11,09}{2} 5,5 \text{ cm}^3$$

Ex.10 - Determinar os momentos de inércia J_u e J_v do exercício anterior.

Solução

Conhecendo os momentos de inércia baricêntricos, para obter os momentos J_u e J_v basta somar os respectivos transportes de eixo.

Desta forma, escreve-se que:

$J_u = J_x + Ay'^2$ e $J_v = J_y + Ax'^2$

Como os eixos x e y são de simetria, conclui-se que:

$$y' = \frac{h}{2} = \frac{7}{2} = 3,5 \text{ cm} \qquad\qquad x' = \frac{b}{2} = \frac{4}{2} = 2 \text{ cm}$$

portanto, tem-se que:

$J_u = 83,07 + 13 \times 3,5^2 = 242,32 \text{ cm}^4$ $\boxed{J_u = 242,32 \text{ cm}^4}$

$J_u = 11,09 + 13 \times 2^2 = 63,09 \text{ cm}^4$ $\boxed{J_v = 63,09 \text{ cm}^4}$

Ex.11 - Determinar momento de inércia, raio de giração e módulo de resitência relativos aos eixos baricêntricos x e y da secção transversal representada na figura. A figura é simétrica em relação a y.

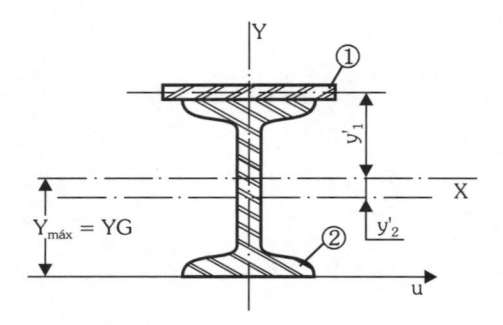

(1) - chapa 100×10 [mm]

(2) - viga I 5"×3"

h = 127 mm

b = 76,2 mm

$J_x = 511 \text{ cm}^4$

$J_y = 50 \text{ cm}^4$

$A_2 = 19 \text{ cm}^2$

Solução

Para determinar o momento de inércia das secções transversais compostas por vigas, é preciso utilizar as características geométricas destas, designadas nos catálogos ou tabelas. A secção transversal da viga não deve ser dividida em outras superfícies geométricas, devendo fazer parte da resolução com sua área total.

O eixo x está em uma posição desconhecida em relação à base da secção (eixo u, eixo de referência). Para localizar o eixo x, determina-se a coordenada y_G.

$$y_G = \frac{A_1 y_1 + A_2 y_2}{A_1 + A_2}$$

As unidades foram transformadas em [cm]:

$$y_G = \frac{10 \times 13,2 + 19 \times 6,35}{10 + 19} \qquad \boxed{y_G = 8,71 \text{ cm}}$$

Momentos de Inércia

O momento de inércia ao eixo baricêntrico x é determinado pelo somatório dos momentos de inércia das superfícies (1) (chapa) e (2) (viga) e os respectivos transportes de eixos.

Tem-se então que:

$$J_x = J_{x1} + A_1 y_1^2 + J_{x2} + A y_2^2$$

$$J_x = \frac{10 \times 1^3}{12} + 10(13,2 - 8,71)^2 + 511 + 19(8,71 - 6,35)^2$$

$$\boxed{J_x = 819,25 \text{ cm}^4}$$

Para determinar o momento de inércia relativo a y, não há transporte, pois os eixos y da chapa e da viga coincidem com o eixo do conjunto.

Tem-se então que:

$$J_y = J_{Y1} \times J_{Y2}$$

$$J_y = \frac{1 \times 10^3}{12} + 50$$

$$\boxed{J_y = 133,33 \text{ cm}^4}$$

Raios de Giração

$$i_x = \sqrt{\frac{J_x}{A}} = \sqrt{\frac{819,25}{29}} \qquad \boxed{i_x = 5,31 \text{ cm}}$$

$$i_y = \sqrt{\frac{J_y}{A}} = \sqrt{\frac{133,33}{29}} \qquad \boxed{i_y = 2,14 \text{ cm}}$$

Módulos de Resistência

$$W_x = \frac{J_x}{y_{máx}}$$

Neste caso, a distância máxima entre o eixo e a extremidade da peça é o próprio $y_G = y_{máx} = 8,71$ cm.

$$W_x = \frac{819,25}{8,71} \cong 94 \text{ cm}^3 \implies W_x = 94 \text{ cm}^3$$

A distância máxima entre o eixo y e a extremidade do conjunto é 5 cm, que correspondem à metade da lateral da chapa.

$$W_y = \frac{J_y}{X_{máx}} = \frac{133,33}{5} \implies W_y = 26,67 \text{ cm}^3$$

Ex.12 - Determinar momento de inércia, raio de giração e módulo de resistência relativos ao eixo baricêntrico x do conjunto representado na figura.

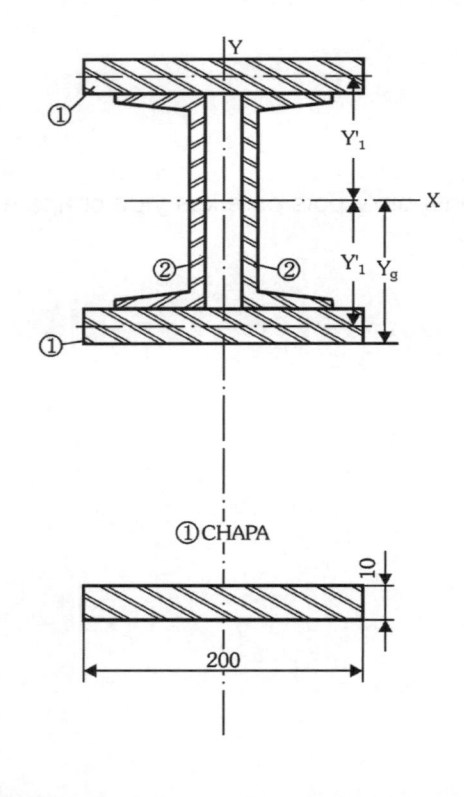

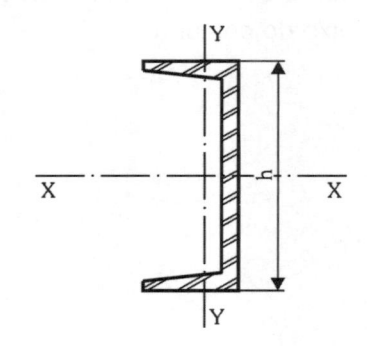

(2) - Perfil U P. Americano CSN 6" × 2"

h = 152,4 mm

A = 24,7 cm²

J_x = 724 cm²

J_y = 43,9 cm⁴

Solução

Como o eixo é de simetria, conclui-se que ele está localizado na metade da altura do conjunto.

As unidades foram transformadas em [cm].

$$yg = \frac{15,24}{2} + 1 = 8,62 \text{ cm}$$

Momento de Inércia

Com a finalidade de facilitar o entendimento, denominam-se as chapas de (1) e as vigas de (2). As vigas não possuem transporte em relação ao eixo x, pois os eixos são coincidentes.

Como as chapas possuem as mesmas dimensões, escreve-se que:

$$J_x = 2\left(J_{x1} + A_1 y_1^2\right) + 2J_{x2}$$

$$J_x = 2\left[\frac{20 \times 1^3}{12} + 20(8,62 - 0,5)^2\right] + 2 \times 724 \qquad\qquad J_x = 4088,72 \text{ cm}^4$$

Raio de Giração

$$A = 2A_1 + 2A_2 = 2 \times 20 + 2 \times 24,7$$

$$A = 89,4 \text{ cm}^2$$

$$i_x = \sqrt{\frac{J_x}{A}} \qquad\qquad i_x = \sqrt{\frac{4088,72}{89,4}} \qquad\qquad \boxed{i_x = 6,77 \text{ cm}}$$

Módulo de Resistência

$$W_x = \frac{J_x}{y_{máx}} = \frac{4088,72}{8,62} \qquad\qquad \boxed{W_x = 474,32 \text{ cm}^3}$$

Ex.13 - Determinar momento de inércia, raio de giração e módulo de resitência relativos aos eixos baricêntricos x e y na secção transversal representada a seguir, composta por duas cantoneiras 89 x 64 designação CSN e por uma chapa 120 x 10 [mm].

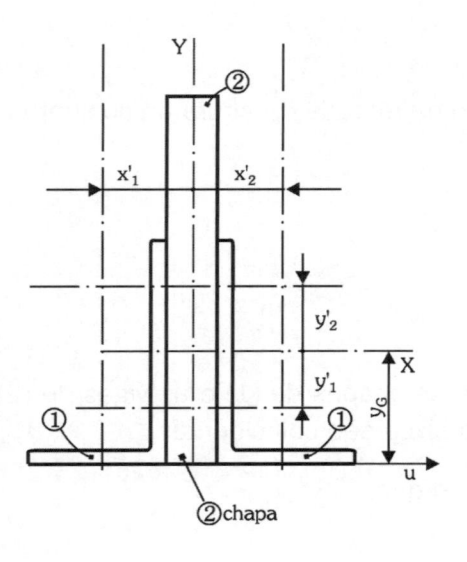

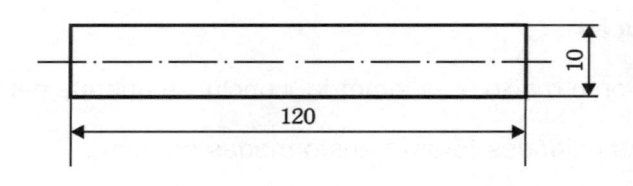

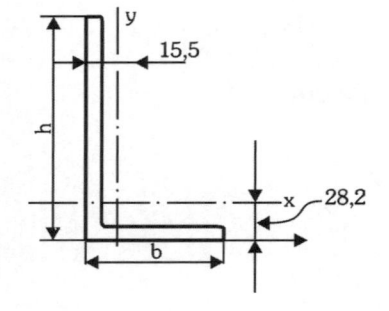

(1) cantoneira 89 64 CSN P. Americano.

$75 \text{ cm}^4 \quad 5 \text{ cm}^4$

$J_y = 32 \text{ cm}^4$

$A = 9,3 \text{ cm}^2$

$b = 63,5 \text{ mm}$

$h = 88,9 \text{ mm}$

Solução

Para solucionar este exercício, determina-se a coordenada y_G, objetivando localizar o eixo x em relação ao eixo u (eixo de referência).

Denominam-se as cantoneiras de figura (1) e chapa (2).

Transformando as unidades do exercício para [cm], tem-se que:

$$y_G = \frac{2(A_1 y_1) + A_2 y_2}{2A_1 + A_2} = \frac{2(9,3 \times 2,82) + 12 \times 6}{2 \times 9,3 + 12}$$

$$y_G = \frac{52,45 + 72}{30,6}$$

$$\boxed{Y_G = 4,07 \text{ cm}}$$

O eixo y, por ser de simetria, está localizado na metade da base.

Momentos de Inércia

$$J_x = 2\left(J_{x1} + A_1 y_1^{'2}\right) + J_{x2} + A_2 y_2^{'2}$$

$$J_x = 2\left[75 + 9,3(4,07-2,82)^2\right] + \frac{1\times12^3}{12} + 12(6-4,07)^2$$

$$\boxed{J_x = 367,75 \text{ cm}}$$

Para determinar o momento de inércia J_y, não existe transporte de eixos para chapa, pois o eixo y da chapa coincide com o eixo y do conjunto.

Teremos então:

$$J_y = 2(J_y + A_1 x_1'^2) + J_{y2}$$

$$J_y = 2\left[32 + 9,3(1,55+0,5)^2\right] + \frac{12\times1}{12}$$

$$\boxed{J_y = 143,2 \text{ cm}^4}$$

Raio de Giração

$$A = 2 \times 9,3 + 12 = 30,6 \text{ cm}^2$$

$$i_x = \sqrt{\frac{J_x}{A}}$$

$$i_x = \sqrt{\frac{367,75}{30,6}} = 3,47 \text{ cm}$$

$$i_y = \sqrt{\frac{143,2}{30,6}} = 2,16 \text{ cm}$$

Módulo de Resistência

$$W_x = \frac{J_x}{y_{máx}} = \frac{367,75}{(12-4,07)} = \frac{367,75}{7,93} \qquad \boxed{W_x = 46,37 \text{ cm}^3}$$

$$W_y = \frac{J_y}{x_{máx}} = \frac{143,2}{(6,35-0,5)} = \frac{143,2}{6,85} \qquad \boxed{W_y = 20,9 \text{ cm}^3}$$

Ex.14 - Determinar o momento de inércia relativo ao eixo u no exercício anterior.

Solução

Obtém-se o momento de inércia J_u do conjunto somando-se ao momento de inércia J_x e o transporte de eixos (Teorema de Steiner).

Tem-se então:

$$J_u = J_x + A \cdot y_G^2$$

$$J_u = 367,75 + 30,6 \times 4,07^2 \qquad \boxed{J_u = 874,63 \text{ cm}^4}$$

Ex.15 - O perfil representado a seguir é composto por duas vigas U CSN 152 × 12,2 com as características geométricas descritas a seguir, e duas chapas de 200 × 10 [mm]. Determinar os momentos de inércia, raios de giração e módulos de resistência do conjunto em relação aos eixos baricêntricos x e y (eixos de simetria).

(1) - Chapa 200 × 10   (2) - Viga U CNS 152 × 12,2

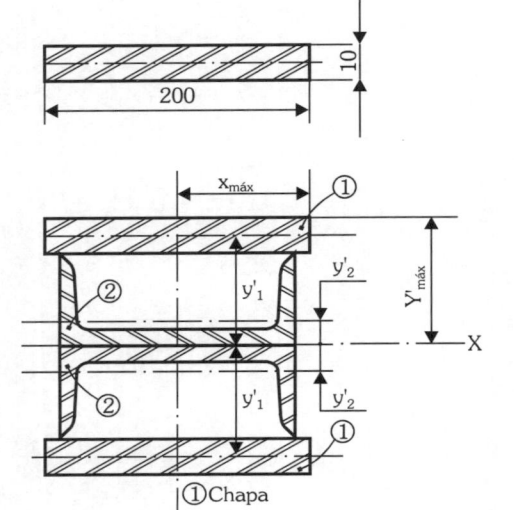
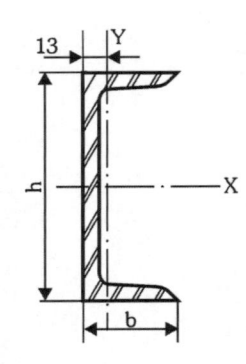

A = 15,5 cm²

h = 152,4 mm

b = 48,8 mm

$J_x = 546 \text{ cm}^4$

$J_y = 28,8 \text{ cm}^4$

Solução

Com os eixos x e y são de simetria, podemos afirmar que o eixo y está localizado na metade da base e o eixo x está na metade da altura da secção.

Denominam-se (1) as chapas e (2) as vigas para simplificar a resolução.

Observa-se que as vigas (2) estão defasadas em relação à posição na qual foram dadas as suas características geométricas. Desta forma, para determinar o J_x do conjunto, usa-se o J_y da viga.

Tem-se então que:

Momento de Inércia

$$J_x = 2\left(J_{x1} + A_1 y_1^{'2}\right) + 2\left(J_{y2} + A_2 y_2^{'2}\right)$$

$$J_x = 2\left[\frac{20 \times 1^3}{12} + 20(4,88 + 0,5)^2\right] = 2\left(28,8 + 15,5 \times 1,3^2\right)$$

$$J_x = 2\left[1,67 + 578,89\right] = 2 \times 55$$

$$\boxed{J_x = 1.271,12 \text{ cm}^4}$$

Para determinar o J_y utiliza-se o J_x da viga. É fácil observar que para esse cálculo não há transporte de eixos, pois os y da chapa e da viga coincidem com o eixo y do conjunto. Vem então que:

$$J_y = 2J_{y1} + 2J_{x2}$$

$$J_y = 2\frac{h_1 b_1^3}{12} + 2J_{x2}$$

$$J_y = 2\frac{1 \times 20^3}{12} + 2 \times 546$$

$$J_y = 1.333,33 + 1092$$

$$\boxed{J_x = 2.425,33 \text{ cm}^4}$$

Raios de Giração

$$A = 2 \times 20 + 2 \times 15,5 = 71 \text{ cm}^2$$

$$i_x = \sqrt{\frac{J_x}{A}}$$

$$\boxed{i_x = \sqrt{\frac{1271,12}{71}} = 4,23 \text{ cm}} \qquad \boxed{i_y = \sqrt{\frac{J_y}{A}} = \sqrt{\frac{2425,33}{71}} = 5,84 \text{ cm}}$$

Módulo de Resistência

$$W_x = \frac{J_x}{y_{máx}} = \frac{1271,12}{(4,88 + 1,0)} = \frac{1271,12}{5,88} \qquad \boxed{W_x = 216,18 \text{ cm}^3}$$

$$W_y = \frac{J_y}{x_{máx}} = \frac{2425,33}{10} \qquad \boxed{W_y = 242,53 \text{ cm}^3}$$

9.5 Produto de Inércia ou Momento Centrífugo (Momento de 2ª Ordem)

O produto de inércia (momento centrífugo) de uma superfície plana é definido através da integral de área dos produtos entre os infinitésimos de área dA que compõem a superfície e as suas respectivas coordenadas aos eixos de referência.

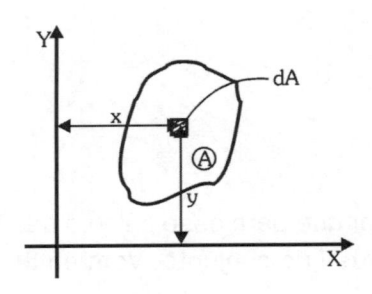

$$J_{xy} = \int_A xy\,dA$$

O produto de inércia denota uma noção de assimetria de superfície em relação aos eixos de referência.

9.5.1 Estudo do Sinal

O produto de inércia pode ser positivo, negativo ou nulo, dependendo da distribuição de superfície em relação aos eixos de referência.

O produto é positivo quando a superfície predomina no 1º e no 3º quadrantes, negativo quando predomina no 2º e 4º quadrantes, e nulo quando houver eixo de simetria.

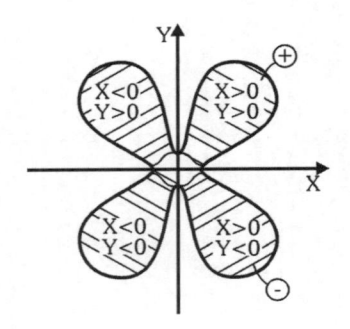

$J_{xy} > 0$ - quando a superfície predominar no 1º e 3º quadrantes

$J_{xy} < 0$ - quando a superfície predominar no 2º e 4º quadrantes

$J_{xy} = 0$ - quando houver eixo de simetria

9.5.2 Transporte de Eixos (Teorema de Steiner)

Sejam x e y eixos baricêntricos de superfície A, e os eixos u e v paralelos a x e y respectivamente.

O produto de inércia da superfície em relação aos eixos u e v será determinado pelo teorema de Steiner que é definido pela integral:

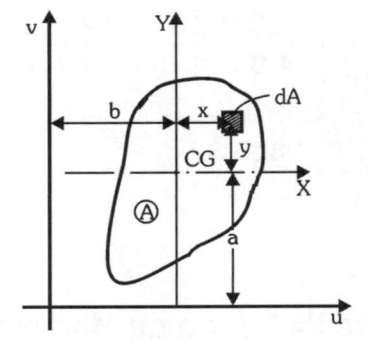

$$J_{uv} = \int_A (y+a)(x+b)\,dA$$

$$J_{uv} = \int_A xy\,d_A + a\int_A x\,d_A + b\int_A y\,d_A + ab\int_A d_A$$

Como os eixos x e y são baricêntricos, conclui-se que:

$$a\int_A xy\,d_A = 0 \quad e \quad b\int_A y\,d_A = 0$$

pois a e b = 0 (relativo ao eixo baricêntrico).

Temos, então, que: $J_{uv} = J_{xy} + A \cdot a \cdot b$

Análise Dimensional do Produto de Inércia

O produto de inércia, sendo um momento de 2ª ordem, possui a mesma unidade do momento de inércia, ou seja, $[L]^4$; senão, vejamos:

$$[J_{xy} \text{ ou } J_{uv}] = [L]\,[L]\,[L]^2 = [L]^4 \Rightarrow [cm^4;\ mm^4;\ ...]$$

Tabela

Produtos de inércia de superfícies planas.

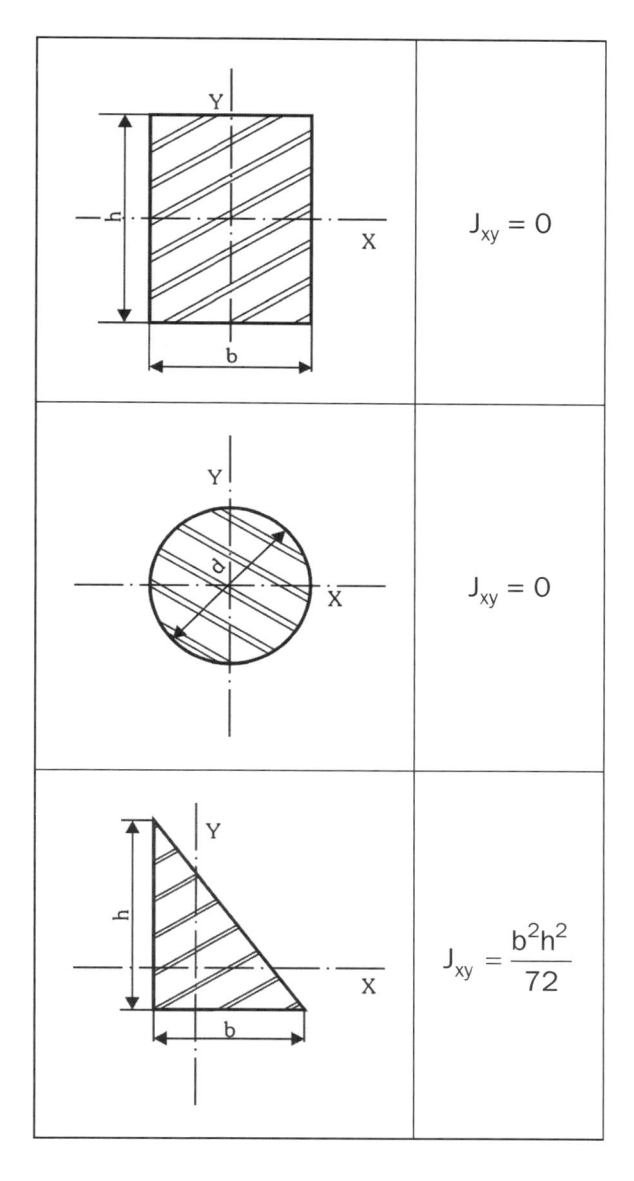

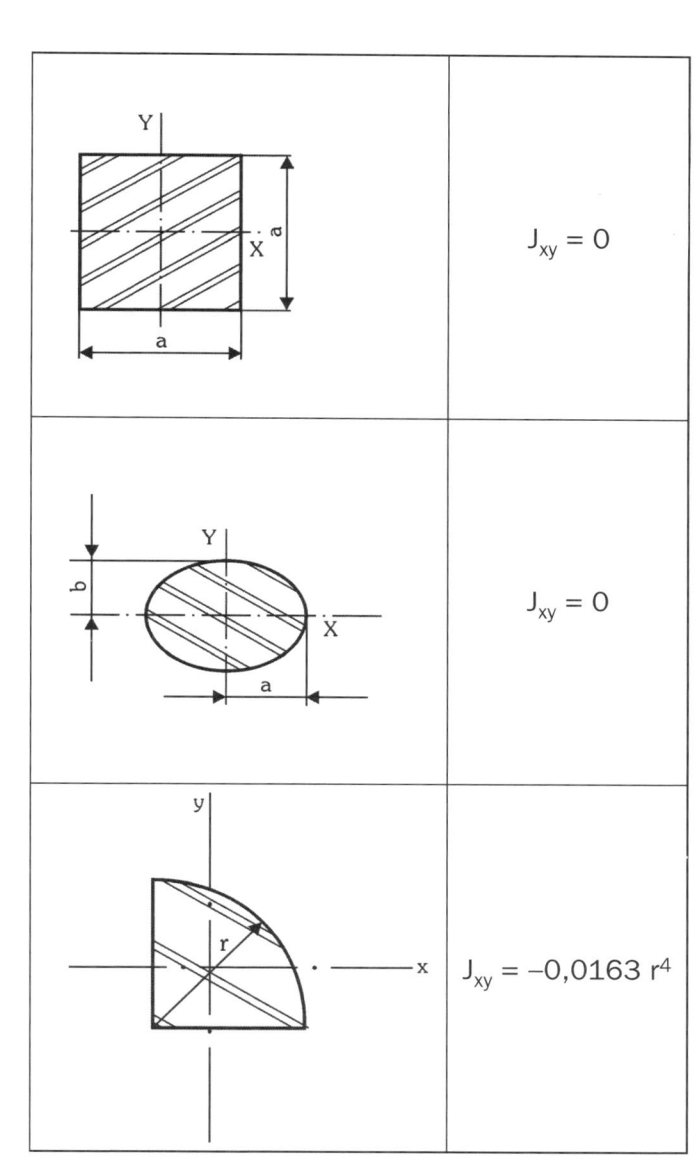

9.6 Eixos Principais de Inércia

Pelo centro de gravidade de uma superfície plana passam infinitos eixos, dentre os quais se apresentam da maior importância os eixos de momento de inércia máximo e mínimo. O eixo de momento máximo está sempre mais distante dos elementos de superfície que formam a superfície total; obviamente o eixo de momento mínimo será o mais próximo aos elementos de superfície.

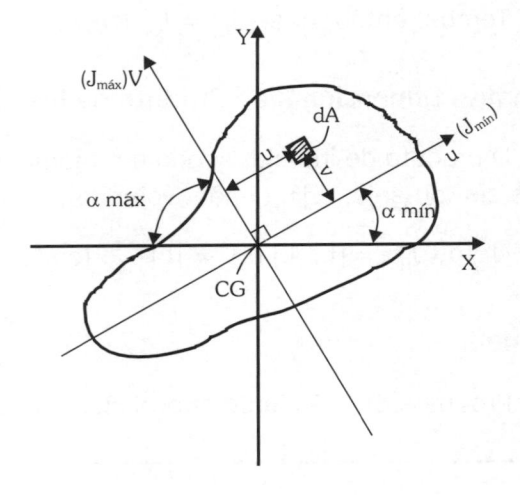

Os momentos principais de inércia são determinados através das expressões:

$$J_{máx} = 0,5(J_x + J_y) + 0,5\sqrt{(J_x - J_y)^2 + 4J_{xy}^2}$$

$$J_{mín} = 0,5(J_x + J_y) - 0,5\sqrt{(J_x - J_y)^2 + 4J_{xy}^2}$$

Os ângulos que os eixos principais de inércia formam com o eixo x são determinados através de suas respectivas tangentes.

$$tg\alpha_{máx} = \frac{J_x - J_{máx}}{J_{xy}} \qquad\qquad tg\alpha_{mín} = \frac{J_x - J_{mín}}{J_{xy}}$$

$\alpha_{máx}$ - ângulo que o eixo de momento máximo forma com o eixo x

$\alpha_{mín}$ - ângulo que o eixo de momento mínimo forma com o eixo x

Os eixos de momento de inércia máximo e mínimo estão sempre defasados em entre si.

Conclui-se portanto que:

$$\boxed{\alpha_{máx} = \alpha_{mín} + 90°}$$

Qualquer par de eixos, defasados 90° entre si, que passe pelo centro de gravidade da superfície, terá a soma de seus momentos de inércia constante.

Tem-se então que:

$$J_{máx} + J_{mín} = J_x + J_y$$

9.7 Momento Polar de Inércia (J_p) (Momento de 2ª Ordem)

O momento polar de inércia de uma superfície plana é definido através da integral de área dos produtos entre os infinitésimos de área dA e as suas respectivas distâncias ao polo elevadas ao quadrado.

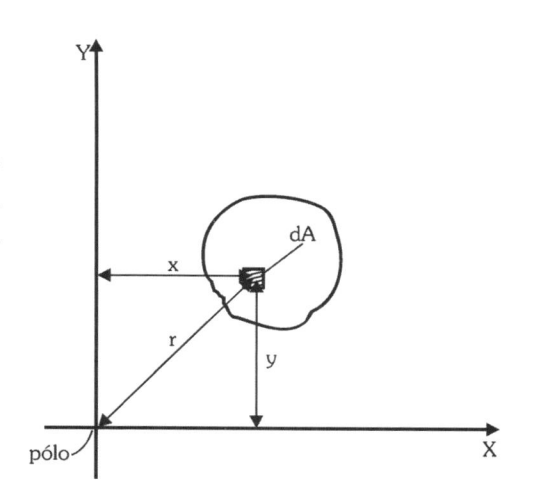

Tem-se que:

$$J_p = \int_A r^2 \; d_A$$

aplicando Pitágoras, vem que $r^2 = x^2 + y^2$, portanto:

$$J_p = \int_A (x^2 + y^2)d_A$$

$$J_p = \int_A x^2 d_A + \int_A y^2 d_A$$

$$J_p = J_y + J_x$$

unidade de $J_p = [L]^4$

9.8 Módulo de Resistência Polar (W_p)

O módulo de resistência polar de uma superfície é definido pela relação entre o momento de inércia polar da secção, e o comprimento entre o polo e o ponto mais distante da periferia da secção transversal (distância máxima).

$$W_p = \frac{J_p}{r_{máx}} \quad \text{unidade de Wp} \quad [W_p] = \frac{[L]^4}{[L]} = [L]^3$$

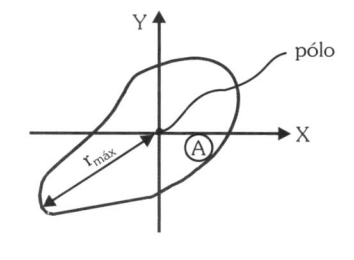

Importância do módulo de resistência polar nos projetos

Utiliza-se o módulo de resistência polar no dimensionamento de elementos submetidos a esforço de torção.

Quanto maior o módulo de resistência polar da secção transversal de uma peça, maior a sua resistência à torção.

⚙ Exercícios ⚙

Ex.1 - Determinar as expressões de momento polar de inércia (J_p) e o módulo de resistência polar (W_p) das secções transversais a seguir, sendo conhecidas as suas expressões de momento de inércia.

Solução

a)

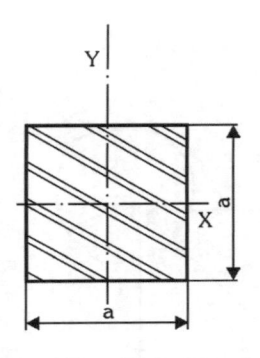

b)

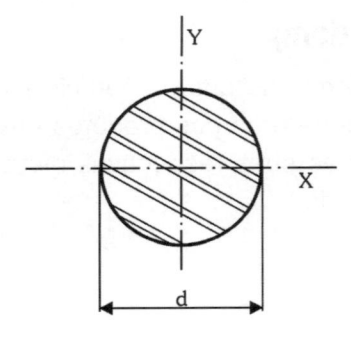

c)

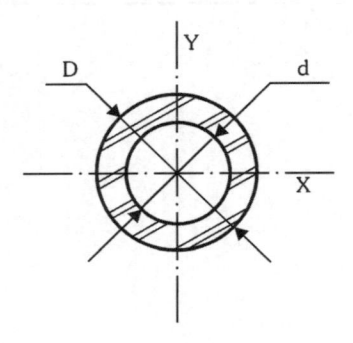

d)

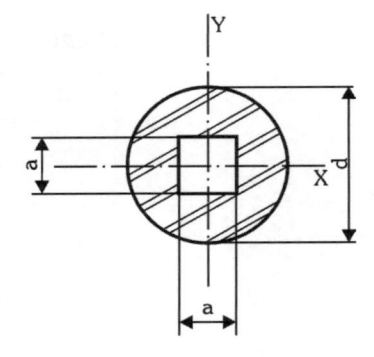

a.1) Momento polar de inércia

Sabe-se que $J_p = J_x + J_y$, o momento de inércia da secção transversal quadrada é o mesmo para o eixo x e para o eixo y, e

$$J_x = J_y = \frac{a^4}{12}$$

Temos, então, que: $\quad J_p = \frac{2a^4}{12} = \frac{a^4}{6}$

a.2) Módulo de resistência polar (W_p)

$$W_p = \frac{J_p}{r_{máx}}$$

A distância máxima entre o polo e o ponto mais afastado da periferia da secção transversal quadrada é a metade da sua diagonal.

Como $r_{máx}$ é a hipotenusa de um triângulo retângulo de catetos iguais, pode-se afirmar que:

$$r_{máx} = \frac{a}{2\cos 45°} = \frac{a\sqrt{2}}{2}$$

$$W_p = \frac{J_p}{r_{máx}} = \frac{2a^4}{6a\sqrt{2}} = \frac{a^3}{3\sqrt{2}}$$

$$\boxed{W_p = \frac{a^3\sqrt{2}}{6} \cong 0,23a^3}$$

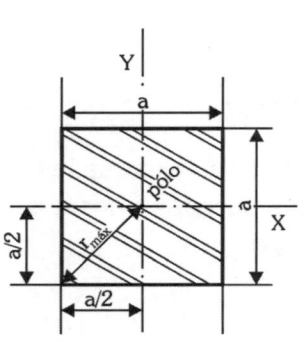

b)

b.1) Momento polar de inércia (J_p)

Como $J_p = J_x + J_y$, para secção circular:

$$J_x = J_y = \frac{\pi d^4}{64} \quad \text{portanto,} \quad \boxed{J_p = \frac{2\pi d^4}{64} = \frac{\pi d^4}{32}}$$

b.2) Módulo de resistência (W_p)

Na secção circular, a distância máxima entre o polo e o ponto mais afastado na periferia é o próprio raio da secção.

Tem-se, portanto,

$$r_{máx} = \frac{d}{2}$$

Temos, então, que

$$W_p = \frac{J_p}{r_{máx}} = \frac{2\pi d^4}{32} = \frac{\pi d^3}{16}$$

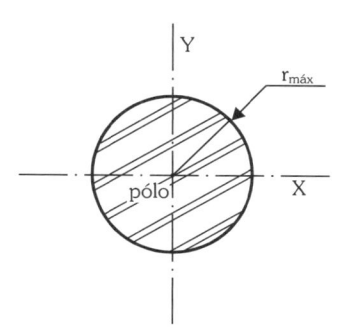

c)

c.1) Momento polar de inércia: $J_p = J_x + J_y$

Para coroa circular:

$$J_x = J_y = \frac{\pi}{64}(D^4 - d^4) \quad \text{portanto} \quad J_p = \frac{2\pi}{64} \cdot (D^4 - d^4)$$

$$\boxed{J_p = \frac{\pi}{32}(D^4 - d^4)}$$

c.2) O módulo de resistência de coroa circular será:

$$W_p = \frac{J_p}{r_{máx}}$$

A distância máxima entre o polo e o ponto mais afastado na periferia é o raio da circunferência maior da secção.

Portanto, tem-se que:

$$r_{máx} = \frac{D}{2} \quad \text{logo} \quad \boxed{W_p = \frac{2\pi(D^4 - d^4)}{32D} = \frac{\pi(D^4 - d^4)}{16D}}$$

d)

d.1) Momento polar de inércia (J_p)

Obtém-se o momento de inércia da secção d através da subtração entre o momento de inércia do círculo e o momento de inércia do quadrado.

$$J_x = J_y = \frac{\pi d^4}{64} - \frac{a^4}{12}$$

Como $J_x = J_y$, conclui-se que:

$$J_p = 2\left(\frac{\pi d^4}{64} - \frac{a^4}{12}\right) \qquad \boxed{J_p = \frac{\pi d^4}{32} - \frac{a^4}{6}}$$

d.2) Módulo de resistência: $\qquad W_p = \dfrac{J_p}{r_{máx}}$

A distância máxima entre o polo mais afastado da periferia é o raio do círculo, portanto:

$$r_{máx} = \frac{d}{2}$$

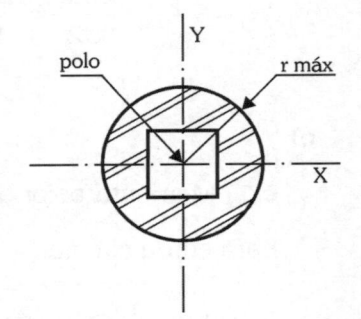

temos então que: $\qquad W_p = \dfrac{\dfrac{\pi d^4}{32} - \dfrac{a^4}{6}}{\dfrac{d}{2}} = \dfrac{2}{d}\left[\dfrac{\pi d^4}{32} - \dfrac{a^4}{6}\right] \quad W_p = \dfrac{\pi d^3}{16} - \dfrac{a^4}{3d}$

Tabela de momento polar de inércia (J_p) e o módulo de resistência polar (W_p)

Secção	Momento de Inércia Polar J_p	Módulo de Resistência Polar W_p
	$J_p = \dfrac{a^4}{6}$	$W_p \cong 0,23\,a^3$
	$J_p = \dfrac{bh(b^2 + h^2)}{12}$	$W_p = \dfrac{bh^2}{3 + 1,8\dfrac{h}{b}}$
	$J_p = \dfrac{\pi d^4}{32}$	$W_p = \dfrac{\pi d^3}{16}$
	$J_p = \dfrac{\pi(D^4 - d^4)}{32}$	$W_p = \dfrac{\pi(D^4 - d^4)}{16D}$
	$J_p = \dfrac{\pi d^4}{32} - \dfrac{a^4}{6}$	$W_p = \dfrac{\pi d^3}{16D} - \dfrac{a^4}{3d}$

Secção	Momento de Inércia Polar J_p	Módulo de Resistência Polar W_p
	$J_p = \dfrac{5\sqrt{3}\,a^4}{8}$	$W_p = 0,2\,b^3$
	$J_p = \dfrac{\sqrt{3}\,a^4}{48}$	$W_p = \dfrac{a^3}{20}$
	$J_p = \dfrac{\pi d^4}{32} - \dfrac{5\sqrt{3}\,a^4}{8}$	$W_p = \dfrac{\pi d^3}{16} - \dfrac{5\sqrt{3}\,a^4}{4d}$

Ex.2 - Determinar os momentos principais de inércia e os ângulos que os seus eixos formam com o eixo da secção transversal representada a seguir.

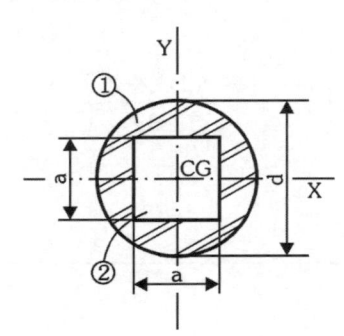

Solução

a) Momento de inércia

$$J_x = \frac{\pi d^4}{64} - \frac{a^4}{12}$$

Como a superfície possui a mesma distribuição em relação ao eixo y, conclui-se que:

$$J_y = J_x = \frac{\pi d^4}{64} - \frac{a^4}{12}$$

b) Produto de inércia

Como os eixos x e y são de simetria, conclui-se que a secção transversal possui produto de inércia nulo.

$$J_{xy} = 0$$

c) Eixos principais de inércia

Para essa secção não existe $J_{máx}$ e $J_{mín}$, pois os eixos que passam pelo CG da superfície terão o mesmo momento de inércia. Isso sempre ocorre para qualquer superfície que possuir.

$$J_x = J_y \text{ e } J_{xy} = 0$$

d) Ângulos $\alpha_{máx}$ e $\alpha_{mín}$.

Como não existem eixos principais de inércia, o mesmo ocorre em relação aos ângulos $\alpha_{máx}$ e $\alpha_{mín}$.

Conclui-se que, em qualquer posição que a peça for colocada, a sua resistência será a mesma.

Ex.3 - Determinar os momentos $J_{máx}$ e $J_{mín}$ e os ângulos $\alpha_{máx}$ e $\alpha_{mín}$ na superfície representada na figura.

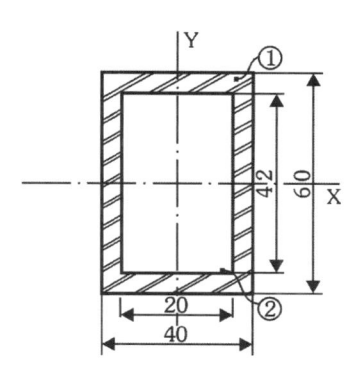

Solução

Transformam-se as unidades em [cm], visando simplificar a resolução.

a) Momentos de inércia

$$J_x = J_{x1} - J_{x2}$$

$$J_x = \frac{4 \times 6^3}{12} - \frac{2 \times 4,2^3}{12}$$

$$\boxed{J_x = 72 - 12,35 = 59,65 \text{ cm}^4}$$

$$J_y = J_{y1} - J_{y2}$$

$$J_y = \frac{6 \times 4^3}{12} - \frac{4,2 \times 2^3}{12}$$

$$\boxed{J_x = 32 - 2,8 = 29,2 \text{ cm}^4}$$

b) Produto de inércia

Como os eixos x e y são de simetria, conclui-se que $J_{xy} = 0$.

c) Momentos principais de inércia

$$J_{máx} = 0,5(J_x + J_y) + 0,5\sqrt{(J_x - J_y)^2 + 4J_{xy}^2}$$

$$J_{máx} = 0,5(59,65 + 29,2) + 0,5\sqrt{(59,65 - 29,2)^2}$$

$$\boxed{J_{máx} = 44,425 + 15,225 = 59,65 \text{ cm}^4}$$

$$J_{mín} = 0,5(J_x + J_y) - 0,5\sqrt{(J_x - J_y)^2 + 4J_{xy}^2}$$

$$J_{mín} = 0,5(59,65 + 29,2) - 0,5\sqrt{(59,65 - 29,2)^2}$$

$$\boxed{J_{mín} = 44,425 + 15,225 = 29,2 \text{ cm}^4}$$

Como $J_{máx} = J_x = 59,65$ cm^4 e $J_{mín} = J_y = 29,2$ cm^4, conclui-se que $\alpha_{máx} = 0$ (eixo de momento máximo coincide com eixo x), e $\alpha_{mín} = 90°$ (eixo de momento mínimo coincide com eixo y).

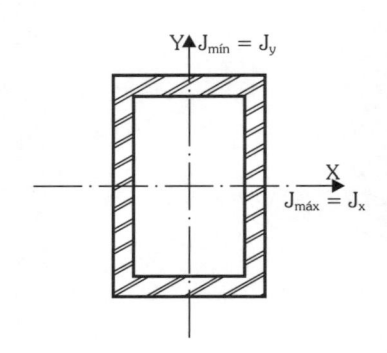

Ex.4 - Determina os momentos principais de inércia e os ângulos que os seus eixos formam com x na cantoneiras de abas iguais representada na figura.

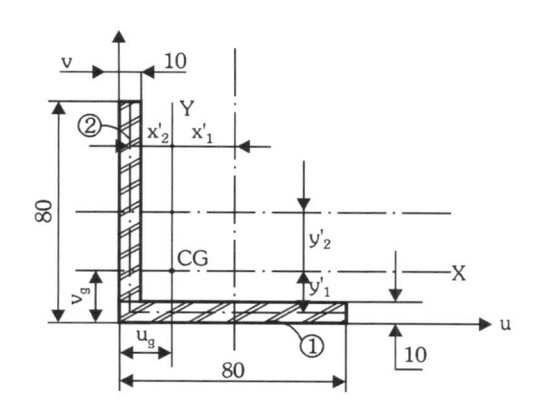

Solução

Transformando as unidades em [cm], tem-se que:

a) Centro de gravidade

$$Ug = \frac{A_1x_1 + A_2x_2}{A_1 + A_2} = \frac{8 \times 0,5 + 7 \times 4,5}{8 + 7}$$

$$\boxed{Ug = 2,37 \text{ cm}}$$

Como a cantoneira é de abas iguais, conclui-se que:

$$\boxed{U_g = V_g = 2,37 \text{ cm}}$$

b) Momentos de inércia

$$J_x = J_{x1} + A_1y_1'^2 + J_{x2}A_1y_2'^2$$

$$J_x = \frac{8 \times 1^3}{12} + 8 \times 1,87^2 + \frac{1 \times 7^3}{12} + 7 \times 2,12^2$$

$$\boxed{J_x \cong 89 \text{ cm}^4}$$

Como a cantoneira é de abas iguais, conclui-se que:

$$\boxed{J_y = J_x = 89 \text{ cm}^4}$$

c) Produto de inércia

$$J_{xy} = J_{xy1} + A_1x'_1y'_1 + J_{xy2} + A_2x'_2y'_2$$

As áreas (1) e (2) são retângulos e os seus eixos baricêntricos são de simetria, portanto, conclui-se que J_{xy1} e J_{xy2} são nulos.

Temos então que:

$$J_{xy} = A_1x'_1y'_1 + A_2x'_2y'_2$$

$$J_{xy} = 8(1,63)(-1,87) + 7(-1,87)(2,13)$$

$$\boxed{J_{xy} = -52,26 \text{ cm}^4}$$

d) Eixos principais de inércia

$$J_{máx} = 0,5(J_x + J_y) + 0,5\sqrt{(J_x - J_y)^2 + 4J_{xy}^2}$$

$$J_{máx} = 0,5(89 + 89) + 0,5\sqrt{4(-52,26)^2} \qquad \boxed{J_{máx} = 141,25 \text{ cm}^4}$$

$$J_{mín} = 0,5(J_x + J_y) + 0,5\sqrt{(J_x + J_y)^2 + 4J_{xy}^2}$$

$$J_{mín} = 0,5(89 + 89) - 0,5\sqrt{4(-52,26)^2} \qquad \boxed{J_{mín} = 36,74 \text{ cm}^4}$$

e) Ângulos que os eixos dos momentos principais de inércia formam com x.

$$\text{tg}\alpha_{máx} = \frac{J_x - J_{máx}}{J_{xy}} = \frac{89 - 141,26}{-52,26}$$

$\text{tg}\alpha_{máx} = 1$ portanto, $\alpha_{máx} = 45°$

$$\text{tg}\alpha_{mín} = \frac{J_x - J_{mín}}{J_{xy}} = \frac{89 - 36,74}{-52,26}$$

$\text{tg}\alpha_{mín} = -1$ portanto, $\alpha_{mín} = -45°$

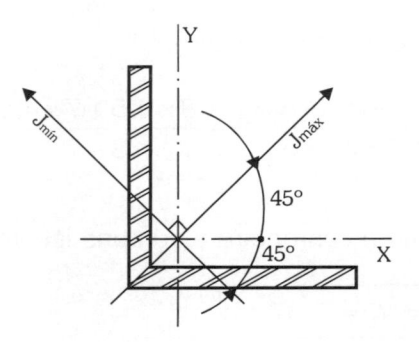

Ex.5 - Determinar $J_{máx}$ e $J_{mín}$, $\alpha_{máx}$ e $\alpha_{mín}$ no perfil representado a seguir.

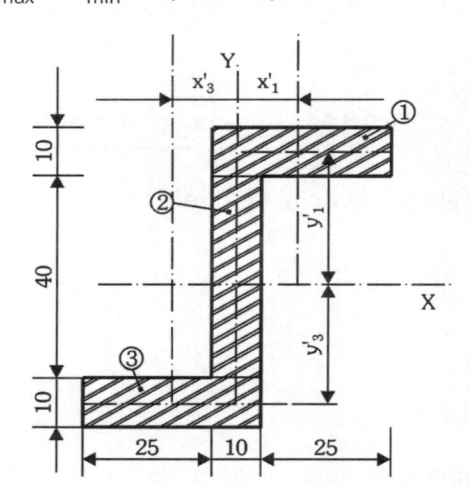

Solução

Transformando as unidades em [cm], temos:

a) Momentos de inércia

Como as áreas (1) e (3) são iguais e estão equidistantes do eixo x, podemos escrever que $J_{x1} = -J_{x3}$ e $y_1 = y_3 = 2{,}5$ cm.

$$J_x = 2\left(\frac{3{,}5 \times 1^3}{12} + 3{,}5 \times 2{,}5^2\right) + \frac{1 \times 4^3}{12} \qquad \boxed{J_x = 49{,}65 \text{ cm}^4}$$

Analogamente ao momento de inércia X, podemos escrever para y que

$$J_{y1} = J_{y3} \qquad e \qquad x'_1 = x'_3 = 1{,}25 \text{ cm}$$

Tem-se, então, que:

$$J_y = 2\left(\frac{1 \times 3{,}5^3}{12} + 3{,}5 \times 1{,}25^2\right) + \frac{4 \times 1^3}{12}$$

$$Jy = 2(3{,}57 + 5{,}47)\,0{,}33 \quad \boxed{J_y = 18{,}41 \text{ cm}^4}$$

b) Produto de inércia

As superfícies (1), (2) e (3) são retângulos e, portanto, possuem eixo de simetria e produto de inércia nulos.

$$J_{xy1} = J_{xy2} = J_{xy3} = 0$$

A superfície (2) possui os seus eixos baricêntricos (x e y) coincidentes com os eixos baricêntricos x e y do perfil, desta forma o transporte dos eixos é nulo.

$$A_2\, x'_2 y'_2 = 0$$

Conclui-se que

$$J_{xy} = A_1 x'_1 y'_1 + A_3 x'_3 y'_3$$

$$J_{xy} = 3{,}5(1{,}25)\,(2{,}5) + 3{,}5(-1{,}25)\,(-2{,}5)$$

$$\boxed{J_{xy} = 21{,}88 \text{ cm}^4}$$

c) Eixos principais de inércia

$$J_{máx} = 0{,}5\left(J_x + J_y\right) 0{,}5\sqrt{\left(J_x - J_y\right)^2 + 4J_{xy}^2}$$

$$J_{máx} = 0{,}5\left(49{,}65 + 18{,}41\right) + 0{,}5\sqrt{\left(49{,}65 - 18{,}41\right)^2 + 4(21{,}88)^2}$$

$$\boxed{J_{máx} = 60{,}91 \text{ cm}^4}$$

$$J_{mín} = 0{,}5\left(J_x + J_y\right) 0{,}5\sqrt{\left(J_x - J_y\right)^2 + 4J_{xy}^2}$$

$$J_{mín} = 0,5(49,65 + 18,41) + 0,5\sqrt{(49,65 - 18,41)^2 + 4(21,88)^2}$$

$$\boxed{J_{mín} = 7,15 \text{ cm}^4}$$

d) Posição dos eixos principais em relação ao eixo x ($\alpha_{máx}$ e $\alpha_{mín}$)

$$tg\alpha_{máx} = \frac{J_x - J_{máx}}{J_{xy}} = \frac{49,65 - 60,91}{21,88}$$

$$\alpha_{máx} = -27°14'$$

Como os eixos principais de inércia estão sempre defasados 90°, temos que:

$$\alpha_{máx} = \alpha_{mín} + 90°$$

$$\alpha_{mín} = \alpha_{máx} - 90°$$

$$\boxed{\alpha_{mín} = -117°14'}$$

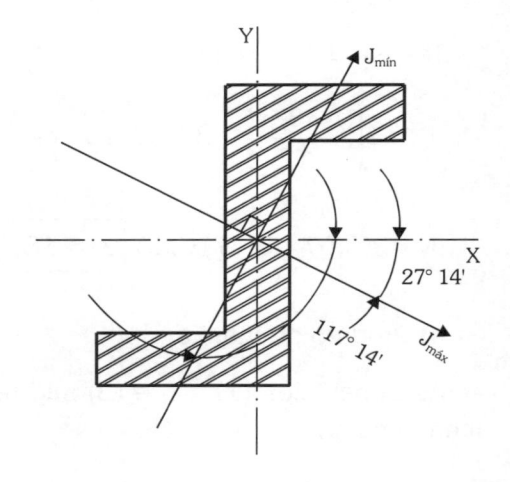

Ex.6 - Determinar os momentos principais de inércia ($J_{máx}$ e $J_{mín}$) e localizar os respectivos eixos em relação a x ($\alpha_{máx}$ e $\alpha_{mín}$) na superfície representada na figura.

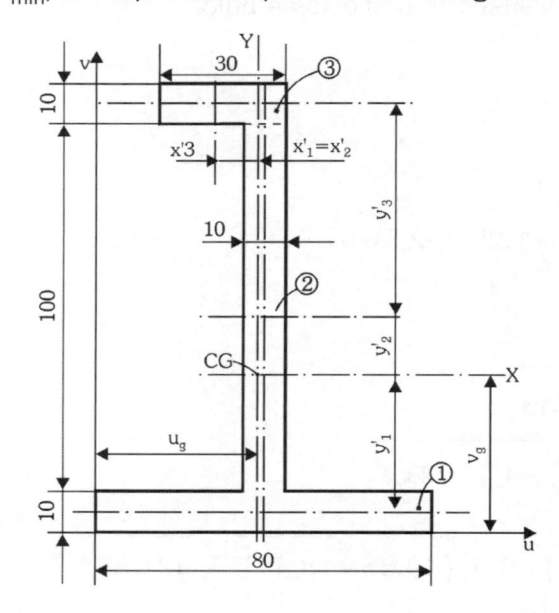

Solução

Transformando as unidades em [cm], visando simplificar a resolução, temos:

a) Centro de gravidade

$$ug = \frac{A_1u_1 + A_2u_2 + A_3u_3}{A_1 + A_2 + A_3} = \frac{8 \times 4 + 10 \times 4 + 3 \times 3}{8 + 10 + 3} \qquad \boxed{ug = 3,86 \text{ cm}}$$

$$vg = \frac{A_1v_1 + A_2v_2 + A_3v_3}{A_1 + A_2 + A_3} = \frac{8 \times 0,5 + 10 \times 6 + 3 \times 11,5}{8 + 10 + 3} \qquad \boxed{vg = 4,69 \text{ cm}}$$

b) Momentos de inércia

$$J_x = J_{x1} + A_1 y_1^{'2} + J_{x2} + A_2 y_2^{'2} + J_{x3} + A_3 y_3^{'2}$$

$$J_x = \frac{8 \times 1^3}{12} + 8(4,19)^2 + \frac{1 \times 10^3}{12} + 10(1,31)^2 + \frac{3 \times 1^3}{12} + 3(6,81)^2$$

$$\boxed{J_x = 381 \text{ cm}^4}$$

$$J_y = J_{y1} + A_1 x_1^{'2} + J_{y2} + A_2 x_2^{'2} + J_{y3} + A_3 x_3^{'2}$$

$$J_y = \frac{1 \times 8^3}{12} + 8(0,14)^2 + \frac{10 \times 1^3}{12} + 10(0,14)^2 + \frac{1 \times 3^3}{12} + 3(0,86)^2$$

$$\boxed{J_y = 48,3 \text{ cm}^4}$$

c) Produto de inércia

Os produtos de inércia das três superfícies são nulos, pois todos possuem eixos de simetria. O somatório dos transportes de eixos determina o J_{xy} do perfil.

$$J_{xy} = A_1 x_1' y_1' + A_2 x_2' y_2' + A_3 x_3' y_3'$$

$$J_{xy} = 8(0,14)\,(-4,19) + 10(0,14)\,(1,31) + 3(-0,86)\,(6,81)$$

$$\boxed{J_{xy} = 20,43 \text{ cm}^4}$$

d) Eixos principais de inércia

$$J_{máx} = 0,5(J_x + J_y) + 0,5\sqrt{(J_x - J_y)^2 + 4J_{xy}^2}$$

$$J_{máx} = 0,5(381 + 48,3) + 0,5\sqrt{(381 + 48,3)^2 + 4(-20,44)^2}$$

$$\boxed{J_{máx} = 382,25 \text{ cm}^4}$$

$$J_{mín} = 0,5(J_x + J_y) - 0,5\sqrt{(J_x - J_y)^2 + 4J_{xy}^2}$$

$$J_{mín} = 0,5(381 + 48,3) - 0,5\sqrt{(381 + 48,3)^2 + 4(-20,44)^2}$$

$$\boxed{J_{mín} = 47,05 \text{ cm}^4}$$

e) Posição dos eixos principais em relação a x

$$tg\alpha_{máx} = \frac{J_x - J_{máx}}{J_{xy}} = \frac{381 - 382,25}{-20,44} \qquad \boxed{\alpha_{máx} = 3° \ 30'}$$

Como os eixos principais estão sempre defasados, pode-se escrever que:

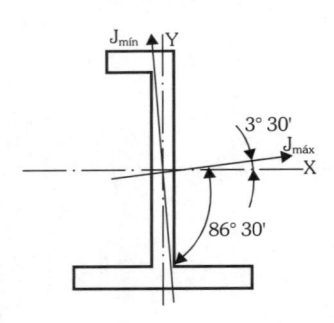

$$\alpha_{mín} = \alpha_{máx} - 90°$$

$$\alpha_{mín} = 3°30' - 90° = -86°30'$$

$$\alpha_{mín} = -86°30'$$

Ex.7 - Determine o momento polar de inércia do perfil representado na figura.

Solução

Transformam-se as unidades em [cm] para simplificar a resolução.

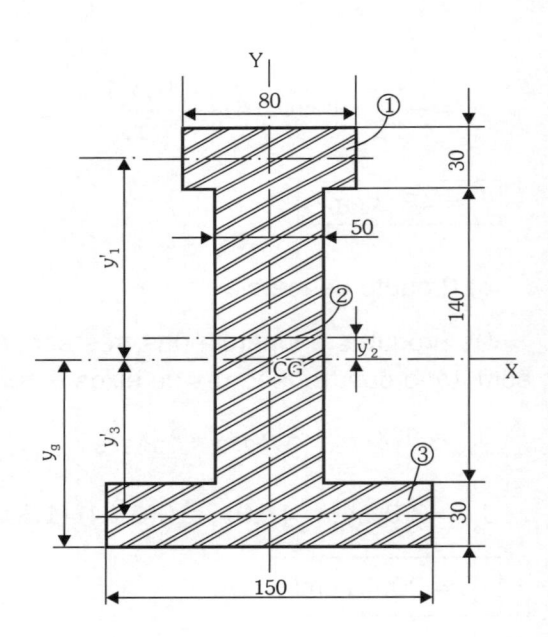

a) Centro de gravidades

O eixo y é de simetria, portanto, a coordenada y_G é suficiente para determinar o CG, pois $x_G = 0$.

$$y_G = \frac{A_1 y_1 A_2 y_2 + A_3 y_3}{A_1 + A_2 + A_3} = \frac{24 \times 18,5 + 70 \times 10 + 45 \times 1,5}{24 + 70 + 45}$$

$$\boxed{Y_G = 8,71 \text{ cm}}$$

b) Momentos de inércia

$$J_x = J_{x1} + A_1 Y_1'^2 + J_{x2} + A_2 Y_2'^2 + J_{x3} + A_3 Y_3'^2$$

$$J_x = \frac{8 \times 3^3}{12} + 24 \times 9,79^2 + \frac{5 \times 14^3}{12} + 70 \times 1,29^2 + \frac{15 \times 3^3}{12} + 45 \times 7,21^2$$

$$\boxed{J_x \cong 5951 \text{ cm}^4}$$

Para determinar o J_y, os transportes de eixos são nulos, pois os eixos y das superfícies (1), (2) e (3) coicidem com o eixo do perfil.

Tem-se então que:

$$J_y = J_{y1} + J_{y2} + J_{y3} \qquad J_y = \frac{h_1 b_1^3}{12} + \frac{h_2 b_2^3}{12} + \frac{h_3 b_3^3}{12}$$

$$J_y = \frac{3 \times 8^3}{12} + \frac{14 \times 5^3}{12_3} + \frac{3 \times 15^3}{12} \qquad \boxed{J_y = 1117,6 \text{ cm}^3}$$

c) Momento polar de inércia

$$J_p = J_x + J_y \qquad J_p = 5951 + 1117,6$$

$$\boxed{J_p = 7068,5 \text{ cm}_4}$$

Ex.8 - Determinar o momento polar de inércia da superfície hachurada representada na figura.

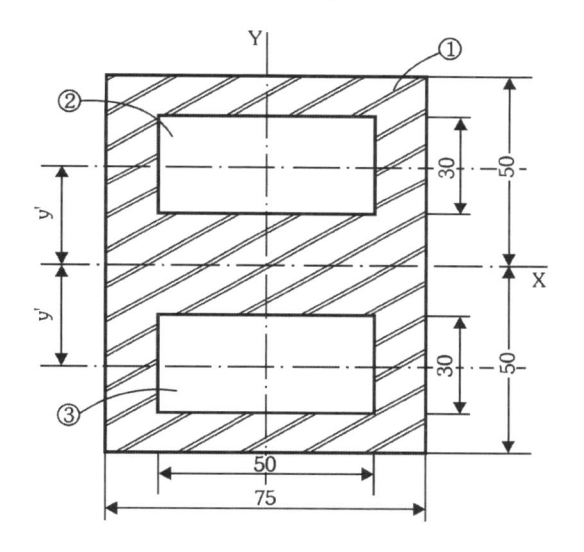

Solução

Transformando as unidades em [cm], temos:

a) Momento de inércia

Para determinar o momento de inércia da superfície hachurada, divide-se a figura em três áreas.

Considera-se como supefície (1) o retângulo de 100×75 [mm] e as superfícies (2) e (3) os retângulos 50×30 [mm].

Como as superfícies (2) e (3) são iguais e simétricas, os momentos também são iguais, portanto, $J_{x2} = J_{x3}$ e $J_{y2} = J_{y3}$.

Tem-se, então:

$$J_x = J_{x1} - 2\left(J_{x2} + A_2 y_2'^2\right)$$

$$J_x = \frac{7,5 \times 10^3}{12} - 2\left(\frac{5 \times 3^3}{12} + 15 \times 2,5^2\right)$$
$$\boxed{J_x = 415 \text{ cm}^4}$$

$$J_x = J_{y1} - 2J_{y2} \quad J_y = \frac{10 \times 7,5^3}{12} - \frac{2 \times 3 \times 5^2}{12}$$
$$\boxed{J_y = 289 \text{ cm}^4}$$

b) Momento polar de inércia

$$J_p = J_x + J_y \qquad J_p = 415 + 289 \qquad \boxed{J_p = 704 \text{ cm}^4}$$

Ex.9 - Determinar o momento polar de inércia do perfil representado na figura.

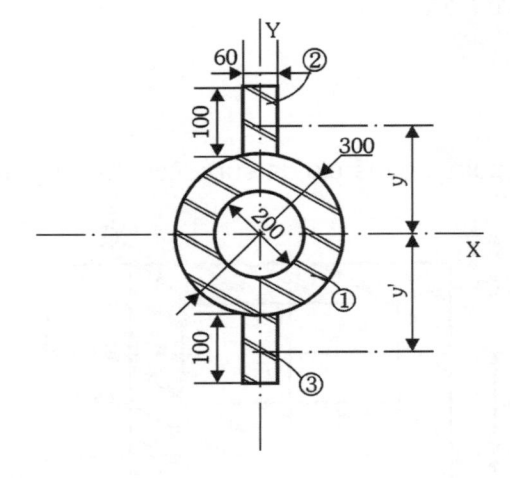

Solução

Tranformando as unidades em [cm], temos:

a) Momentos de inércia

Os eixos x e y são de simetria, portanto, a sua origem está no centro do tubo, figura 1.

Os momentos de inércia do perfil são determinados dividindo-se as superfícies em três áreas. A área (1) corresponde à coroa circular que identifica o tubo, e as áreas (2) e (3) correspondem a tiras de chapas de 60×100 [mm] soldadas na superfície do tubo. Os cordões de solda são considerados desprezíveis para determinar o momento de inércia do perfil. As áreas (2) e (3) são iguais e simétricas aos eixos, portanto os momentos de inércia das duas chapas em relação aos dois eixos são iguais.

Teremos então:

$$J_x = J_{x1} + 2\left(J_{x2} + A_2 y_2'^2\right)$$

$$J_x = \frac{\pi}{64}\left(30^4 - 20^4\right) + 2\left(\frac{6 \times 10^3}{12} + 60 \times 20^2\right)$$

$J_x = 31907 + 49000$ $\boxed{J_x = 80907 \text{ cm}^4}$

$J_y = J_{y1} + 2J_{y2}$ como $J_{y1} = J_{x1} = 31907 \text{ cm}^4$

$$J_y = 31907 + \frac{2 \times 10 \times 6^3}{12}$$

$\boxed{J_y = 32267 \text{ cm}^4}$

b) Momento polar de Inércia

$J_p = J_x + J_y = 80907 + 32267$

$\boxed{J_p = 113174 \text{ cm}^4}$

Ex.10 - Determinar o momento polar de inércia do perfil composto representado na figura.

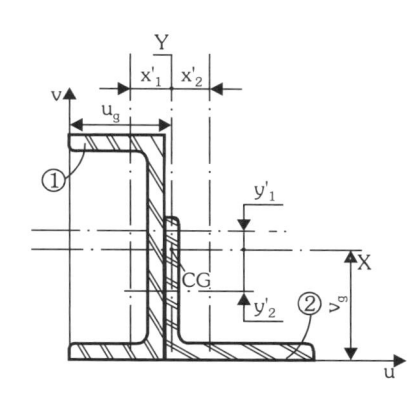

Viga U 6" × 2"

$J_x = 546 \text{ cm}^4$

$J_y = 29 \text{ cm}^4$

$A = 15,5 \text{ cm}^2$

Cantoneira 4"×4"

$J_x = J_y = 183 \text{ cm}^4$

$A = 18,45 \text{ cm}^2$

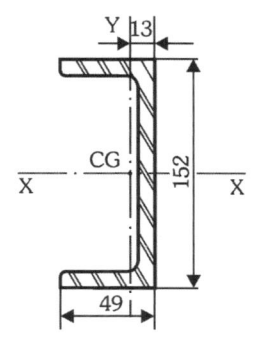

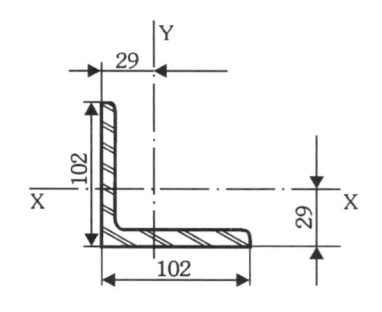

Solução

Transformando as unidades em [cm], tem-se que:

a) Centro de gravidade

Denominam-se a superfície de viga U como (1) e a superfície da cantoneira como (2).

$$V_G = \frac{A_1v_1 + A_2v_2 +}{A_1 + A_2} = \frac{15,5 \times 7,6 + 18,45 \times 2,9}{15,5 + 18,45} \qquad \boxed{V_G = 5,04 \text{ cm}}$$

$$U_G = \frac{A_1u_1 + A_2u_2 +}{A_1 + A_2} = \frac{15,5 \times 3,6 + 18,45 \times 7,8}{15,5 + 18,45} \qquad \boxed{U_G = 5,88 \text{ cm}}$$

b) Momento de inércia (baricêntricos)

$$J_x = J_{x1} + A_1y_1'^2 + J_{x2} + A_2y_2'^2$$

$$J_x = 546 + 15,5(7,6 - 5,04)^2 + 183 + 18,45(5,04 - 2,29)^2$$

$$\boxed{J_x = 970,1 \text{ cm}^4}$$

$$J_y = J_{y1} + A_1y_1'^2 + J_{y2} + A_2y_2'^2$$

$$J_y = 29 + 15,5 (5,88 - 3,6)^2 + 183 + 18,45(7,8 - 5,88)^2$$

$$\boxed{J_y = 360,6 \text{ cm}^4}$$

c) Momento polar de inércia

$$J_p = J_x + J_y \qquad\qquad J_p = 970,1 + 360,6 \qquad\qquad J_p = 1324,1 \text{ cm}^4$$

Ex.11 - Determinar os momentos principais de inércia e os ângulos que os seus eixos formam com x no perfil representado a seguir.

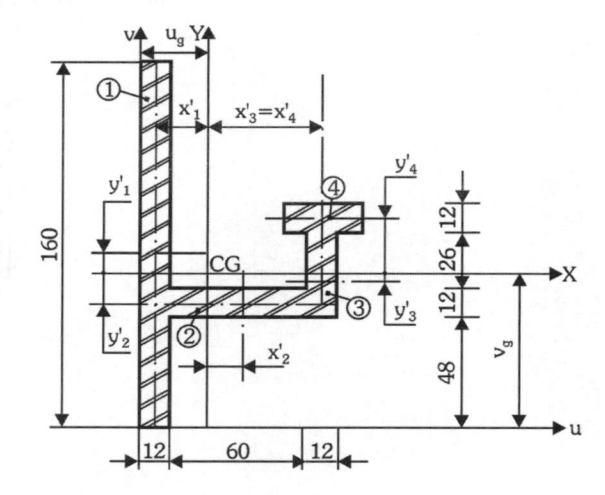

Solução

Transformando as unidades em (cm), tem-se que:

a) Centro de gravidade

$$U_G = \frac{A_1 u_1 + A_2 u_2 + A_3 u_3 + A_4 u_4}{A_1 + A_2 + A_3 + A_4}$$

$$U_G = \frac{19,2 \times 0,6 + 7,2 \times 4,2 + 4,56 \times 7,8 + 3,84 \times 7,8}{19,2 + 7,2 + 4,56 + 3,84} \qquad \boxed{U_G = 3,08 \text{ cm}}$$

$$V_G = \frac{A_1 v_1 + A_2 v_2 + A_3 v_3 + A_4 v_4}{A_1 + A_2 + A_3 + A_4}$$

$$V_G = \frac{19,2 \times 0,6 + 7,2 \times 5,4 + 4,5 \times 6,7 + 3,84 \times 9,2}{34,8} \qquad \boxed{V_G = 7,43 \text{ cm}}$$

b) Momentos de inércia

$$J_x = J_{x1} + A_1 y_1'^2 + J_{x2} + A_2 y_2'^2 + J_{x3} + A_3 y_3'^2 + J_{y4} + A_4 y_4'^2$$

$$J_x = \frac{1,2 \times 16^3}{12} + 19,2 \times 0,57^2 + \frac{6 \times 1,2^3}{12} + 7,2 \times 2,03^3 + \frac{1,2 \times 3,8^3}{12} +$$

$$+ 4,56 \times 0,73^2 + \frac{3,2 \times 1,2^3}{12} + 3,84 \times 1,57^2$$

$$\boxed{J_x = 466,78 \text{ cm}^4}$$

$$J_y = J_{y1} + A_1 x_1'^2 + J_{y2} + A_2 x_2'^2 + J_{y3} + A_3 x_3'^2 + J_{y4} + A_4 x_4'^2$$

$$J_y = \frac{16 \times 1,2^3}{12} + 19,2 \times 2,48^2 + \frac{1,2 \times 6^3}{12} + 7,2 \times 1,12^2 + \frac{3,8 \times 1,2^3}{12}$$

$$+ 4,56 \times 4,72^2 + \frac{1,2 \times 3,2^3}{12} + 3,84 \times 4,72^2$$

$$\boxed{J_y = 341,98 \text{ cm}^4}$$

c) Produto de inércia

$$J_{xy} = J_{xy1} + A_1 x_1' y_1' + J_{xy2} + A_2 x_2' y_2' + J_{xy3} + A_3 x_3' y_3' + J_{xy4} + A_4 x_4' y_4'$$

As quatro superfícies são retangulares, possuindo, portanto, eixos de simetria, de que se conclui que os seus produtos de inércia são nulos.

Teremos então:

$J_{xy1} = J_{xy2} = J_{xy3} = J_{xy4} = 0$

logo

$J_{xy} = A_1 x'_1 y'_1 + A_2 x'_2 y'_2 + A_3 x'_3 y'_{3+} A_4 x'_4 y'_4$

$J_{xy} = 19,2(-2,48)(0,57) + 7,2(1,12)(-2,03) + 4,56(4,72)(-0,73) + 3,84(2,72)(1,77)$

$\boxed{J_{xy} = -27,15 \text{ cm}^4}$

d) Momentos principais de inércia

$$J_{máx} = 0,5\left(J_x J_y\right) + 0,5\sqrt{\left(J_x - J_y\right)^2 + 4J_{xy}^2}$$

$$J_{máx} = 0,5(466,78 + 341,98) + 0,5\sqrt{(466,78 + 341,98)^2 + 4(-27,15)^2}$$

$J_{máx} = 472,43 \text{ cm}^4$

$$J_{mín} = 0,5(J_x + J_y) - 0,5\sqrt{(J_x - J_y)^2 + 4J_{xy}^2}$$

$$J_{mín} = 0,5(466,78 + 341,98) - 0,5\sqrt{(466,78 + 341,98)^2 + 4(-27,15)^2}$$

$J_{mín} = 336,33 \text{ cm}^4$

e) Ângulos que os eixos principais formam com x

$$tg\alpha_{máx} = \frac{J_x - J_{máx}}{J_{xy}} = \frac{466,78 - 472,43}{-27,15} = 0,208$$

$\alpha_{máx} = 11°45'$

Como $\alpha_{mín} = \alpha_{máx} - 90°$, temos que:

$\alpha_{mín} = 11°45' - 90°$

$\alpha_{mín} = -78°15'$

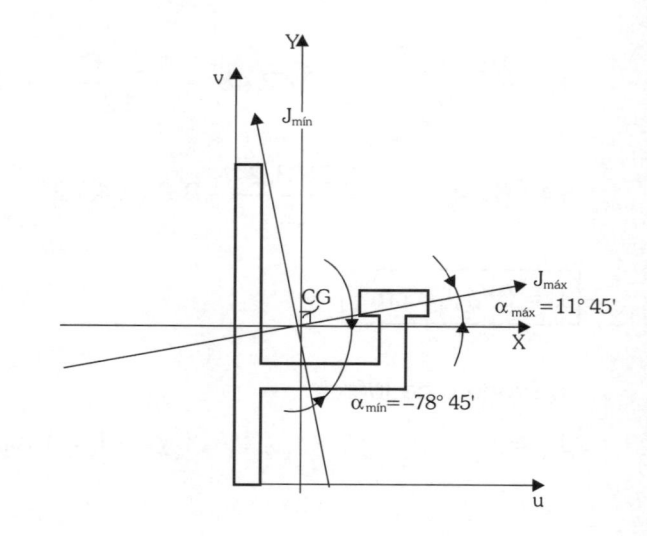

Força Cortante Q e Momento Fletor M

10.1 Convenção de Sinais

10.1.1 Força Cortante Q

A força cortante será positiva quando provocar na peça momento fletor positivo.

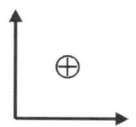

Vigas Verticais

Convenciona-se cortante positiva aquela que atua à esquerda da secção transversal estudada, de baixo para cima.

Vigas Horizontais

Convenciona-se cortante positiva aquela que atua à esquerda da secção estudada, com o sentido dirigido da esquerda para a direita.

10.1.2 Momento Fletor M

Momento Positivo

O momento fletor é considerado positivo quando as cargas cortantes atuantes na peça tracionam as suas fibras inferiores.

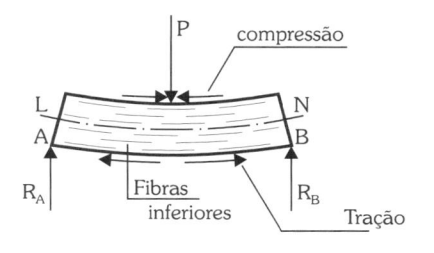

Momento Negativo

O momento fletor é considerado negativo quando as forças cortantes atuantes na peça comprimirem as suas fibras inferiores.

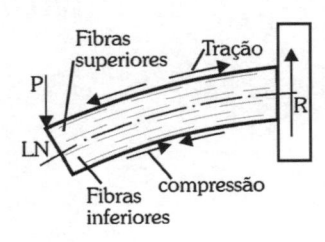

O momento fletor é definido através da integral da cortante que atua na secção transversal estudada.

Portanto, tem-se que

$$M = \int Q dx \quad Q = \frac{dM}{dx}$$

Para facilitar a orientação, convenciona-se o momento horário à esquerda da secção transversal estudada como positivo.

10.2 Força Cortante Q

Obtém-se a força cortante atuante em uma determinada secção transversal da peça através da resultante das forças cortantes atuantes à esquerda da secção transversal estudada.

Exemplos:

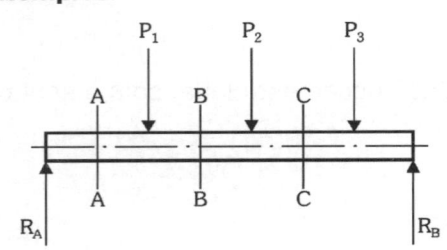

secção AA $Q = R_A$

secção BB $Q = R_A - P_1$

secção CC $Q = R_A - P_1 - P_2$

10.3 Momento Fletor M

O momento fletor atuante em uma determinada secção transversal da peça é obtido através da resultante dos momentos atuantes à esquerda da secção estudada.

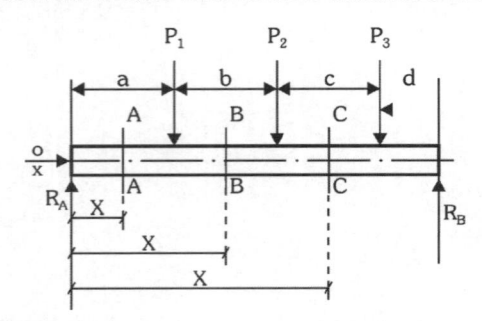

secção AA $M = R_A \cdot X$

secção BB $M = R_A \cdot X - P_1(x - a)$

secção CC $M = R_A \cdot X - P_1(x - a) - P_2\,[x - (a + b)]$

Observação: O símbolo $\overset{0}{\underset{x}{\to}}$ significa origem da variável "x".

Ex.1 - Determinar as expressões de força cortante (Q) e momento fletor (M), e construir os respectivos diagramas na viga em balanço solicitada pela carga concentrada P atuante na extremidade livre, conforme mostra a figura.

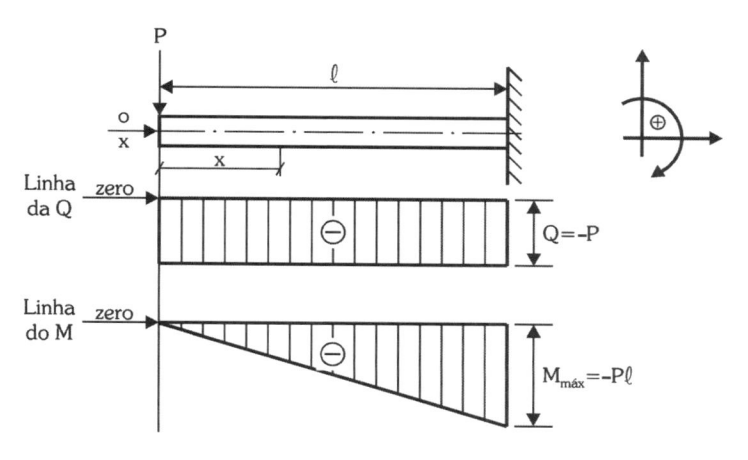

Solução

a) Através da variável x estudam-se todas as secções transversais da viga, da extremidade livre ao engastamento.

O momento fletor máximo ocorre no engastamento, ou seja, para o maior valor de x.

b) Expressões de Q e M

$O < x < \ell$

$Q = -P$

$M = -P \cdot x$

$X = O \rightarrow M = 0$

$x = \ell \rightarrow M = -P\ell$

c) Construção dos diagramas

A equação da Q é uma constante negativa, portanto o diagrama será um segmento de reta paralela à linha zero da Q. A distância entre a linha zero da Q e a linha limite inferior do diagrama representa a intensidade da carga P.

A equação do M é do 1º grau com a < O, portanto a sua representação será uma reta decrescente que parte da linha zero do M até o valor que represente $M_{máx}$.

Ex.2 - Determinar as expressões de Q e M e construir os respectivos diagramas na viga biapoiada, solicitada pela ação da carga concentrada P, conforme mostra a figura.

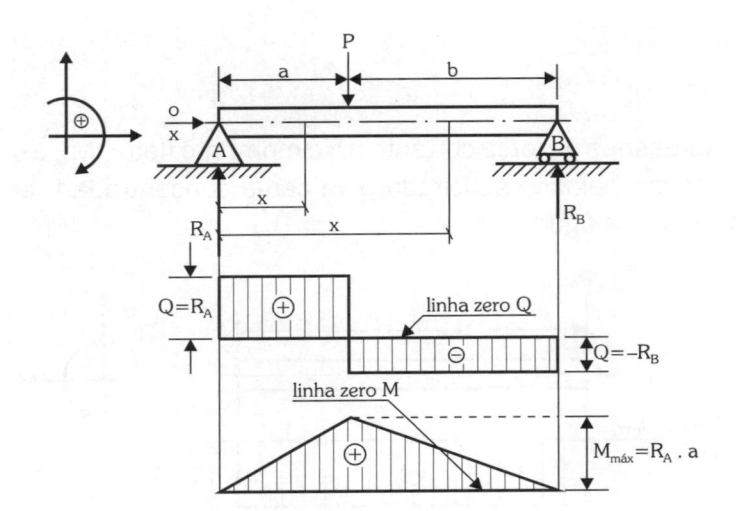

Solução

a) Determinam-se as reações nos apoios através da ΣM = 0 em relação a dois pontos da viga. Os pontos considerados ideais para o caso são A e B.

$\Sigma M_A = 0$	$\Sigma M_B = 0$
$R_B - (a + b) = Pa$	$R_A - (a + b) = P \cdot b$

$$R_B = \frac{Pa}{a+b}$$

$$R_a = \frac{P \cdot b}{a+b}$$

b) Expressões de Q e M

$0 < x < a$

$Q = R_A$

$M = R_A \cdot x$

$x = 0 \rightarrow M = 0$

$x = a \rightarrow M = R_A \cdot a$

$a < x < a + b$

$Q = R_A - P = -R_B$

$M = R_A \cdot x - P(x - a)$

$x = a + b \quad M = 0$

c) Construção dos diagramas

C_1 - Diagrama da cortante (Q)

Com origem na linha zero da Q, traça-se o segmento de reta vertical que representa R_A. No trecho $0 < x < a$ a $Q = R_A$, portanto, uma constante representada pelo segmento de reta paralelo à linha zero. No ponto de aplicação da carga P, traça-se o segmento de reta vertical que corresponde à intensidade da carga P. Como $P = R_A + R_B$, conclui-se que o valor da Q que ultrapassa a linha zero é $-R_B$, que corresponde a Q que atua no trecho $a < x < a + b$; portanto, novamente tem-se uma paralela à linha zero.

Ao atingir o apoio B, a $Q = -R_B$, como a reação é positiva, traça-se o segmento de reta que sobe e zera o gráfico. Portanto, o gráfico sai da linha zero e retorna à linha zero.

C_2 - Diagrama do momento (M)

Com origem na linha zero do M, traça-se o segmento de reta que une o momento zero em x = 0 até o M = R$_A$ · a em x = a. Observe que a equação do momento no trecho é do 1º grau, portanto tem como gráfico um segmento de reta. Analogamente ao trecho a < xa + b usa-se um outro segmento de reda unindo os pontos. x = 1 → M = R$_A$ · a até x = a + b → M = 0.

Ex.3 - Determinar as expressões de Q e M e construir os respectivos diagramas na viga biapoiada solicitada pela ação da carga distribuída de intensidade q conforme mostra a figura.

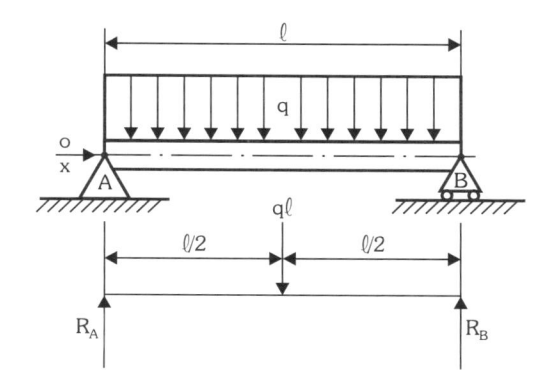

Solução

a) A primeira providência para solucionar este exercício é determinar as reações de apoio. Através do equilíbrio dos momentos em relação aos pontos A e B, conclui-se que:

$$R_A = R_B = \frac{q\ell}{2}$$

b) Expressão de Q e M

$0 < x < \ell$

$Q = RA - qx$

$x = 0 \rightarrow Q = R_A$

$x = \ell \rightarrow Q = -R_B$

Observa-se que a Q passa de positiva a negativa. No ponto em que a Q = 0, o M será máximo, pois a equação da Q corresponde à primeira derivada da equação do momento, que igualada a zero, fornece o ponto máximo da curva do momento.

$$Q = 0 \rightarrow qx = R_A = \frac{q\ell}{2}$$

De que $\boxed{x = \dfrac{\ell}{2}}$ neste ponto a

Q = 0 e o M é máximo.

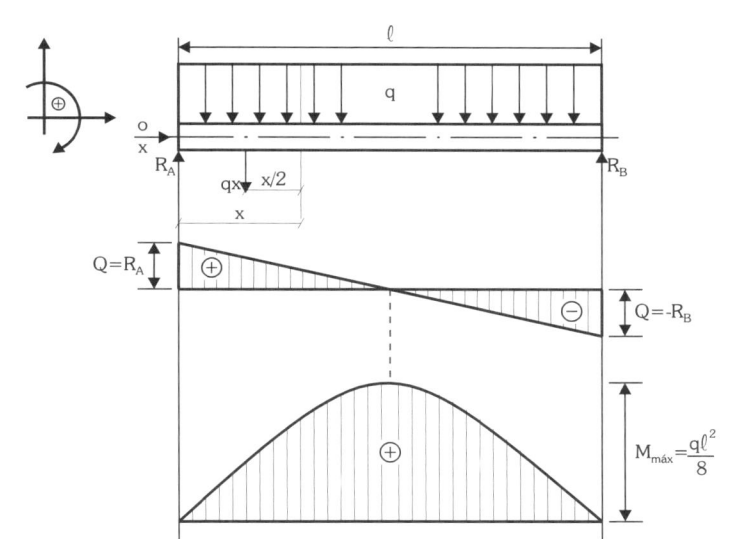

$$M = R_{A \cdot X} - qx \cdot \frac{x}{2}$$

$$x = \frac{\ell}{2} \rightarrow M = \frac{q \cdot \ell}{2} \cdot \frac{\ell}{2} - q\frac{\ell}{2} \cdot \frac{\ell}{4}$$

$$x = 0 \rightarrow M = 0$$

$$x = \ell \rightarrow M = \frac{q \cdot \ell}{2} \cdot \ell - q\ell\frac{\ell}{2}$$

$$\boxed{M_{máx} = \frac{q \cdot \ell^2}{8}}$$

$$M = 0$$

c) Construção dos diagramas

c.1) Diagrama da Q

A partir da linha zero da Q traça-se o segmento de reta vertical correspondente à intensidade de R_A. A equação da Q no trecho é do 1º grau com a < 0, portanto o gráfico corresponde a uma reta decrescente com origem no apoio A até o apoio B. Em B, a cortante corresponde a $-R_B$; como a reação é positiva (para cima), ela sobe e zera o diagrama.

c.2) Diagrama de M

A equação do momento corresponde a uma equação do 2º grau com a < 0, portanto uma parábola de concavidade para baixo.

A parábola parte do apoio A com M = 0, atinge o máximo em $\ell/2$ e retorna a zero no apoio B.

Ex.4 - Determinar as expressões de Q e M e construir os respectivos diagramas na viga em balanço solicitada pela carga distribuída representada na figura.

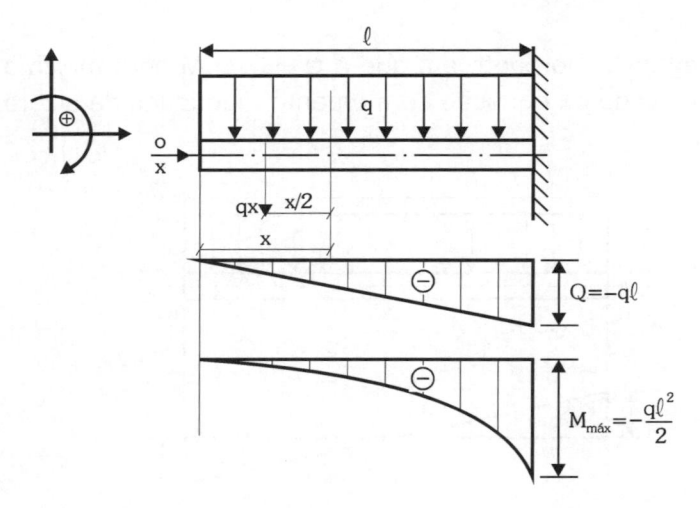

Solução

a) Expressões de Q e M

$$0 < x < \ell$$

$$Q = -qx$$

$$x = 0 \rightarrow Q = 0$$

$$x = \ell \to Q = -q\ell$$

$$M = -qx \cdot \frac{x}{2} = -\frac{qx^2}{2}$$

$$x = 0 \to M = 0$$

$$x = \ell \to M_{máx} = -\frac{q\ell^2}{2}$$

b) Construção dos diagramas

b.1) Diagrama da Q

A equação da Q na longitude da viga corresponde a uma equação do 1° grau com a < 0, portanto, uma reta decrescente que parte da linha zero na extremidade livre até $-q\ell$ no engastamento.

b.2) Diagrama do M

A equação do momento corresponde a uma equação do 2° grau, portanto a sua representação será parte de uma parábola, que sai de zero, na extremidade livre, e vai até ... $-\dfrac{q\ell^2}{2}$ no engastamento.

Ex.5 - A viga AB biapoiada suporta um carregamento que varia linearmente de zero a q, conforme mostra a figura. Determinar as expressões de Q e M e construir os respectivos diagramas.

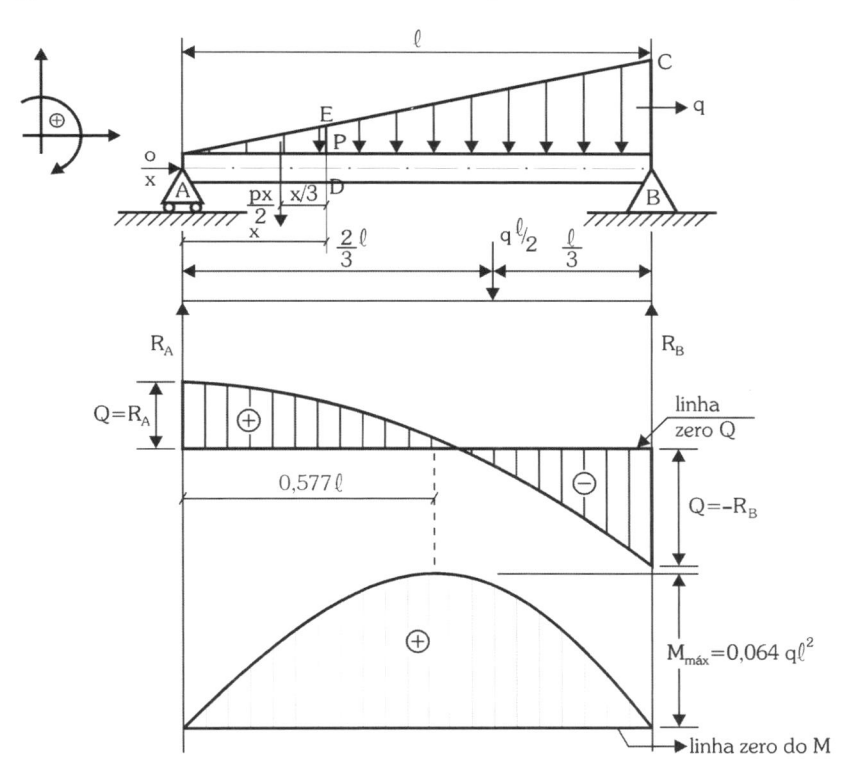

Solução

a) Reações RA e RB

A resolução deste exercício requer que sejam determinadas as reações nos apoios, através do equilíbrio dos momentos nos pontos A e B.

$$\Sigma M_A = 0 \qquad\qquad\qquad \Sigma M_B = 0$$

$$R_B \cancel{\ell} = \frac{q\ell}{\cancel{2}} \cdot \frac{\cancel{2}}{3} \cancel{\ell} \qquad\qquad R_A \cancel{\ell} = \frac{q\ell}{2} \cdot \frac{\cancel{\ell}}{3}$$

$$\boxed{R_B = \frac{q\ell}{3}} \qquad\qquad\qquad \boxed{R_A = \frac{q\ell}{6}}$$

b) Expressões de Q e M

Para determinar as expressões de Q e M, utiliza-se x variando de zero a ℓ com o objetivo de estudar o esforço atuante em cada secção transversal da peça; desta forma, montam-se genericamente as expressões através de um intervalo x qualquer (ver figura), e uma carga auxiliar p, que vai variar em função de x.

A relação entre as cargas p e q é obtida em função da semelhança dos triângulos.

$\triangle ABC \sim \triangle ADE$

Tem-se então que:

$$\frac{p}{q} = \frac{x}{\ell} \quad \Rightarrow \quad \boxed{p = \frac{qx}{\ell}}$$

b.1) Expressão de Q

$$Q = R_A - \frac{px}{2} = \frac{q\ell}{6} - \frac{qx}{\ell} \cdot \frac{x}{2}$$

$$Q = \frac{q\ell}{6} - \frac{qx^2}{2\ell} = q\left(\frac{\ell}{6} - \frac{x^2}{2\ell}\right)$$

$$x = 0 \rightarrow Q = R_A = \frac{q\ell}{6}$$

$$x = \ell \rightarrow Q = q\left(\frac{\ell}{6} - \frac{\ell^2}{2\ell}\right) = q\left(\frac{\ell}{6} - \frac{\ell}{2}\right)$$

$$Q = q\left(\frac{\ell - 3\ell}{6}\right) = -\frac{q\ell}{3}$$

$$Q = -R_B$$

A cortante passa de positiva para negativa, interceptando a linha zero.

Analogamente ao exercício 3, o momento fletor será máximo no ponto em que a Q = 0.

$$Q = Q \rightarrow \frac{qx^2}{2\ell} = \frac{q\ell}{6}$$

$$x^2 = \frac{2\ell^2}{6} = \frac{\ell^2}{3} \Rightarrow x = \frac{\ell}{\sqrt{3}} = \frac{\ell\sqrt{3}}{3}$$

$\boxed{x = 0,577\ell}$ ponto de Q = 0 e $M_{máx}$

b.2) Expressão de M

$$M = R_A \cdot x - \frac{px}{2} \cdot \frac{x}{3}$$

como $p = \dfrac{qx}{\ell}$ tem-se que:

$$M = R_A \cdot x - \frac{qx}{\ell} \cdot \frac{x}{2} \cdot \frac{x}{3} \qquad \boxed{M = R_A \cdot x - \frac{qx^3}{6\ell}}$$

O momento fletor é máximo em $0,577\ell$, resultando em:

$$M_{máx} = \frac{q\ell}{6}(0,577\ell) - q\frac{(0,577\ell)^3}{6\ell}$$

desenvolvendo a expressão, tem-se que:

$$M_{máx} \cong 0,064\, q\ell^2$$

c) Construção dos diagramas

c.1) Diagrama da Q

Para x = 0 a cortante é a própria reação R_A, sendo representada pelo segmento de reta vertical, que parte da linha zero até o ponto que represente proporcionalmente a intensidade de carga. A equação da Q é do 2º grau, portanto a sua representação corresponde a uma parábola, que parte de R_A no apoio A, intercepta a linha zero em $0,577\ell$ e atinge o ponto B com o valor de $-R_B$. A reação R_B é positiva (para cima), portanto a sua representação é um segmento de reta vertical que parte de $-R_B$ até a linha zero.

c.2) Diagrama de M

A equação do momento é do 3º grau, portanto descreve uma curva do 3º grau que sai da linha zero no apoio A, atinge o máximo em $0,577\ell$ e volta à linha zero no apoio B.

Ex.6 - A viga AB em balanço suporta o carregamento distribuído que varia linearmente de zero a "q", conforme mostra a figura. Determinar as expressões de Q e M e construir os respectivos diagramas.

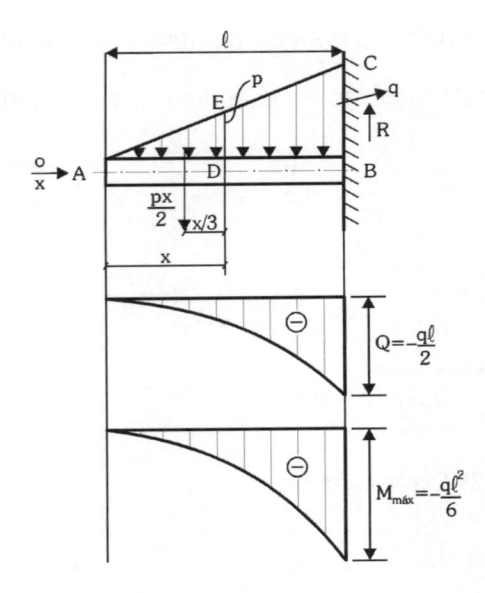

Solução

Analogamente ao exercício anterior, determina-se a relação entre as cargas p e q através da semelhança de triângulos

$\Delta\ ABC \sim \Delta\ ADE$

$$\frac{p}{q} = \frac{x}{\ell} \Rightarrow p = \frac{qx}{\ell}$$

a) Expressões de Q e M

a.1) Expressão de Q

$$Q = -\frac{px}{2} = -\frac{qx}{\ell} \cdot \frac{x}{2} = -\frac{qx^2}{2\ell}$$

$$x = 0 \rightarrow Q = 0$$

$$x = \ell \rightarrow Q = -\frac{q\ell^2}{2\ell} = -\frac{q\ell}{2}$$

a.2) Expressão de M

$$M = -\frac{px}{2} \cdot \frac{x}{3} = -\frac{qx}{\ell} \cdot \frac{x}{2} \cdot \frac{x}{3} \qquad \boxed{M = -\frac{qx^3}{6\ell}}$$

$$x = 0 \rightarrow M = 0$$

$$x = \ell \rightarrow M = -\frac{q\ell^3}{6\ell} = -\frac{q\ell^2}{6} \Rightarrow \boxed{M_{máx} = \frac{-q\ell^2}{6}}$$

b) Construção dos diagramas

b.1) Diagrama da Q

A equação da cortante é do 2° grau (equação geral), portanto o seu diagrama corresponde a um segmento de parábola que parte da linha zero na extremidade livre e atinge o seu valor máximo no engastamento com $-\dfrac{q\ell}{2}$.

b.2) Diagrama de M

A equação do M é do 3° grau, portanto o seu diagrama corresponde a uma curva do 3° grau que parte de zero na extremidade livre e atinge o máximo no engastamento com $-\dfrac{q\ell^2}{6}$.

Ex.7 - A viga AB biapoiada submete-se à ação do torque (T), conforme mostra a figura. Determinar as expressões de Q e M e construir os respectivos diagramas.

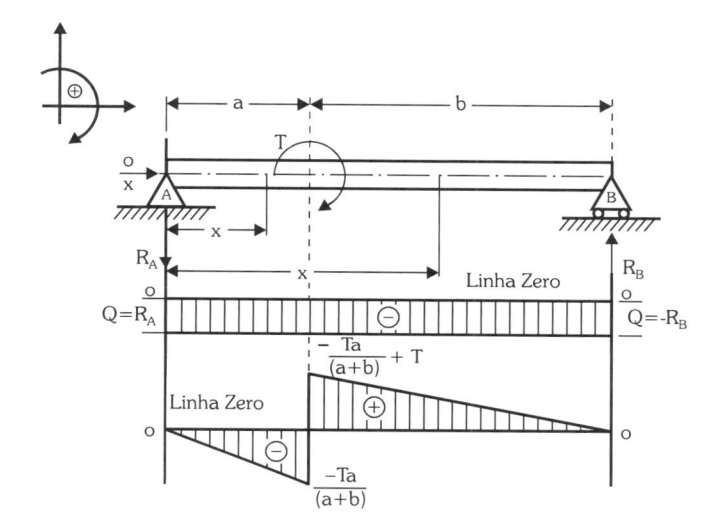

Solução

a) Reações nos apoios A e B

$\Sigma M_A = 0$ $\qquad\qquad\qquad \Sigma M_B = 0$

$R_B(a+b) = T \qquad\qquad R_A(a+b) = T$

$R_B = \dfrac{T}{(a+b)} \qquad\qquad R_A = \dfrac{T}{(a+b)}$

b) Expressões de Q e M

$0 < x < a$

Como R_A tem sentido para baixo, segundo a convenção negativa, portanto:

$Q = -R_A = -\dfrac{T}{(a+b)}$

O sentido de giro do momento originado pela carga R_A é anti-horário, portanto, negativo.

$M = -R_A \cdot x$

$x = 0 \rightarrow M = 0$

$x = a \rightarrow M = -R_A \cdot a$

Como $R_A = \dfrac{T}{(a+b)}$ tem-se que: $\boxed{M = -\dfrac{T \cdot a}{(a+b)}}$

$a < x < a + b$

$Q = -R_A = -\dfrac{T}{(a+b)}$

$M = -R_A \cdot x + T$

$x = a \rightarrow M = -R_A \cdot a + T$

$x = (a+b) \rightarrow M = \dfrac{-T}{\cancel{(a+b)}} \cdot \cancel{(a+b)} + T = -T + T = 0$

$\boxed{M = 0}$

c) Construção dos diagramas

c.1) Diagrama do Q

A equação do cortante é uma constante em todo o comprimento da viga, portanto, a sua representação será uma paralela à linha zero.

c.2) Diagrama M

No intervalo $0 < x < a$, a equação do M é do 1º grau com $a < 0$, portanto, a sua representação é uma reta decrescente que sai da linha zero e atinge $\dfrac{-Ta}{(a+b)} + T$ no limite em a. Em $x = a$, atua o torque de intensidade T, que é representado no diagrama pelo segmento de reta vertical que parte de $\dfrac{-Ta}{(a+b)}$ até $\dfrac{-Ta}{(a+b)} + T$.

No intervalo de a $x < a + b$, a equação é do 1º grau com $a < 0$, portanto, uma reta decrescente que parte de $\dfrac{-Ta}{(a+b)} + T$ até a linha zero.

Ex.8 - Determinar as expressões de Q e M e construir os respectivos diagramas na viga biapoiada solicitada pelas cargas concentradas representadas na figura.

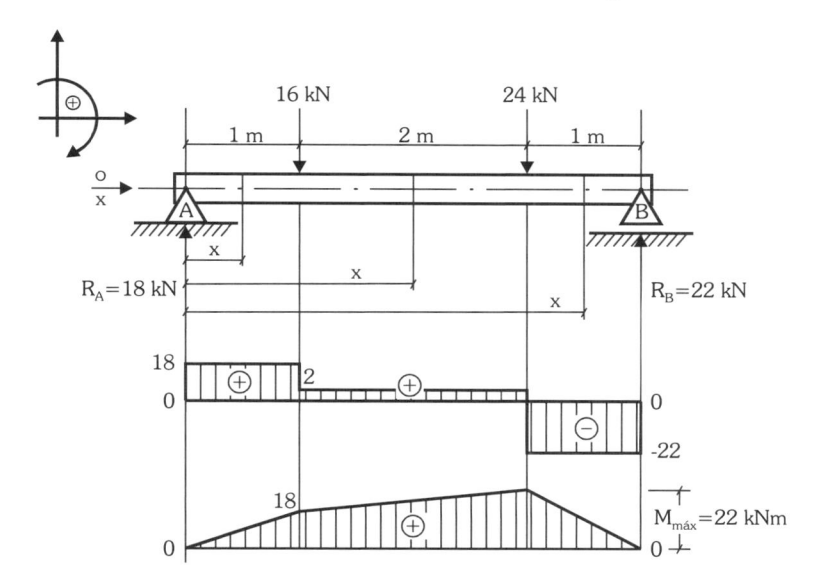

Solução

1. Reações de apoio

$\Sigma M_A = 0$

$4R_B = 24 \times 3 + 16 \times 1$

$\boxed{R_b = 22 \text{ kN}}$

$\Sigma F_V = 0$

$RA + RB = 16 + 24$

$\boxed{R_A = 18 \text{ kN}}$

2. Expressões de Q e M

$0 < x < 1$

$Q = R_A = 18 \text{ kN}$

$M = R_A \cdot X$

$x = 0 \rightarrow M = 0$

$x = 1 \rightarrow M = 18 \text{ kNm}$

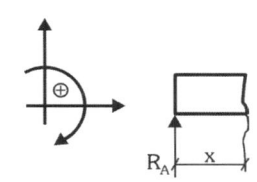

$1 < x < 3$

$Q = R_A - 16 = 2 \text{ kN}$

$M = R_A\, x - 16\, (x-1)$

$x = 3 \rightarrow M = 22 \text{ kNm}$

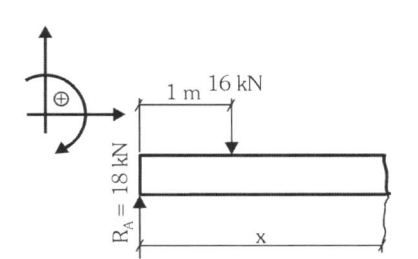

$3 < x < 4$

$Q = R_A - 16 - 24 = -22$ kN

$M = R_A x - 16 (x-1) - 24(x-3)$

$x = 4 \rightarrow M = 0$

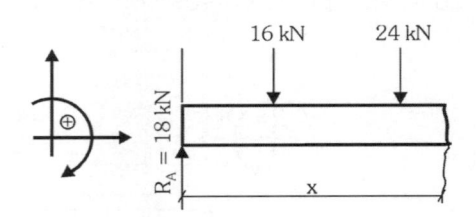

Ex.9 - Determinar as expressões de Q e M e construir os respectivos diagramas na viga engastada solicitada pelas cargas concentradas, representadas na figura.

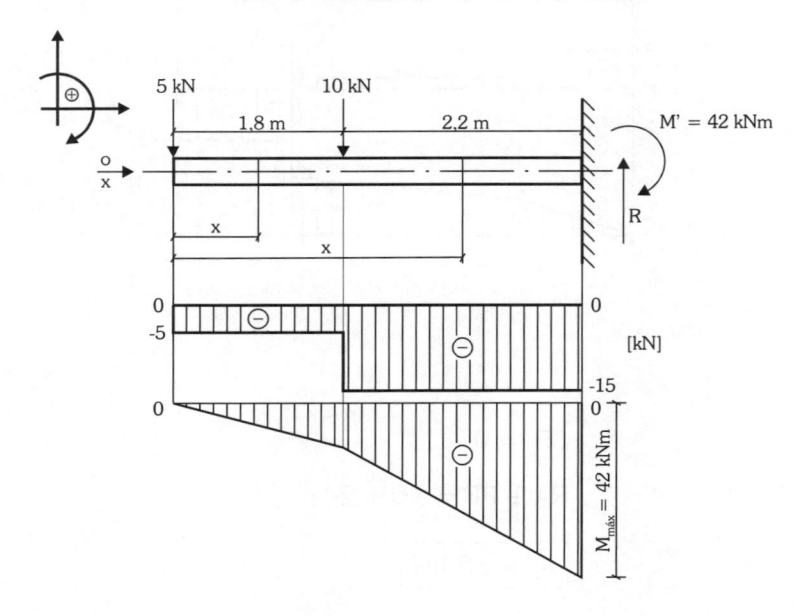

1. Expressões de Q e M

$0 < x < 1,8$

$Q = -5$ kN

$M = -5X$

$x = 0 \rightarrow M = 0$

$x = 1,8 \rightarrow M = -9$ kNm

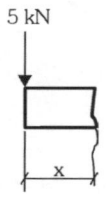

A reação "R" no engastamento é determinada por:

$1,8 < x < 4,0$

$Q = -5 -10 = -15$ kN

$M = -5x - 10 (x-1,8)$

$X = 4 \rightarrow M_{máx} = -42$ kNm

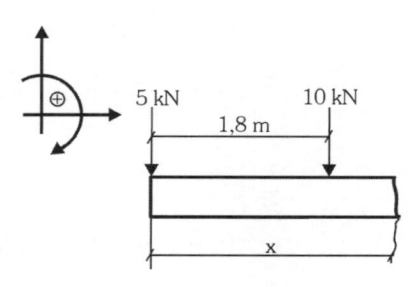

O contramomento M' possui mesma intensidade e sentido contrário a $M_{máx}$, portanto, M' = 42 kNm.

Ex.10 - Determinar as expressões de Q e M e construir os respectivos diagramas na viga biapoiada carregada conforme a figura.

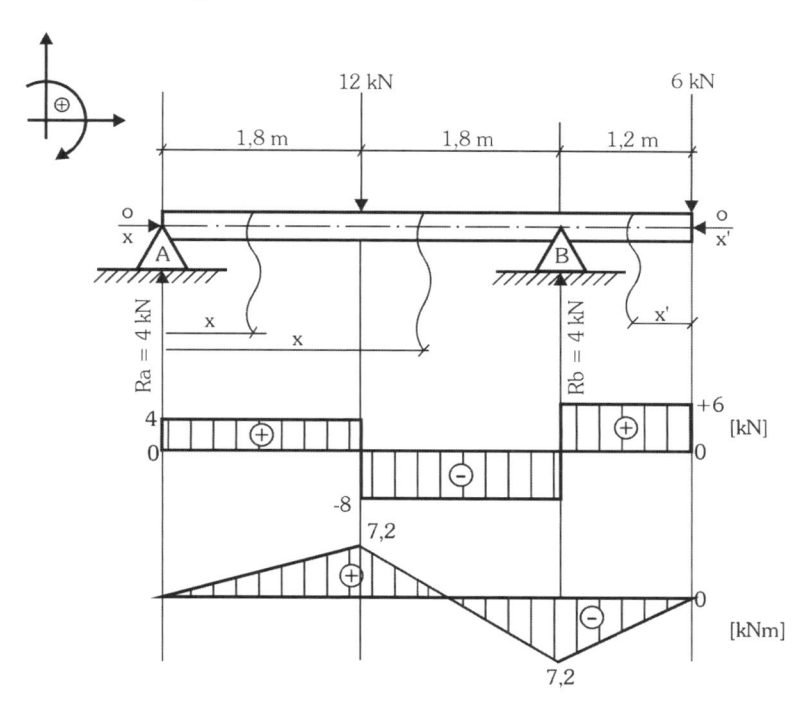

1. Reações de apoio

$\Sigma MA = 0$

$3,6\ R_B = 12 \times 1,8 + 6 \times 4,8$

$\boxed{R_B = 14\ kN}$

$\Sigma Fv = 0$

$R_A + R_B = 12 + 6$

$\boxed{R_A = 4\ kN}$

2. Expressões de Q e M

$0 < x < 1,8$

$Q = R_A = 4\ kN$

$M = R_a \cdot x$

$x = 0 \rightarrow M = 0$

$x = 1,8 \rightarrow M = 7,2\ kNm$

$1,8 < x < 3,6$

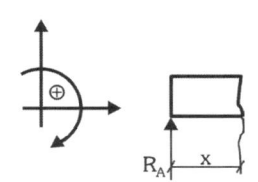

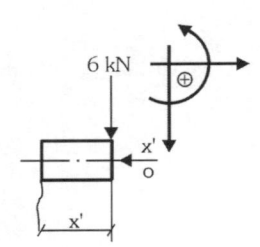

$$Q = R_A - 12 = -8 \text{ kN}$$

$$M = R_{Ax} - 12(x - 1,8)$$

$$x = 3,6 \rightarrow M = -7,2 \text{ kNm}$$

No último intervalo, com o objetivo de simplificar a resolução, utilizamos uma variável (x') da direita para esquerda.

Ao utilizar esse artifício, inverte-se a convenção de sinais.

$$0 < x < 1,2$$

$$Q = +6 \text{ kN}$$

$$M = -6x'$$

$$x' = 0 \rightarrow M = 0$$

$$x' = 1,2 \rightarrow M = -7,2 \text{ kNm}$$

Observação	Os dois momentos são máximos, porém possuem como diferença o sinal. $x = 1,8 \rightarrow M_{máx} = 7,2$ kNm (tração nas fibras inferiores) $x' = 1,2 \rightarrow M_{máx} = -7,2$ kNm (compressão nas fibras inferiores)

Ex.11 - Determinar as expressões de Q e M e construir os diagramas na viga engastada, dada na figura.

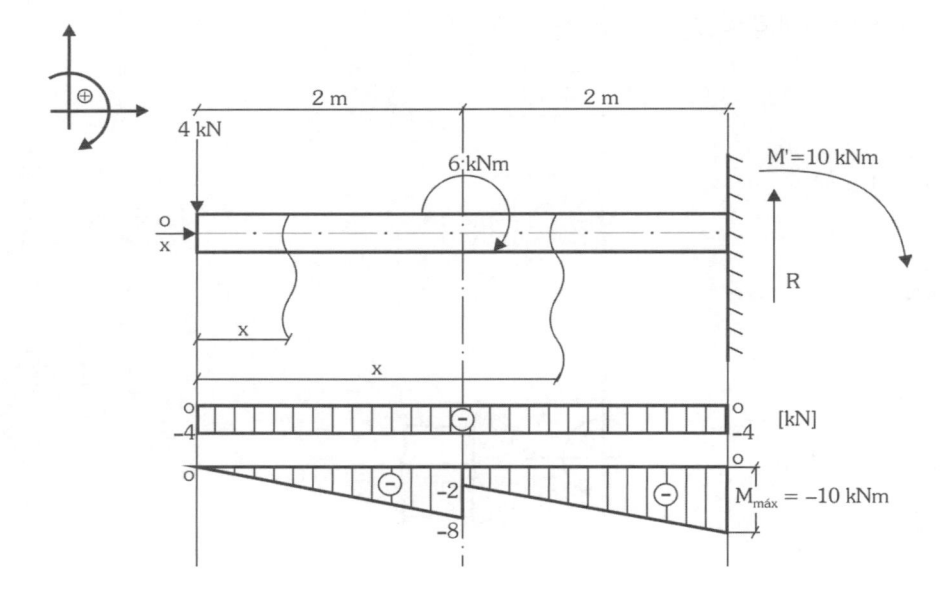

1. Expressões de Q e M

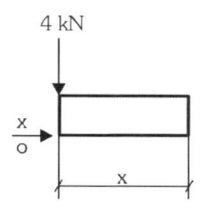

$0 < x < 2$

$Q = -4$ kN

$M = -4x$

$x = 0 \rightarrow M = 0$

$x = 2 \rightarrow M = -8$ kNm

$M' = 10$ kNm

$2 < x < 4$

$Q = -4$ kN

$M = -4x + 6$

$x = 2 \rightarrow M = -2$ kNm

$x = 4 \rightarrow M = -10$ kNm

O contramomento M' possui a mesma intensidade de M, porém o sentido é inverso, portanto:

Ex.12 - Determinar Q e M e construir os diagramas.

1. Reações de apoio

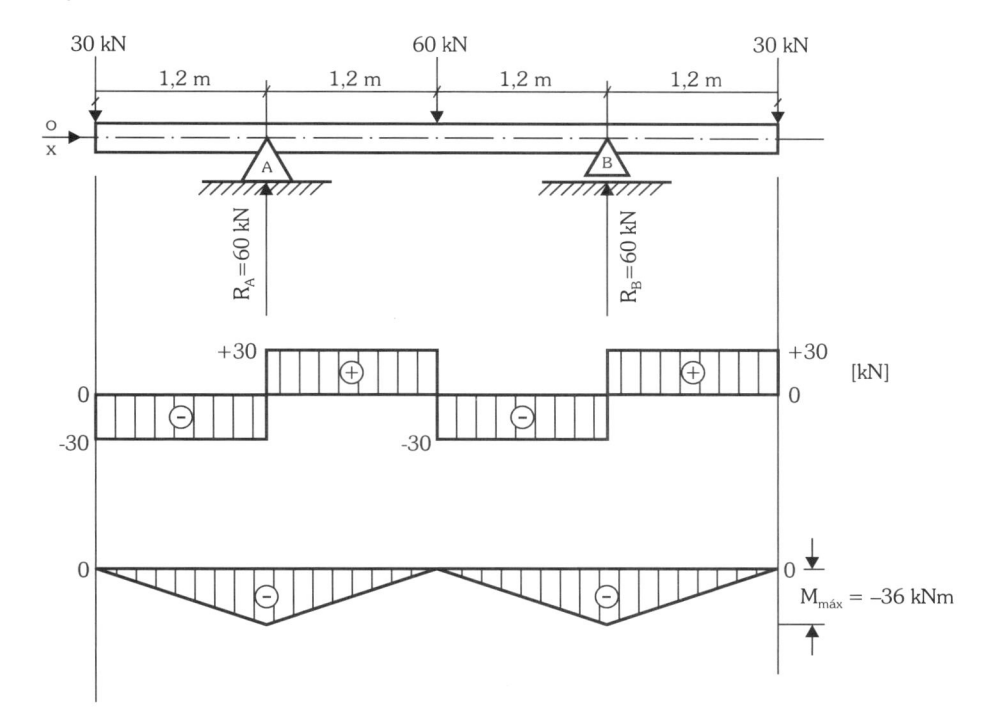

$\Sigma M_A = 0$

$2{,}4 R_B = 60 \times 1{,}2 + 30 \times 3{,}6 - 30 \times 1{,}2$

$R_B = 60$ kN

$\Sigma F_V = 0$

$R_A + R_B = 30 + 60 + 30$

$RA = 60$ kN

2. Expressões de Q e M

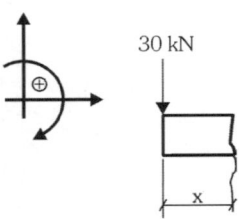

$0 < x < 1,2$

$Q = -30$ kN

$M = -30x$

$x = 0 \Rightarrow M = 0$

$x = 1,2 \Rightarrow M_{máx} = -36$ kNm

30 kN

1,2

$R_A = 60$ kN

$1,2 < x < 2,4$

$Q = -30 + 60 = 30$ kN

$M = -30x + 60\,(x - 1,2)$

$x = 2,4 \Rightarrow M = 0$

por simetria, tem-se que:

$x = 3,6 \Rightarrow M = -36$ kNm

Ex.13 - Determinar as expressões de Q e M e construir os respectivos diagramas na viga biapoiada carregada conforme a figura a seguir.

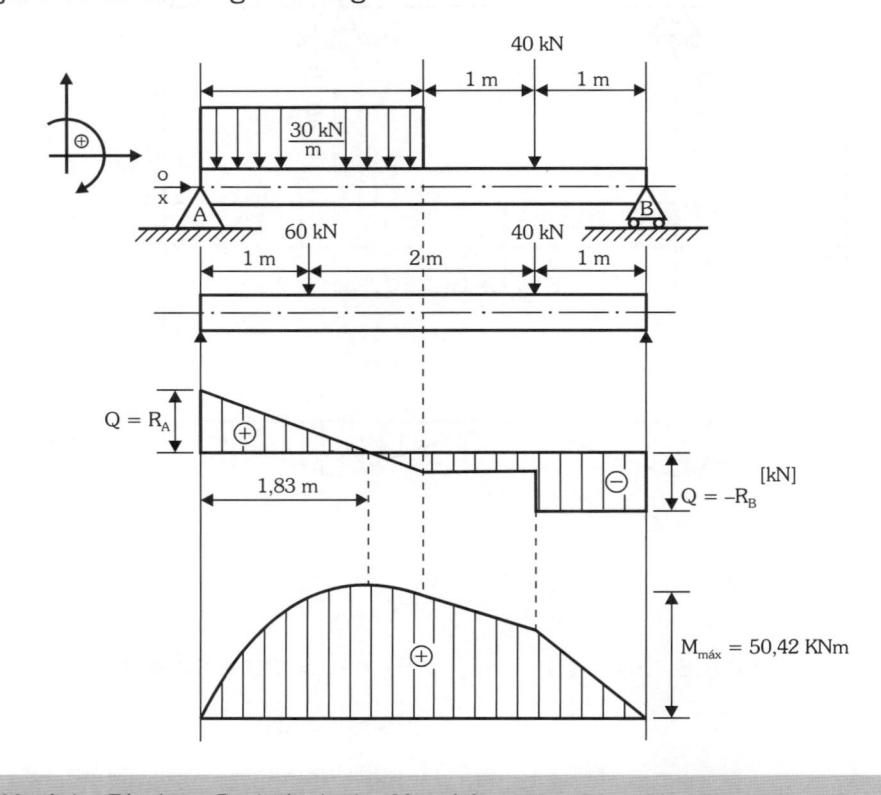

Solução

A concentrada da carga distribuída equivale a 60 kN e atua a uma distância de 1 m do apoio A no CG da carga.

a) Reações nos apoios A e B

$\Sigma M_A = 0$

$4R_B = 3 \times 40 + 60 \times 1$

$R_B = 45$ kN

$\Sigma F_y = 0$

$R_A + R_B = 60 + 40$

$R_A = 100 - 45$

$R_A = 55$ kN

b) Expressões de Q e M

$0 < x < 2$ $\qquad Q = R_A - 30x$

$x = 0 - Q = R_A = 55$ kN

$x = 2 - Q = 55 - 30 \times 2 = -5$ kN

Percebe-se que a cortante passa de positiva para negativa, portanto, no ponto em que cortar a linha zero, o momento será máximo no trecho.

$Q = 0 \rightarrow 30x = R_A$

$x = \dfrac{55}{30} = 1,83$ m

Neste ponto, a Q = 0 e o M é máximo.

$M = R_A \cdot x - 30 \cdot x \cdot \dfrac{x}{2}$

$x = 0 \rightarrow M = 0$

$x = 2 \rightarrow M = 55 \times 2 - 30 \cdot \dfrac{2^2}{2}$

$M = 50$ kNm

$x = 1,83 \rightarrow M = 55 \times 1,83 - \dfrac{30 \times 1,83^2}{2}$

$M = 50,42$ kNm

$2 < x < 3$

$Q = R_A - 60 = 55 - 60 - 5$ kN

$M = R_A \cdot x - 60\,(x - 1)$

$x = 3 \rightarrow M = 55 \times 3 - 60 \times 2 = 45$ kNm

$3 < x < 4$

$Q = R_A - 60 - 40 = -45 \text{ kN}$

$M = R_A \cdot x - 60(x - 1) - 40(x - 3)$

$x = 4 \rightarrow M = 55 \times 4 - 60 \times 3 - 40 \times 1 = 0$

c) Construção dos diagramas

c.1) Diagrama da Q

Para $x = 0$ a $Q = R_A$, a partir da linha zero traça-se um segmento de reta vertical que representa a intensidade de R_A.

A equação da Q no trecho é do 1º grau, com a < 0, portanto, o seu gráfico é representado por um segmento de reta decrescente que corta a linha zero em 1,83 m do apoio A, atingindo -5 kN em $x = 2$.

No trecho $2 < x < 3$, a equação da Q é uma constante de intensidade -5 kN. Em $x = 3$, a carga de 40 kN faz com que a Q desça para $Q = -45$ kN. No trecho $3 < x < 4$, a Q é uma constante de valor -45 kN, portanto, uma paralela à linha zero. Em $x = 4$, a intensidade de R_B retorna o diagrama da Q para linha zero.

c.2) Diagrama de M

No trecho $0 < x < 2$, a equação do M é do 2º grau com a < 0, portanto, o diagrama corresponde a um segmento de parábola que parte da linha zero para $x = 0$, atinge o máximo em $x = 1,83$ m e decresce ligeiramente em $x = 2$ m. No trecho $2 < x < 3$, a equação passa a ser do 1º grau, sendo representada por um segmento de reta decrescente. No trecho $3 < x < 4$, continua a equação do 1º grau, portanto, novamente tem-se como gráfico uma reta decrescente que parte de 45 kNm em $x = 3$ e chega a zero em $x = 4$.

Ex.14 - Determinar as expressões de Q e M e construir os respectivos diagramas na viga biapoiada carregada conforme a figura dada.

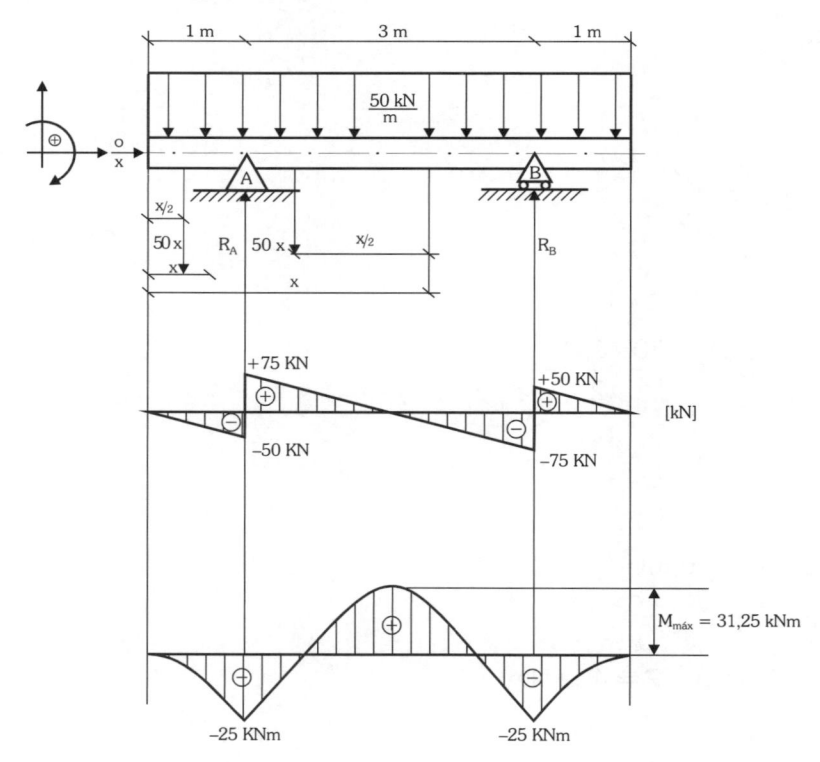

Solução

a) Reações nos apoios A e B

Como os apoios são simétricos e a concentrada da carga é de 250 kN, conclui-se que:

$$R_A = R_B = \frac{250}{2} = 125 \text{ kN}$$

b) Expressões de Q e M

$0 < x < 1$

$Q = -50x$

$x = 0 \rightarrow Q = 0$

$x = 1 \rightarrow Q = -50 \text{ kN}$

$$M = -50x \cdot \frac{x}{2} = -25x^2$$

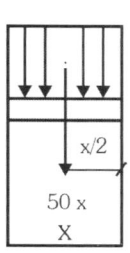

$x = 0 \rightarrow M = 0$

$x = 1 \rightarrow M = -25 \text{ kNm}$

$1 < x < 4$

$Q = R_A - 50x$

$x = 1 \rightarrow Q = 125 - 50 = 75 \text{ kN}$

$x = 4 \rightarrow Q = 125 - 50 \times 4 = -75 \text{ kN}$

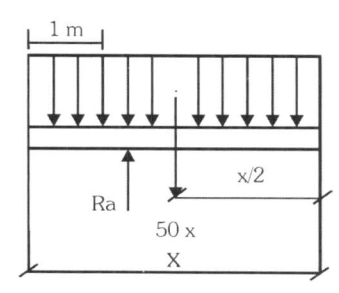

No ponto em que Q = 0 e o M é máximo. $Q = 0 \rightarrow x = 2,5$ m

Como a viga e o carregamento são simétricos em relação aos apoios, conclui-se que a análise até a metade da viga já é o suficiente para estudá-la toda, pois a outra metade determina-se por simetria.

$$M = R_A \left(x - 1\right) - 50x \cdot \frac{x}{2}$$

$$M = R_A (x - 1) - 50x^2$$

$x = 2,5 \text{ m} \rightarrow M = 125 \times 1,5 - 25 \times 2,5^2$

$M_{máx} = 187,5 - 156, 25$

$\boxed{M_{máx} = 31,25 \text{ kNm}}$

c) Diagramas de Q e M

c.1) Diagrama de Q

No trecho $0 < x < 1$, a equação é do 1º grau com a < 0, portanto, a sua representação é um segmento de reta decrescente que parte da linha zero e atinge −50 kN no apoio A.

A intensidade da R_A está representada pelo segmento de reta vertical que parte de −50 kN e atinge +75 kN.

No intervalo 1 < x < 4, a equação volta a ser do 1º grau com a < 0, portanto, temos novamente um segmento de reta decrescente que parte de +75 kN no apoio A, corta a linha zero em x = 2,5 m e atinge o apoio B com −75 kN. A reação R_B está representada pelo segmento de reta vertical que parte de −75 kN e atinge 50 kN. No intervalo 4 < x < 5, a equação continua sendo do 1º grau com a < 0, sendo representada novamente por um segmento de reta decrescente que parte do apoio B com +50 kN e atinge a extremidade final da viga na linha zero.

c.2) Diagrama de M

No intervalo 0 < x < 1, a equação do M é do 2º grau com a < 0, portanto, um segmento de parábola com a concavidade voltada para baixo, que parte da linha zero na extremidade livre e atinge o apoio A com a intensidade de −25 kNm.

No intervalo 1 < x < 4, tem-se novamente uma equação do 2º grau com a < 0, portanto, a sua representação será uma parábola com a concavidade voltada para baixo, que parte de −25 kNm no apoio A e atinge o seu máximo em x = 2,5 m com a intensidade de 31,25 kNm. O restante do diagrama determina-se por simetria.

Ex.15 - A viga AB biapoiada sofre a ação dos esforços representados na figura. Determinar as expressões de Q e M e construir os respectivos diagramas.

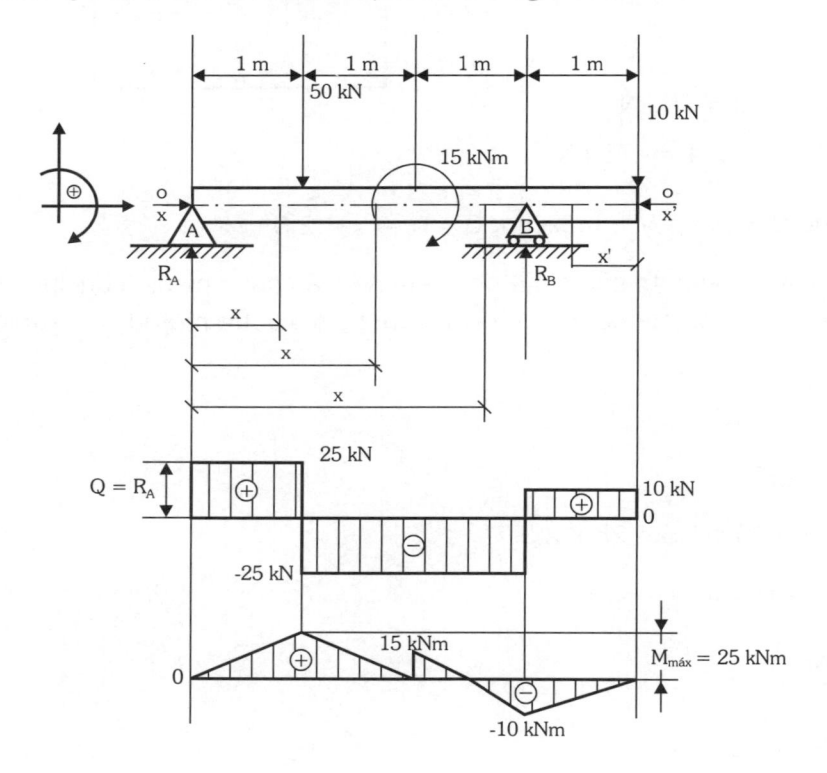

Solução

a) Reações nos apoios A e B

$\Sigma M_A = 0$

$3R_B = 4 \times 10 + 15 + 50 \times 1$

$R_B = \dfrac{40 + 15 + 50}{3}$

$\boxed{R_B = 35 \text{ kN}}$

$\Sigma F_v = 0$

$R_A + R_B = 50 + 10$

$RA = 60 - 35 = 25 \text{ kN}$

$\boxed{R_A = 25 \text{ kN}}$

b) Expressões de Q e M

$0 < x < 1$

$Q = R_A = 25 \text{ kN}$

$M = R_A \cdot x$

$x = 0 \rightarrow M = 0$

$x = 1 \rightarrow M = 25 \text{ kNm}$

$1 < x < 2$

$Q = R_A - 50 = 25 - 50 = -25 \text{ kN}$

$M = RA \cdot x - 50(x - 1)$

$x = 2 \rightarrow M = 25 \times 2 - 50 \times 1 = 0$

$2 < x < 3$

$Q = R_A - 50 = 25 - 50 = -25 \text{ kN}$

$M = R_A \cdot x - 50(x - 1) + 15$

$x = 2 \rightarrow M = 25 \; x \; 2 - 50 \times 1 + 15$

$M = 15 \text{ kNm}$

$x = 3 \rightarrow M = 25 \times 3 - 50 \times 2 + 15$

$M = -10 \text{ kNm}$

No intervalo compreendido entre $3 < x < 4$, pode-se utilizar o artifício de uma variável x', e partir da extremidade livre em direção ao apoio B.

Tem-se, então, que:

$0 < x' < 1$

$Q = 10 \text{ kN}$

$M = -10x'$

$x' = 0 - M = 0$

$x' = 1 - M = -10 \text{ kNm}$

Observação   Para utilizar este artifício inverte-se a convenção de sinais.

c) Diagrama de Q e M

c.1) Diagrama de Q

No apoio A, a cortante é a reação R_A, representada no diagrama pelo segmento de reta vertical. Em todo o trecho $0 < x < 1$, a cortante é uma constante de intensidade R_A, representada no diagrama pelo segmento de reta horizontal paralelo à linha zero. No ponto $x = 1$, está aplicada a cortante de 50 kN que está representada no diagrama pelo segmento de reta vertical que leva a cortante de 25 kN para −25 kN.

No intervalo $1 < x < 3$, a cortante de −25 kN é representada pelo segmento de reta paralelo à linha zero. Em $x = 3$, a reação R_B representada no diagrama pelo segmento de reta vertical eleva a cortante para 10 kN. No trecho $0 < x' < 1$, a cortante é novamente uma constante representada no diagrama pela paralela à linha zero. Em $x = 4$, a carga de −10 kN zera o diagrama.

c.2) Diagrama de M

No intervalo $0 < x < 1$, a equação do M é do 1º grau com a > 0, portanto, a sua representação será através de um segmento de reta crescente. No intervalo $1 < x < 2$, tem-se novamente uma equação do 1º grau, porém neste caso o segmento de reta é decrescente, pois a constante negativa é maior que a positiva.

No ponto $x = 2$, está aplicado um torque de 15 kNm, que está representado pelo segmento de reta vertical.

Nos trechos seguintes, novamente equações do 1º grau, representadas pelos respectivos segmentos de retas.

Ex.16 - Determinar as expressões de Q e M e construir os respectivos diagramas nas vigas AB e CD representadas na figura. O peso próprio das vigas:

AB = 500 N/m   CD = 1000 N/m

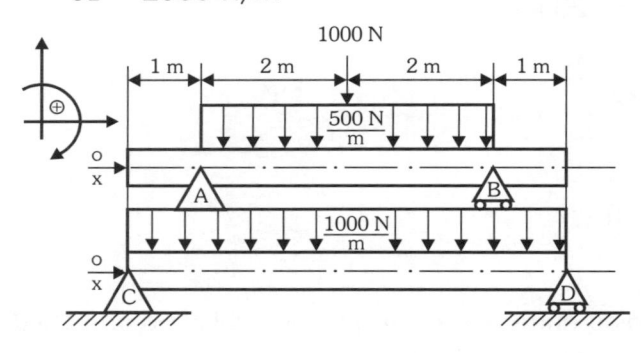

Solução

a) Inicia-se a resolução pela viga AB.

Na viga AB, tem-se que:

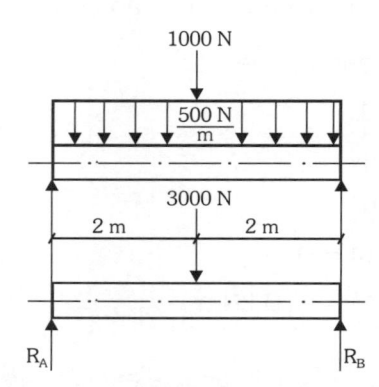

As reações nos apoios R_A e R_B são iguais, pois a carga de 1000 N é simétrica aos apoios. Temos, portanto, uma carga concentrada de 3000 N atuando no centro da viga. Conclui-se que:

$R_A = R_B = 1500\ N$

b) Expressões de Q e M

$0 < x < 2$

$Q = R_A - 500x$

$x = 0 \rightarrow Q = R_A = 1500\ N$

$x = 2 \rightarrow Q = 1500 - 1000$

$Q = 500\ N$

$2 < x < 4$

$Q = R_A - 500x - 1000$

$x = 2 \rightarrow Q = 500\ N$

$x = 4 \rightarrow Q = -1500\ N$

$M = R_{AX} - 500x \cdot \dfrac{x}{2}$

$x = 0 \rightarrow M = 0$

$x = 2 \rightarrow 1500 \times 2 - 500 \times \dfrac{2^2}{2}$

$M = 2000\ Nm$

$M = R_A \cdot X - 500X \cdot \dfrac{x}{2} - 1000(x - 2)$

$x = 4 \rightarrow M = 1500 \cdot 4 - 500X \cdot \dfrac{4^2}{2} - 1000 \cdot 2$

$x = 4 \rightarrow M = 0$

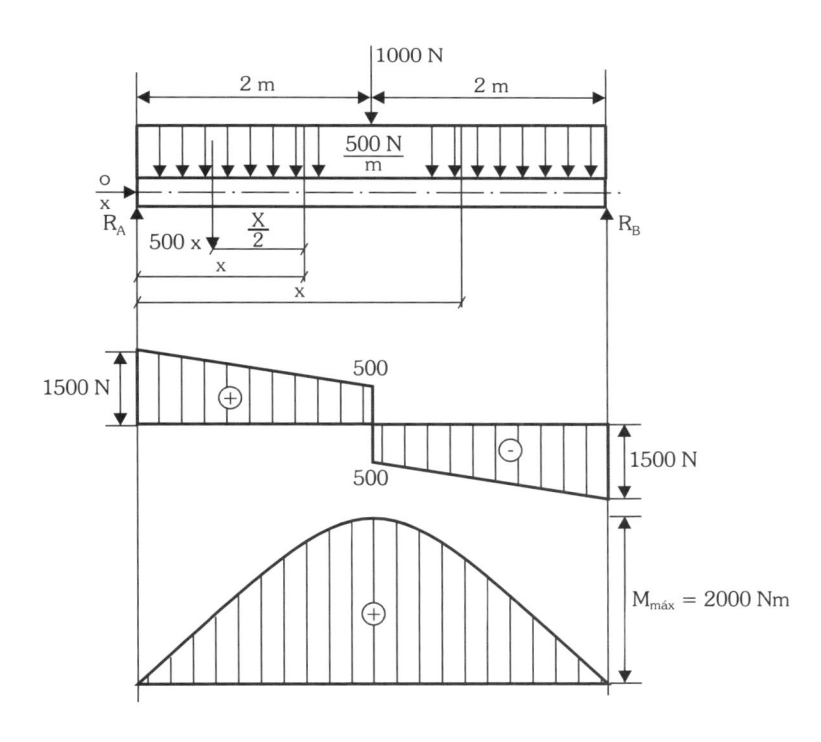

c) Diagramas

c.1) Diagrama de Q

No apoio A a $Q = R_A = 1500$ N, portanto, a sua representação será um segmento de reta vertical acima da linha zero. No intervalo $0 < x < 2$, a equação da cortante é do 1º grau com $a < 0$, sendo, portanto, representada por um segmento de reta decrescente. No ponto $x = 2$, atua uma carga concentrada de 1000 N, que está representada no diagrama pelo segmento de reta que "leva" a cortante de +500 N para –500 N.

No intervalo $2 < x < 4$, tem-se novamente uma equação do 1º grau com $a < 0$, sendo representada no diagrama pelo segmento de reta que "leva" a cortante de –500 N para –1500 N, no apoio B. Em B, atua R_B cuja intensidade é de 1500 N, sendo representada no diagrama pelo segmento de reta vertical que parte de –1500 N e vai até a linha zero.

c.2) Diagrama do M

A equação do M é do 2º grau com $a < 0$ em toda a extensão da viga, portanto o diagrama será uma parábola de concavidade voltada para baixo, com o seu ponto máximo em $x = 2$.

a.1) Resolução de viga CD

a.1.1) Reações nos apoios

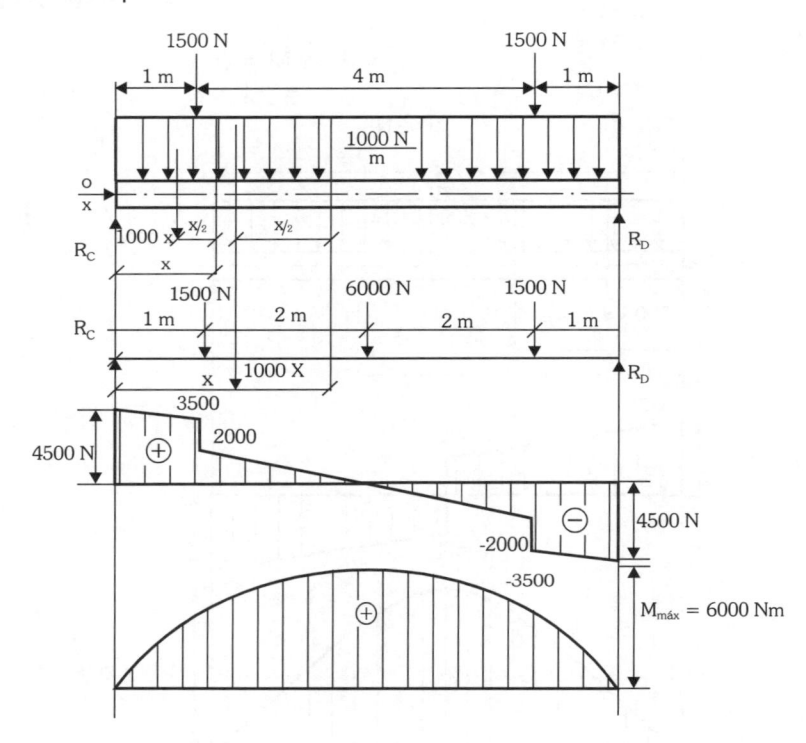

Como as cargas são simétricas aos apoios, conclui-se que $R_C = R_D = 4500$ N.

b.1) Expressões de Q e M

$0 < x < 1$

$Q = R_C - 1000 x$

$$x = 0 \rightarrow Q = R_A = 4500 \text{ N}$$

$$x = 1 \rightarrow Q = 3500 \text{ N}$$

$$M = R_C \cdot x - 1000x \cdot \frac{x}{2}$$

$$x = 0 \rightarrow M = 0$$

$$x = 1 \rightarrow M = 4500 - 500 = 4000 \text{ N}$$

$$M = 4000 \text{ Nm}$$

Como as cargas são simétricas aos apoios, conclui-se que $R_C = R_D = 4500$ N.

$$1 < x < 3$$

$$Q = R_C - 1000x - 1500$$

$$x = 1 \rightarrow Q = 2000 \text{ N}$$

$$x = 3 \rightarrow Q = 0$$

$$M = R_C \cdot x - 1000x \cdot \frac{x}{2} - 1500(x - 1)$$

$$x = 3 \rightarrow M = 4500 \cdot 3 - \frac{1000 \cdot 3^2}{2} - 1500 \cdot 2$$

$$x = 3 \rightarrow M_{máx} = 6000 \text{ Nm}$$

c.3) Diagramas

c.3.1) Força cortante Q

No apoio C, a cortante é representada pelo segmento de reta vertical que "sai" da linha zero, e atinge 4500 N.

No intervalo $0 < x < 1$, a equação é do 1° grau com a < 0, portanto a sua representação é através de um segmento de reta decrescente.

No ponto $x = 1$, atua uma carga concentrada de 1500 N, representada no diagrama através do segmento de reta que "parte" de 3500 N e atinge 2000 N. No intervalo $1 < x < 5$, tem-se novamente uma equação do 1° grau com a < 0, portanto novamente a sua representação dar-se-á através de um segmento de reta decrescente, que corta a linha zero no ponto $x = 3$. Neste ponto, o momento é máximo. O restante da viga determina-se por simetria.

c.3.2) Momento fletor

As equações são do 2° grau, com a < 0, portanto a sua representação será através de parábola com concavidade voltada para baixo, com ponto máximo no ponto $x = 3$.

Ex.17- Determinar as expressões de Q e M e construir os respectivos diagramas da viga AB da construção representada na figura.

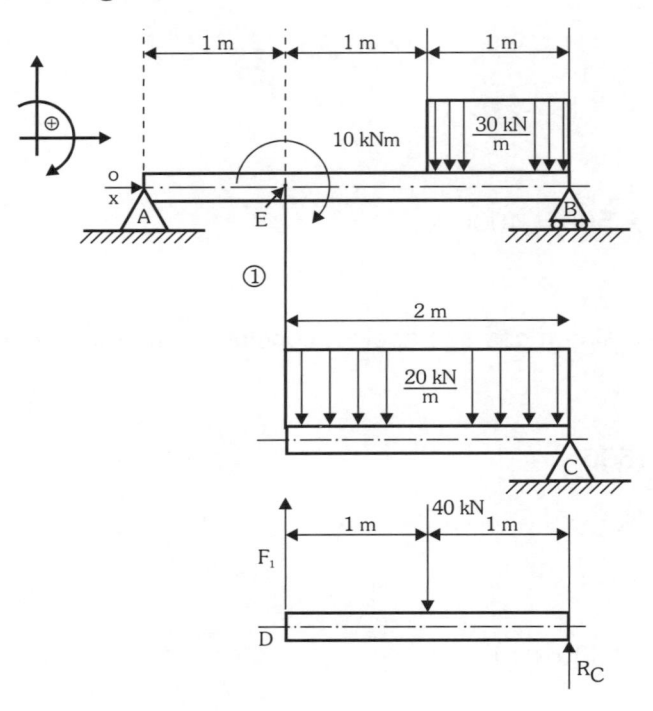

Solução

Para determinar Q e M na viga AB, é necessário conhecer a intensidade da carga axial atuante na barra (1).

a) Carga axial na barra (1)

Como a concentrada da carga distribuída é simétrica ao apoio C e barra 1, conclui-se que:

$R_C = F_1 = 20$ kN

b) Expressões de Q e M na viga AB

Reações nos apoios A e B

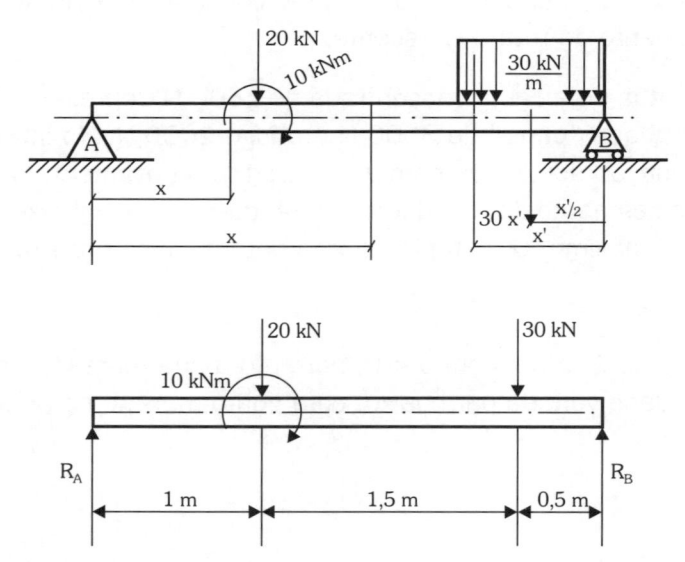

$FV = 0$

$R_A + R_B = 20 + 30$

$R_A = 50 - 35$

$R_A = 15$ kN

$0 < x < 1$	$1 < x < 2$
$Q = R_A = 15$ kN	$Q = R_A - 20 = 5$ kN
$M = R_A \cdot x$	$M = R_A \cdot x - 20(x - 1) + 10$
$x = 0 \to M = 0$	$x = 1 \to M = 25$ kNm
$x = 1 \to M = 15$ kNm	$x = 2 \to M = 20$ kNm

O intervalo $2 < x < 3$ pode ser calculado através da variável x', partindo do apoio B até a extensão total da carga distribuída. Tem-se então o intervalo $0 < x' < 1$. A utilização deste artifício implica na inversão da convenção de sinais.

$Q = + 30x - R_B$

$x = 0 \to Q = -RB = -35$ kN

$x = 1 \to Q = -5$ kN

$$M = R_B \cdot x' - \frac{30x'^2}{2}$$

$x = 0 \to M = 0$

$x = 1 \to M = 20$ kNm

c) Diagramas de Q e M

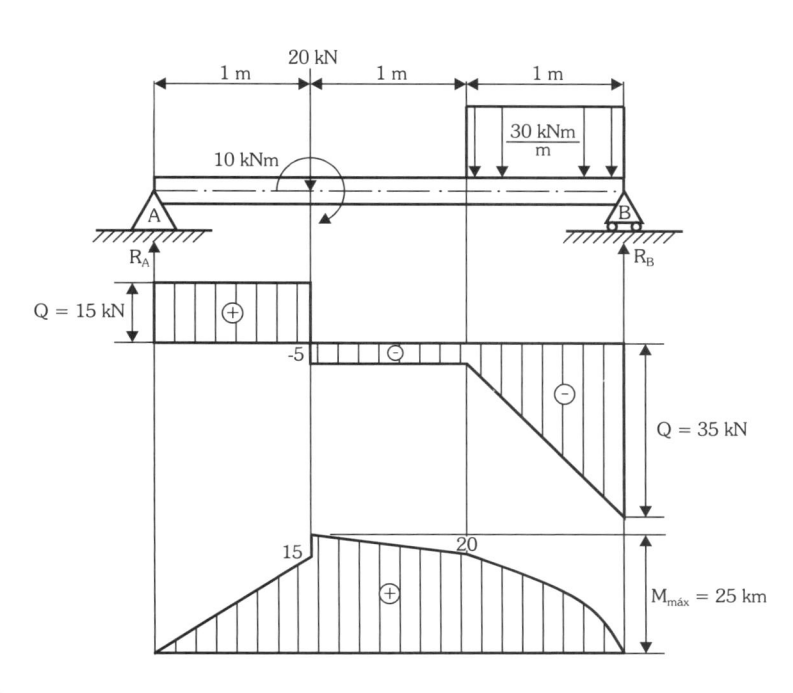
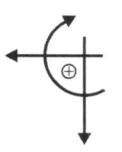

Flexão

11.1 Introdução

O esforço de flexão configura-se na peça, quando esta sofre a ação de cargas cortantes que venham a originar momento fletor significativo.

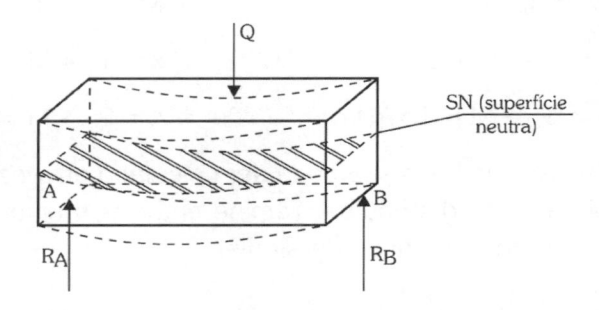

11.2 Flexão Pura

Quando a peça submetida à flexão apresenta somente momento fletor nas diferentes secções transversais e não possui força cortante atuante nessas secções, a flexão é denominada pura.

No intervalo compreendido entre os pontos C e D, a cortante é nula e o momento fletor atuante é constante. Nesse intervalo, existe somente a tensão normal, pois a tensão de cisalhamento é nula, portanto o valor da força cortante é zero.

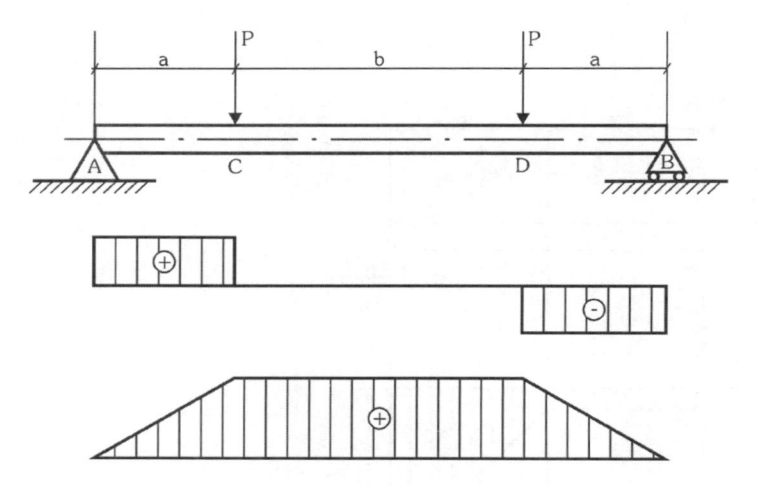

11.3 Flexão Simples

A flexão é denominada simples quando as secções transversais da peça estiverem submetidas à ação de força cortante e momento fletor simultaneamente. Exemplos: intervalos AC e DB da figura anterior. Neste caso, atuam tensão normal e tensão tangencial.

11.4 Tensão Normal na Flexão

Suponha-se que a figura representada a seguir seja uma peça com secção transversal A qualquer e comprimento ℓ, que se encontra submetida à flexão pela ação das cargas cortantes representadas.

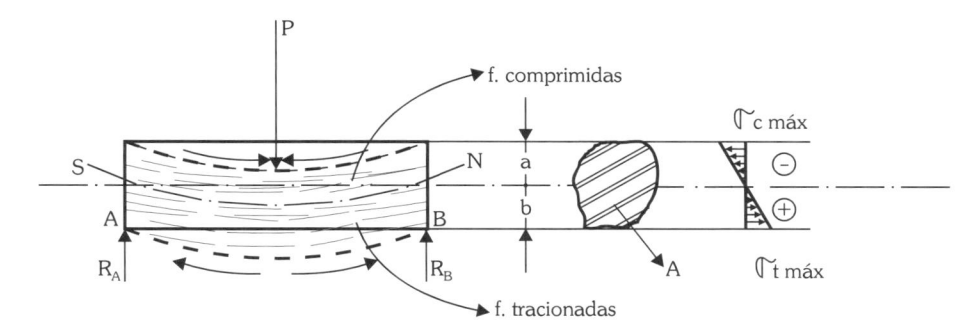

Conforme o capítulo anterior, as fibras inferiores da peça encontram-se tracionadas, enquanto as fibras superiores se encontram comprimidas.

A tensão normal atuante máxima, também denominada tensão de flexão, é determinada em relação à fibra mais distante da secção transversal, através da relação entre o produto do momento fletor atuante e a distância entre a linha neutra e a fibra, e o momento de inércia baricêntrico da secção.

Tem-se, então:

$$\sigma_c = \frac{Ma}{J} \qquad\qquad \sigma_t = \frac{Mb}{J}$$

Sendo σ_c a tensão máxima nas fibras comprimidas. Como se convenciona o momento fletor nas fibras comprimidas negativo, σ_c será sempre < 0 (negativo).

σ_t - tensão máxima nas fibras tracionadas. Como, por convenção, o momento fletor é positivo nas fibras tracionadas, σ_t será sempre > 0 (positivo).

11.5 Dimensionamento na Flexão

Para o dimensionamento das peças submetidas a esforço de flexão, utiliza-se a tensão admissível, que será a tensão atuante máxima na fibra mais afastada, não importando se a fibra estiver tracionada ou comprimida.

Tem-se, então, que:

$$\sigma_x = \frac{M \cdot y_{m \cdot x}}{Jx}$$

Do capítulo 9, escreve-se que:

$$W_x = \frac{Jx}{y_{m \cdot x}} \quad \text{(módulo de resistência)}$$

portanto,

$$\sigma_x = \frac{M}{W_x}$$

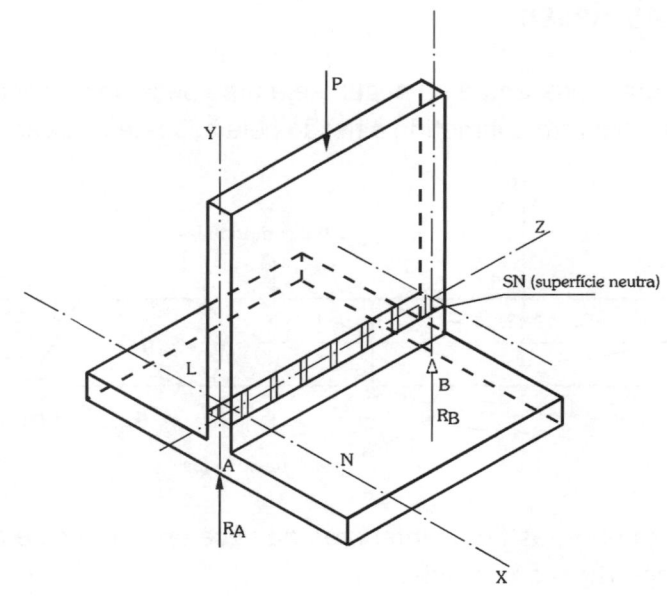

Para dimensionar a peça, utiliza-se $\bar{\sigma} = \sigma x$.

Quando a carga aplicada for normal ao eixo y, tem-se que:

$$\sigma_y = \frac{M_{x_{máx}}}{J_y}$$

Do capítulo 9, escreve-se que:

$$W_y = \frac{J_y}{x_{máx}}$$

(módulo de resistência)

portanto,

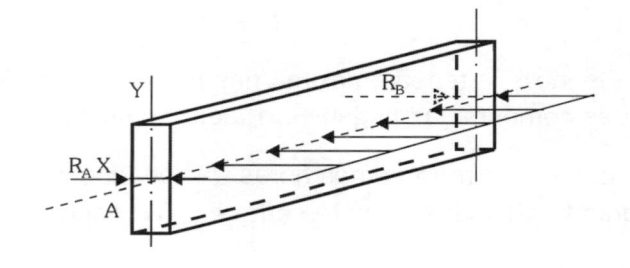

$$\sigma_y = \frac{M}{W_y}$$

Para dimensionar a peça, utiliza-se $\sigma = \sigma_y$

Sendo:

σ_x e σ_y - tensão normal atuante na fibra mais afastada $[P_A ;...]$

$\bar{\sigma}$ - tensão admissível $[P_A ; N/mm^2;...]$

M - momento fletor [Nm; N.mm;...]

W_x e W_y - módulo de resistência da secção transversal $[m^3; mm^3;...]$

$x_{máx}$ e y - distância máxima entre LN (linha neutra) e extremidade da secção [m; mm;...]

11.6 Tensão de Cisalhamento na Flexão

A força cortante que atua na secção transversal da peça provoca nesta uma tensão de cisalhamento, que é determinada pela fórmula de Zhuravski.

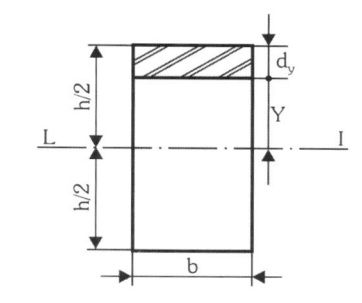

$$\tau = \frac{Q}{bJ} \int_0^{h/2} y\,dA$$

Do capítulo 9, escreve-se que:

$$Me = \int_A y\,d_A \qquad \text{portanto:} \qquad \tau = \frac{QMe}{bJ}$$

sendo:

τ - tensão de cisalhamento [P_A ; N/mm^2;...]

Q - força cortante atuante na secção [N;...]

Me - momento estático da parte hachurada da secção (acima de y) [m^3; mm^3;...]

b - largura da secção [m; mm; ...]

J - momento de inércia da secção transversal [m^4; mm^4;...]

Na prática, geralmente a tensão é nula na fibra mais distante, sendo máxima na linha neutra.

11.7 Deformação na Flexão

A experiência mostra, nos estudos de flexão, que as fibras da parte tracionada alongam-se e as fibras da parte comprimida encurtam-se. Ao aplicar as cargas na peça, as secções transversais cg e df giram em torno do eixo y, perpendicular ao plano de flexão. As fibras longitudinais do lado côncavo contraem-se e as do lado convexo alongam-se. A origem dos eixos de referência x e y está na superfície neutra.

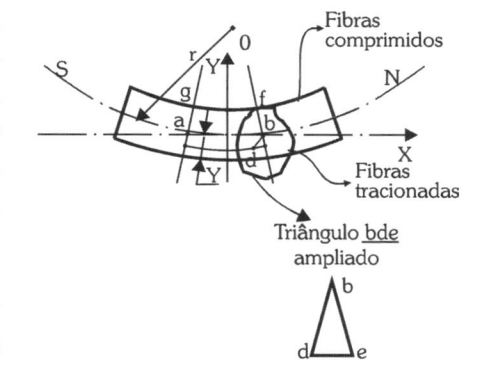

Para obter o Δdbe, traça-se uma paralela à secção c.g. O lado de do triângulo bde representa o alongamento da fibra localizada a uma distância y da superfície neutra (SN).

A semelhança entre os triângulos oab e bde fornece a deformação da fibra longitudinal.

Escreve-se, então:

$$\varepsilon_x = \frac{de}{ab} = \frac{y}{r}$$

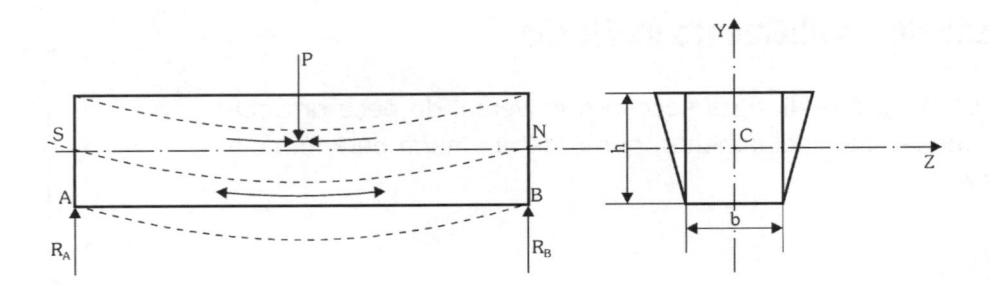

O alongamento longitudinal das fibras na parte tracionada é acompanhado por uma contração lateral, e a contração das fibras da parte comprimida é acompanhada por uma distensão lateral.

A deformação que ocorre na secção transversal é determinada por:

$$\varepsilon_z = -\nu \cdot \varepsilon_x$$

sendo
- ε_z - deformação transversal
- ν - coeficiente de Poisson
- ε_x - deformação longitudinal

$$\varepsilon_z = -\nu\varepsilon_x = -\nu\frac{y}{r}$$

em que
- y - distância da fibra estudada à superfície neutra [mm;...]
- r - raio de curvatura do eixo da peça [mm;...]

Pode-se perceber que o raio de curvatura R da secção transversal é maior que r, proporcionalmente ao coeficiente de Poisson.

$$r = R \cdot \nu$$

Pela lei de Hooke encontra-se a tensão longitudinal das fibras.

$$\sigma_x = E \cdot e_x \qquad \boxed{\sigma_x = E\frac{y}{r}}$$

Considera-se agora um infinitésimo de área d_A, que dista y o eixo z (LN).

A tensão que atua em d_A é s_x, portanto, a força que atua em dA:

$$F = \int_A \frac{Ey}{r}d_A = \frac{E}{r}\int_A y d_A$$

Como a resultante das forças distribuídas na secção transversal é igual a zero, pois o sistema de cargas pode ser substituído por um conjugado, tem-se então que:

$$F = \frac{E}{r} \int_A y d_A = 0$$

O momento estático $y d_A = 0$ em relação à linha neutra, então conclui-se que a linha neutra passa pelo CG da secção.

O momento estático de dA em relação à linha neutra é dado por

$$\frac{Ey}{r} = dAy$$

Integrando a expressão para a superfície, encontra-se que:

$$M = \int \frac{E}{r} y^2 d_A$$

Como a linha neutra considerada no estudo da secção transversal é Z, conclui-se que $Jz = y^2 d_A$, portanto:

$$M = \frac{E}{r} Jz$$

Sabe-se que: $E = \dfrac{\sigma x \cdot r}{y}$

portanto, substituindo E na equação de M, tem-se que:

$$M = \frac{\sigma x \cdot r}{yr} \cdot Jz \qquad \boxed{\sigma x = \frac{M \cdot y}{Jz}}$$

Observação	Como para determinar as características geométricas das superfícies planas trabalhamos com os eixos x e y na secção transversal, o J_z é para nós o J_x.

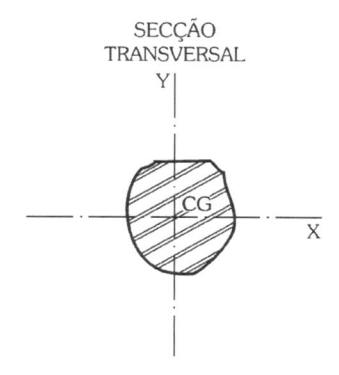

SECÇÃO TRANSVERSAL

$$\boxed{\sigma = \frac{M \cdot y}{J_z}}$$

⚙ Exercícios ⚙

Ex.1 - Dimensionar a viga de madeira que deve suportar o carregamento representado na figura. Utilizar $\overline{\sigma}_{mad} = 10$ MPa e $h \equiv 3\,b$.

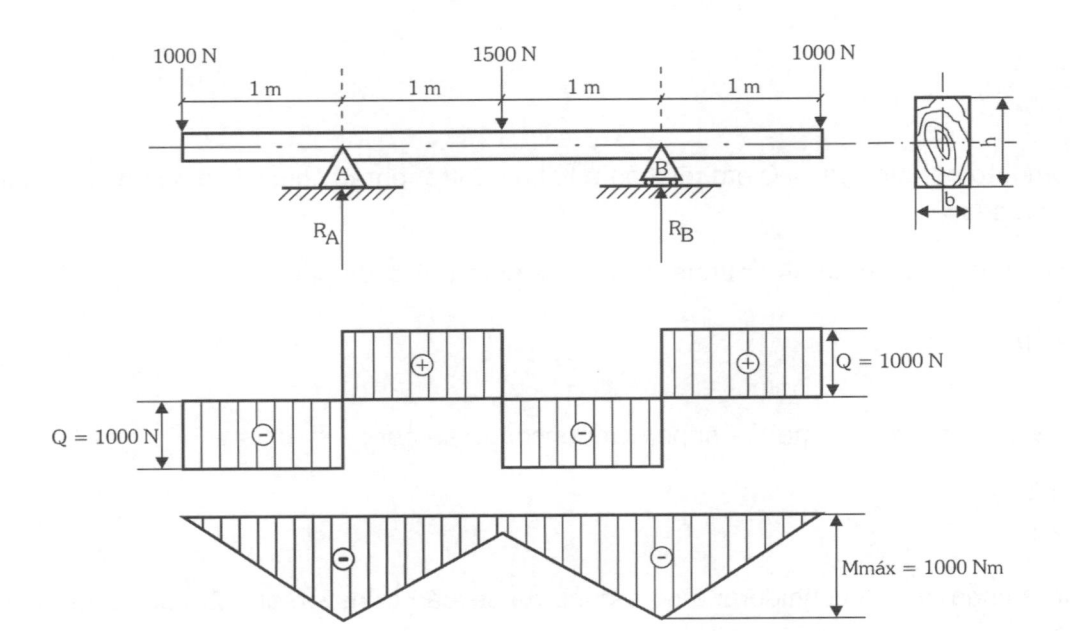

Solução

Como as cargas são simétricas aos apoios, conclui-se que:

$$R_A = R_B = 1750 \text{ N}$$

a) Expressões de Q e M

$0 < x < 1$

$Q = -1000 \text{ N}$

$M = -1000\,x$

$x = 0 \rightarrow M = 0$

$x = 1 \rightarrow M = -1000 \text{ N}$

$0 < x < 2$

$Q = R_A - 1000 = 750 \text{ N}$

$M = -1000\,x + R_A(x - 1)$

$x = 2 \rightarrow M = -250 \text{ Nm}$

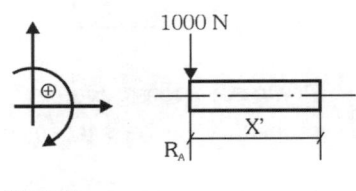

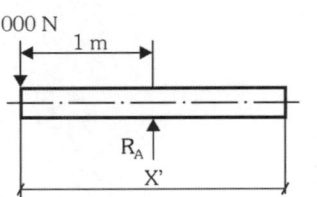

Como o carregamento é simétrico, conclui-se que:

$x = 3 \rightarrow M = -1000 \text{ Nm}$

$x = 4 \rightarrow M = 0$

b) Dimensionamento da viga

$$\bar{\sigma} = \frac{M_{máx}}{W_x}$$

O módulo de resistência da secção transversal retangular é

$$W_x = \frac{bh^2}{6}$$

$$\bar{\sigma} = \frac{M_{máx}}{W_x} = \frac{M_{máx}}{\dfrac{bh^2}{6}} = \frac{6M_{máx}}{bh^2}$$

Como a secção transversal da viga deve ter h $\equiv\rightarrow$ 3b, tem-se que:

$$\bar{\sigma} = \frac{6M_{máx}}{b(3b)^2} = \frac{6M_{máx}}{b \cdot 9b^2} = \frac{6M_{máx}}{9b^3}$$

donde

$$b = \sqrt[3]{\frac{6M_{máx}}{9\bar{\sigma}}} = \Rightarrow b = \sqrt[3]{\frac{6\times1000\,\cancel{N}m}{9\times10\times10^6\,\dfrac{\cancel{N}}{m^2}}}$$

$$b = \sqrt[3]{\frac{6\times1000}{9\times10}}\times10^{-2}m$$

$$b \cong 4\times10^{-2}m \rightarrow b = 4\ cm$$

Como h = 3 b, conclui-se que h = 3 × 40 = 120 mm

A viga a ser utilizada é 60 × 120 [mm], que é a padronizada mais próxima do valor obtido.

Ex.2 - Dimensionar o eixo para que suporte com segurança k = 2 o carregamento representado. O material a ser utilizado é o ABNT 1020 com σ_e = 280 MPa.

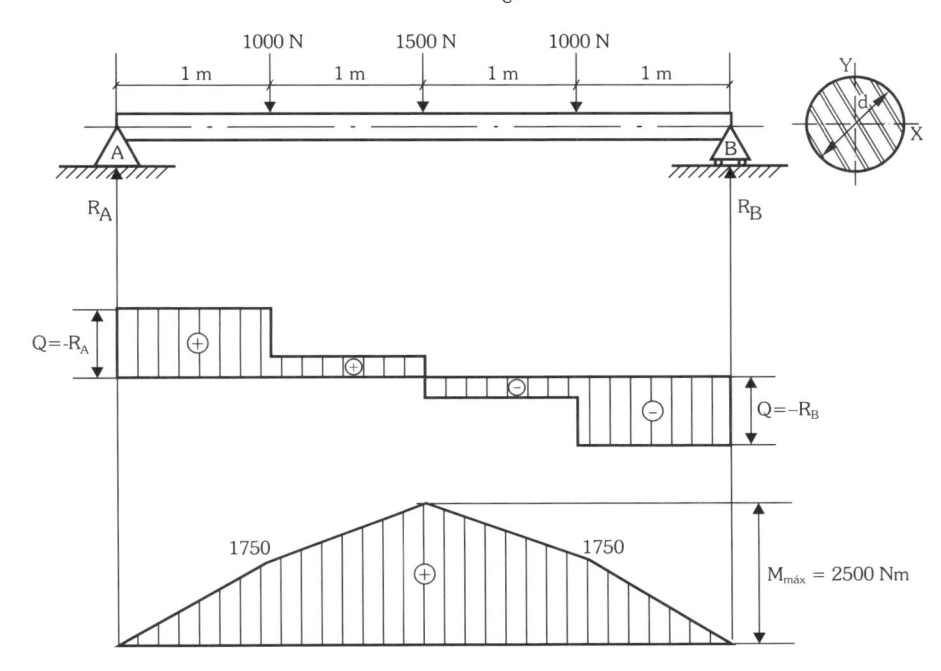

Solução

Como as cargas são simétricas aos apoios, conclui-se que:

$R_A = R_B = 1750$ N

a) Expressões de Q e M

$0 < x < 1$

$Q = R_A = 1750$ N

$M = R_A \cdot x$

$x = 0 \rightarrow M = 0$

$x = 1 \rightarrow M = 1750$ Nm

$1 < x < 2$

$Q = R_A - 1000 = 750$

$M = R_A \cdot x - 1000(x - 1)$

$x = 2 \rightarrow M = 2500$ Nm

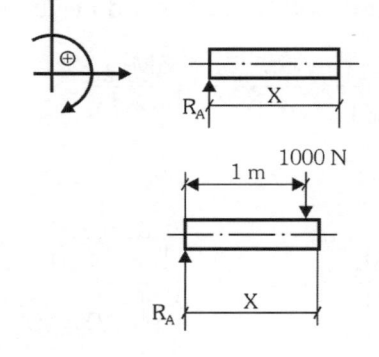

Como as cargas são simétricas aos apoios e de mesma intensidade, conclui-se que:

$x = 3 \rightarrow M = 1750$ Nm

$x = 4 \rightarrow M = 0$

b) Dimensionamento do eixo

O módulo de resistência da secção circular é: $W_x = \dfrac{\pi d^3}{32}$

Tensão admissível

$$\bar{\sigma} = \frac{\sigma_e}{k} = \frac{280}{2} = 140 \text{ MPa}$$

Diâmetro do eixo

$$\sigma = \frac{M_{máx}}{\dfrac{\pi d^3}{32}} = \frac{32 M_{máx}}{\pi d^3}$$

$$d = \sqrt[3]{\frac{32 M_{máx}}{\pi \bar{\sigma}}} \qquad d = \sqrt[3]{\frac{32 \times 2500}{\pi \times 140 \times 10^6}}$$

$$d = \sqrt[3]{\frac{32 \times 2500}{\pi \times 0,14 \times 10^9}} \qquad d = 57 \times 10^{-3} \text{m} \qquad \boxed{d = 57 \text{ mm}}$$

Ex.3 - Dimensionar o eixo vazado para que suporte com segurança k = 2 o carregamento representado na figura. O material utilizado é o ABNT 1040 L com σ_e = 400 MPa. A relação entre os diâmetros é 0,6.

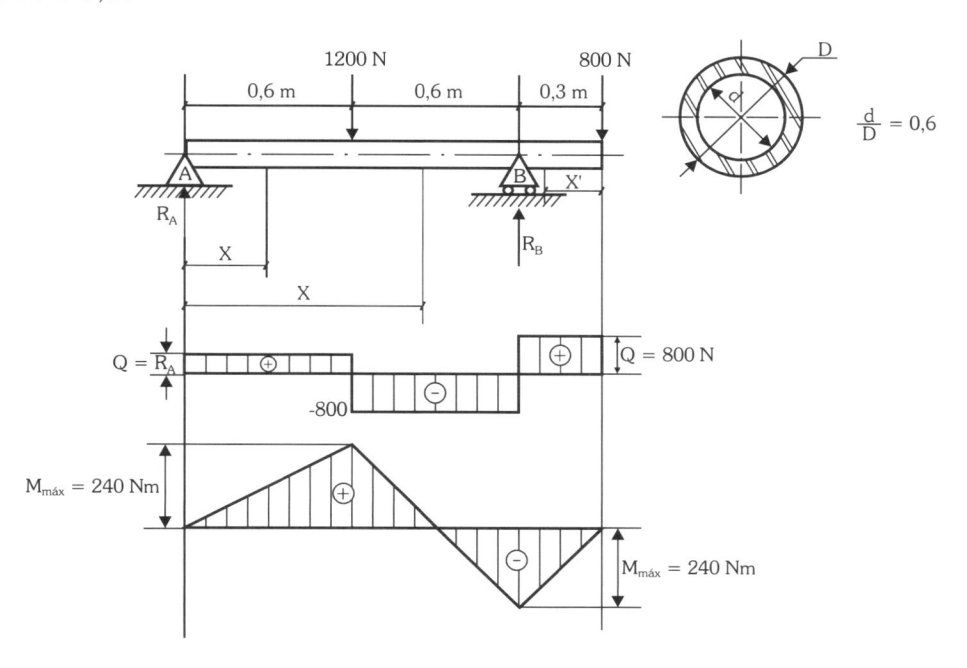

Solução

a) reações nos apoios

- $M_A = 0$
- $F_V = 0$

$1,2R_B = 800 \times 1,5 + 1200 \times 0,6$

$R_A + R_B = 1200 + 800$

$R_B = \dfrac{1200 + 720}{1,2}$ $\boxed{R_B = 1600\,N}$

$R_A = 2000 - 1600$ $\boxed{R_A = 400\,N}$

b) Expressões de Q e M

$0 < x < 0,6$

$Q = R_A = 400\,N$

$M = R_A \cdot x$

$x = 0 \rightarrow M = 0$

$x = 0,6 \rightarrow M = 240\,Nm$

$0,6 < x < 1,2$

$Q = R_A = -1200$

$Q = -800\,N$

$M = R_A \cdot x - 1200(x - 0,6)$

$x = 1,2 \rightarrow M = -240\,Nm$

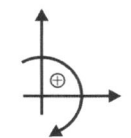
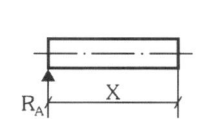

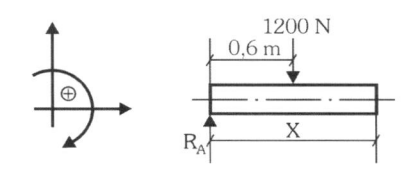

$0 < x' < 0,3$

$Q = 800$ N

$M = -800\,x$

$x = 0 \rightarrow M = 0$

$x = 0,3 \rightarrow M = -240$ Nm

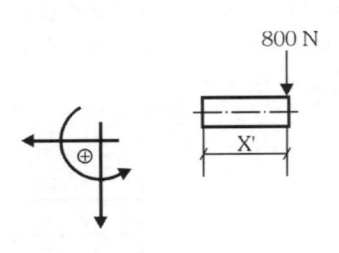

Portanto, o momento fletor máximo ocorre nos pontos $x = 0,6$ m e $x = 1,2$ m e a sua intensidade é $\pm$ 240 Nm.

c) Dimensionamento do eixo

Para dimensionar o eixo utiliza-se o valor do momento em módulo, desprezando-se, desta forma, o sinal negativo.

Tensão admissível: $\bar{\sigma} = \dfrac{\sigma e}{k} = \dfrac{400}{2} = 200$ MPa

Diâmetros D e d

O módulo de resistência da secção circular vazada é

$$W_x = \frac{\pi}{32}\left(\frac{D^4 - d^4}{D}\right)$$

Como, por imposição do projeto, $D = 1,67d$, conclui-se que:

$$W_x = \frac{\pi}{32}\frac{\left[\left(1,67\,d\right)^4 - d^4\right]}{1,67\,d} = \frac{\pi}{32}\frac{\left[7,78d^4 - d^4\right]}{1,67\,d}$$

$$W_x = \frac{\pi}{32}\frac{6,78\,d^4}{1,67\,d} = \frac{\pi}{32}\times 4d^3$$

$$\boxed{W_x = \frac{\pi}{8}d^3}$$

$$\bar{\sigma} = \frac{M_{máx}}{W_x} = \frac{M_{máx}}{\dfrac{\pi d^3}{8}} = \frac{8\,M_{máx}}{\pi d^3}$$

$$d = \sqrt[3]{\frac{8\times 240}{\pi \times 200 \times 10^6}}$$

$$d \cong 1,5\times 10^{-2}\,\text{m}$$

$$\boxed{d \cong 15\ \text{mm}}$$

Por imposição do projeto, o diâmetro externo do eixo é 1,67 do diâmetro interno. Conclui-se, então, que:

$D = 1,67 \times 15 = 25$ mm

$\boxed{D = 25 \text{ mm}}$

Ex.4 - A construção representada na figura é composta por uma viga U CSN 152 × 19,4 cujo módulo de resistência $W_x = 95$ cm³. Determinar o valor máximo de P, para que a viga suporte o carregamento, com uma tensão máxima atuante de 120 MPa.

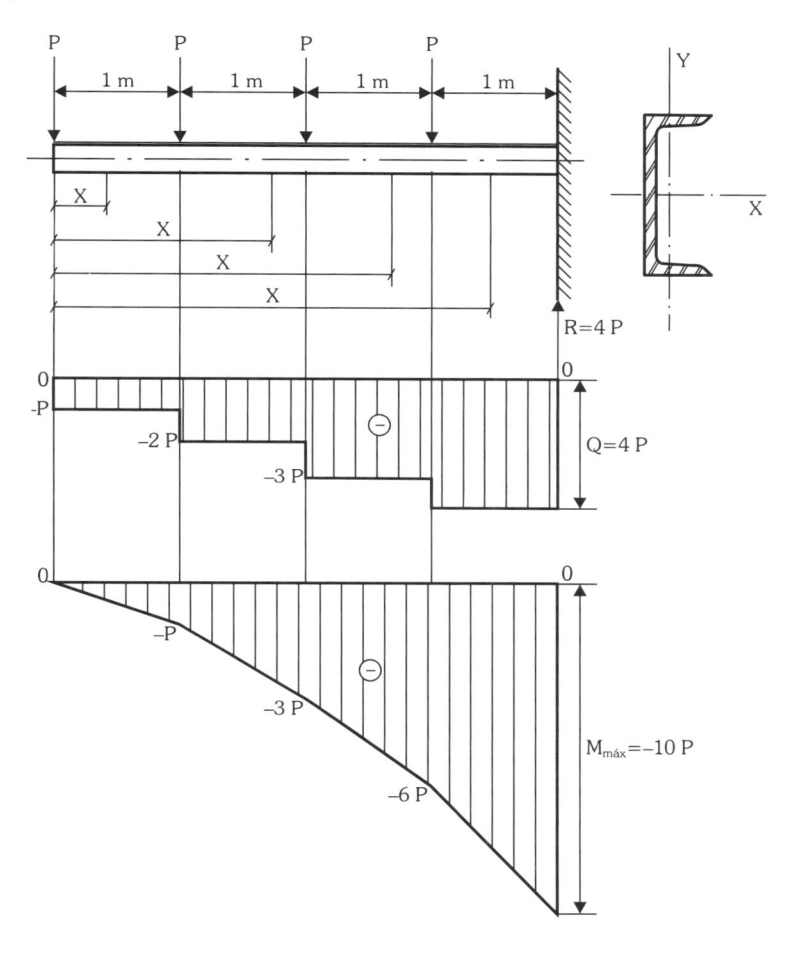

Solução

a) Expressões de Q e M

$0 < x < 1$

$Q = -P$

$M = -P \cdot x$

$x = 0 \rightarrow M = 0$

$x = 1 \rightarrow M = -P$

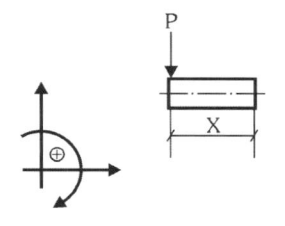

$1 < x < 2$

$Q = -P - P = -2P$

$M = -P \cdot x - P(x - 1)$

$x = 2 \rightarrow M = -3P$

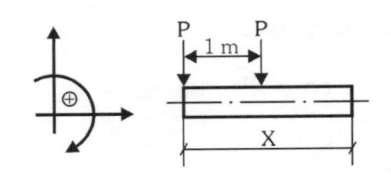

$2 < x < 3$

$Q = -P - P - P = -3P$

$M = -Px - P(x - 1) - P(x - 2)$

$x = 3$

$M = -3P - 2P - P = -6P$

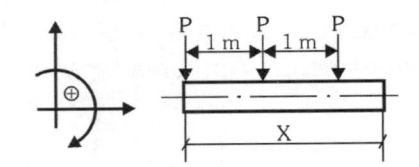

$3 < x < 4$

$M = -Px - P(x - 1) - P(x - 2) - P(x - 3)$

$x = 4$

$M = -4P - 3P - 2P - P$

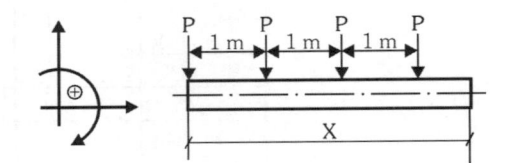

$$\boxed{M_{máx} = -10\,P}$$

b) Carga máxima P

A tensão máxima que deve atuar na viga é de 120 MPa, portanto, pode-se escrever que:

$$\sigma_{máx} = \frac{M_{máx}}{W_x}$$

Como o $M_{máx} = -10\,P$ (o sinal negativo significa que as fibras inferiores estão comprimidas) e o módulo de resistência da viga é de 95 cm³ ou 95×10^{-6} m³, escreve-se, então, que:

$M_{máx} = \sigma_{máx} \times W_x$

$10\,P = 120 \times 10^6 \times 95 \times 10^{-6}$

$$P = \frac{120 \times 95}{10} \qquad \boxed{P = 1140\ N}$$

Ex.5 - Determinar a expressão da tensão máxima de cisalhamento na viga de secção transversal retangular submetida à flexão.

Solução

$$M_x = \int_0^{\frac{h}{2}} y\, d_A$$

$$M_x = \int_0^{\frac{h}{2}} y\, b\, dy$$

$$M_x = b \int_0^{\frac{h}{2}} y\, by$$

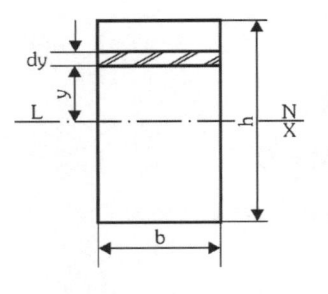

$$M_x = b \left[\frac{y^2}{2} \right]_0^{\frac{h}{2}} \rightarrow \boxed{M_x = \frac{bh^2}{8}} \quad (I)$$

A expressão da tensão de cisalhamento é:

$$\tau = \frac{QMe}{Jb} \quad (II)$$

substituindo a equação I na equação II, tem-se que:

$$\tau = \frac{Qbh^2}{8Jb} = \frac{Qh^2}{8J}$$

Como o momento de inércia da secção retangular é $J_x = \frac{bh^3}{12}$, tem-se que:

$$\tau = \frac{Qh^2}{8\dfrac{bh^3}{12}} = \frac{30}{2bh}$$

A área da secção transversal retangular é dada por A = b x h.

Portanto, escreve-se que: $\boxed{\tau = \dfrac{3}{2}\dfrac{Q}{A}}$

A tensão do cisalhamento é máxima no centro de gravidade da secção, sendo 50% maior que a tensão média que seria obtida através da relação Q/A.

Ex.6 - Determinar a tensão máxima de cisalhamento e a tensão normal máxima que atuam na viga de secção transversal retangular 6 x 16 [cm] que suporta o carregamento da figura.

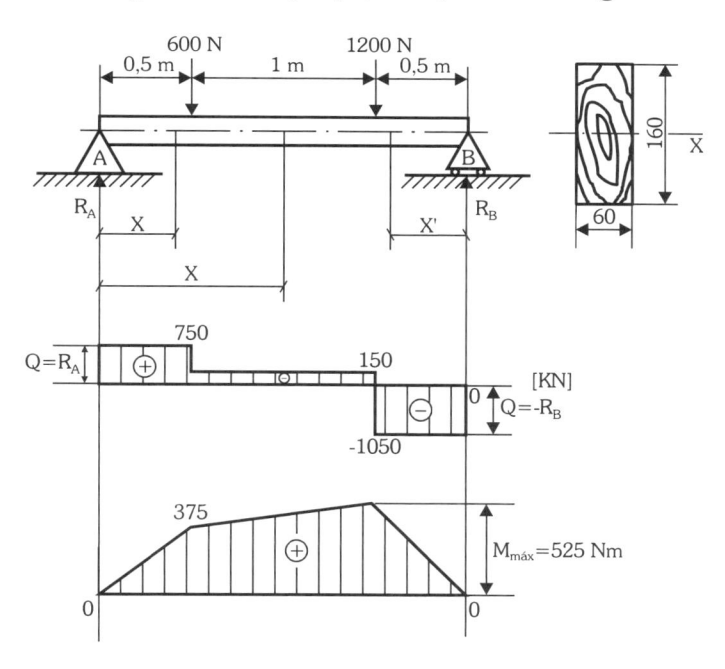

Solução

a) Reações nos apoios

$\Sigma M_A = 0$

$2\,R_B = 1200 \times 1,5 + 600 \times 0,5$

$R_B = \dfrac{1800 + 300}{2}$

$\boxed{R_B = 1050 \text{ N}}$

$\Sigma F_V = 0$

$R_A + R_B = 1200 + 600$

$R_A = 1800 - 1050$

$\boxed{R_A = 750 \text{ N}}$

b) Expressões de Q e M

$0 < x < 0,5$

$Q = R_A = 750 \text{ N}$

$M = R_A \cdot x$

$x = 0 \rightarrow M = 0$

$x = 0,5 \rightarrow M = 375 \text{ Nm}$

$0,5 < x < 1,5$

$Q = R_A = 600 = 150 \text{ N}$

$M = R_A \cdot x - 600(x - 0,5)$

$x = 1,5 \rightarrow M = 525 \text{ Nm}$

$0 < x' < 0,5$

$Q = R_B = -1050 \text{ N}$

$M = R_B \cdot x'$

$x' = 0 \rightarrow M = 0$

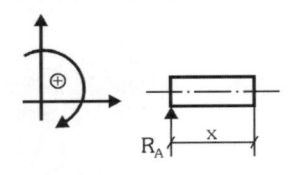

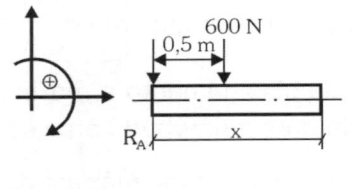

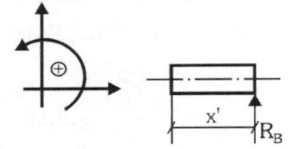

c) Tensões máximas

   c.1) Tensão máxima de cisalhamento

$$\tau = \frac{3}{2}\frac{Q}{A}$$

A força cortante máxima é de 1050 N e atua no intervalo $1,5 < x < 2$.

A área da secção transversal é: $A = 6 \times 16 = 96 \text{ cm}^2$

$$A = 96 \times 10^{-4} \text{ m}^2$$

Tem-se então que:

$$\tau = \frac{3}{2} \cdot \frac{1050}{96 \times 10^{-4}} \qquad \tau = \frac{3}{2} \cdot \frac{1050}{9600 \times 10^{-6}} \qquad \tau = 0,16 \text{ MPa}$$

c.2) Tensão de flexão máxima

$$\sigma = \frac{M_{máx}}{W_x}$$

Como o módulo de resistência da secção retangular é:

$w_x = \dfrac{bh^2}{6}$ escreve-se que: $\sigma = \dfrac{6\, M_{máx}}{bh^2}$

Transformando as unidades de b e h em [m], tem-se que:

$$\sigma_{máx} = \frac{6 \times 525}{6 \times 10^{-2} \times \left(16 \times 10^{-2}\right)^2} = \frac{6 \times 525}{6 \times 10^{-2} \times 16^2 \times 10^{-4}} = \frac{6 \times 525 \times 10^6}{6 \times 16^2}$$

$$\sigma_{máx} = 2,05 \text{ MPa}$$

Ex.7 Dimensionar a viga I de qualidade comum CSN ABNT - EB - 583 com $\sigma_e = 180$ MPa, para que suporte o carregamento representado na figura, atuando com uma segurança $k \geq 2$. Desprezar o peso próprio da viga.

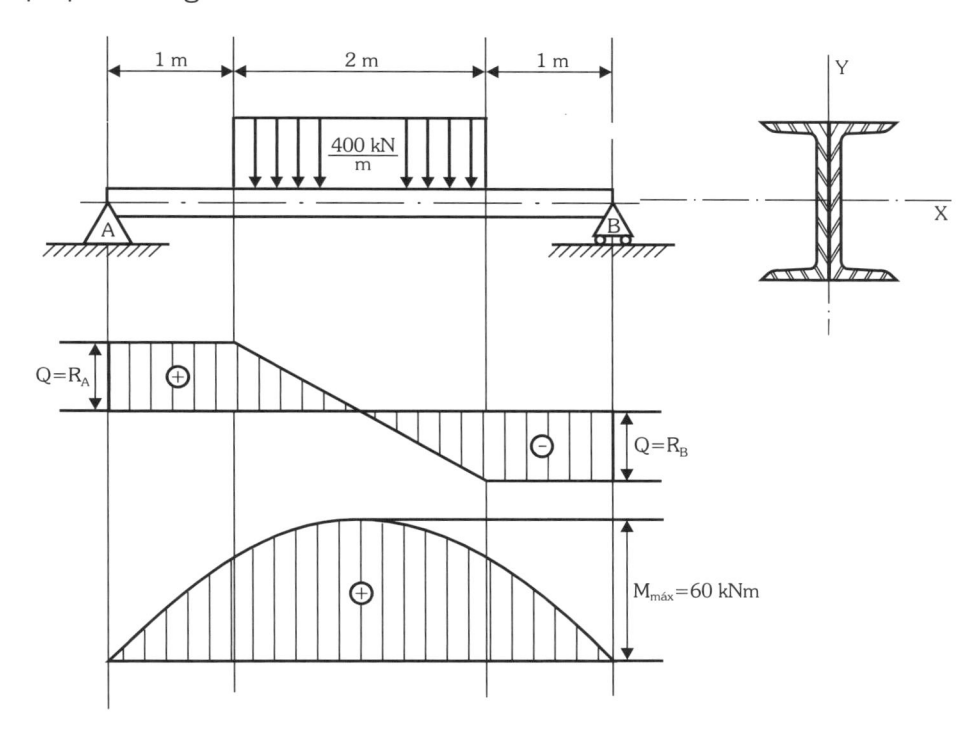

Solução

a) Reações nos apoios

Como a carga é simétrica em relação aos apoios, conclui-se que:

$$\boxed{R_A = R_B = 40 \text{ kN}}$$

b) Expressões de Q e M

$0 < x < 1$

$Q = R_A = 40$ kN

$M = R_A \cdot x$

$x = 0 \rightarrow M = 0$

$x = 1 \rightarrow M = 40$ kNm

Como o carregamento é simétrico, basta analisar a metade da viga, e automaticamente obter-se-á o resultado da outra metade.

$1 < x < 2$

$Q = R_A = -40(X - 1)$

No ponto em que Q = 0, o M será máximo.

$$x - 1 = \frac{R_A}{40} \qquad x = \frac{40}{40} + 1 \qquad \boxed{x = 2 \text{ m}}$$

$$M = R_{AX} - 40(x - 1) \cdot \frac{(x-1)}{2} \Rightarrow \quad \begin{array}{l} M = R_{AX} - 20(x - 1)^2 \\ \\ x = 2 \rightarrow M = 60 \text{ kNm} \end{array}$$

Por simetria, conclui-se que:

$x = 3 \rightarrow M = 40$ kNm

$x = 4 \rightarrow M = 0$

c) Dimensionamento na viga

    c.1) Tensão admissível

$$\bar{\sigma} = \frac{\sigma_e}{k} = \frac{180}{2} = 90 \text{ MPa}$$

    c.2) Módulo de resistência da viga

$$W_x = \frac{M_{máx}}{\bar{\sigma}} = \frac{60000}{90 \times 10^6}$$

$$\sigma_{máx} = \frac{M_{máx}}{W_x} = \frac{60000}{743 \times 10^{-6}} \qquad \boxed{W_X = 667 \text{ cm}^3}$$

A viga que deve ser utilizada é I 305 × 60,6 CSN cujo módulo de resistência é $W_x = 743$ cm³. A viga com o módulo de resistência mais próximo do valor calculado.

Observação	Trabalhe sempre a favor da segurança, escolhendo sempre a viga imediatamente superior ao valor obtido nos cálculos.

Ex.8 - Determinar a tensão normal atuante e o coeficiente de segurança (k) da viga dimensionada no exercício anterior.

Solução

a) Tensão normal máxima atuante

$$\sigma_{máx} = \frac{M_{máx}}{W_x} = \frac{60000}{743 \times 10^{-6}}$$

$$\boxed{\sigma_{máx} = 80,75 \text{ MPa}}$$

b) Coeficiente de segurança da construção

$$k = \frac{\sigma_e}{\sigma_{máx}} = \frac{180}{80,75}$$

$$\boxed{k \cong 2,23}$$

Ex.9 - O carregamento da figura será aplicado no conjunto de chapas e vigas representado através da sua secção transversal.

O módulo de resistência do conjunto é $W_x = 474 \text{ cm}^3$.

O material usado possui $\sigma_e = 180 \text{ MPa}$.

Pergunta-se:

1) Qual o coeficiente de segurança da construção?

2) O conjunto suportará o carregamento? Por quê?

3) A construção está bem dimensionada?

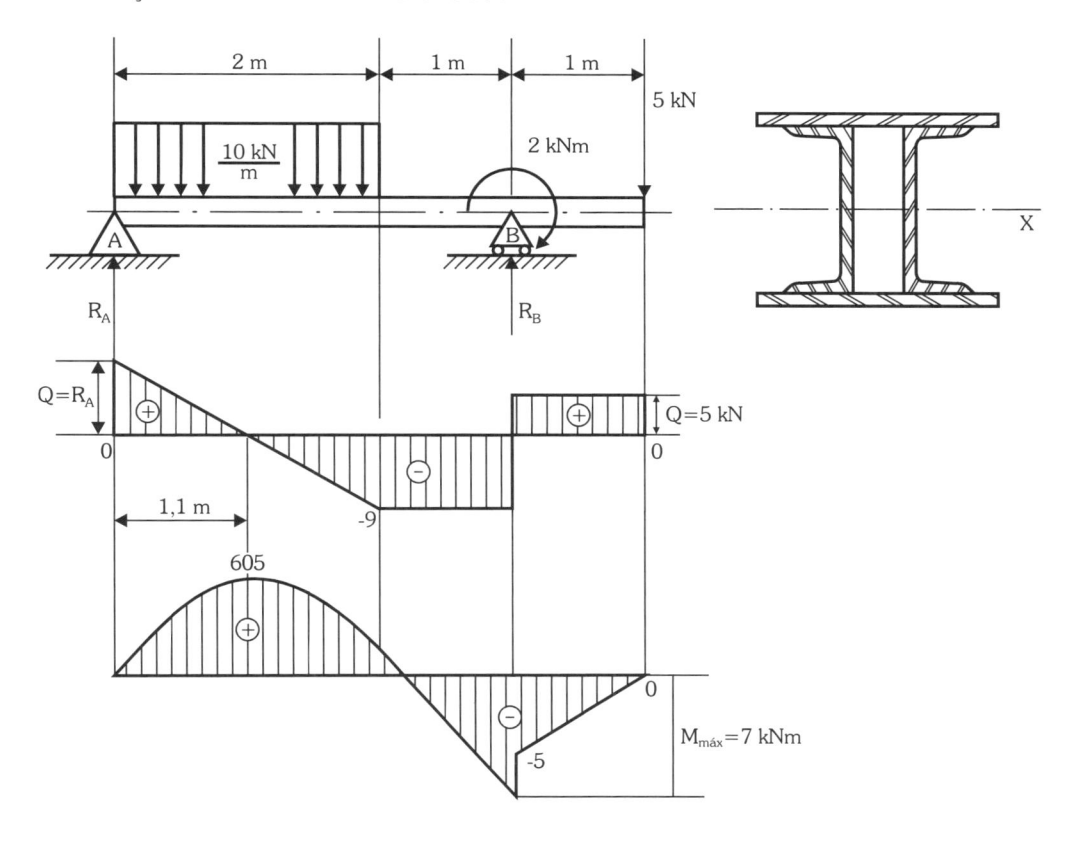

Solução

a) Reações nos apoios

$\Sigma M_A = 0$

$3R_B = 4 \times 5 + 2 + 20 \times 1$

$\boxed{R_B = 14 \text{ kN}}$

$\Sigma F_V = 0$

$R_A + R_B = 25$

$\boxed{R_A = 11 \text{ kN}}$

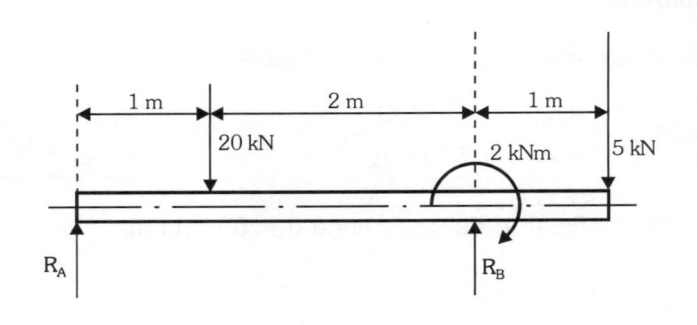

b) Expressões de Q e M

$0 < x < 2$

$Q = R_A - 10x$

$x = 0 \rightarrow Q = R_A = 11 \text{ kN}$

$x = 2 \rightarrow Q = 11 - 20 = -9 \text{ kN}$

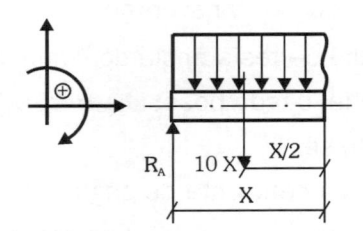

Como a cortante passa de positiva para negativa, o momento fletor máximo no trecho será no ponto em que Q = 0.

$Q = Q \Rightarrow 10x = R_A$

$$\boxed{x = \frac{R_A}{10} = \frac{11}{10} = 1,1 \text{ m}}$$

Ponto em que Q = 0 e M é máximo no trecho.

$M = R_A \cdot x - 10x \cdot \dfrac{x}{2}$

$M = R_A \cdot x - \dfrac{10x^2}{2}$

$M = R_A \cdot x - 5 x^2$

$x = 0 \rightarrow \boxed{M = 0}$

$x = 2 \rightarrow M = 11 \times 2 - 5 \times 2^2$

$\boxed{M = 2 \text{ kNm}}$

$x = 1,1 \rightarrow M = 11 \times 1,1 - 5 \times 1,1^2$ $\boxed{M = 6,05 \text{ kNm}}$

$2 < x < 3$

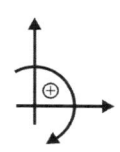

Esse intervalo encontra-se fora do trecho de ação da carga distribuída. Por essa razão, utiliza-se a concentrada da carga para determinar Q e M.

$Q = R_A - 20$

$Q = -9 \text{ kN}$

$M = R_A \cdot x - 20(x - 1)$

$x = 3$

$M = 11 \times 3 - 20 \times 2$ $\boxed{M = -7 \text{ kNm}}$

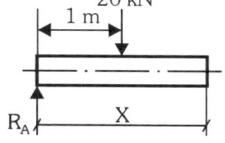

$Q = R_A - 20 + R_B$

$Q = 11 - 20 + 14$

$Q = +5 \text{ kN}$

$M = R_A \cdot x - 20(x - 1) + R_B(x - 3) + 2$

$x = 3 \rightarrow M = 11 \times 3 - 20 \times 2 + 2$

$x = 3 \rightarrow M = -5 \text{ kNm}$

$x = 4 \rightarrow M = 0$

O momento máximo que atua na viga é no limite à esquerda de x = 3, a sua intensidade é de −7 kNm. O sinal negativo significa que as fibras inferiores estão comprimidas; no dimensionamento o sinal é desprezado.

c) Tensão normal máxima atuante na viga

$$\sigma_{máx} = \frac{M_{máx}}{W_x} = \frac{7000}{474 \times 10^{-6}} \qquad \boxed{\sigma_{máx} = 14,8 \text{ MPa}}$$

1) Coeficiente de segurança da construção

$$k = \frac{\sigma e}{\sigma_{máx}} = \frac{180}{14,8} = 12,16 \qquad \boxed{k = 12,16}$$

2) O conjunto suportará o carregamento, pois o coeficiente de segurança da construção é k = 12,16, e o indicado para o caso é k = 2.

3) A construção está mal dimensionada, pois o coeficiente de segurança é altíssimo para o caso. Isso implica em uma construção segura, porém no ponto de vista econômico, tornou–se exagerada, o que vai acarretar gastos absolutamente dispensáveis.

Ex.10 - Determinar o módulo de resistência mínimo para que o conjunto da figura suporte com segurança o carregamento representado. O material a ser utilizado é de qualidade comum BR 18 ABNT-EB-583 = 180 MPa; o coeficiente de segurança que se indica para o caso é k = 2.

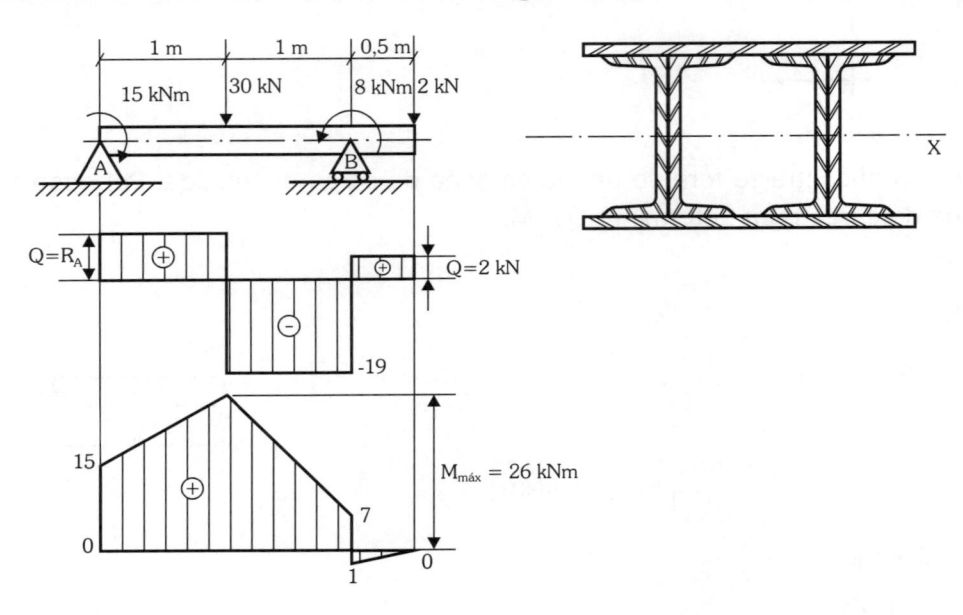

Solução

a) Reações nos apoios

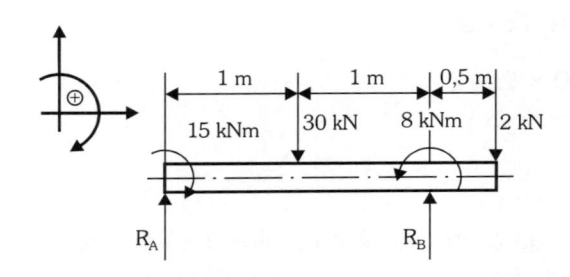

$\Sigma M_A = 0$

$2R_B = 2,5 \times 2 - 8 + 30 \times 1 + 15$

$\boxed{R_B = 21 \text{ kN}}$

$\Sigma F_V = 0$

$R_A + R_B = 30 + 2$

$\boxed{R_A = 11 \text{ kN}}$

b) Expressões de Q e M

$0 < x < 1$

$Q = R_A = 11 \text{ kN}$

$x = 0 \rightarrow M = 15 \text{ kNm}$

$x = 1 \rightarrow M = 26 \text{ kNm}$

$1 < x < 2$

$M = R_A \cdot x - 15$

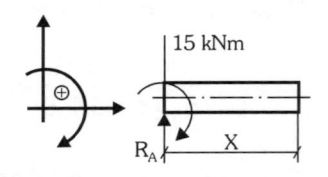

$Q = R_A - 30 \quad Q = -19$ kN

$M = R_A \cdot x - 30(x - 1) + 15$

$x = 2$

$M = 11 \times 2 - 30 \times 1 + 15$

$M = +7$ kNm

$2 < x < 2,5$

$Q = R_A - 30 + R_B$

$Q = 11 - 30 + 21 = 2$ kN

$M = R_A \cdot x - 15 - 30(x - 1) - 8 + R_B(x - 2)$

$x = 2 \rightarrow M = 11 \times 2 + 15 - 30 \times 1 - 8$

$\boxed{M = -1 \text{ kNm}}$

$x = 25 \qquad M = 11 \times 2,5 + 15 - 30 \times 1,5 - 8 + 21 \times 0,5$

$\boxed{M = 0}$

c) Dimensionamento da viga

    c.1) Tensão admissível

$$\bar{\sigma} = \frac{\sigma e}{k} = \frac{180}{2} = 90 \text{ MPa}$$

    c.2) Módulo de resistência do perfil

$$W_x = \frac{M_{máx}}{\bar{\sigma}} = \frac{26000 \, \cancel{N}m}{90 \times 10^6 \, \dfrac{\cancel{N}}{m^2}}$$

$W_x = 289 \times 10^{-6} \text{ m}^3$

$\boxed{W_x = 289 \text{ cm}^3}$

12 Torção

12.1 Introdução

Uma peça submete-se a esforço de torção quando atuam um torque em uma das suas extremidades e um contratorque na extremidade oposta.

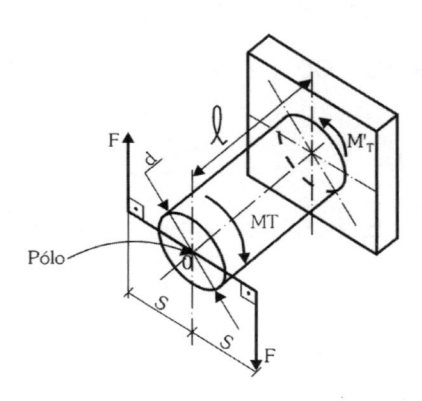

12.2 Momento Torçor ou Torque

O torque atuante na peça representada na figura é definido através do produto entre a intensidade da carga aplicada e a distância entre o ponto de aplicação da carga e o centro da secção transversal (polo).

Tem-se portanto:

$$M_T = 2F \cdot S$$

Em que: M_T - momento de torçor ou torque [Nm;...]

F - carga aplicada [N;...]

S - distância entre o ponto de aplicação da carga e o polo [m;...]

Para as transmissões mecânicas construídas por polias, engrenagens, rodas de atrito, correntes etc., o torque é determinado através de:

$$M_T = F_T \cdot r$$

Sendo: M_T - torque [Nm]

F_T - força tangencial [N]

r - raio da peça [m]

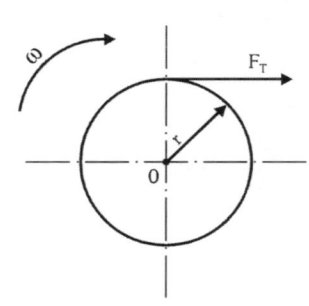

12.3 Potência (P)

Denomina-se potência a realização de um trabalho na unidade de tempo.

Tem-se então que:

$$P = \frac{\tau}{t} = \frac{\text{trabalho}}{\text{tempo}}$$

Como $\tau = F \cdot s$, conclui-se que

$$P = \frac{F \cdot s}{t}$$

mas $v = \dfrac{s}{t}$, portanto, conclui-se que: $\boxed{P = F \cdot v}$

Nos movimentos circulares, escreve-se que:

$$\boxed{P = F_T \cdot v_p}$$

Onde: P - Potência [W]

              F_T - Força tangencial [N]

              v_p - velocidade periférica [m/s]

Unidade de Potência no SI

$$[N] = [F] \cdot [V] = [N] \cdot [m/s]$$
$$[N] = \left[\frac{Nm}{s}\right] = \left[\frac{J}{s}\right] = [W]$$

portanto, potência no SI é determinada em W (watt)

unidade de potência fora do SI, utilizadas na prática.

cv – cavalo vapor: $cv \cong 735{,}5$ W

hp – horse power: $hp \cong 745{,}6$ W

Temporariamente, admite-se a utilização do cv.

O HP – Horse Power – não deve ser utilizado, por se tratar de unidade ultrapassada, não constando mais das unidades aceitas fora do SI.

Como $v_p = \omega \cdot r$, pode-se escrever que: $\boxed{P = F_T \cdot \omega \cdot r}$

mas, $M_T = F_T \cdot r$, tem-se então que: $\boxed{P = M_T \cdot \omega}$

porém $\omega = 2\pi f$, portanto: $\boxed{P = M_T \cdot 2\pi f}$

Como $f = \dfrac{n}{60}$, escreve-se que:

$$P = M_T \times \dfrac{2\pi \cdot n}{60}$$

$$\boxed{P = \dfrac{\pi \cdot M_T \cdot n}{30}}$$

Em que: P - potência [W]

M_T - torque [N.m]

n - rotação [rpm]

f - frequência [Hz]

ω - velocidade angular [rad/s]

12.4 Tensão de Cisalhamento na Torção (τ)

A tensão de cisalhamento atuante na secção transversal da peça é definida através da expressão:

$$\tau = \dfrac{M_T \cdot \rho}{J_p}$$

para $p = 0 \rightarrow \tau = 0$

$\rho = r \quad \rightarrow \quad \boxed{\tau_{máx} = \dfrac{M_T \cdot r}{Jp}} \quad$ (I)

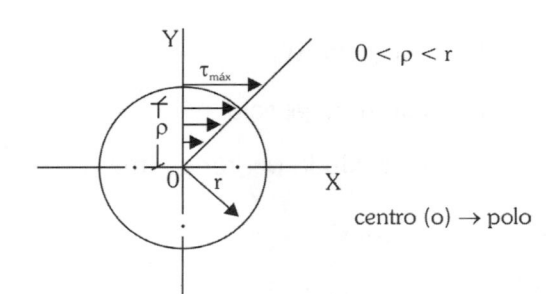

conclui-se que, no centro da secção transversal, a tensão é nula.

A tensão aumenta à medida que o ponto estudado afasta-se do centro e aproxima-se da periferia. A tensão máxima na secção ocorre na distância máxima entre o centro e a periferia, ou seja, quando ρ = r.

Pela definição de módulo de resistência polar, sabe-se que:

$$W_p = \dfrac{Jp}{r} \qquad \text{(II)}$$

substituindo-se II em I, tem-se que:

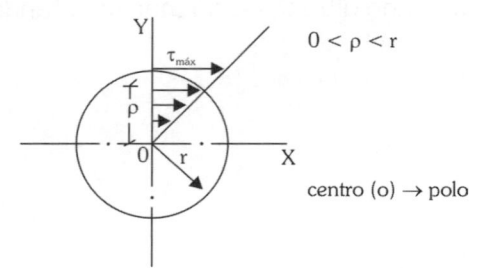

sendo: $\tau_{máx}$ - tensão máxima de cisalhamento na torção [Pa;...]

M_T - momento torçor ou torque [Nm; Nmm;...]

J_p - momento polar de inércia [m^4 ; mm^4;...]

r - raio da secção transversal [m; mm;...]

W_p - módulo de resistência polar da secção transversal [m^3; mm^3;...]

12.5 Distorção (γ)

O torque atuante na peça provoca na secção transversal desta o deslocamento do ponto A da periferia para uma posição A'.

Na longitude do eixo, origina-se uma deformação de cisalhamento denominada distorção γ, que é determinada em radianos, através da tensão de cisalhamento atuante e o módulo de elasticidade transversal do material.

$$\gamma = \frac{\tau}{G}$$

Em que: γ - distorção [rad].

τ - tensão atuante [Pa].

G - módulo de elasticidade transversal do material [Pa].

12.6 Ângulo de Torção (θ)

O deslocamento do ponto A para uma posição A', descrito na distorção, gera, na secção transversal da peça, um ângulo torção (θ) que é definido pela fórmula:

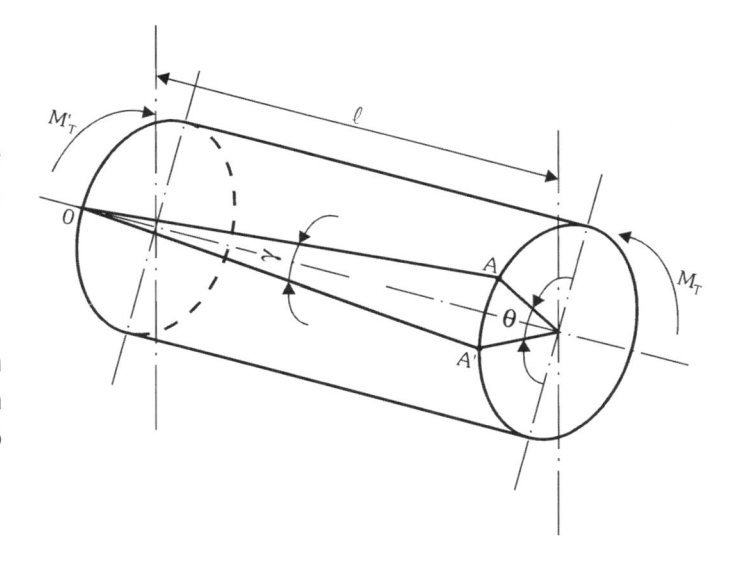

$$\theta = \frac{M_T \cdot \ell}{Jp \cdot G}$$

Sendo: θ - ângulo de torção [radianos]

M_T - momento torçor ou torque [Nm; Nmm;...]

ℓ - comprimento da peça [m; mm;...]

Jp - momento polar de inércia [m^4; mm^4;...]

G - módulo de elasticidade transversal do material [Pa;...]

12.7 Dimensionamento de Eixos Árvore

Denomina-se:

eixo $\rightarrow$ Quando funcionar parado, suportando cargas.

eixo árvore $\rightarrow$ Quando girar, com o elemento de transmissão.

Para dimensionar uma árvore, utiliza-se a $\bar{\tau}$ – tensão admissível do material – indicada para o caso.

Tem-se então:

$$\bar{\tau} = \frac{M_T}{Wp} \qquad (I)$$

para o eixo maciço, tem-se

$$W_P = \frac{\pi d^3}{16} \qquad (II)$$

substituindo II em I, tem-se:

$$\bar{\tau} = \frac{16\, M_T}{\pi d^3}$$

$$d = \sqrt[3]{\frac{16\, M_T}{\pi \bar{\tau}}} \qquad \boxed{d \cong 1{,}72 \sqrt[3]{\frac{M_T}{\bar{\tau}}}}$$

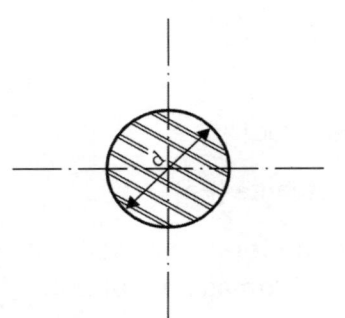

Como $M_T = \dfrac{P}{\omega}$, pode-se escrever que:

$$\boxed{d = 1{,}72 \sqrt[3]{\frac{P}{\omega \cdot \tau}}}$$

mas, $\omega = 2\,\pi f$, portanto:

$$d = 1{,}72 \sqrt[3]{\frac{P}{2\pi f \cdot \bar{\tau}}} \qquad \boxed{d \cong 0{,}932 \sqrt[3]{\frac{P}{f \cdot \bar{\tau}}}}$$

porém $f = \dfrac{n}{60}$, então tem-se que:

$$d \cong 0{,}932 \sqrt[3]{\frac{60\,P}{n \times \bar{\tau}}} \qquad \boxed{d \cong 3{,}65 \sqrt[3]{\frac{P}{n\bar{\tau}}}}$$

Sendo: d - diâmetro da árvore [m]

M_T - torque [N.m]

P - potência [W]

ω - velocidade angular [rad/s]

$\bar{\tau}$ - tensão admissível do material [Pa]

f - frequência [Hz]

n - rotação [rpm]

Movimento Circular

Definições importantes

velocidade angular (ω)

$$\omega \cong 2\pi f = \frac{\pi \cdot n}{30} = \frac{v_p}{r}$$

frequência (f)

$$f = \frac{\omega}{2\pi} = \frac{n}{60} = \frac{v_p}{2\pi \cdot r}$$

rotação (n)

$$n = \frac{30\,\omega}{\pi} = 60\,f = \frac{30\,v_p}{\pi \cdot r}$$

velocidade periférica ou tangencial (v_p)

$$v_p = \omega \cdot r = 2\pi \cdot r \cdot f = \frac{\pi \cdot r \cdot n}{30}$$

Sendo: ω - velocidade angular [rad/s]

f - frequência [Hz]

n - rotação [rpm]

v_p - velocidade periférica [m/s]

Dimensionamento de Árvores Vazadas

Para dimensionar árvores vazadas, utiliza-se:

$$\bar{\tau} = \frac{M_T}{W_p} \qquad (I)$$

Em que: τ - tensão admissível do material [Pa]

M_T - torque [Nm]

w_p - módulo de resistência polar da secção circular vazada cuja expressão é:

$$W_p = \frac{\pi}{16} \cdot \frac{(D^4 - d^4)}{D}$$

Exemplo

Dimensionamento de árvore vazada com relação

$$\frac{d}{D} = 0,5$$

$$D = 2\,d$$

Desenvolvendo o módulo de resistência polar da secção transversal vazada para D = 2 d, tem-se:

$$W_p = \frac{\pi}{16} \frac{[(2d)^4 - d^4]}{2\,d}$$

$$W_p = \frac{\pi}{16} \cdot \frac{15\,d^3}{2\,d}$$

$$\boxed{W_p = \frac{15\pi\,d^3}{32}} \qquad \text{(II)}$$

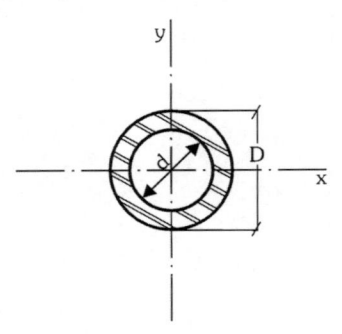

substituindo II em I, tem-se:

$$\overline{\tau} = \frac{M_T}{Wp} = \frac{32 M_T}{15\pi d^3}$$

portanto: $\qquad d = \sqrt[3]{\dfrac{32}{15\pi} \cdot \dfrac{M_T}{\overline{\tau}}}$ $\qquad\qquad \boxed{d \cong 0,88 \sqrt[3]{\dfrac{M_T}{\tau}}}$

Diâmetro interno da árvore

Diâmetro externo da árvore

$$\boxed{D = 2\,d}$$

⚙ Exercícios ⚙

Ex.1 - Uma árvore de aço possui diâmetro d = 30 mm, gira com uma velocidade angular $\omega = 20\,\pi$ rad/s, movida por uma força tangencial $F_T = 18$ kN.

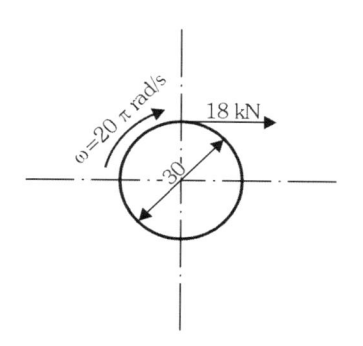

Determinar para o movimento da árvore:

a) rotação (n)

b) frequência (f)

c) velocidade periférica (v_p)

d) potência (P)

e) torque (M_t)

Solução

a) rotação (n)

$$n = \frac{30\omega}{\pi} \qquad n = \frac{30 \times 20\pi}{\pi} = 600 \text{ rpm} \qquad \boxed{n = 600 \text{ rpm}}$$

b) frequência (f)

$$f = \frac{n}{60} = \frac{600}{60} \qquad \boxed{f = 10 \text{ Hz}}$$

c) velocidade periférica (v_p)

$$v_p = \omega \cdot r = 20\pi \times 0{,}015$$

$$\boxed{v_p = 0{,}3 \, \pi\text{m/s} \cong 0{,}94 \text{ m / s}}$$

d) potência (N)

$$P = F_T \cdot V_p = 18000 \text{ N} \times 0{,}94 \text{ m / s}$$

$$P = 16920 \text{ Nm / s}$$

$$\boxed{P = 16920 \text{ W}}$$

e) torque (M_T)

$$M_T = F_T \cdot r = 18000 \text{ N} \times 0{,}015 \text{ m}$$

$$\boxed{M_T = 270 \text{ Nm}}$$

Ex.2 - Dimensionar a árvore maciça de aço, para que transmita com segurança uma potência de 7355 W (~10 CV), girando com rotação de 800 rpm. O material a ser utilizado é o ABNT 1040L, com $\bar{\tau}$ = 50 MPa (tensão admissível de cisalhamento na torção).

Solução

$$d = 3{,}65 \sqrt[3]{\frac{P}{n \cdot \bar{\tau}}}$$

$$d = 3{,}65 \sqrt[3]{\frac{7355}{800 \times 50 \times 10^6}}$$

$$d = 3,65 \sqrt[3]{\frac{7355}{800 \times 50}} \times 10^{-2} \, m$$

$$\boxed{\begin{aligned} &d \cong 2,1 \times 10^{-2} \, m \\ &d \cong 2,1 \, cm \ \ ou \ \ d \cong 21 \, mm \end{aligned}}$$

Ex.3 - O eixo árvore representado na figura possui diâmetro d = 40 mm e comprimento ℓ = 0,9 m, gira com uma velocidade angular ω = 20π rad/s movido por um torque M_T = 200 Nm.

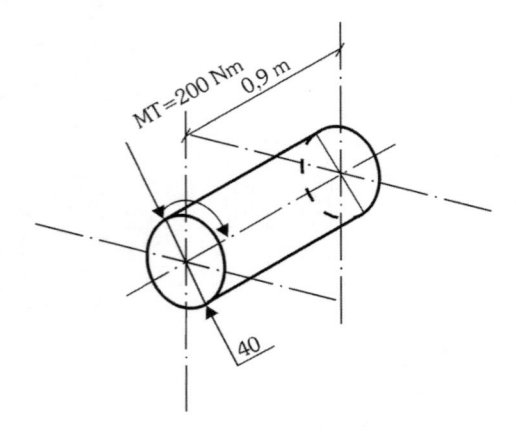

Determinar para o movimento da árvore:

a) força tangencial

b) velocidade periférica

c) potência

d) tensão máxima atuante

Solução

a) força tangencial

$$F_T = \frac{M_T}{r} = \frac{200 \, Nm}{20 \times 10^{-3} \, m} \qquad \boxed{F_T = 10^4 N = 10000 \, N}$$

b) velocidade periférica

$$v_p = 20\pi \, rad \, / \, s \cdot 20 \times 10^{-3} \, m$$

$$v_p = 0,4 \, \pi m \, / \, s \qquad \boxed{v_p = 1,26 \, m \, / \, s}$$

c) potência

$$P = F_T \cdot v_p \qquad\qquad P = 10000 \times 1,26 \qquad\qquad \boxed{P \cong 12600 \, W}$$

d) tensão máxima atuante

$$\tau_{máx} = \frac{M_T}{Wp} = \frac{16 \, M_T}{\pi d^3}$$

$$\tau_{máx} = \frac{16 \times 200 \, Nm}{\pi (4 \times 10^{-2} m)^3}$$

$$\tau_{máx} = \frac{16 \times 200 \, Nm}{\pi \times 4^3 \times 10^{-6} \, m^3}$$

$$\tau_{máx} = \frac{16 \times 200}{\pi 4^3} \times \frac{10^6 \, N}{m^2}$$

$$\boxed{\tau_{máx} = 15,9 \, MPa}$$

Ex.4 - No exercício anterior, determine a distorção (γ) e o ângulo de torção (θ). $G_{aço}$ = 80 GPa

Solução

a) distorção (γ)

$$\gamma = \frac{\tau}{G} = \frac{15,9 \times 10^6}{80 \times 10^9} = \frac{15,9 \times 10^6}{8 \times 10^{10}} \qquad \boxed{\gamma = 1,9875 \times 10^{-4} \, rad}$$

b) ângulo de torção (θ)

$$\theta = \frac{MT \times \ell}{J_P \times G}$$

O momento polar de inércia do círculo é dado por:

$$J_p = \frac{\pi d^4}{32}$$

portanto:

$$\theta = \frac{32 M_T \times \ell}{\pi d^4 \times G}$$

$$\theta = \frac{32 \times 200 \, Nm \times 0,9 \, m}{\pi \left(4 \times 10^{-2} \, m\right)^4 \times 80 \times 10^9 \, \frac{N}{m^2}}$$

$$\theta = \frac{32 \times 200 \, Nm \times 0,9 \, m}{\pi \times 4^4 \times 10^{-8} \, m^4 \times 80 \times 10^9 \, \frac{N}{m^2}}$$

$$\theta = \frac{32 \times 200 \times 0,9}{\pi \times 4^4 \times 10^{-8} \times 800 \times 10^8} \qquad \boxed{\theta = 8,95 \times 10^{-3} \, rad}$$

Ex.5 - Um eixo árvore de secção transversal constante, com diâmetro igual a 50 mm, transmite uma potência de 60 kW a uma frequência de 30 Hz. Pede-se determinar no eixo:

    a) a velocidade angular

    b) a rotação

    c) o torque atuante

    d) a tensão máxima atuante

Solução

a) velocidade angular

$$\omega = 2\pi f \qquad\qquad \omega = 2\pi \times 30 \qquad\qquad \boxed{\omega = 60\,\pi \text{ rad / s}}$$

b) rotação do eixo

Cada volta do eixo corresponde a 2π rad, de que se conclui que o eixo gira a uma frequência de 30 Hz ou rotação de 1800 rpm.

c) torque no eixo

O torque no eixo é dado por:

$$M_T = \frac{P}{\omega} = \frac{60000}{60\,\pi} = 318,3 \text{ Nm}$$

d) tensão máxima atuante

$$\tau_{máx} = \frac{M_T}{Wp} = \frac{16\,M_T}{\pi d^3}$$

$$\tau_{máx} = \frac{16 \times 318,3}{\pi\,(5\times 10^{-2})^3} = \frac{16 \times 318,3}{\pi \times 125 \times 10^{-6}} \qquad \boxed{\tau_{máx} = 13\,\text{MPa}}$$

Ex.6 - Dimensionar o eixo árvore vazado com relação entre diâmetros igual a 0,6, para transmitir uma potência de 20 kW, girando com uma velocidade angular $\omega = 4\pi$ rad / s.

O material do eixo é ABNT 1045 e a tensão admissível indicada para o caso é 50 MPa.

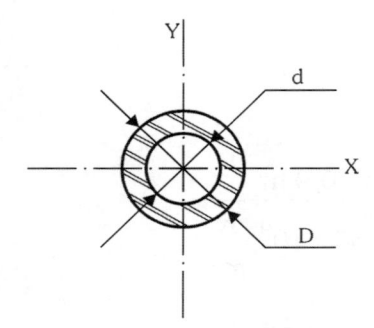

Solução

a) Torque atuante no eixo

$$M_T = \frac{P}{\omega} = \frac{2000}{4\pi} \qquad\qquad \boxed{M_T = 1591,5 \text{ Nm}}$$

b) Dimensionamento do eixo

$$\overline{\tau} = \frac{N_T}{W_p} = \frac{M_T}{\dfrac{\pi}{16}\dfrac{(D^4 - d^4)}{D}} = \frac{M_T}{\dfrac{\pi}{16}\left(\dfrac{(1,67d)^4 - d^4}{1,67d}\right)}$$

$$\overline{\tau} = \frac{M_T}{\dfrac{\pi}{16}\left[\dfrac{7,78d^4 - d^4}{1,67\,d}\right]} = \frac{M_T}{\dfrac{\pi}{16}\left(\dfrac{6,78\,d^4}{1,67\,d}\right)}$$

$$\overline{\tau} = \frac{M_T}{\dfrac{\pi}{16}\cdot 4,06\,d^3} = \frac{16\,M_T}{12,75\,d^3}$$

$$d = \sqrt[3]{\frac{16\,MT}{12,75\,\tau}} = \sqrt[3]{\frac{16\times 1591,5}{1275\times 50\times 10^6}} = \sqrt[3]{\frac{16\times 1591,5}{1,275\times 0,5\times 10^9}}$$

$$d = 10^{-3}\,\sqrt[3]{\frac{16\times 15,91,3}{1,275\times 0,5}}$$

$$d = 34\times 10^{-3}\,m \qquad \boxed{d = 34\ mm}$$

Como D = 1,67 d, conclui-se que:

$$D = 1,67\times 34 \cong 57\,mm \qquad \boxed{D = 57\ mm}$$

Ex.7 - A figura dada representa a chave para movimentar as castanhas da placa do eixo árvore do torno. A carga máxima que deve ser aplicada em cada extremidade é F = 120 N.

Dimensionar a extremidade da secção quadrada de lado "a" da chave.

O material a ser utilizado é o ABNT 1045 e a sua tensão de escoamento é 400 MPa. Como a chave estará submetida à variação brusca de tensão, recomenda-se a utilização do coeficiente de segurança k = 8.

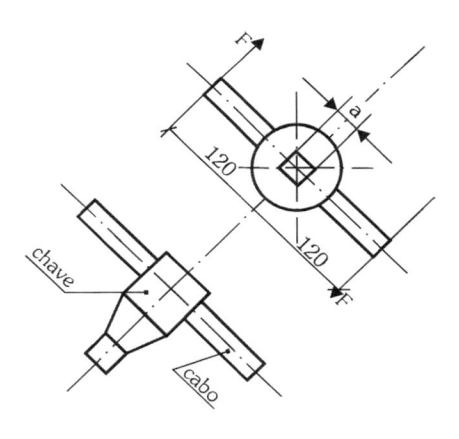

Solução

Para dimensionar a secção quadrada da chave, admite-se coeficiente de segurança k = 8 como ideal para o caso, portanto, a tensão admissível será:

$$\overline{\tau} = \frac{\sigma e}{k} = \frac{400}{8} = 50\ \text{MPa}$$

O módulo de resistência polar da secção quadrada é dado por: $Wp \cong 0,23a^3$.

O torque que atuará na chave determina-se através de:

$$M_T = 2F\cdot s = 2\times 120\times 120 \qquad \boxed{M_T = 28800\ \text{Nmm}}$$

Dimensionamento da secção:

$$\bar{\tau} = \frac{M_T}{W_p} = \frac{M_T}{0,23\,a^3} \qquad\qquad a^3 = \frac{M_T}{0,23\,\bar{\tau}}$$

A tensão admissível está calculada em MPa, que equivale a N/mm²; conclui-se, portanto, que $\bar{\tau} = 50\,N/mm^2$.

$$a = \sqrt[3]{\frac{M_T}{0,23\,\tau}} = \sqrt[3]{\frac{28800}{0,23 \times 50}} \qquad \boxed{a = 13,6\ mm}$$

Ex.8 - A figura dada representa uma "chave soquete" utilizada para fixação
de parafusos. A carga máxima que
será aplicada na haste da "chave
soquete" é de 180N. Dimensionar
a haste da chave.

Material a ser utilizado é o ABNT
3140 (aço Cr: Ni) σ_e = 650 MPa.
Utilizar k = 6,5.

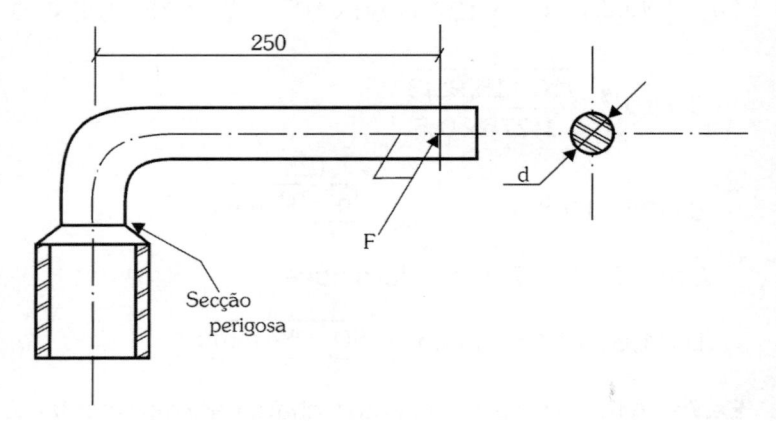

Solução

a) Torque atuante na haste

A secção que apresenta maior perigo para cisalhar na torção é a junção entre a boca da chave e a haste; o torque que atua na secção é calculado por:

$M_T = 250 \times 180 = 45000\ Nmm$

b) Tensão admissível

A tensão máxima que deve atuar na secção perigosa é de:

$$\bar{\tau} = \frac{\sigma_e}{k} = \frac{650}{6,5} = 100\ MPa$$

Como a unidade MPa equivale a N/mm², utiliza-se

$\bar{\tau} = 100\ N/mm^2$

c) Dimensionamento da haste

c.1) O módulo de resistência polar da secção circular é dado por

$$W_p = \frac{\pi d^3}{16}$$

c.2) Diâmetro da haste

$$\overline{\tau} = \frac{M_T}{\dfrac{\pi d^3}{16}} = \frac{16 M_T}{\pi d^3}$$

$$d = \sqrt[3]{\frac{16 M_T}{\pi \overline{\tau}}} \qquad d = \sqrt[3]{\frac{16 \times 45000}{\pi \times 100}} \qquad \boxed{d = 13 \text{ mm}}$$

Ex.9 - Um eixo árvore possui d = 80 mm e comprimento igual a 90 cm, transmite uma potência de 15 kW com uma frequência de 10 Hz.

Determinar:

   a) Tensão máxima de cisalhamento atuante

   b) A distorção no eixo

   c) O ângulo de torção $\quad G_{aço} = 80$ GPa

Solução

   a) Tensão máxima atuante no eixo árvore

      a.1) Torque na árvore

$$M_T = \frac{P}{2\pi f} = \frac{15000}{2\pi \times 10} \qquad \boxed{M_T = 239 \text{ Nm}}$$

      a.2) Tensão máxima atuante na árvore

$$\tau_{máx} = \frac{M_T}{Wp} = \frac{16 M_T}{\pi d^3} = \frac{16 \times 239}{\pi (8 \times 10^{-2})^3} \qquad \boxed{\tau_{máx} = 2,38 \text{ MPa}}$$

   b) Distorção na árvore

$$\gamma = \frac{\tau}{G} = \frac{17 \times 10^6}{80 \times 10^9}$$

$$\boxed{\gamma = 2,975 \times 10^{-5} \text{ rad}}$$

   c) Ângulo de torção

$$\theta = \frac{M_T \cdot \ell}{Jp \cdot G} = \frac{32 M_T \cdot \ell}{\pi d^4 \cdot G} = \frac{32 \times 239 \times 0,9}{\pi \left(8 \times 10^{-2}\right)^4 \times 80 \times 10^9}$$

$$\theta = \frac{32 \times 239 \times 0,9}{\pi \times 8^4 \times 10^{-8} \times 800 \times 10^8} \qquad \boxed{\theta = 6,69 \times 10^{-4} \text{ rad}}$$

Ex.10 - Um motor de potência 100 kW e velocidade angular 40 π rad / s aciona duas máquinas pela transmissão por polias representada na figura.

A máquina da direita (2) consome 80 kW e a da esquerda (3), 20 kW. Desprezam-se as perdas.

O eixo da direita (2) possui $d_1 = 80$ mm e comprimento igual a 1,2 m, enquanto o eixo da esquerda possui $d = 40$ mm e comprimento igual a 0,8 m. $G_{aço} = 80$ GPa. Os diâmetros nominais das polias são $d_{n_1} = 150$ mm; $d_{n_2} = 450$ mm; $d_{n_3} = 180$ mm; $d_{n_4} = 360$ mm; $d_{n_5} = 200$ mm; $d_{n_6} = 400$ mm.

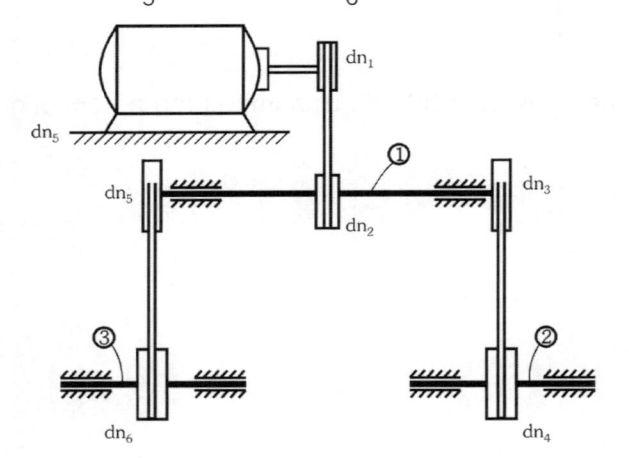

Determinar:

a) A rotação nos eixos (1), (2) e (3)

b) A tensão máxima atuante nos eixos (2) e (3)

c) Ângulo de torção nos eixos (2) e (3)

d) A distorção nos eixos (2) e (3)

Solução

a) Rotação nos eixos

a.1) Eixo do motor

Como a velocidade angular é de 40 πrad/s, conclui-se que, a cada segundo, o eixo dá 20 voltas; desta forma, em 1 min (60 s) a rotação do eixo do motor será:

$n_{motor} = 20 \times 60 = 1200$ rpm

a.2) Eixo (1)

A rotação no eixo (1) é calculada pela relação entre a rotação do motor e a relação da transmissão entre as polias (1) e (2). Escreve-se, então, que:

$$n_1 = n_{motor} \cdot \frac{d_{n1}}{d_{n2}} \qquad n_1 = 1200 \cdot \frac{150}{450} \qquad \boxed{n_1 = 400 \text{ rpm}}$$

a.3) Eixo (2)

Analogamente ao eixo 1, conclui-se que:

$$n_2 = n_1 \cdot \frac{d_{n3}}{d_{n4}} = 400 \times \frac{180}{360} \qquad \boxed{n_2 = 200 \text{ rpm}}$$

a.4) Eixo (3)

Analogamente, tem-se que:

$$n_3 = n_1 \cdot \frac{d_{n5}}{d_{n6}} = 400 \times \frac{200}{400} \qquad \boxed{n_3 = 200 \text{ rpm}}$$

b) Tensão máxima nos eixos (2) e (3)

b.1) Eixo (2)

b.1.1) Torque no eixo (2)

O eixo (2) trabalha com uma potência de 80 kW a uma rotação de 200 rpm; conclui-se, então, que o torque no eixo é:

$$M_{T_2} = \frac{30}{\pi} \cdot \frac{P}{n_2} = \frac{30 \times 80000}{\pi \times 200} \qquad \boxed{M_{T_2} \cong 3820 \text{ Nm}}$$

O diâmetro do eixo (2) é de 80 mm, portanto a tensão máxima nele será:

$$\tau_{máx_2} = \frac{M_{T_2}}{Wp} = \frac{16\,M_T}{\pi d^3} = \frac{16 \times 3820}{\pi\left(8 \times 10^{-2}\right)^3} = \frac{16 \times 3820}{\pi \times 8^3 \times 10^{-6}}$$

$$\boxed{\tau_{máx_2} = 38 \text{ MPa}}$$

b.1.2) Eixo (3)

O eixo 3 trabalha com uma potência de 20 kW e uma rotação de 200 rpm; conclui-se, então, que o torque no eixo é:

$$M_{T_3} = \frac{30}{\pi} \cdot \frac{P}{n_3} = \frac{30}{\pi} \cdot \frac{20000}{200} \qquad \boxed{M_{T_3} \cong 955 \text{ Nm}}$$

O diâmetro do eixo (3) é de 40 mm, portanto a tensão máxima nele será:

$$\tau_{máx_3} = \frac{M_T}{W_p} = \frac{16\,M_T}{\pi d^3} = \frac{16 \times 955}{\pi\left(4 \times 10^{-2}\right)^3}$$

$$\tau_{máx_3} = \frac{16 \times 955}{\pi \times 4^3 \times 10^{-6}} \qquad \boxed{\tau_{máx_3} = 76 \text{ MPa}}$$

c) Ângulo de torção nos eixos (2) e (3)

c.1) Eixo (2)

$$\theta_2 = \frac{M_{T_2} \cdot \ell_2}{Jp \cdot G} = \frac{32 \times 3820 \times 1,2}{\pi\left(8 \times 10^{-2}\right)^4 \times 80 \times 10^9}$$

$$\theta_2 = \frac{32 \times 3820 \times 1,2}{\pi \times 8^4 \times 10^{-8} \times 800 \times 10^8} \qquad \boxed{\theta_2 = 1,425 \times 10^{-2} \text{ rad}}$$

c.2) Eixo (3)

$$\theta_3 = \frac{M_{T_3} \cdot \ell_3}{Jp \cdot G} = \frac{32 \times 955 \times 0,8}{\pi (4 \times 10^{-2})^4 \times 80 \times 10^9}$$

$$\theta_3 = \frac{32 \times 955 \times 0,8}{\pi \times 4^4 \times 10^{-8} \times 800 \times 10^{-8}} \qquad \theta_2 = 3,8 \times 10^{-2} \text{ rad}$$

d) Distorção nos eixos (2) e (3)

d.1) Eixo (2)

$$\gamma_2 = \frac{\tau_{máx_2}}{G_{aço}} = \frac{38 \times 10^6}{80 \times 10^9} \qquad \boxed{\gamma_2 = 4,75 \times 10^{-4} \text{ rad}}$$

d.2) Eixo (3)

$$\gamma_3 = \frac{\tau_{máx_3}}{G_{aço}} = \frac{76 \times 10^6}{80 \times 10^9} \qquad \boxed{\gamma_3 = 9,5 \times 10^{-4} \text{ rad}}$$

Ex.11 - A figura representa uma transmissão por correias, com as seguintes características:

Motor: P = 10 kW e n = 1140 rpm

Polias: d_{n1} = 180 mm

d_{n2} = 450 mm

d_{n3} = 200 mm

d_{n4} = 400 mm

Determinar torque e rotação nos eixos (1) e (2). Desprezar perdas na transmissão.

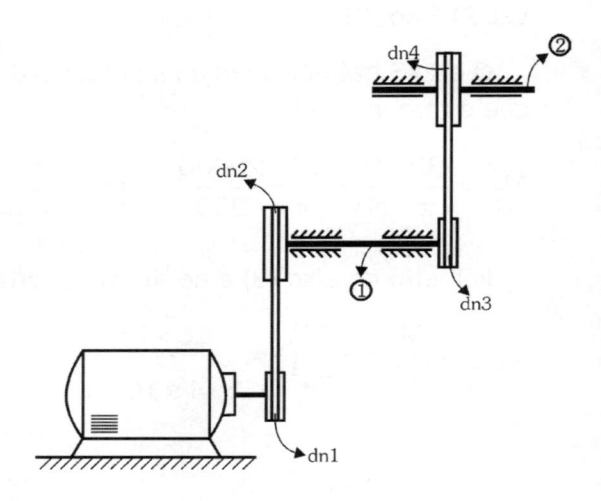

Solução

Os torques são diretamente proporcionais às relações de transmissão, enquanto as rotações são inversamente proporcionais a estas. À medida que o torque aumenta, a rotação diminui na mesma proporção e vice-versa. Tem-se então que:

a) Eixo

a.1) Torque

$$M_{T_1} = 9,55 \times \frac{10000}{1140} \times \frac{450}{180} \qquad \boxed{M_{T_1} = 210 \text{ Nm}}$$

a.2) Rotação

$$n_1 = n_{motor} \cdot \frac{d_{n1}}{d_{n2}} \quad n_1 = 1140 \times \frac{180}{450} \qquad \boxed{n_1 = 456 \text{ rpm}}$$

b) Eixo (2)

b.1) Torque

$$M_{T_2} = 9,55 \times \frac{10000}{1140} \times \frac{450}{180} \times \frac{400}{200} \qquad \boxed{M_{T_2} = 420 \text{ Nm}}$$

b.2) Rotação

$$n_2 = n_{motor} \frac{dn_1}{dn_2} \cdot \frac{dn_3}{dn_4} \qquad n_2 = 1140 \times \frac{180}{450} \times \frac{200}{400}$$

$$\boxed{n_2 = 228 \text{ rpm}}$$

Ex.12 - A figura a seguir representa uma transmissão por engrenagens com as seguintes características:

Motor: P = 15 kW e n $\cong$ 1740 rpm

Engrenagens:

d_{0_1} = 120 mm (diametro primitivo eng 1)

d_{0_2} = 240 mm (diâmetro primitivo eng 2)

d_{0_3} = 150 mm (diâmetro primitivo eng 3)

d_{0_4} = 225 mm (diâmetro primitivo eng 4)

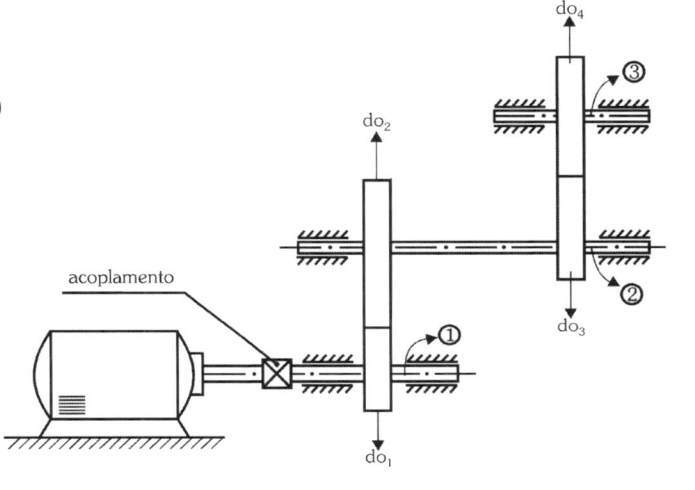

Determinar torques e rotações nos eixos (1), (2) e (3).

Desprezar as perdas na transmissão.

Solução

Analogamente ao exercício anterior, tem-se que:

a) Eixo (1)

a.1) Torque

$$M_{T_1} = 9,55 \times \frac{15000}{1740} \qquad \boxed{M_{T_1} = 82,3 \text{ Nm}}$$

a.2) Rotação

A rotação no eixo (1) é a mesma do motor, pois o eixo (1) e o eixo do motor estão ligados através de acoplamento, portanto:

$$\boxed{n_1 = 1740 \text{ rpm}}$$

b) Eixo (2)

b.1) Torque

O torque no eixo (2) é determinado através do produto entre o torque do eixo (1) e a relação de transmissão entre as engrenagens (1) e (2).

Tem-se, então:

$$M_{T_2} = M_{T_1} \frac{d_{0_2}}{d_{0_1}} = 82,3 \times \frac{240}{120} \qquad \boxed{M_{T_2} = 164,6 \text{ Nm}}$$

b.2) Rotação

A rotação do eixo (2) é obtida pela relação entre a rotação do eixo (1) e a relação de transmissão entre as engrenagens (1) e (2).

$$n_2 = \frac{n_1 \times d_{0_1}}{d_{0_2}} = \frac{1740 \times 120}{240} \qquad \boxed{n_2 = 870 \text{ rpm}}$$

c) Eixo (3)

c.1) Torque

O torque no eixo (3) é obtido através do produto entre o torque do eixo (2) e a relação de transmissão do 2º estágio.

Tem-se, então, que:

$$M_{T_3} = M_{T_2} \cdot \frac{d_{0_4}}{d_{0_3}} = 164,6 \times \frac{225}{150}$$

$$\boxed{M_{T_3} = 246,75 \text{ Nm}}$$

c.2) Rotação

A rotação no eixo (3) é obtida pela relação entre a rotação do eixo (2) e a relação de transmissão do 2º estágio.

$$n_3 = \frac{n_2 \times d_{0_3}}{d_{0_4}}$$

$$n_3 = \frac{870 \times 150}{225}$$

$$\boxed{n_3 = 580 \text{ rpm}}$$

Observação	Para que haja engrenamento, o módulo do par de engrenagens deve ser o mesmo, portanto, a relação de transmissão por estágio pode ser obtida através da relação entre o número de dentes do par.

Flambagem

13.1 Introdução

Ao sofrer a ação de uma carga axial de compressão, a peça pode perder a sua estabilidade, sem que o material tenha atingido o seu limite de escoamento. Esse colapso ocorre sempre na direção do eixo de menor momento de inércia de sua secção transversal.

13.2 Carga Crítica

Denomina-se carga crítica a carga axial que faz com que a peça venha a perder a sua estabilidade, demonstrada pelo seu encurvamento na direção do eixo longitudinal.

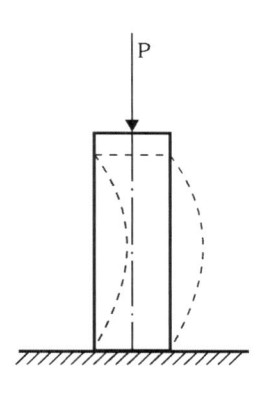

13.2.1 Carga Crítica de Euler

Pelo estudo do suíço Leonard Euler (1707-1783) determinou-se a fórmula da carga crítica nas peças carregadas axialmente.

$$P_{cr} = \frac{\pi^2 EJ}{\ell_f^2}$$

Sendo: P_{cr} - carga elétrica [N;kN;...]

E - módulo de elasticidade do material [MPa; GPa;...]

J - momento de inércia da secção transversal [m⁴; cm⁴;...]

ℓ_f - comprimento livre de flambagem [m; mm;...]

π - constante trigonométrica 3,1415...

13.3 Comprimento Livre de Flambagem

Em função do tipo de fixação das suas extremidades, a peça apresenta diferentes comprimentos livres de flambagem.

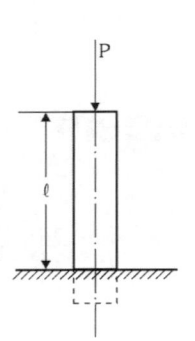 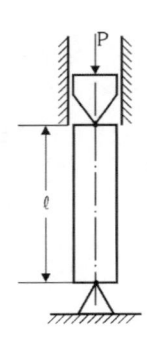 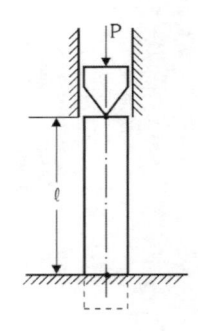 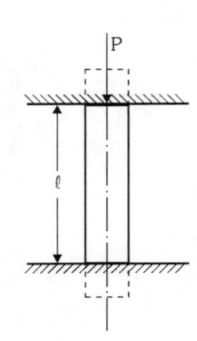

engastada e livre $\ell_f = 2\ell$

biarticulada $\ell_f = \ell$

articulada e engastada $\ell_f = 0{,}7\,\ell$

biengastada $\ell_f = 0{,}5\,\ell$

13.4 Índice de Esbeltez (λ)

É definido através da relação entre o comprimento de flambagem (ℓ_f) e o raio de giração mínimo da secção transversal da peça.

$$\lambda = \frac{\ell_f}{i_{mín}}$$

Sendo: λ - índice de esbeltez [adimensional]

ℓ_f - comprimento de flambagem [m; mm;...]

$i_{mín}$ - raio de giração mínimo [m;...]

13.5 Tensão Crítica (σ_{cr})

A tensão crítica deve ser menor ou igual à tensão de proporcionalidade do material. Desta forma, observa-se que o material deve estar sempre na região de formação elástica, pois o limite de proporcionalidade constituiu-se no limite máximo para validade da lei de Hooke.

Define-se a tensão crítica através da relação entre a carga crítica e a área da secção transversal da peça.

Tem-se, então, que:

$$\sigma_{cr} = \frac{P_{cr}}{A} = \frac{\pi^2\,EJ}{\ell_f^2 \cdot A}$$

como $\ell_f^2 = \lambda^2 \cdot i_{mín}^2$ escreve-se que

$$\sigma_{cr} = \frac{\pi^2 EJ}{A \cdot \lambda^2 \cdot i_{mín}^2} \quad \text{mas,} \quad i_{mín}^2 = \frac{J}{A}$$

portanto:

$$\sigma_{cr} = \frac{\pi^2 E \cancel{J}}{\cancel{A} \frac{\cancel{J}}{\cancel{A}} \lambda^2}$$

$$\boxed{\sigma_{cr} = \frac{\pi^2 \cdot E}{\lambda^2}}$$

sendo:

σ_{cr} - tensão crítica [MPa;...]

E - módulo de elasticidade do material [MPa; GPa;...]

λ - índice de esbeltez [adimensional]

π - constante trigonométrica 3,1415...

13.6 Flambagem nas Barras no Campo das Deformações Elastoplásticas

Quando a tensão de flambagem ultrapassa a tensão de proporcionalidade do material, a fórmula de Euler perde a sua validade.

Para estes casos, utiliza-se o estudo Tetmajer que indica:

Material	Índice de Esbeltez (λ)	$\sigma_{f_{\ell l}}$ (Tetmajer) [MPa]
Fofo cinzento	$\lambda < 80$	$\sigma_{f_\ell} = 776 - 12\lambda + 0,053\lambda^2$
Aço duro	$\lambda < 89$	$\sigma_{f_\ell} = 335 - 0,62\lambda$
Aço níquel até 5%	$\lambda < 86$	$\sigma_{f_\ell} = 470 - 2,3\lambda$
Madeira pinho	$\lambda < 100$	$\sigma_{f_\ell} = 29,3 - 0,194\lambda$

13.7 Normas

ABNT NB14 (Aço)

$$\sigma_{f\ell} = 240 - 0,0046\,\lambda^2 \quad \text{para} \quad \lambda \le 105$$

$$\sigma_{f\ell} = \frac{\pi^2 E}{\lambda^2} \qquad \text{para} \quad \lambda > 105$$

Adotando-se um coeficiente de segurança k = 2, tem-se $\bar{\sigma}_{f\ell}$ – tensão admissível de flambagem.

$$\bar{\sigma}_{f\ell} = 120 - 0,0023\,\lambda^2 \quad \text{para} \quad \lambda \le 105$$

$$\bar{\sigma}_{f\ell} = \frac{1.036.300}{\lambda^2} \qquad \text{para} \quad \lambda > 105$$

ABNT - NB11 (Madeira)

Tensão admissível na madeira

Compressão axial de peças curtas

$\lambda \,''\, 40$

$\bar{\sigma}_{f_\ell} = 0,20\sigma_c$

Compressão axial de peças esbeltas

$\lambda > 40$

$40 < \lambda \,''\, \lambda_0$

$$\bar{\sigma}_{f_\ell} = \bar{\sigma}_c \left[1 - \frac{1}{3} \cdot \frac{\lambda - 40}{\lambda_0 - 40} \right]$$

$\lambda \ge \lambda_0$

$$\bar{\sigma}_{f_\ell} = \frac{1}{4} \cdot \frac{\pi^2 \cdot E_m}{\lambda^2} = \frac{2}{3}\bar{\sigma}_c \left(\frac{\lambda_0}{\lambda} \right)$$

$$\lambda_0 = \sqrt{\frac{\pi^2 \cdot E_m}{\left(\frac{8}{3}\right)\bar{\sigma}_c}}$$

sendo: λ_0 - índice de esbeltez acima do qual é aplicável a fórmula de Euler [adimensional]

E_m - módulo de elasticidade da madeira verde [Pa;...]

Taxa mecânica da armadura

$$W = \frac{100}{(150 - \lambda)} \quad \lambda \text{ '' } 100$$

$$W = \frac{2\lambda^3}{10^6} \qquad \lambda > 100$$

Tensão de flambagem

$$\sigma_f = \frac{W \cdot P}{A}$$

sendo: λ - índice de esbeltez

P   -   carga aplicada [N;...]

A   -   área da secção transversal [m²;...]

W   -   taxa mecânica de armadura [adimensional]

⚙ Exercícios ⚙

Ex.1 -   Determinar λ para o aço de baixo carbono, visando ao domínio da fórmula de Euler.

σ_p= 190 MPa $E_{aço}$ = 210 GPa

Solução

Para determinar o domínio, a tensão de proporcionalidade torna-se a tensão crítica.

Tem-se, então, que:

$$\sigma_P = \sigma_{cr} = \frac{\pi^2 \cdot E}{\lambda^2}$$

$$\lambda = \sqrt{\frac{\pi^2 \cdot E}{\sigma_p}}$$

$$\lambda = \sqrt{\frac{\pi^2 \times 210 \times 10^9}{190 \times 10^6}} = \sqrt{\frac{\pi^2 \times 21 \times 10^4}{190}}$$

$$\lambda = 10^2 \sqrt{\frac{\pi^2 \times 21}{190}}$$

$$\lambda \cong 105$$

Concluiu-se que para aço de baixo carbono, a fórmula de Euler é válida para $\lambda > 105$.

Ex.2 - Determinar o índice de esbeltez (λ), visando ao domínio da equação de Euler para os seguintes materiais:

a) Fofo

σ_p = 150 MPa

E_{fofo} = 100 GPa

b) Duralumínio

σ_p = 200 MPa

E = 70 GPa

c) Pinho

σ_p = 10 MPa

E = 10 GPa

Solução

a) Ferro fundido (Fofo)

$$\lambda = \sqrt{\frac{\pi^2 \cdot E}{\sigma_p}} = \sqrt{\frac{\pi^2 \times 10^9}{150 \times 10^6}}$$

$\lambda \cong 80$

Utiliza-se a fórmula de Euler para Fofo, quando o índice de esbeltez $\lambda > 80$.

b) Duralumínio

$$\lambda = \sqrt{\frac{\pi^2 \cdot E}{\sigma_p}} = \sqrt{\frac{\pi^2 \times 70 \times 10^9}{200 \times 10^6}}$$

$$\lambda = \sqrt{\frac{\pi^2 \times 7 \times 10^9}{200 \times 10^6}} = 10^2 \sqrt{\frac{\pi^2 \times 7}{200}}$$

$\lambda \cong 59$

Utiliza-se a fórmula de Euler para o duralumínio, quando o índice de esbeltez $\lambda > 59$.

c) Pinho

$$\lambda = \sqrt{\frac{\pi^2 \cdot E}{\sigma_p}} = \sqrt{\frac{\pi^2 \times 10^{10}}{10^7}}$$

$\lambda = 10\pi\sqrt{10}$

$\lambda \cong 100$

Utiliza-se a fórmula de Euler para o pinho, quando o índice de esbeltez $\lambda > 100$.

Ex.3 - A figura dada representa uma barra de aço ABNT 1020 que possui d = 50 mm.

Determinar o comprimento mínimo, para que possa ser aplicada a equação de Euler.

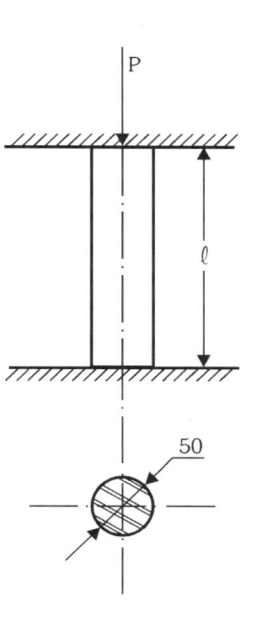

Solução

Para que possa ser aplicada a equação de Euler, $\lambda > 105$ (aço doce). Tem-se, então, que:

$$\lambda = \frac{\ell_f}{i_{mín}} = \frac{0,5\ell \times 4}{d}$$

Como a peça está duplamente engastada $\ell_f = 0,5\,\ell$ e $i_{mín} = \dfrac{d}{4}$ .., conclui-se, então, que:

$$\ell = \frac{\lambda \times d}{2} = \frac{105 \times 50}{2}$$

$$\boxed{\ell = 2625 \text{ mm}}$$

Ex.4 - Duas barras de mesmo comprimento e material são submetidas à ação de uma carga axial P de compressão. Uma das barras possui secção transversal circular com diâmetro a, e a outra possui secção transversal quadrada de lado a. Verificar qual das barras é a mais resistente, sob o regime de Euler.

As barras possuem o mesmo tipo de fixação nas extremidades.

Solução

Como as cargas são de mesma intensidade (P), escreve-se que:

$$P_{f\ell\varnothing} = P_{f\ell\square}$$

$$\frac{r^2 \cdot E \cdot J_0}{\ell_f^2} = \frac{\pi^2 \cdot E \cdot J_\square}{\ell_f^2}$$

Através da relação entre os momentos de inércia, tem-se que:

$$\frac{J_0}{J_\square} = \frac{\dfrac{\pi a^4}{64}}{\dfrac{a^4}{12}} \qquad J_0 = J_\square \frac{\pi a^4 \times 12}{64a^4} \qquad J_0 = 0,58 J_\square \quad \rightarrow \quad J_\square = \frac{1}{0,58} J_0$$

portanto: $\qquad\qquad J_\square = 1,7 J_0$

Conclusão: a barra de secção transversal quadrada é a mais resistente.

Ex.5 - Uma barra biarticulada de material ABNT 1020 possui comprimento $\ell = 1,2$ m e diâmetro d = 34 mm.

Determinar a carga axial de compressão máxima que pode ser aplicada na barra, admitindo-se um coeficiente de segurança k = 2. $E_{aço}$ = 210 GPa

Solução

A barra sendo biarticulada, o seu comprimento de flambagem é o comprimento da própria barra.

$$\ell_f = \ell = 1,2 \text{ m}$$

a) Índice de Esbeltez

O raio de giração da secção transversal circular é $\dfrac{d}{4}$, portanto, tem-se:

$$\lambda = \frac{4\ell_f}{d} = \frac{4 \times 1200}{34} \qquad \lambda = 141$$

Como $\lambda = 141$, portanto, maior que 105, conclui-se que a barra encontra-se no domínio da equação de Euler.

b) Carga crítica

O momento de inércia de secção circular é

$$J_x = \frac{\pi d^4}{64}$$

portanto:

$$P_{cr} = \frac{\pi^2 \cdot E \cdot J}{\ell_f^2} = \frac{\pi^2 \cdot E \cdot \pi d^4}{1,2^2 \times 64}$$

$$P_{cr} = \frac{\pi^2 \times 210 \times 10^9 \times \pi (34 \times 10^{-3})^4}{1,2^2 \times 64}$$

$$P_{cr} = \frac{\pi^3 \times 210 \times 10^9 \times 34^4 \times 10^{-12}}{1,2^2 \times 64}$$

$$P_{cr} = \frac{\pi^3 \times 210 \times 34^4 \times 10^{-3}}{1,2^2 \times 64} \qquad \boxed{P_{cr} = 94400 \text{ N}}$$

Como o coeficiente de segurança é k = 2, a carga máxima que se admite que seja aplicada na barra é:

$$P_{ad} = \frac{P_{cr}}{K} = \frac{94400\,N}{2} = 47200\,N \quad \boxed{P_{ad} = 47200\,N}$$

Ex.6 - Qual a tensão de flambagem atuante na barra do exercício anterior?

Solução

A tensão de flambagem atuante na barra do exercício anterior obtém-se através da relação entre a tensão crítica e o coeficiente de segurança (σ_{cr} /k), portanto, como

$$\sigma_{cr} = \frac{\pi^2 \cdot E}{\lambda^2}$$

conclui-se que:

$$\sigma_{f\ell\,atuante} = \frac{\pi^2 \cdot E}{2\lambda^2} = \frac{\pi^2 \times 210 \times 10^9}{2 \times 141^2} \quad \boxed{\sigma_{f\ell\,atuante} \cong 52\,MPa}$$

Ex.7 - Uma biela, de material ABNT 1025, possui secção circular, encontra-se articulada nas extremidades e submetida à carga axial de compressão de 20 kN, sendo o seu comprimento ℓ = 0,8 m. Determinar o diâmetro da biela, admitindo-se coeficiente de segurança k = 4.

$E_{aço}$ = 210 GPa

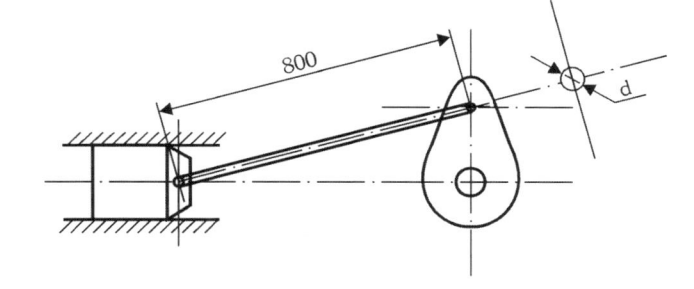

Solução

Como o coeficiente de segurança indicado para o caso é k = 4, a carga crítica para o dimensionamento será:

P_{cr} = 4 x 20 = 80 kN

O momento de inércia na secção circular é

$$J_x = \frac{\pi d^4}{64}$$

Supondo-se que a biela esteja sob o domínio da equação de Euler, tem-se que:

$$P_{cr} = \frac{\pi^2 EJ}{\ell_f^2} = \frac{\pi^2 E\pi d^4}{64\ell_f^2}$$

$$d = \sqrt[4]{\frac{64 P_{cr} \cdot \ell_f^2}{\pi^3 E}} = \sqrt[4]{\frac{64 \times 80000 \times 0,8^2}{\pi^3 \times 210 \times 10^9}} = \sqrt[4]{\frac{64 \times 0,8^3}{\pi^3 \times 210 \times 10^4}}$$

$$d = 10^{-1}\sqrt[4]{\frac{64 \times 0,8^3}{\pi^3 \times 210}} = 0,027\ m = 27 \times 10^{-3}\ m \quad \boxed{d = 27\ mm}$$

Índice de Esbeltez

$$\lambda = \frac{\ell_f}{i_{mín}} = \frac{4\ell_f}{d} = \frac{4 \times 800}{27} \qquad \boxed{\lambda = 118}$$

Como $\lambda > 105$, conclui-se que realmente a barra encontra-se sob o domínio da equação de Euler, e o coeficiente de segurança da biela é k = 4, portanto, d = 27 mm.

Ex.8 - Uma barra de aço ABNT 1020 possui secção transversal circular e encontra-se articulada nas extremidades, devendo ser submetida a uma carga axial de compressão de 200 kN; o seu comprimento é de 1,2 m. Determinar o seu diâmetro. Considere fator de segurança k = 8. $E_{aço}$ = 210 GPa.

Solução

A carga crítica na barra será:

$P_{c\,r} = 8P_{ad} = 8 \times 200000 = 1600000$ N

$P_{cr} = 1,6$ MN

Como a barra atuará articulada nas extremidades

$\ell_f = \ell = 1,2$ m

Aplicando-se a fórmula da carga crítica de Euler, tem-se que:

$$P_{cr} = \frac{\pi^2 EJ}{\ell_f^2}$$

O momento de inércia da secção transversal circular é $J = \dfrac{\pi d^4}{64}$

portanto $P_{cr} = \dfrac{\pi^2 E \pi d^4}{\ell_f^2 \cdot 64}$

$$d = \sqrt[4]{\frac{64 P_{cr} \cdot \ell_f^2}{\pi^3 E}} = \sqrt[4]{\frac{64 \times 1,6 \times 10^6 \times 1,2^2}{\pi^3 \times 210 \times 10^9}}$$

$$d = 10^{-1}\sqrt{\frac{64 \times 1,6 \times 1,2^2}{\pi^3 \times 21}} \quad d = 69 \times 10^{-3}\,\text{m} \quad \boxed{d \cong 69 \ \text{mm}}$$

Índice de Esbeltez

$$\lambda = \frac{\ell_f}{i_{mín}}$$

Para a secção transversal circular $i = \dfrac{d}{4}$, portanto:

$$\lambda = \frac{4\ell_f}{d} = \frac{4 \times 1200}{69} \qquad \lambda \cong 70$$

como $\lambda < 105$, conclui-se que a barra está fora do domínio da fórmula de Euler, devendo ser dimensionada segundo Tetmajer.

Por Tetmajer, tem-se que:

$$\sigma_{f\ell} = 240 - 0,0046 \quad \lambda^2 = 240 - 0,0046 \times 70^2$$
$$\sigma_{f\ell} = 240 - 22,5 \quad \sigma_{f\ell} = 217\,\text{MPa}$$

Como o coeficiente de segurança indicado é $k = 8$, a tensão admissível será:

$$\overline{\sigma}_{f\ell} = \frac{\sigma_{f\ell}}{k} = \frac{217}{8} \qquad \boxed{\overline{\sigma}_{f\ell} \cong 27\ \text{MPa}}$$

O diâmetro da barra será obtido através da relação

$$\sigma_{f_\ell} = \frac{P_{ad}}{A} = \frac{4\,P_{ad}}{\pi d^2}$$
$$d = \sqrt{\frac{4\,P_{ad}}{\pi \overline{\sigma}_{f\ell}}} = \sqrt{\frac{4 \times 200000}{\pi \times 27 \times 10^6}}$$
$$d = 10^{-3}\sqrt{\frac{4 \times 200000}{\pi \times 27}} = 97 \times 10^{-3}\,\text{m} \qquad \boxed{d = 97\ \text{mm}}$$

Ex.9 - A viga I de tamanho nominal 76,2 x 60,3 [mm] possui comprimento igual a 4 m e as suas características geométricas básicas são: $J_x = 105\ \text{cm}^4$, $J_y = 19\ \text{cm}^4$, $i_x = 3,12\ \text{cm}$, $i_y = 1,33\ \text{cm}$, $A = 10,8\ \text{cm}^2$, $W_x = 27,6\ \text{cm}^3$, $W_y = 6,4\ \text{cm}^3$.

A viga encontra-se engastada e livre.

Determinar a carga de compressão máxima, que pode ser aplicada na viga. Admitir coeficiente de segurança $k = 4$. O material da viga é aço, fabricada segundo classe BR 18 ABNT - EB - 583. $E_{\text{aço}} = 210\ \text{GPa}$.

Solução

Como a viga encontra-se engastada e livre, o seu comprimento de flambagem é $\ell_f = 2 = 2 \times 4 = 8$ m.

a) Índice de esbeltez

A viga sempre flambará na direção do eixo de menor momento de inércia, que para o caso é o eixo y, portanto, o raio de giração a ser utilizado é o $i_y = 1,33$ cm.

$$\lambda = \frac{\ell_f}{i_{min}} = \frac{800}{1,33} \cong 602$$

$\lambda \cong 602$, portanto, $\lambda > 105$; a viga encontra-se sob o domínio da equação de Euler.

b) Carga crítica

$$P_{cr} = \frac{\pi^2\,E\,J_{min}}{\ell_f^2}$$

O momento de inércia mínimo da secção transversal é Jy = 19 cm⁴ ou J_y = 19 x 10⁻⁸ m⁴.

Tem-se, então:

$$P_{cr} = \frac{\pi^2 \times 210 \times 10^9 \times 19 \times 10^{-8}}{8^2}$$

$$P_{cr} = \frac{\pi^2 \times 210 \times 10^9 \times 190 \times 10^{-9}}{8^2} \qquad \boxed{P_{cr} = 6150 \text{ N}}$$

c) Carga admissível

O coeficiente de segurança da construção é k = 4, portanto, a carga admissível na viga será:

$$P_{ad} = \frac{P_{cr}}{k} = \frac{6150}{4} \qquad \boxed{P_{ad} = 1537,5 \text{ N}}$$

13.8 Carga Excêntrica

Suponha-se o caso de uma carga P aplicada fora do eixo geométrico da peça. A distância entre o ponto de aplicação da carga e o eixo geométrico é denominada e.

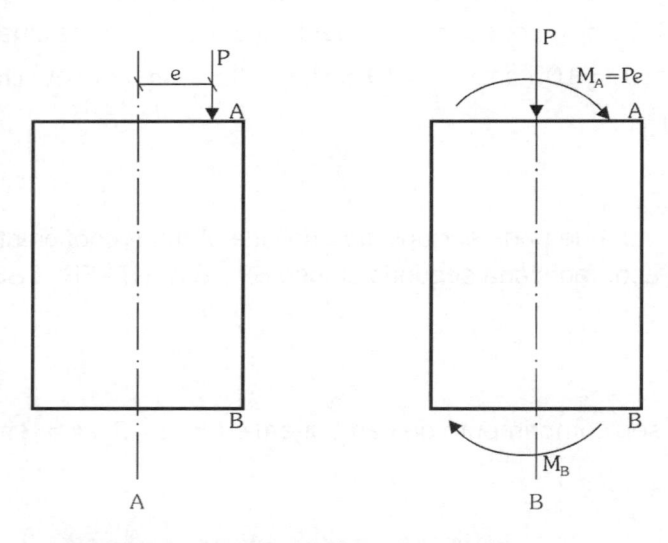

A figura B detalha o que acontece na figura A.

O afastamento da carga em relação ao eixo geométrico dá origem a um momento de intensidade M = P × e.

Para estes casos, a tensão normal máxima é determinada através da soma das tensões normais, originadas pela carga axial P e pelo momento fletor MA.

Tem-se, portanto:

$$\sigma_{máx} = \frac{P}{A} + \frac{M_{máx} \cdot c}{J}$$

Sendo: $\sigma_{máx}$ - tensão máxima atuante [Pa]

P - carga axial aplicada [N]

A - área de secção transversal [m²]

$M_{máx}$ - momento fletor M_A (máximo) [Nm]

c - distância máxima entre LN e a fibra mais afastada da secção [m]

J - momento de inércia da secção transversal [m⁴]

Exemplo

A carga axial de compressão de intensidade 30 kN é aplicada na barra quadrada de aço, que possui comprimento igual a 3 m e secção transversal de lado igual a 100 mm.

A carga está aplicada a 10 mm do eixo geométrico, conforme mostra a figura a seguir.

Determinar a tensão normal máxima atuante na barra.

Solução

Como a carga é excêntrica, a tensão normal total é obtida através da tensão normal originada pela carga, somada à tensão normal originada pelo momento.

Tem-se, então, que:

$$\sigma_{máx} = \frac{P}{A} + \frac{M_{máx} \cdot c}{J_\Omega}$$

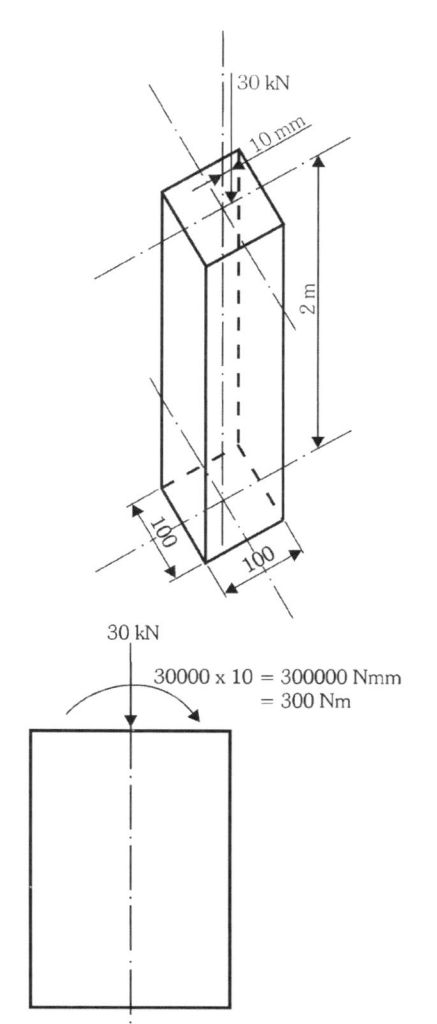

O momento de inércia da secção quadrada é $J_\square = \dfrac{a^4}{12}$, portanto,

$$\sigma_{máx} = \frac{P}{A} + \frac{12\,M_{máx} \cdot c}{a^4} = \frac{30000}{10^{-2}} + \frac{12 \times 300 \times 50 \times 10^{-3}}{\left(100 \times 10^{-3}\right)^4}$$

$$\sigma_{máx} = 3 \times 10^6 + \frac{12 \times 300 \times 50 \times 10^{-3}}{10^8 \times 10^{-12}}$$

$$\sigma_{máx} = 3 \times 10^6 + 12 \times 300 \times 500 = 3 \times 10^6 + 1,8 \times 10^6$$

$$\boxed{\sigma_{máx} = 4,8 \text{ MPa}}$$

Exercícios Propostos

Sistemas de Unidades

Ex.1 - Dadas as medidas em polegada ("), transforme-as em [mm].

a) $\dfrac{15"}{64}$ b) $\dfrac{17"}{32}$ c) $\dfrac{13"}{36}$

d) $\dfrac{9"}{32}$ e) $\dfrac{7"}{8}$ f) $\dfrac{1"}{4}$

g) $\dfrac{11"}{32}$ h) $2\dfrac{1"}{4}$ i) $1\dfrac{3"}{8}$

j) $3\dfrac{1"}{2}$ k) $1\dfrac{3"}{4}$ l) $2\dfrac{5"}{16}$

Respostas:

a) 5,953125 mm b) 13,49375 mm c) 20,6375 mm

d) 7,14375 mm e) 22,225 mm f) 6,35 mm

g) 8,73125 mm h) 57,15 mm i) 34,925 mm

j) 88,9 mm k) 44,45 mm l) 58,7375 mm

Ex.2 - Dadas as medidas em pé ('), transforme-as em [mm].

a) $\dfrac{1'}{2}$ b) $\dfrac{1'}{8}$ c) $\dfrac{7'}{12}$

d) $\dfrac{13'}{15}$ e) $15'$ f) $\dfrac{7'}{8}$

Respostas:

a) 152,4 mm   **b)** 38,1 mm   **c)** 177,8 mm

d) 264,16 mm   **e)** 4572 mm   **f)** 266,7 mm

Ex.3 - Um pé corresponde a quantas polegadas? Sabe-se que:

pé = ft = 30,48 cm

pol = in = 25,4 mm

Resposta:

pé = 12 pol

Ex.4 - Dados as medidas em [mm], transforme-as em "polegada fracionária".

a) 4,7625 mm   **b)** 3,96875 mm   **c)** 3,571875 mm

d) 38,1 mm   **e)** 53,975 mm   **f)** 57,15 mm

g) 19,05 mm   **h)** 95,25 mm

Respostas:

a) $\dfrac{3"}{16}$ **b)** $\dfrac{5"}{32}$ **c)** $\dfrac{9"}{64}$

d) $\dfrac{1"}{2}$ **e)** $2\dfrac{1"}{8}$ **f)** $2\dfrac{1"}{4}$

g) $3\dfrac{3"}{4}$ **h)** $\dfrac{3"}{4}$

Ex.5 - Dadas as medidas em [mm], transforme-as em "milésimos de polegada".

a) 15,875 mm   **b)** 20,955 mm   **c)** 4,445 mm

d) 14,351 mm   **e)** 23,749 mm   **f)** 7,493 mm

Respostas:

a) 0,625"   **b)** 0,825"   **c)** 0,175"

d) 0,565"   **e)** 0,935"   **f)** 0,295"

Ex.6 - Dadas as unidades abaixo, substitua os prefixos pelos múltiplos ou submúltiplos decimais correspondentes.

a) G.W.h   **b)** mA   **c)** nC   **d)** d ℓ

e) MW   **f)** μ m   **g)** kN   **h)** hPa

Respostas:

a) 10^9 W.h   **b)** 10^{-3} A   **c)** 10^{-9} C   **d)** 10^{-1} ℓ

e) 10^6 W   **f)** 10^{-6} m   **g)** 10^3 N   **h)** 10^2 Pa

Ex.7 - Determine a aceleração normal da gravidade (g_n) no sistema (FPS - Sistema Inglês), sabendo-se que: $g_n = 9,80665$ m/s^2 (SI) pé = 30,48 cm

Resposta:

$g_n = 32,174$ pés/s^2

Ex.8 - Determine a aceleração normal da gravidade (gn) no sistema (IPS - Sistema Inglês), sabendo-se que: $g_n = 9,80665$ m/s^2 (SI)

pol = 25,4 mm

Resposta:

$g_n = 386$ pol/s^2

Ex.9 - A unidade de energia W.h (watt-hora) equivale a quantos J (joules)?

Resposta:

Wh = 3600 J

Ex.10 - A unidade de energia kWh (quilowatt-hora) corresponde a quantas kcal (quilocalorias)?

dados:

$$W = \frac{J}{s}$$

cal = 4,1868 J

Resposta:

kWh = 860 kcal

Ex.11 - Expressar uma polegada (in) em:

a) μm (micrometro)

b) mm (milímetro)

c) m (metro)

in = pol = 2,54 cm   in = inch em inglês

Respostas:

a) pol = $2,54 \times 10^4$ μm   **b)** pol = 25,4 mm   **c)** pol = $2,54 \times 10^{-2}$ m

Ex.12 - Expressar um pé (ft) em:

a) cm

b) mm

c) μm

pé = ft = 0,3048 m   ft = foot em inglês

Respostas:

a) pé = $3,048 \times 10^1$ cm   **b)** pé = $3,048 \times 10^2$ mm   **c)** pé = $3,048 \times 10^5$ μm

Ex.13 - O quadrado da figura possui lado a = 200 mm.

Expressar a área do quadrado em:

a) cm^2 **b)** dm^2

c) m^2 **d)** μ m^2

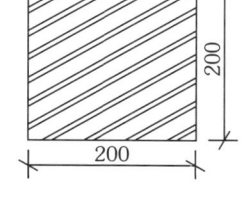

Respostas:

a) 400 cm^2 **b)** 4 dm^2

c) 4×10^{-2} m^2 **d)** 4×10^{10} μm^2

Ex.14 - Um cubo possui aresta a = 500 mm. Expressar o volume do cubo em:

a) cm^3 **b)** dm^3

c) m^3 **d)** μm^3

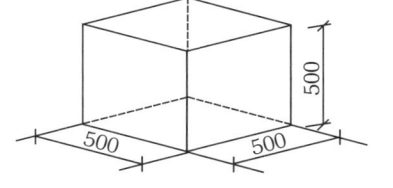

Respostas:

a) V = $1,25 \times 10^5$ cm^3 **b)** V = $1,25 \times 10^2$ dm^3

c) V = $1,25 \times 10^{-1}$ m^3 **d)** V = $1,25 \times 10^{17}$ μm^3

Ex.15 - O momento de inércia da secção transversal representada na figura é Jx = 192 cm^4. Expressar Jx em:

a) mm^4 **b)** dm^4 **c)** m^4

Respostas:

a) Jx = $1,92 \times 10^6$ mm^4

b) Jx = $1,92 \times 10^{-2}$ dm^4

c) Jx = $1,92 \times 10^{-6}$ m^4

Ex.16 - A unidade de tensão pascal (Pa) corresponde à carga de um newton aplicada em uma superfície de um metro quadrado (Pa). Determinar as relações entre:

a) Pa e kgf/cm^2 **b)** MPa e kgf/cm^2

c) MPa e N/mm^2 **d)** MPa e psi (1bf/pol^2)

Dado kgf = 9,80665 N

Respostas:

a) Pa = $1,0197 \times 10^{-5}$ kgf/cm^2 **b)** MPa = 10,197 kgf/cm^2

c) MPa = N/mm^2 **d)** MPa = 145 psi

Ex.17 - British Thermal Unit (BTU) é a quantidade de calor necessária para elevar uma libra de H_2O à temperatura de 1° F. (a 60° F = 15,5 °C) BTU = $1,0546 \times 10^3$ J.

Determinar as relações entre BTU e as unidades a seguir:

a) Wh　　　　　**b**) kWh　　　　　**c)** HP - hora　　　**d)** CV - hora

Respostas:

a) BTU = 0,2929 Wh

b) BTU = $0,2929 \times 10^{-3}$ kWh

c) BTU = $0,3928 \times 10^{-3}$ HP - hora

d) BTU = $0,3983 \times 10^{-3}$ CV - hora

Ex.18 - À carga de 1 t_f (uma tonelada força) correspondem 10^3 kgf.

Dado: kgf = 9,80665 N. Quanto vale 1 t_f em:

a) N (newton)　　　**b)** kN (quilonewton)　　　**c)** MN (meganewton)

Respostas:

a) tf = $9,80665 \times 10^3$ N　　　　**b)** tf = 9,80665 kN　　　**c)** tf = $9,80665 \times 10^{-3}$ MN

Ex.19 - Um condicionador de ar de 20000 BTU/h de potência consome quantos kWh?

Resposta:

Consumo de energia $\cong$ 5,86 kWh

Ex.20 - O barril de petróleo (Estados Unidos) equivale aproximadamente a 159 ℓ. O consumo brasileiro de petróleo é de $1,2 \times 10^6$ barris/dia (1987). Expressar o consumo brasileiro de petróleo em:

a) ℓ /dia　　　　　**b)** m^3/dia　　　　**c)** dm^3/dia

Dado = m^3 = 10^3 ℓ

Respostas:

a) $1,908 \times 10^8$ ℓ/dia

b) $1,908 \times 10^5$ m^3/dia

c) $1,908 \times 10^8$ dm^3/dia

Ex.21 - A vazão d'água em uma tubulação hidráulica é de 5 ℓ/s.

Expressar a vazão d'água em:

a) m^3/s　　　　**b)** cm^3/s　　　　**c)** dm^3/s

d) m^3/h　　　　**e)** ℓ/h

Respostas:

a) 5×10^{-3} m^3/s

b) 5×10^3 cm^3/s

c) 5 dm^3/s

d) 18 m^3/h

e) $1,8 \times 10^4$ ℓ/h

Ex.22 - O gás Freon 12 utilizado nos sistemas de refrigeração a –10 °C possui calor de vaporização $\cong$ 38 kcal/kg.

Expressar hf_g (calor de vaporização) em:

a) J/kg

b) kWh/kg

Dado cal = 4,186 J

Respostas:

a) hf_g = $1,59 \times 10^5$ J/kg

b) hf_g = $4,41 \times 10^{-2}$ kWh/kg

Ex. 23 - Os manômetros atuais apresentam escalas descritas abaixo:

1ª escala: bar = 10^5 Pa ($^N/m^2$)

2ª escala: psi - *power square inch*

Pa → pascoal → $^N/m^2$

$$psi \rightarrow \frac{lb}{pol^2}$$

Determinar as seguintes relações:

a) bar/kgf/cm²

b) bar/psi

Respostas:

a) bar = 1,0197 kgf/cm²

b) bar = 14,5 psi

Ex. 24 - No filme "**Velocidade Máxima**", um terrorista coloca uma bomba em um ônibus, que seria acionada por um dispositivo eletrônico assim que a velocidade do veículo se tornasse inferior à v = 50 mph (milhas/hora). Sabendo-se que 1 milha terrestre = 1609 m, determinar a velocidade (v) do ônibus em:

a) km/h

b) m/s

Respostas:

a) v ≅ 80 km/h

b) v ≅ 22,35 m/s

v = 50 mph (velocidade mínima)

Equilíbrio

Ex.1 - Determinar as cargas axiais atuantes nas barras das construções representadas a seguir. Carga P = 30 kN.

a)

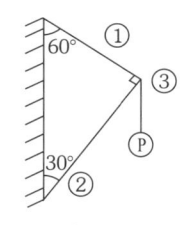

b)

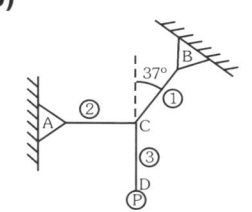

c)

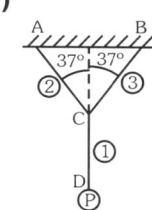

Respostas:

F_1 = 15 kN

F_2 = 26 kN

F_3 = 30 kN

Respostas:

F_1 = 37,5 kN

F_2 = 22,5 kN

F_3 = 30 kN

Respostas:

F_1 = 30 kN

F_2 = 18,75 kN

F_3 = 18,75 kN

Ex.2 - Determinar as reações (R_A e R_B) das vigas carregadas conforme as figuras a seguir:

a)

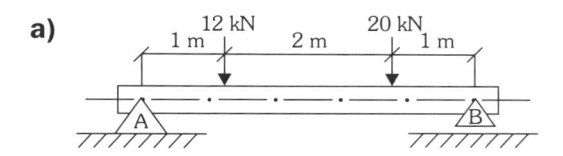

Respostas:

R_A = 14 kN

R_B = 18 kN

b)

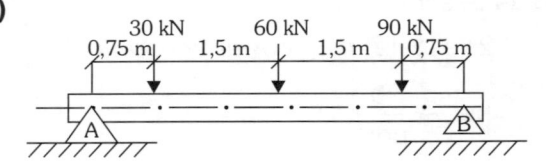

Respostas:

$R_A = 70$ kN

$R_B = 110$ kN

c)

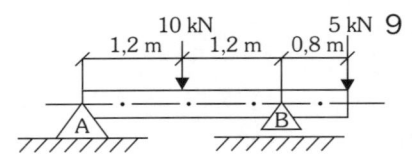

Respostas:

$R_A = 3,33$ kN

$R_B = 11,67$ kN

d)

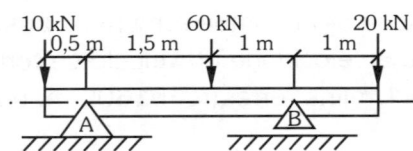

Respostas:

$R_A = 28$ kN

$R_B = 62$ kN

e)

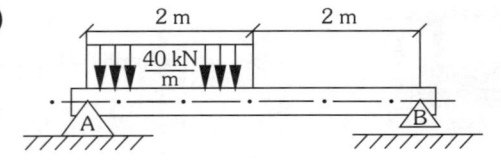

Respostas:

$R_A = 60$ kN

$R_B = 20$ kN

f)

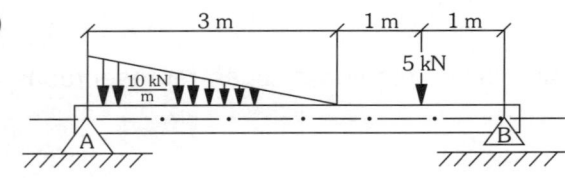

Respostas:

$R_A = 13$ kN

$R_B = 7$ kN

g)

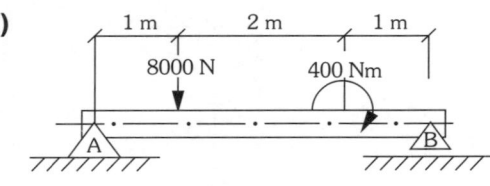

Respostas:

$R_A = 5900$ N

$R_B = 2100$ N

h)

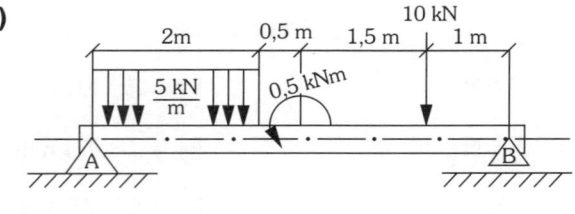

Respostas:

$R_A = 10,1$ kN

$R_B = 9,9$ kN

Ex.3 - Determinar as reações (R_A e R_B) e o ângulo (α) que R_A forma com a horizontal, nas vigas carregadas conforme as representações a seguir:

a)

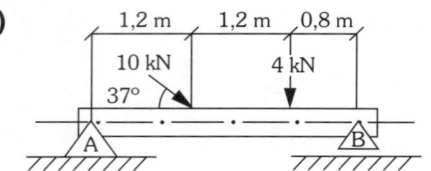

Respostas:

$R_{AV} = 4,75$ kN

$R_{AH} = 8$ kN

$R_A = 9,30$ kN

$R_B = 5,25$ kN $\qquad \alpha = 30° 42'$

b)

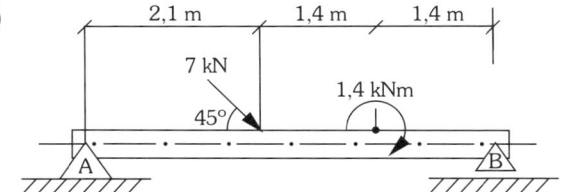

Respostas:

$R_{AV} = 2,55$ kN

$R_{AH} = 4,95$ kN

$R_A = 5,57$ kN

$R_B = 2,40$ kN

$\alpha = 27°15'$

c)

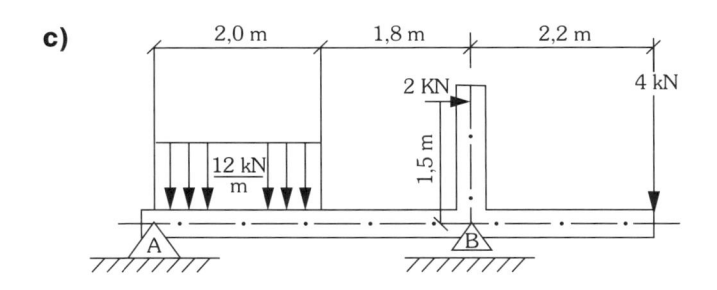

Respostas:

$R_{AV} = 14,58$ kN

$R_{AH} = 2,00$ kN

$R_A = 14,72$ kN

$R_B = 13,42$ kN

$\alpha = 82°11'$

d)

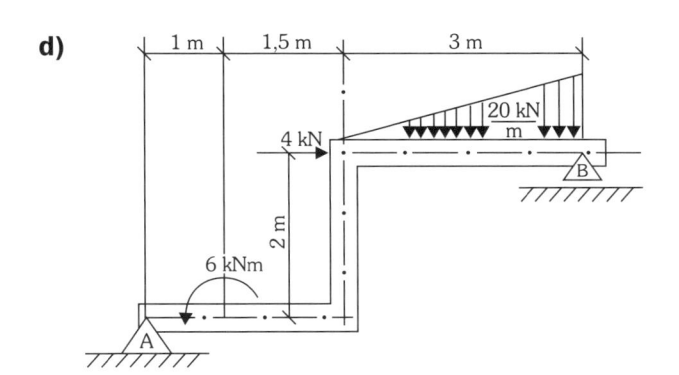

Respostas:

$R_{AV} = 5,10$ kN

$R_{AH} = 4,00$ kN

$R_A = 6,48$ kN

$R_B = 24,90$ kN

$\alpha = 51°54'$

Ex.4 - Determinar as cargas axiais nas barras (1), (2) e (3), a reação no apoio A e o ângulo (α) que ela forma com a horizontal na construção representada na figura.

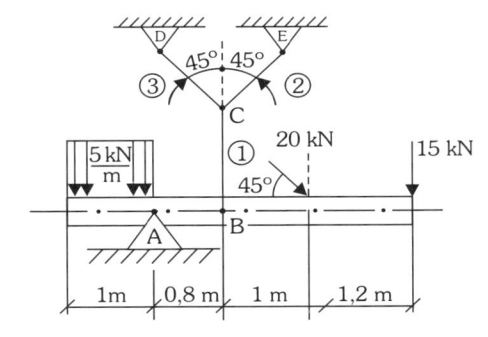

Respostas:

$F_1 = 84,62$ kN $F_2 = 59,23$ kN $\alpha = 74°32'$

$F_3 = 59,23$ kN $R_A = 52,5$ kN

Ex.5 - Determinar as reações nos apoios A e B da construção representada na figura.

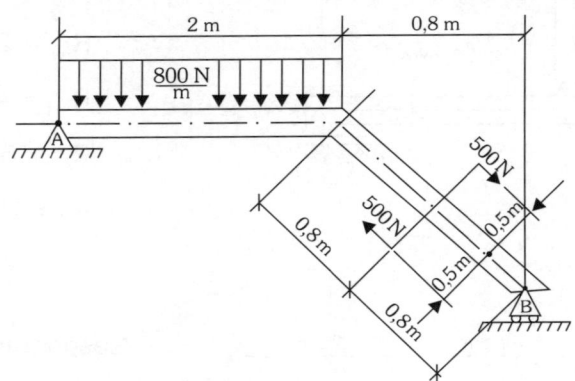

Respostas:

R_A = 850 N R_B = 750 N

Ex.6 - Determinar as reações nos apoios e o ângulo (α) que R_A forma com a horizontal nos exercícios a seguir.

a)

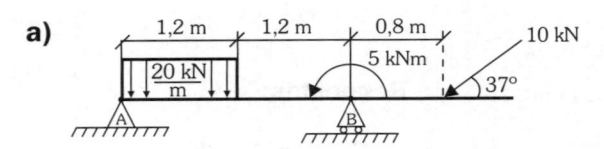

Respostas:

R_A = 19,79 kN

$R_B \cong$ 11,9 kN

$\alpha \cong 66°9'$

b)

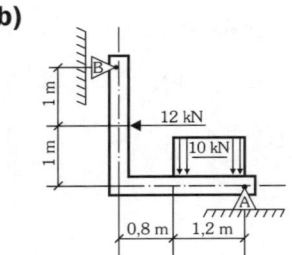

Respostas:

R_A = 12,24 kN

R_B = 9,6 kN

$\alpha = 78°41'$

c)

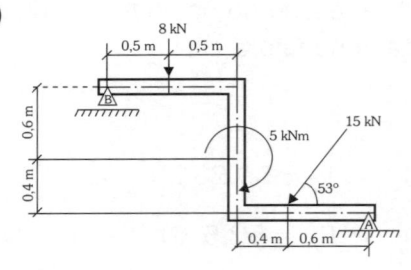

Respostas:

R_B = 7,1 kN

R_A = 15,72 kN

$\alpha = 55°6'$

Ex.7 - Determinar as reações nos apoios das construções a seguir.

a)

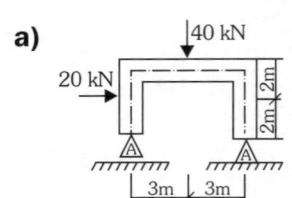

Respostas:

R_A = 13,3 kN

$R_B \cong$ 33,4 kN

b)

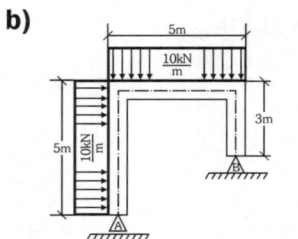

Respostas:

R_A = 20 kN

R_B = 58,3 kN

Ex.8 - (Ex. proposto)

Um guincho de peso P = 36 kN, suporta uma carga Q = 12 kN, conforme a figura ao lado.

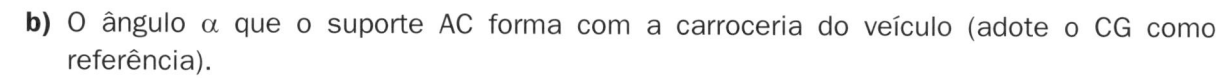

Pede-se determinar:

a) A reação nos pneus:

RA (pneu dianteiro)

RB (pneu traseiro)

b) O ângulo α que o suporte AC forma com a carroceria do veículo (adote o CG como referência).

c) A carga máxima que o guincho poderá elevar visando evitar o perigo de tombamento.

Respostas:

a) RA $\cong$ 15,33 kN   **b)** α = 30°   **c)** Qmax $\cong$ 33kN

RB $\cong$ 32,67 kN

Ex.9 - A viga I de aço pesa q = 300 N/m, encontrando-se somente apoiada em A e B. Um garoto com peso P = 540 N anda sobre a viga. Determine a distância (x) máxima que o garoto pode atingir sem que a viga venha a tombar.

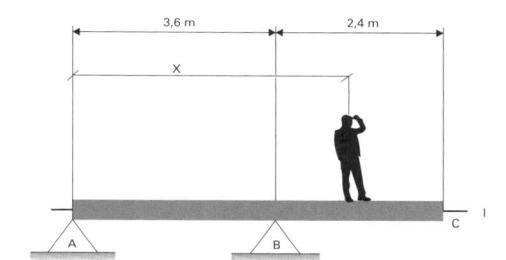

Resposta:

X = 5,6 m

Tração e Compressão

Ex.1 - A barra circular de aço representada na figura possui d = 32 mm, sendo o seu comprimento 400 mm. A carga axial que atua na barra é de 12,8 kN.

Determinar para barra:

a) Tensão normal atuante (σ)   **b)** O alongamento ($\Delta \ell$)

c) A deformação longitudinal (ℓ)   **d)** A deformação transversal (ℓ_τ)

$E_{aço}$ = 210 GPa (módulo de elasticidade do aço)

$\upsilon_{aço}$ = 0,3 (coeficiente de Poisson do aço)

Respostas:

a) σ = 15,9 MPa   **b)** $\Delta \ell$ = 30 μm

c) $\varepsilon \cong$ 75 μ **d)** $\varepsilon_\tau \cong$ −22,5 μ

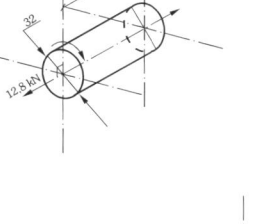

Ex.2 - Dimensionar o diâmetro da barra circular de aço, para que suporte com segurança k $\geq$ 2 a carga axial de 17 kN. O material da barra é o ABNT 1020L com σ_e = 280 MPa.

Resposta: d $\equiv$ 12,5 mm

Ex.3 - A barra da figura é de aço, possui secção transversal quadrada com área A = 120 mm² e o seu comprimento é ℓ = 0,6 m; encontra-se submetida à ação de uma carga axial de 6 kN.

Determinar para barra:

a) Tensão normal atuante (σ)

b) O alongamento ($\Delta\ell$)

c) A deformação longitudinal (ε)

d) A deformação transversal (ε_τ)

$E_{aço}$ = 210 GPa (módulo de elasticidade do aço)

$\upsilon_{aço}$ = 0,3 (coeficiente de Poisson do aço)

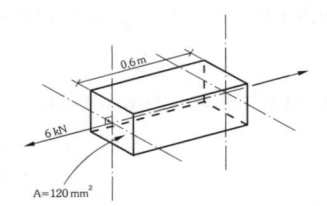

Respostas:

a) σ = 50 MPa

b) $\Delta\,\ell$ ≡143 μm

c) ε ≡ 238 μ

d) ε_τ = −71 μ

Ex.4 - A viga AB absolutamente rígida suporta o carregamento da figura articulada em A, e suspensa através do ponto B pela barra ①, que é de aço, possui secção transversal circular com d_1 = 15 mm e comprimento ℓ_1 = 1,6 m.

$E_{aço}$ = 210 GPa (módulo de elasticidade do aço)

$\upsilon_{aço}$ = 0,3 (coeficiente de Poisson do aço)

Determinar para barra ①:

a) Carga axial atuante (F_1)

b) Tensão normal atuante (σ_1)

c) O alongamento ($\Delta\ell_1$)

d) A deformação longitudinal (ε_1)

e) A deformação transversal (ε_t)

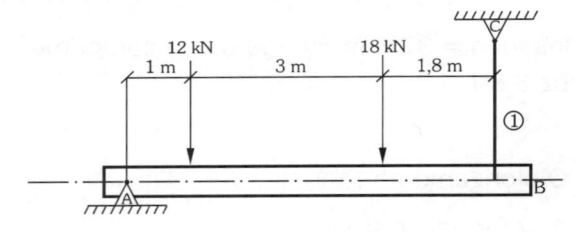

Respostas:

F_1 = 14,5 kN

σ_1 = 82 MPa

$\Delta\ell_1$ = 625 μm

ε_1 = 391 μ

$\varepsilon_{\tau 1}$ = −117 μ

Ex.5 - Dimensionar a área mínima da secção transversal da barra ①, para que suporte com segurança k = 2, o carregamento da figura. O material da barra é o ABNT 1010 L com σ_e = 220 MPa.

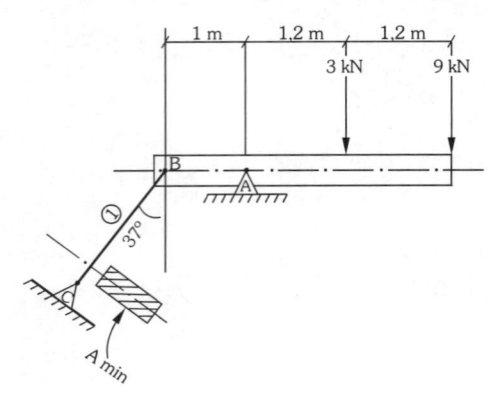

Resposta:

$A_{mín}$= 286 mm²

Ex.6 - Uma barra chata possui área de secção transversal A = 240 mm², o seu comprimento ℓ = 1,2 m. Ao ser tracionada por uma carga axial de 6 kN, apresenta um alongamento $\Delta\ell$ = 256 µm. Qual o material da barra?

Resposta:

O material da barra é o latão. $E_{latão}$ = 117 GPa

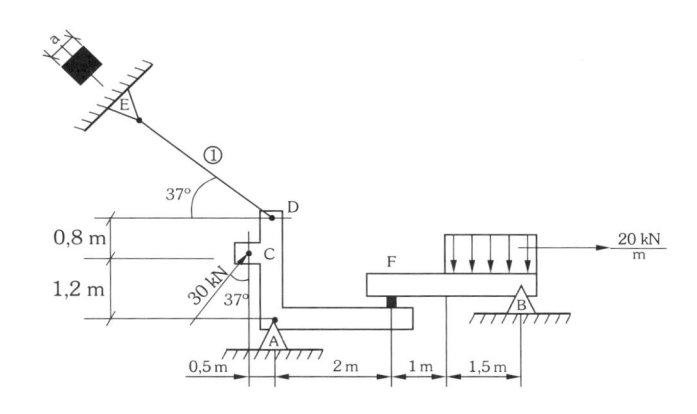

Ex.7 - A figura dada representa uma viga L articulada em A e presa no ponto D pela barra (1). Na extremidade livre F encontra-se apoiada a viga BF, conforme mostra a figura. A barra (1) possui secção transversal quadrada de lado a. Pede-se dimensionar a barra. O material da barra é o ABNT 1020 L. Utilizar coeficiente de segurança k > 2. Consultar tabela 6 na capítulo 5.

Resposta:

a $\cong$ 15 mm

Ex.8 - Dada a construção da figura, pede-se determinar:

a) A força normal atuante nas barras (1), (2) e (3)

b) A tensão normal nas barras (1), (2) e (3)

c) O alongamento das barras (1), (2) e (3)

Características das barras: todas elas são de aço.

barra (1)

ℓ_1 = 0,8 m

A_1 = 600 mm²

barras (2) e (3)

$\ell_2 = \ell_3$ = 0,6 m

$A_2 = A_3$ = 800 mm²

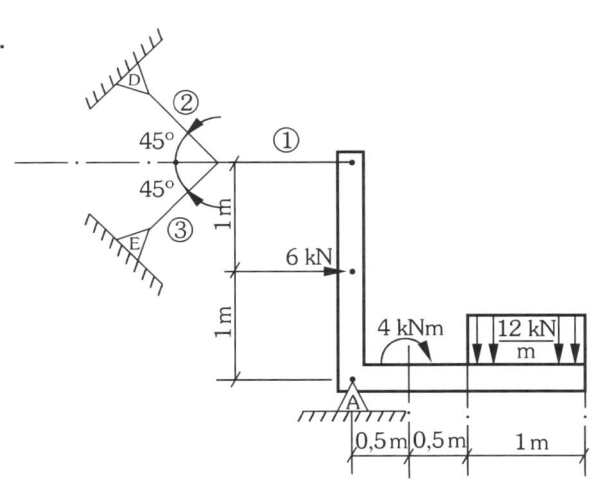

Respostas:

a) $F_1 = 14$ kN

$F_2 = F_3 = 10$ kN

b) $\sigma_1 = 23,33$ MPa

$\sigma_2 = \sigma_3 = 12,75$ MPa

c) $\Delta\ell_1 = 89$ µm

$\Delta\ell_2 = \Delta\ell_3 = 36$ µm

Ex.9 - Dimensionar a corrente da construção representada na figura. O material a ser utilizado é o ABNT 1020 com $\sigma_e = 280$ MPa. Considere coeficiente de segurança $k \geq 2$.

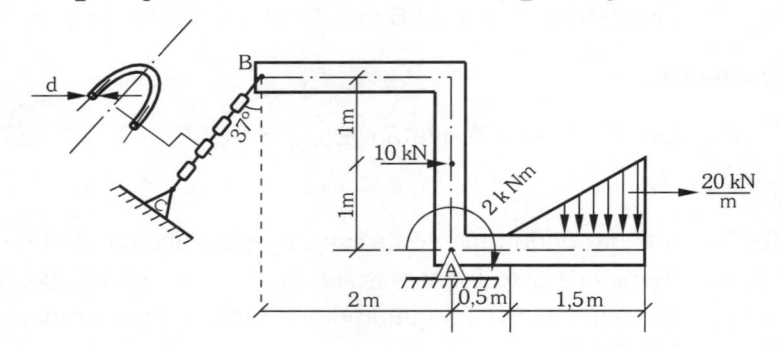

Resposta:

d = 7,5mm

Ex.10 - Determinar as áreas mínimas das barras (1), (2), (3) e (4) da construção representada na figura. O material a ser utilizado é o ABNT 1020 com $\sigma_e = 280$ MPa. Considere coeficiente de segurança $k \geq 2$.

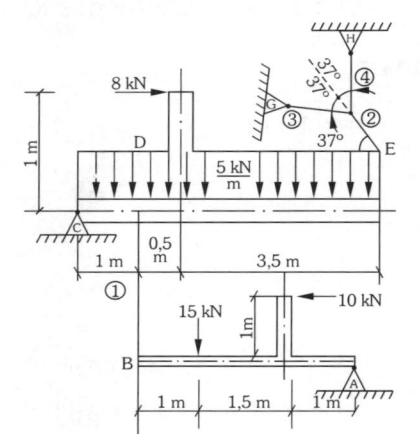

Respostas:

$F_1 = 13,6$ kN	$F_2 = 28$ kN
$F_3 = 17,5$ kN	$F_4 = 17,5$ kN
$A_1 = 97$ mm²	$A_2 = 200$ mm²
$A_3 = 125$ mm²	$A_4 = 125$ mm²

Ex.11 - As barras (1) e (2) da construção representada na figura possuem secção transversal circular. Dimensionar as barras, sabendo-se que o material utilizado é o ABNT 1020L com $\sigma e = 280$ MPa. Utilizar $k \geq 2$ (coeficiente de segurança).

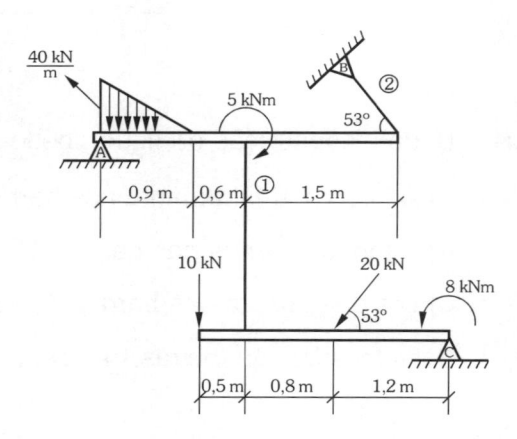

Resposta:

$d_1 = 16$ mm $d_2 \cong 14$ mm

Ex.12 - A viga em L é absolutamente rígida e encontra-se articulada em A e travada em B através das barras (1), (2) e (3), conforme mostra a figura. A barra (1) é de aço, possui comprimento igual a 1m e área de secção transversal igual a 800 mm². As barras (2) e (3) são também de aço e possuem comprimento igual a 0,8 m e área de secção transversal igual a 600 mm². Determinar:

a) a tensão normal atuante nas barras (1), (2) e (3)

b) o alongamento das barras (1), (2) e (3)

c) a deformação longitudinal das barras

d) a deformação transversal das barras

Dados: $E_{aço} = 210$ GPa $\nu_{aço} = 0,3$ (coeficiente de Poisson)

Respostas:

a) $\sigma_1 = 19,56$ MPa; $\sigma_2 = \sigma_2 = 16,3$ MPa

b) $\Delta\ell_1 = 93$ µm; $\Delta\ell_2 = \Delta\ell_3 = 62$ µm

c) $\varepsilon_1 = 93$ µ; $\varepsilon_2 = \varepsilon_3 = 77$ µ

d) $\varepsilon_{t1} = -28$ µ; $\varepsilon_{t2} = \varepsilon_{t3} = -23$ µ

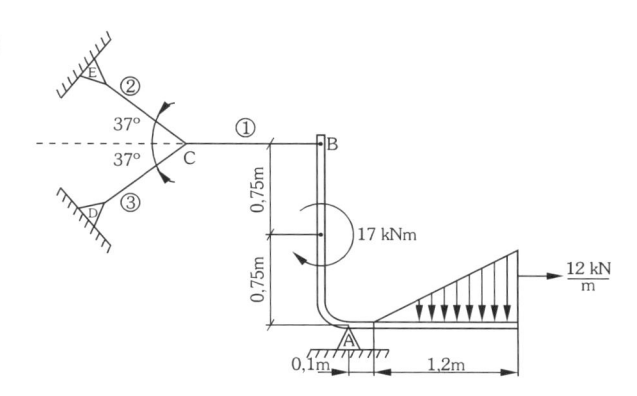

Ex.13 - Dimensionar a corrente da construção representada na figura. Material ABNT 1015. $\sigma_e = 250$ MPa. Utilizar coeficiente de segurança k ≥ 2.

Resposta:

$d_{barra} = 12$ mm

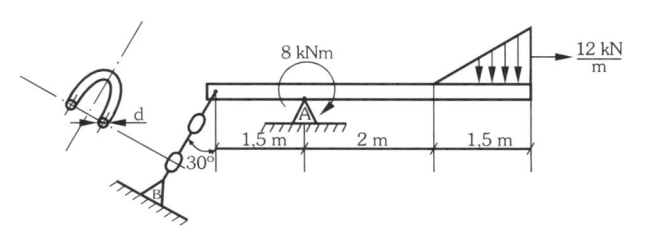

Ex.14 - A barra ① da figura é de aço, possui secção transversal circular com diâmetro d1 = 15 mm, sendo seu comprimento $\ell_1 = 2,4$ m.

Determinar para a barra:
a) A carga axial atuante (F_1)
b) A tensão normal atuante (ℓ_1)
c) O alongamento ($\Delta\ell_1$)
d) A deformação longitudinal (ε_1)
e) A deformação transversal (ε_{t1})
f) Considere:
g) $\gamma_{aço} = 210$ GPa (módulo de elasticidade coeficiente do aço)
h) $\gamma_{aço} = 0,3$ (coeficiente de Poisson do aço)

Respostas:

a) F1 = 15 kN   **c)** $\Delta\ell = 970$ $\mathcal{M}$m   **e)** $\varepsilon_{t1} = -121$ $\mathcal{M}$
b) $\ell = 84,9$ MPa   **d)** $\varepsilon_1 = 404$ $\mathcal{M}$

Ex.15 - A barra da figura possui área de secção transversal A = 400 mm e comprimento $\ell = 600$ mm. A carga de tração, F = 2500 N, provoca o alongamento A$\ell \cong 54$ $\mathcal{M}$m.

Determine o material da barra:

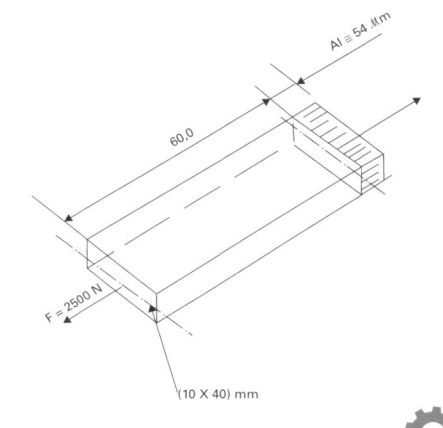

Material	Módulo de elasticidade E (GPa)
Aço	210
Alumínio	70
Cobre	112
Zinco	96
FoFo	100
Latão	117

Resposta: o material é o alimínio.

Ex.16 - A placa de propaganda da figura possui peso P = 1500 N e encontra-se simétrica aos pontos A e B do suporte.

a) Determinar o ângulo ℓ da construção.

b) Dimensionar o diâmetro (d) da barra dos elos da corrente, para que suporte com segurança k ≥ 2 o peso da placa.

Material: ABNT 1010 L com σ_e = 220 Mpa (Tensão de escoamento).

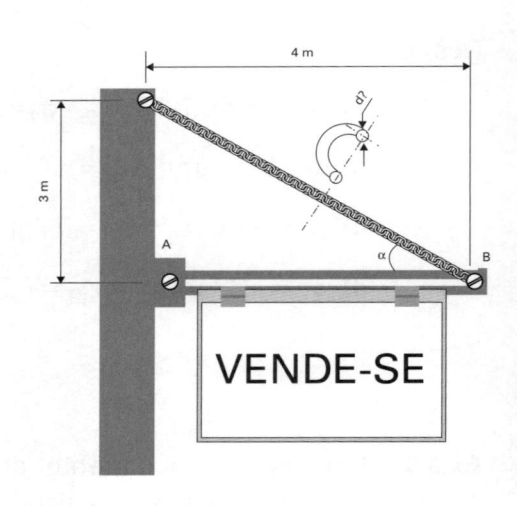

Respostas:

a) $\ell \cong 37^\circ$ **b)** d ≥ 2,7 mm

Sistemas Estaticamente Indeterminados (Hiperestáticos)

Ex.1 - Uma barra chata de alumínio ($\Delta\ell$) possui comprimento ℓ_0 = 600 mm a temperatura de 23 °C. Pede-se determinar:

a) A dilatação da barra

b) O comprimento da barra quando a temperatura atingir 34 °C

$$\alpha_{Al} = 2,3 \times 10^{-5} \ °C^{-1}$$

Resposta:

a) $\Delta\ell \cong 152 \ \mu m$

b) ℓ_f = 600,152 mm

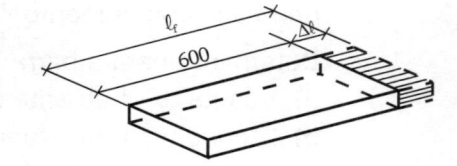

Ex.2 - A figura dada representa uma viga (I) de aço com comprimento igual a 4 m e a área de secção transversal é de 32 cm², que se encontra engastada nas paredes A e B e livre de tensões a uma temperatura de 17° C. Determinar a carga e a tensão normal que atuarão na viga quando a temperatura elevar-se para 37°C. $E_{aço}$ = 210 GPa.

$$\alpha_{aço} = 1,2 \times 10^{-5} \ °C^{-1}$$

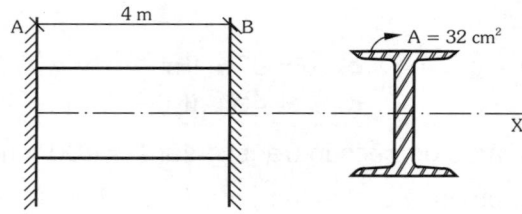

Respostas:

F = 161,28 kN σ = 50,4 MPa

Ex.3 - A figura dada representa uma viga U de aço com comprimento igual a 6 m e área de secção transversal igual a 36 cm² que se encontra engastada na parede A e apoiada na parede B com uma folga de 300 μm desta a uma temperatura de 12 °C. Determinar a carga e a tensão térmica que vão atuar na viga quando elevar-se para 40 °C.

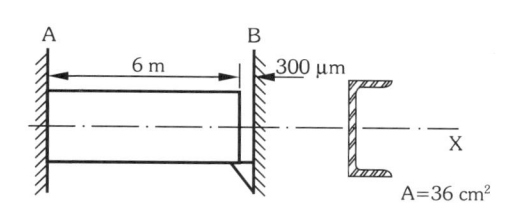

$$E_{aço} = 210 \text{ GPa} \qquad \alpha_{aço} = 1,2 \times 10^{-5} \text{ °C}^{-1}.$$

Respostas:

$$F = 216,27 \text{ kN} \qquad\qquad \sigma = 60 \text{ MPa}$$

Ex.4 - A viga ACE absolutamente rígida suporta o carregamento da figura suspensa através dos pontos citados pelas barras (1), (2) e (3) respectivamente. As barras (1) e (3) são de aço, medem 1,2 m e possuem área de secção transversal 600 mm². A barra (2) é de cobre, possui comprimento de 1,2 m e área de secção transversal 900 mm². A viga permanece na horizontal após a aplicação das cargas.

Pede-se determinar:

a) a força normal atuante nas barras

b) a tensão normal atuante nas barras

c) o alongamento delas

d) a deformação longitudinal

e) a deformação transversal

Dados:

$$E_{aço} = 210 \text{ GPa}$$

$$E_{Cu} = 112 \text{ GPa}$$

$$\nu_{aço} = 0,3 \text{ (coeficiente de Poisson)}$$

$$\nu_{Cu} = 0,25 \text{ (coeficiente de Poisson)}$$

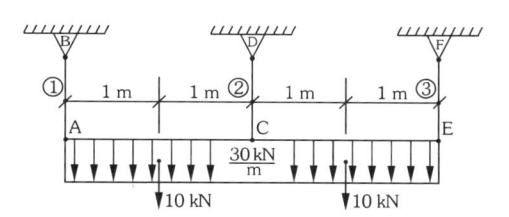

Respostas:

a) $F_1 = F_3 = 50 \text{ kN}$ $\qquad\qquad F_2 = 40 \text{ kN}$

b) $\sigma_1 = \sigma_3 = 83,3 \text{ MPa}$ $\qquad\quad \sigma_2 = 44,4 \text{ MPa}$

c) $\Delta\ell_1 = \Delta\ell_2 = \Delta\ell_3 = 476 \text{ μm}$

d) $\varepsilon_1 = \varepsilon_2 = \varepsilon_3 = 397 \text{ μ}$

e) $\varepsilon_{t1} = -119 \text{ μ} \quad \varepsilon t_2 = -99 \text{ μ} \quad \varepsilon t_3 = -119 \text{ μ}$

Ex.5 - A viga ABC absolutamente rígida suporta o carregamento da figura articulada em A e suspensa através dos pontos B e C pelas barras (1) e (2) respectivamente. A barra (1) é de alumínio, possui área de secção transversal igual a 1000 mm² e comprimento igual a 1,2 m. A barra (2) é de aço, possui área de secção transversal igual a 1200 mm² e comprimento igual a 1,8 m. Pede-se determinar:

a) a força normal nas barras (1) e (2)

b) as tensões normais nas barras

c) os respectivos alargamentos

Dados: $E_{aço} = 210$ GPa $E_{Al} = 70$ GPa

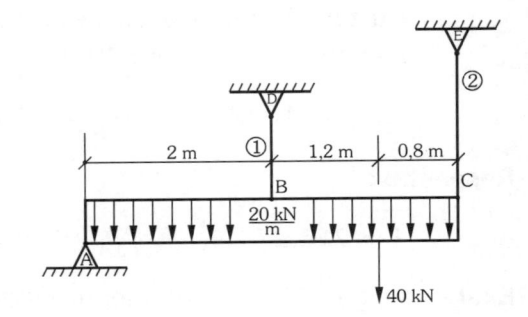

Respostas:

a) $F_1 = 13,59$ kN $F_2 = 65,21$ kN

b) $\sigma_1 = 13,59$ MPa $\sigma_2 = 54,34$ MPa

c) $\Delta\ell_1 = 233$ µm $\Delta\ell_2 = 466$ µm

Treliças Planas

Ex.1 - Determinar a carga axial atuante nas barras das treliças planas representadas a seguir:

Observação	BT – Barra Tracionada –; BC – Barra Comprimida

a)

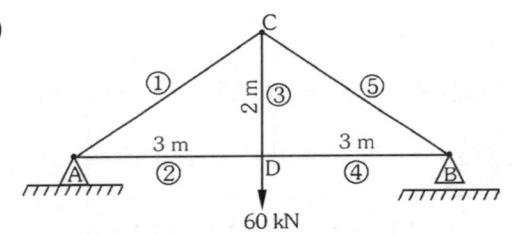

Respostas:

$F_1 = F_5 = 53,65$ kN (BC)

$F_2 = F_4 = 44,48$ kN (BT)

$F_3 = 60$ kN (BT)

b)

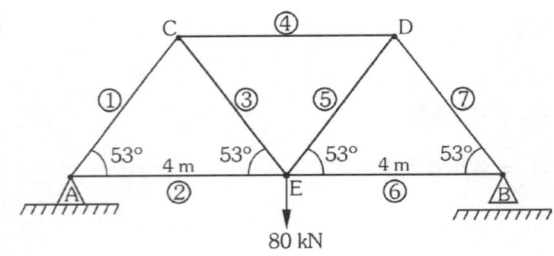

Respostas:

$F_1 = F_7 = 50$ kN (BC)

$F_2 = F_6 = 30$ kN (BT)

$F_3 = F_5 = 50$ kN (BT)

$F_4 = 60$ kN (BC)

c)

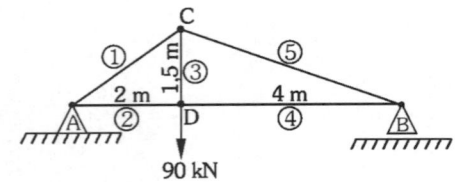

Respostas:

$F_1 = 100$ kN (BC)

$F_2 = F_4 = 80$ kN (BT)

$F_3 = 90$ kN (BT)

$F_5 = 85,7$ kN (BC)

d)

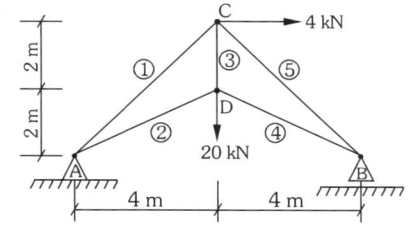

Respostas:

$F_1 = 28,1$ kN (BC)

$F_2 = 26,7$ kN (BT)

$F_3 = 43,8$ kN (BT)

$F_4 = 26,7$ kN (BC)

$F_5 = 33,75$ kN (BC)

e)

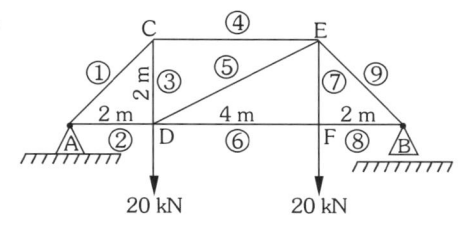

Respostas:

$F_1 \cong 28,3$ kN (BC) $\qquad$ $F_2 = 20$ kN (BT)

$F_3 = 20$ kN (BT) $\qquad$ $F_4 = 20$ kN (BC)

$F_5 = 0$ barra preguiçosa $\qquad$ $F_6 = 20$ kN (BT)

$F_7 = 20$ kN (BT) $\qquad$ $F_8 = 20$ kN (BT)

$F_9 = 28,3$ kN (BC

f)

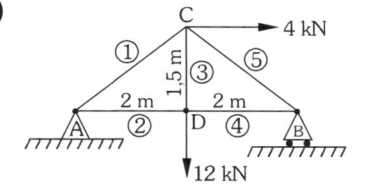

Respostas:

$F_1 = 7,5$ kN (BC) $\qquad$ $F_2 = 10$ kN (BT)

$F_3 = 12$ kN (BT) $\qquad$ $F_4 = 10$ kN (BT)

$F_5 = 12,5$ kN (BC)

g)

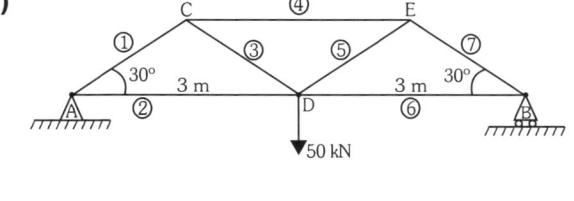

Respostas:

$F_1 = F_7 = 50$ kN (BC) $\qquad$ $F_2 = F_6 = 43,3$ kN (BT)

$F_3 = F_5 = 50$ kN (BT) $\qquad$ $F_4 = 86,6$ kN (BC)

h)

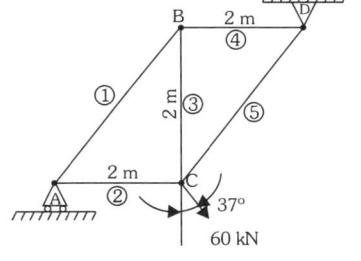

Respostas:

$F_1 = 59,4$ kN (BC)

$F_2 = 42$ kN (BT)

$F_3 = 42$ kN (BT)

$F_4 = 42$ kN (BC)

$F_5 = 8,5$ kN (BT)

i)

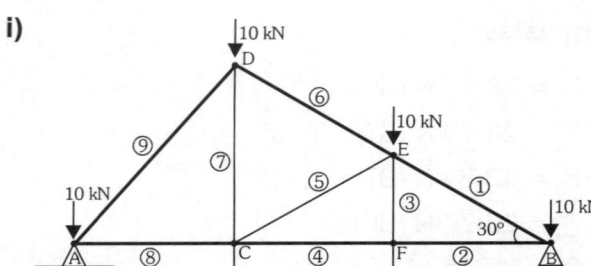

Respostas:

$F_1 = 20$ kN (BC)	$F_2 = 17$ kN (BT)
$F_3 = 0$	$F_4 = 17$ kN (BT)
$F_5 = 10$ kN (BC)	$F_6 = 10$ kN (BC)
$F_7 = 5$ kN (BT)	$F_8 = 8,5$ kN (BT)
$F_9 = 13,25$ kN (BC)	

j)

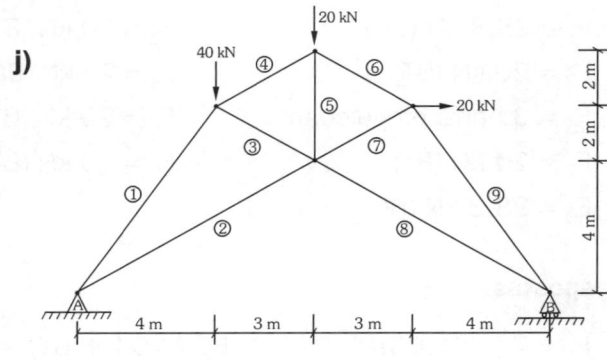

Respostas:

$F_1 \cong 81$ kN (BC)	$F_2 \cong 75$ kN (BT)
$F_3 \cong 2$ kN (BC)	$F_4 \cong 52$ kN (BC)
$F_5 \cong 37$ kN (BT)	$F_6 \cong 51$ kN (BC)
$F_7 \cong 36$ kN (BT)	$F_8 \cong 37$ kN (BT)
$F_9 \cong 58$ kN (BC)	

Ex.2 - A figura dada representa um guindaste projetado para carga máxima de 80 kN. Determinar as cargas axiais atuantes nas barras do guindaste.

Respostas:

$F_1 = 164$ kN (BC)	$F_2 = 115$ kN (BT)
$F_3 = 143$ kN (BC)	$F_4 = 60$ kN (BC)
$F_5 = 190$ kN (BT)	

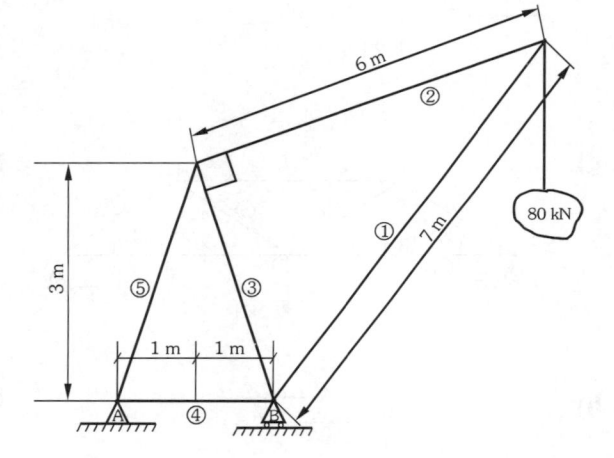

Ex.3 - Determinar as cargas axiais atuantes nas barras da treliça representada na figura.

Respostas:

$F_1 = 110$ kN (BC)	$F_2 = 48$ kN (BT)
$F_3 = 17,6$ kN (BT)	$F_4 = 57,9$ kN (BT)
$F_5 = 57,9$ kN (BC)	$F_6 = 66,3$ kN (BT)
$F_7 = 83$ kN (BC)	

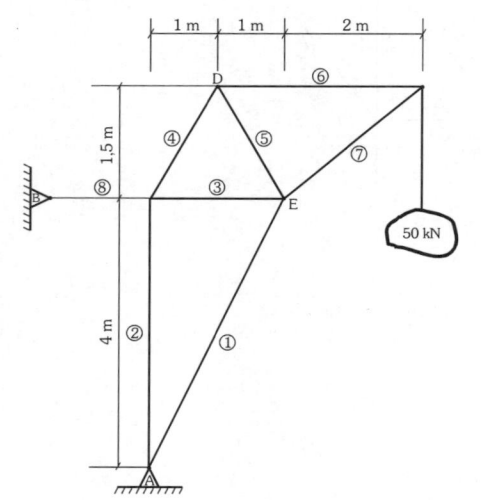

Ex.4 - Determinar as cargas axiais que atuam nas barras da treliça representada na figura.

Respostas:

F_1 = 28,3 kN (BT) F_2 = 20 kN (BC)

F_3 = 20 kN (BC) F_4 = 20 kN (BT)

F_5 = 56,6 kN (BT) F_6 = 60 kN (BC)

F_7 = 99 kN (BC) F_8 = 60 kN (BT)

F_9 = 84,9 kN (BT) F_{10} = 99 kN (BC)

F_{11} = 42,4 kN (BT) F_{12} = 30 kN (BT)

F_{13} = 30 kN (BC) F_{14} = 70 kN (BC)

F_{15} = 42,4 kN (BT) F_{16} = 30 kN (BT)

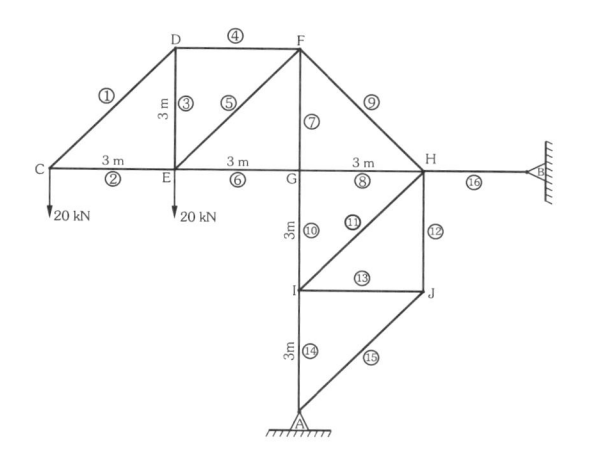

Cisalhamento

Ex.1 - Dimensionar o parafuso do conjunto representado na figura $\bar{\tau}$ = 105 MPa $\bar{\sigma}_d$ = 280 MPa

① - garfo espessura da haste do garfo t_{hg} = 6 mm

② - chapa t_{ch} = 16 mm

③ - parafuso

④ - porca

⑤ - arruela de pressão

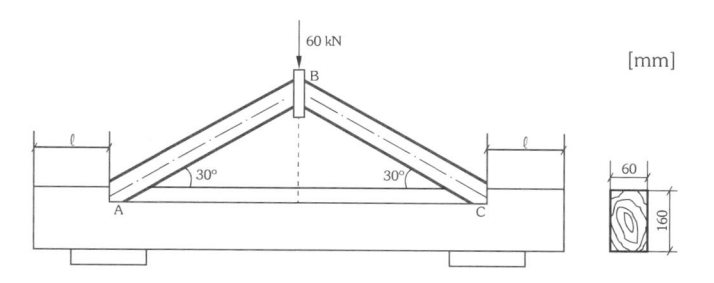

Resposta:

d = 8 mm

Ex.2 - Determinar a dimensão ℓ da tesoura de telhado, para que suporte com segurança o carregamento representado. A tensão admissível para cisalhamento paralelo às fibras é $\bar{\tau}$ = 10 MPa.

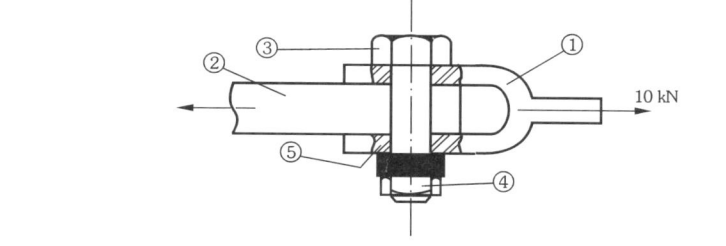

Resposta: ℓ = 86,6 mm

Ex.3 - Projetar a junta rebitada representada na figura.

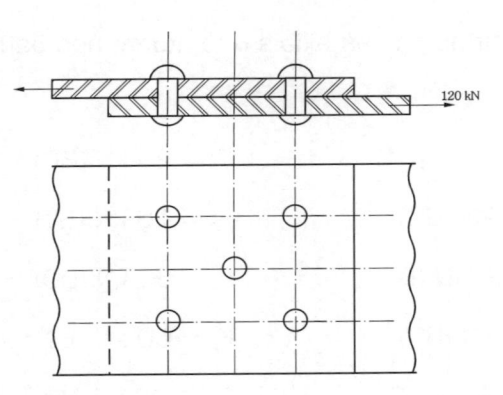

$\bar{\tau}$ = 105 MPa (tensão admissível de cisalhamento)

$\bar{\sigma}_d$ = 225 MPa (pressão média de contato)

A carga aplicada na junta é 120 kN, e a espessura das chapas t = 8 mm.

Resposta: d ≅ 18 mm

Ex.4 - Determinar o diâmetro do pino de aço SAE 1040 para que suporte com segurança k = 9 (carga dinâmica), a força de 10 kN representada na figura σ_e = 360 MPa e a espessura da chapa t_{ch} = 10 mm.

Resposta:

d ≡ 14 mm

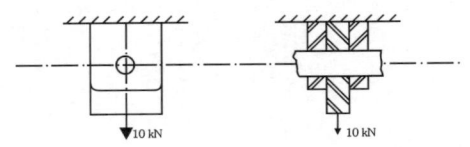

Ex.5 - A junta da figura une dois eixos através de rebites de 20 mm de diâmetro, para transmitir uma potência de 50 kW com frequência de 4 Hz. Determinar a tensão de cisalhamento nos rebites.

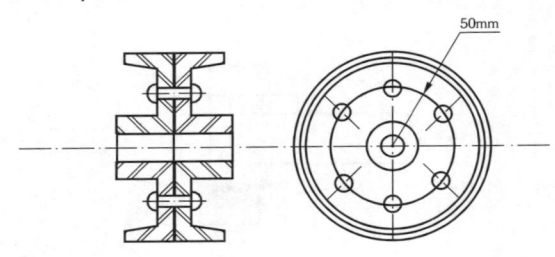

Resposta: τ = 21 MPa

Ex.6 - Dimensionar a junta rebitada representada na figura. Utilizar τ = –105 MPa, σ d = 280 MPa, t_{ch} = 6 mm. A carga aplicada é Q = 120 kN.

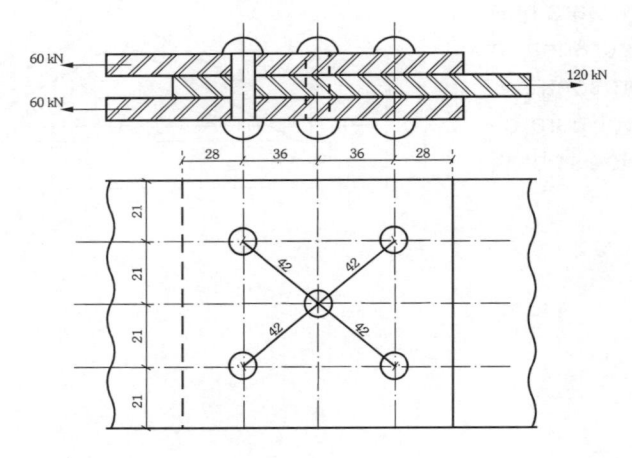

Resposta: d ≅ 14 mm

Ex.7 - Dimensionar os rebites da união representada na figura. A carga aplicada é de 8 kN, a espessura das chapas é de 8 mm. Considere τ = 105 MPa e $\bar{\sigma}_d$ = 280 MPa.

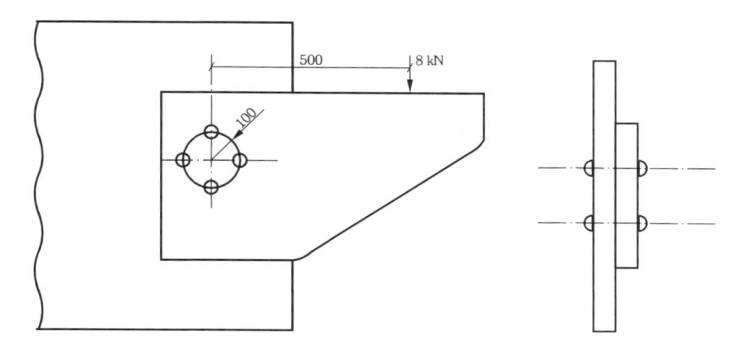

Resposta: d = 12 mm

Ex.8 - Determinar o comprimento da chaveta que une um eixo de d = 100 mm a uma polia, para a transmissão de uma potência de 50 kW girando com uma frequência de 2 Hz. Utilizar: $\bar{\tau}$ = 50 MPa e $\bar{\sigma}_d$ = 100 MPa.

A DIN 6885 recomenda para d = 100 mm

b = 28 mm   h = 16 mm

$t_2 \cong$ 6 mm $t_1 \cong$ 10 mm

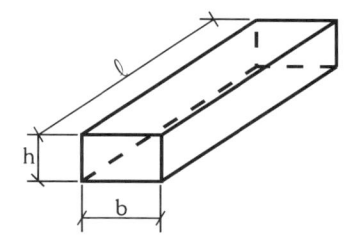

Resposta:

ℓ = 134 mm

Ex.9 - Dimensionar os parafusos da junta representada na figura. Os parafusos possuirão o mesmo diâmetro. A espessura das chapas é de 8 mm.

Utilizar: $\bar{\tau}$ = 105 MPa (cisalhamento)
$\bar{\sigma}_d$ = 225 MPa (esmagamento)

Considerar a junta com cisalhamento simples

Carga aplicada Q = 18 kN

Diâmetros normalizados DIN 931

d [mm]	M 14
M 10	M 16
M 12	M 18...

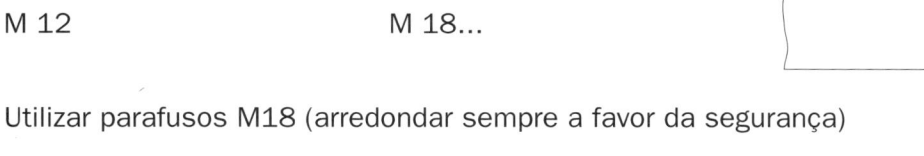

Utilizar parafusos M18 (arredondar sempre a favor da segurança)

5 parafusos M18

Resposta: D $\cong$ 16,18 mm

Características Geométricas das Superfícies Planas

Centro de Gravidade

Ex.1 - Determinar o Centro de Gravidade (CG) das superfícies hachuradas representadas a seguir:

unidade = [mm]

a)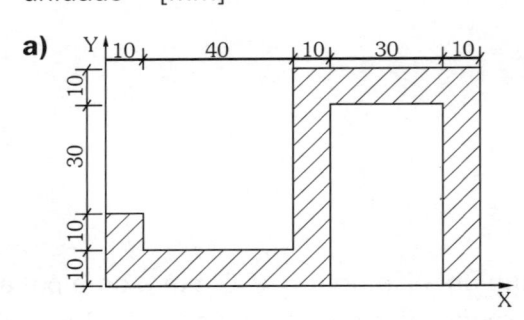

b)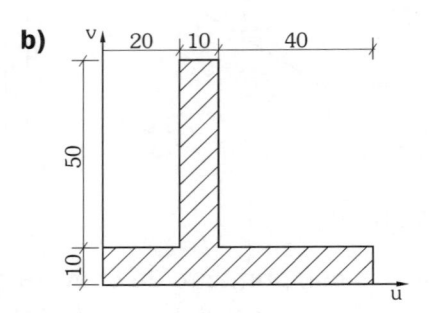

Respostas:

$X_G = 60$ mm $Y_G = 27$ mm

Respostas:

$ug \cong 30,8$ mm $vg = 17,5$ mm

c)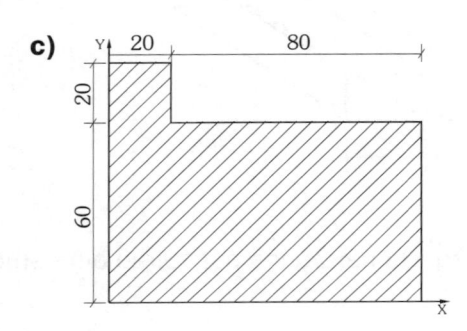

d)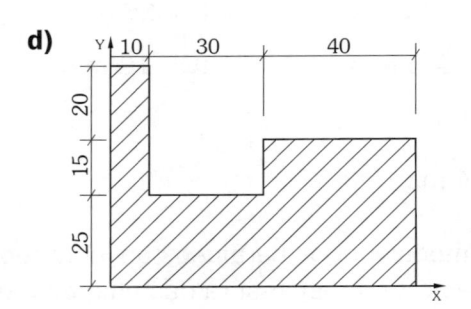

Respostas:

$X_G = 47,5$ mm $Y_G = 32,5$ mm

Respostas:

$X_G \cong 40$ mm $Y_G = 20$ mm

e)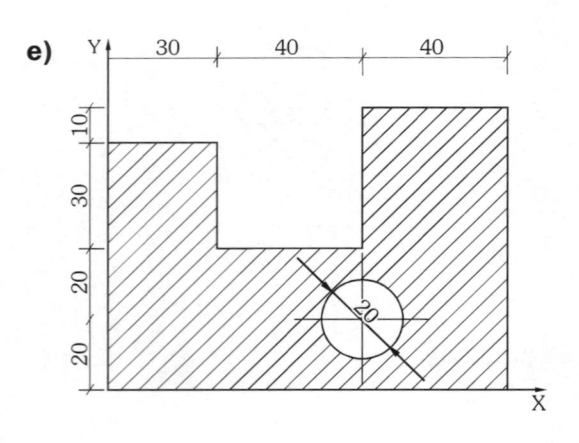

f)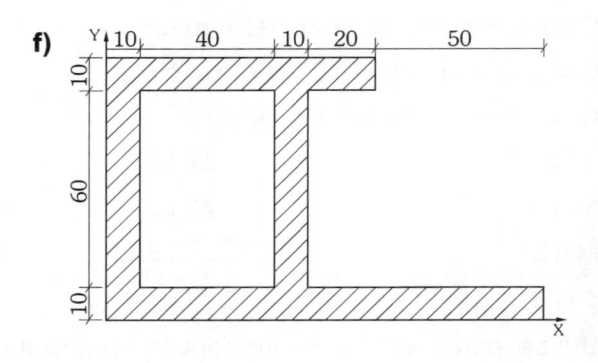

Respostas:

$X_G \cong 57$ mm $Y_G \cong 34,5$ mm

Respostas:

$X_G = 46,2$ mm $Y_G = 34,7$ mm

g)

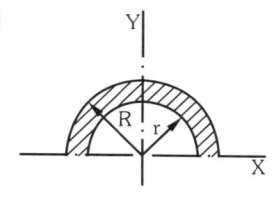

Respostas:

$X_G = 0$

$$y_G = \frac{4(R^3 - r^3)}{3\pi(R^2 - r^2)}$$

i)

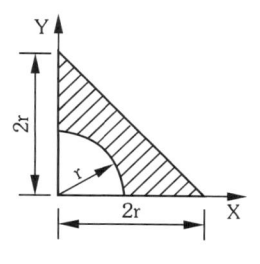

Respostas:

$X_G = Y_G = 0{,}82\ r$

k)

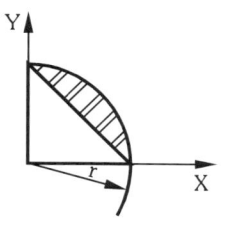

Respostas:

$X_G = Y_G = 0{,}58\ r$

h)

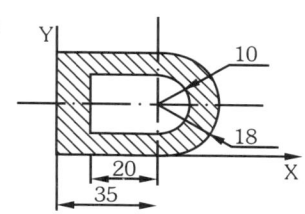

Respostas:

$X_G = 22$ mm $\qquad Y_G = 18$ mm

j)

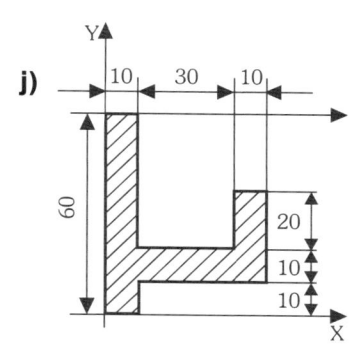

Respostas:

$X_G = 20$ mm $\qquad Y_G = 25$ mm

l)

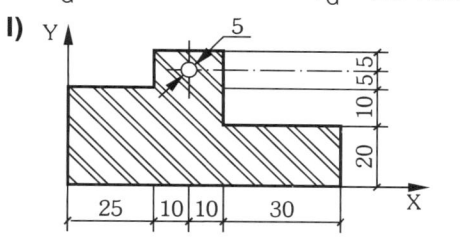

Respostas:

$X_G = 34$ mm $\qquad Y_G = 15$ mm

Ex.2 - Determinar o momento de inércia, raio de giração, módulo de resistência relativos aos eixos baricêntricos (x; y) nos perfis dados.

unidade: mm

a)

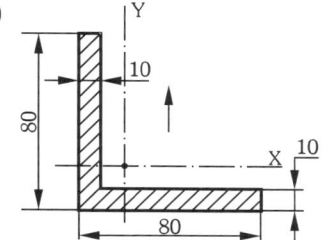

Respostas:

$J_x \cong 89$ cm^4

$J_Y \cong 89$ cm^4

$i_x \cong 2{,}4$ cm

$I_x \cong 2{,}4$ cm

$W_x \cong 16$ cm^3

$W_y \cong 16$ cm^3

b)

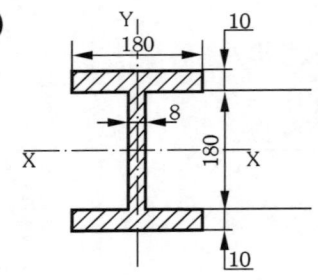

Respostas:

$J_x \cong 3640 \text{ cm}^4$

$J_Y = 973 \text{ cm}^4$

$i_x = 8,5 \text{ cm}$

$i_x = 4,39 \text{ cm}$

$W_x = 364 \text{ cm}^3$

$W_x = 108 \text{ cm}^3$

c)

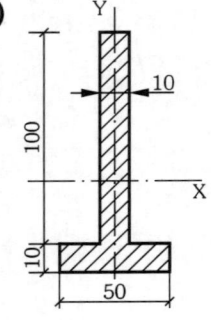

Respostas:

$J_x \cong 185 \text{ cm}^4$

$J_Y \cong 112,5 \text{ cm}^4$

$i_x \cong 3,5 \text{ cm}$

$i_y \cong 0,87 \text{ cm}$

$W_x \cong 27 \text{ cm}^3$

$W_y \cong 4,5 \text{ cm}^3$

d)

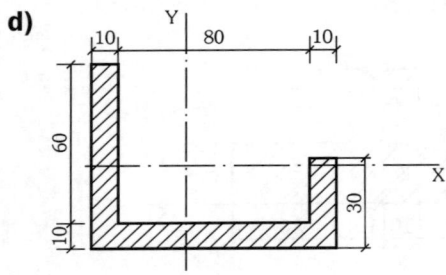

Respostas:

$J_x = 65,5 \text{ cm}^4$

$i_x \cong 1,9 \text{ cm}$

$W_x = 12,67 \text{ cm}^3$

$J_y = 228 \text{ cm}^4$

$i_y = 3,56 \text{ cm}$

$W_y = 38 \text{ cm}^3$

e)

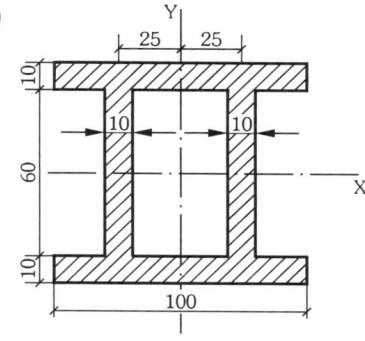

Respostas:

$J_x \cong 282,7 \text{ cm}^4$

$J_y \cong 242,7 \text{ cm}^4$

$i_x \cong 2,97 \text{ cm}$

$i_y \cong 2,75 \text{ cm}$

$W_x \cong 70,7 \text{ cm}^3$

$W_y \cong 48,5 \text{ cm}^3$

f)

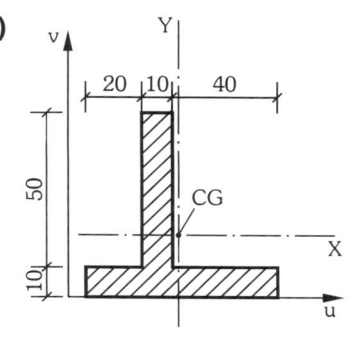

Respostas:

$J_x = 37,25 \text{ cm}^4$

$J_y = 32,21 \text{ cm}^4$

$i_x = 1,76 \text{ cm}$

$i_y = 1,64 \text{ cm}$

$W_x = 8,76 \text{ cm}^3$

$W_y = 8,22 \text{ cm}^3$

Ex.3 - Determinar J_x; i_x; W_x no perfil representado a seguir.

(1) chapa 200 × 10 [mm]   (2) viga U 6"×2"

h = 152,4 mm   A = 24,7 cm² $J_x = 724 \text{ cm}^4$

Respostas:

$J_x = 2388 \text{ cm}^4$; $i_x = 5,87 \text{ cm}$; $W_x = 240 \text{ cm}^3$

Ex.4 - Determinar J_x; W_x; i_x nos perfis a seguir. Medidas em [mm]

a) Dados - chapas de aço 16 x 200 [mm].

Perfil U CSN 10" × 2 5/8"

h = 254 mm $J_x = 2800 \text{ cm}^4$

A = 29 cm² $J_y = 95,1 \text{ cm}^4$

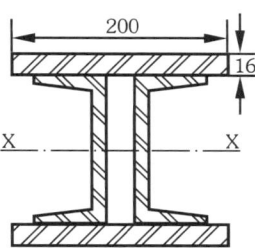
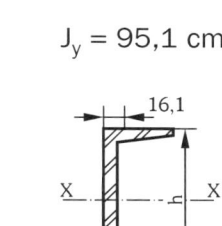

Respostas:

$J_x = 17278 \text{ cm}^4;$ $W_x = 1208 \text{ cm}^3$ e $i_x = 11,9 \text{ cm}$

b) Dados - perfil U (o mesmo do exercício anterior)

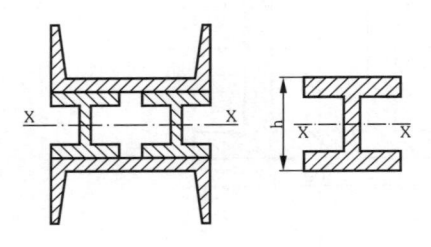

    Perfil I CVS (CSN) 300 x 47

    h = 300 mm

    $J_x = 9499 \text{ cm}^4$

    A = 60,5 cm²

Respostas:

$J_x = 35189 \text{ cm}^4$ $W_x = 1629 \text{ cm}^3$ e $i_x = 14 \text{ cm}$

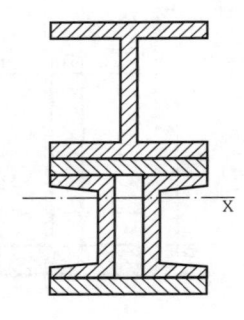

c) Dados   Perfil I (o mesmo do exercício anterior)

               Perfil U (o mesmo do exercício anterior)

               Chapas de aço 16 x 200 [mm]

Respostas:

$J_x = 61498 \text{ cm}^4$ $W_x = 1780 \text{ cm}^3$ e $i_x = 18,3 \text{ cm}$

Ex.5 - Determinar eixos principais de inércia calculando $J_{máx}$; $J_{mín}$; $\sigma_{máx}$ e $\alpha_{mín}$.

a)

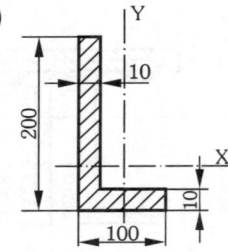

Respostas:

$J_{máx} = 1308 \text{ cm}^4$

$J_{mín} = 137 \text{ cm}^4$

$\alpha_{máx} = 15°$

$\alpha_{mín} = -75°$

b)

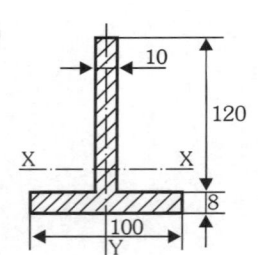

Respostas:

$J_{máx} = 341 \text{ cm}^4$

$J_{mín} = 68 \text{ cm}^4$

$\alpha_{máx} = 0°$

$\alpha_{mín} = 90°$

c)

Respostas:

$J_{máx} = 531 \text{ cm}^4$

$J_{mín} = 472 \text{ cm}^4$

$\alpha_{máx} = 0°$

$\alpha_{mín} = 90°$

d)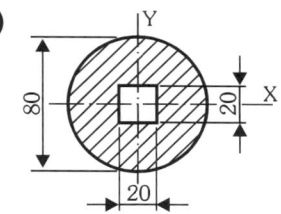

Respostas:

$J_x = J_y = 199 \text{ cm}^4$

$J_{máx} = \cancel{E}$

$J_{mín} = \cancel{E}$

$\alpha_{máx} = \cancel{E}$

$\alpha_{mín} = \cancel{E}$

Força Cortante, Momento Fletor

Ex.1 - Determinar Q e M e construir os respectivos diagramas:

a)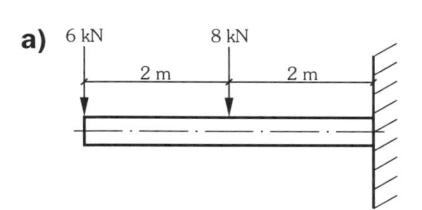

b)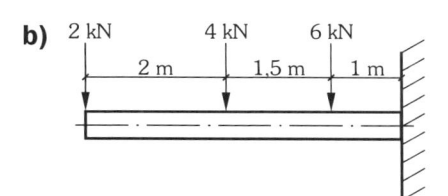

c)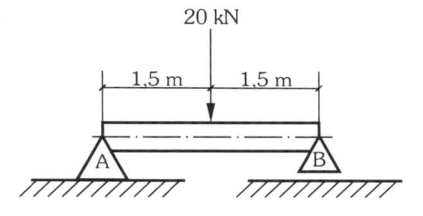

d)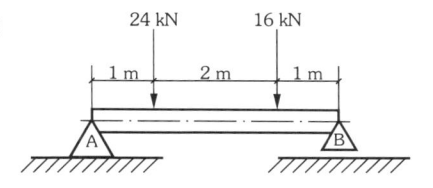

e)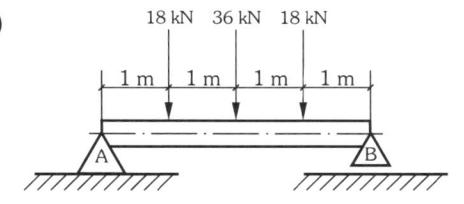

f)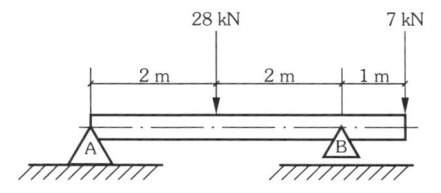

Respostas:

a)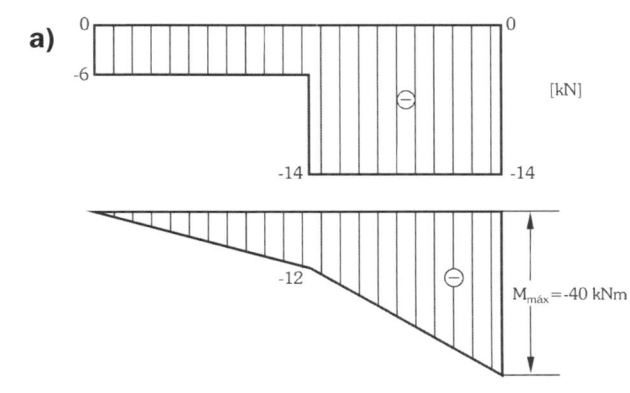

b)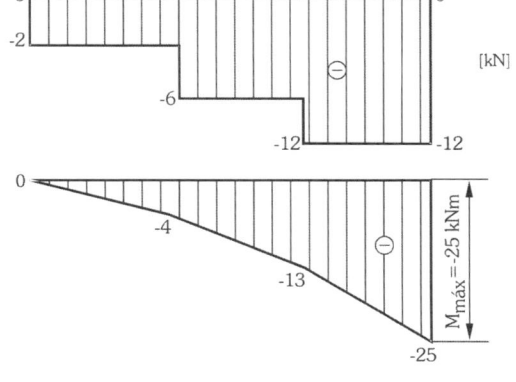

c)

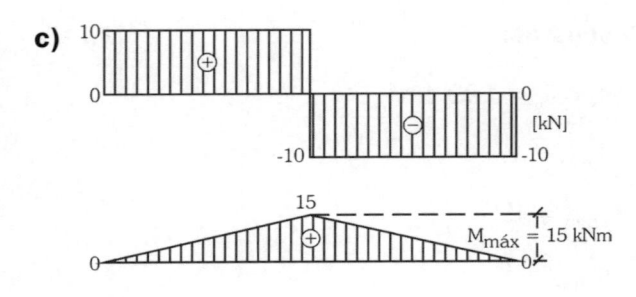

d)

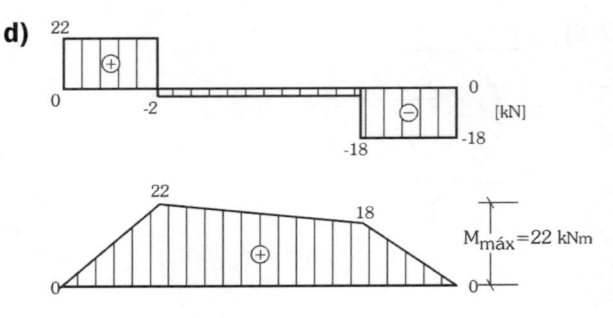

e)

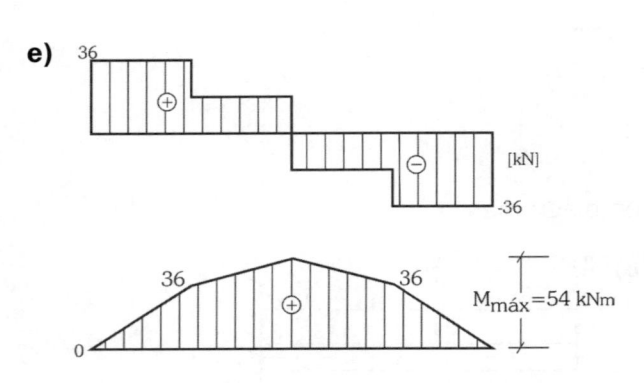

f)

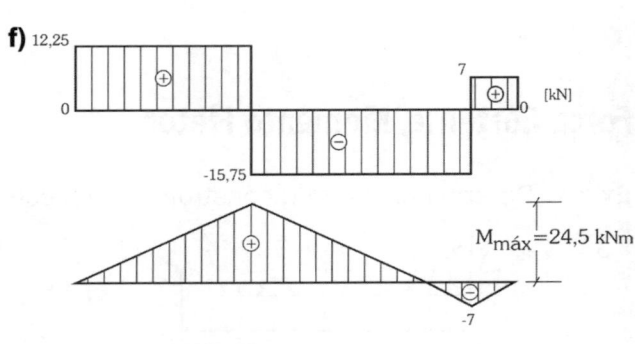

Ex.2 - Determinar Q e M e construir diagramas.

a)

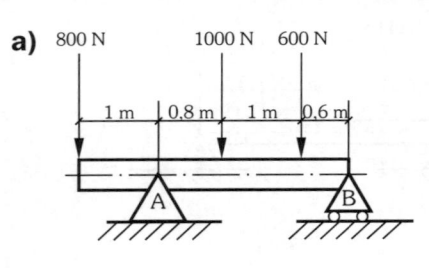

b)

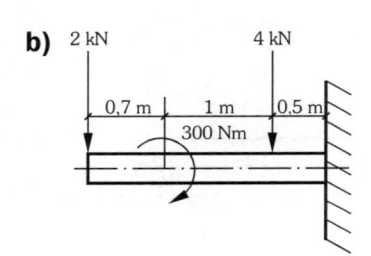

c)

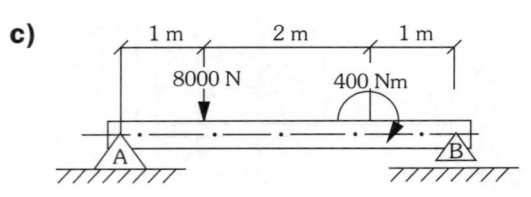

d)

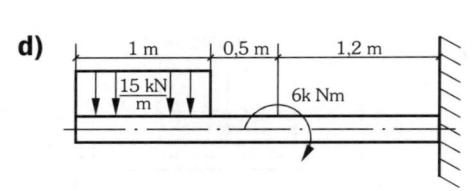

e)

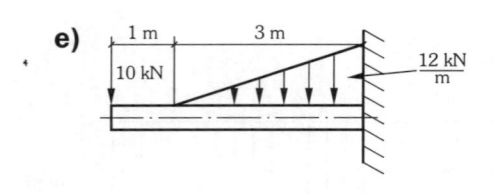

f)

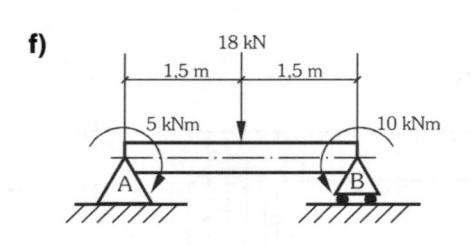

g)

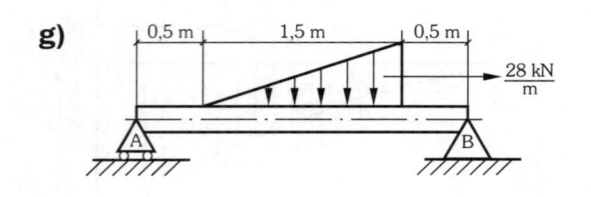

h)

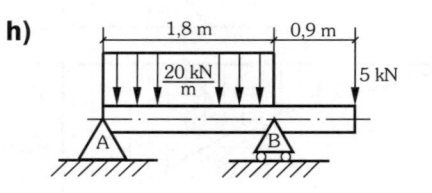

i)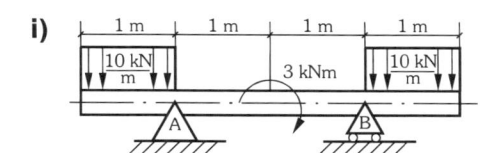

j)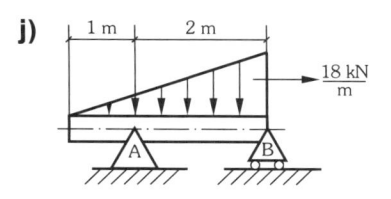

k)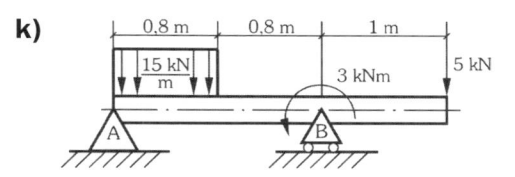

l)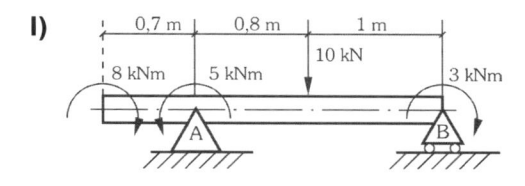

Respostas:

a)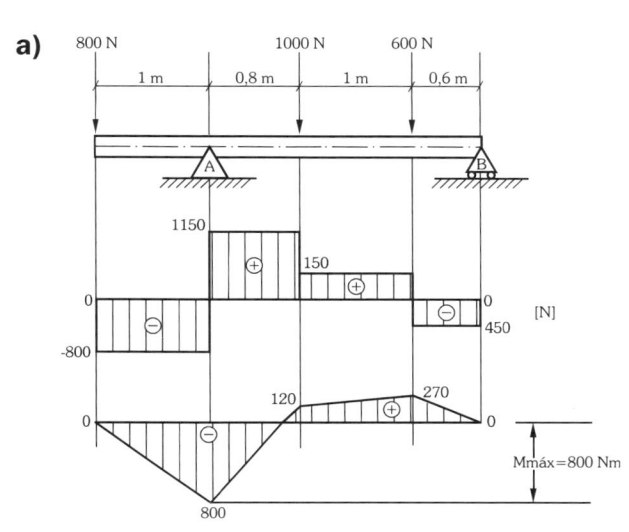

b)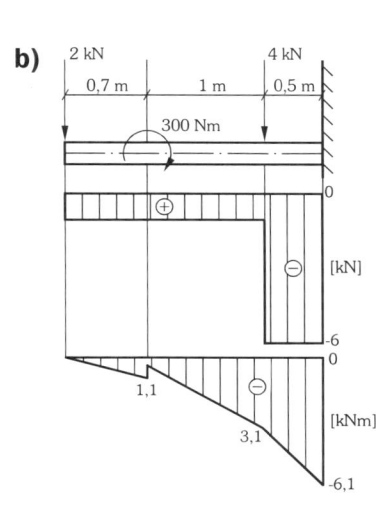

c)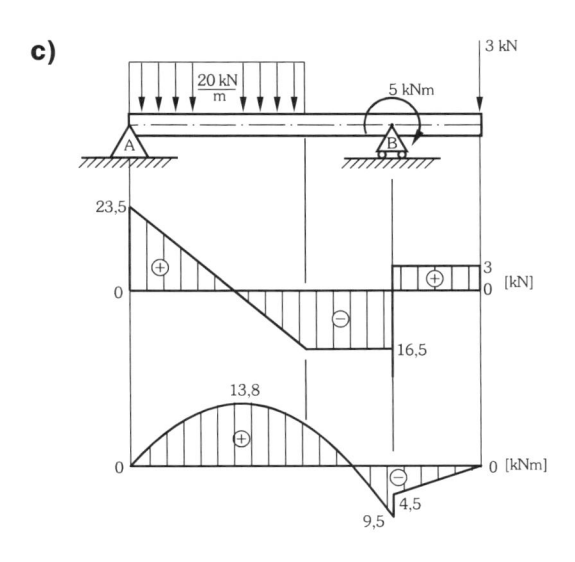

d)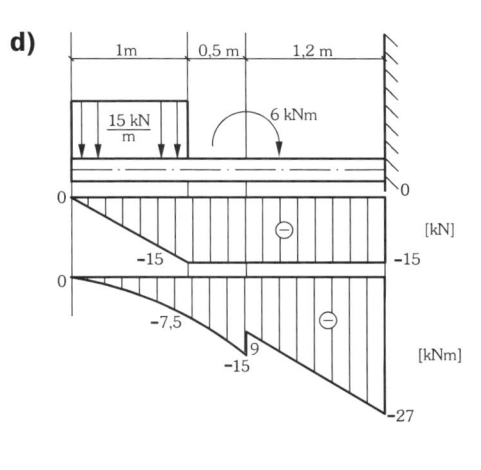

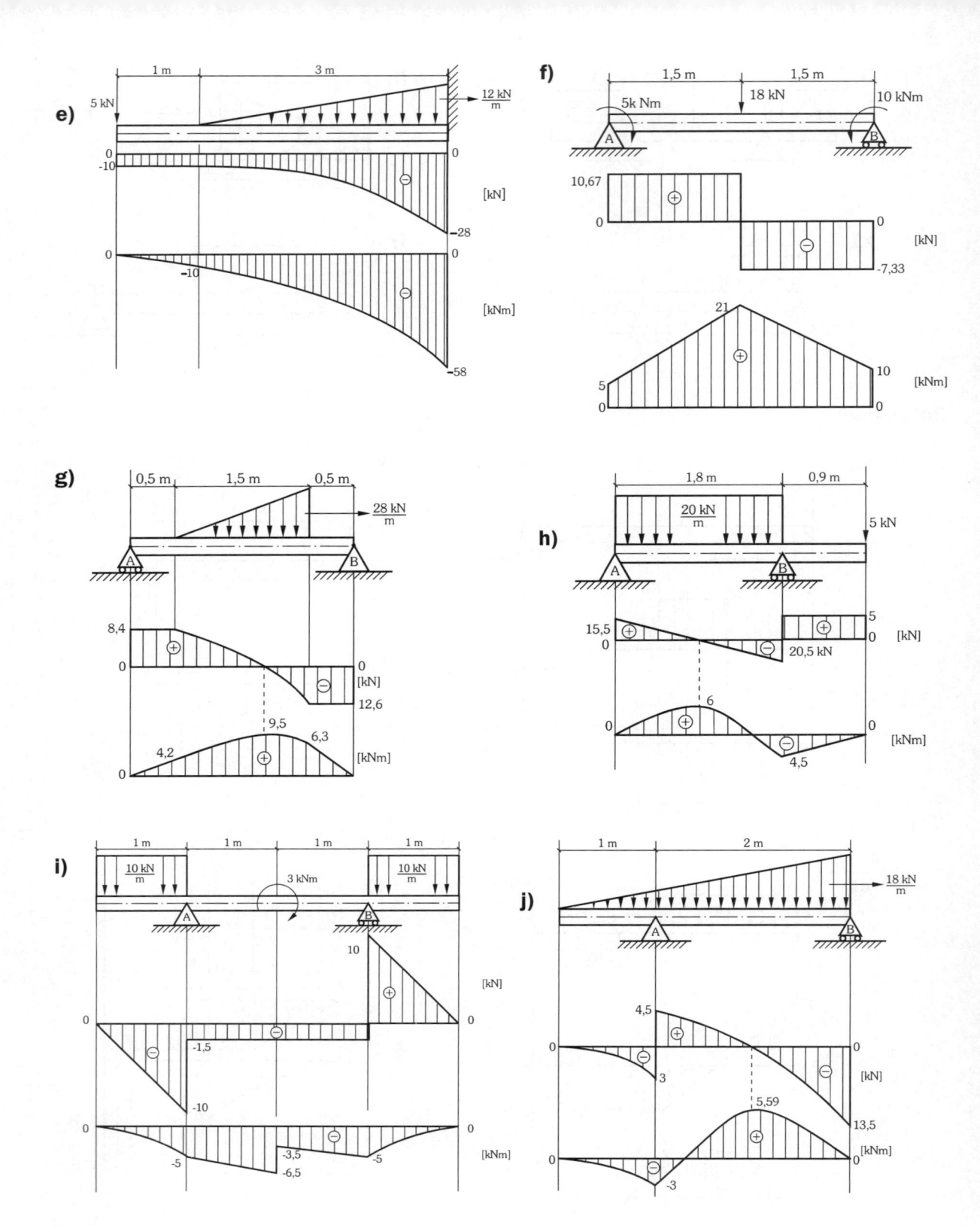

k)

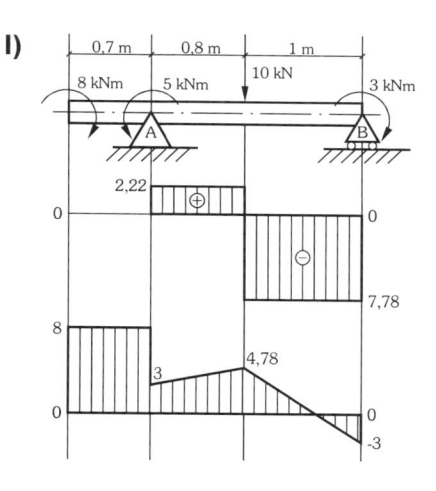

l)

Flexão Simples

Ex.1 - Dimensionar a viga I para que suporte com segurança K $\geq$ 2 o carregamento das figuras seguintes. O material das vigas é o ABNT EB583 com σ_e = 180 MPa.

a)

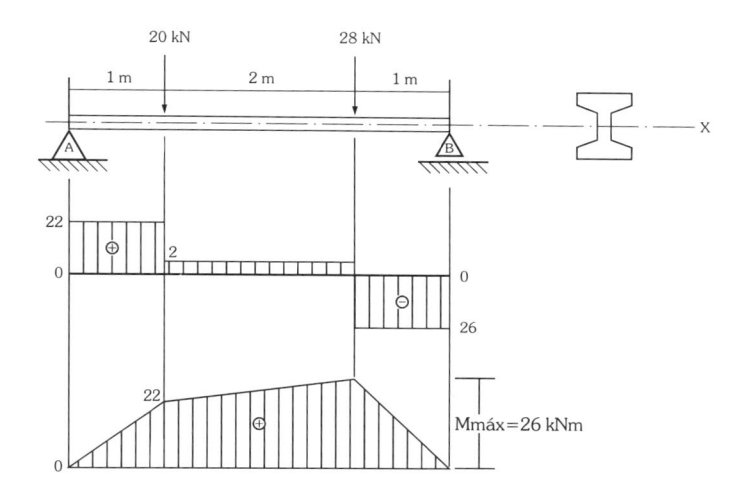

Resposta:

Viga I 10" $\times$ 4 5/8" 1ª alma Wx = 405 cm³

a.1) Determinar o coeficiente de segurança (k) da viga do exercício anterior.

Resposta: k = 2,8

b)

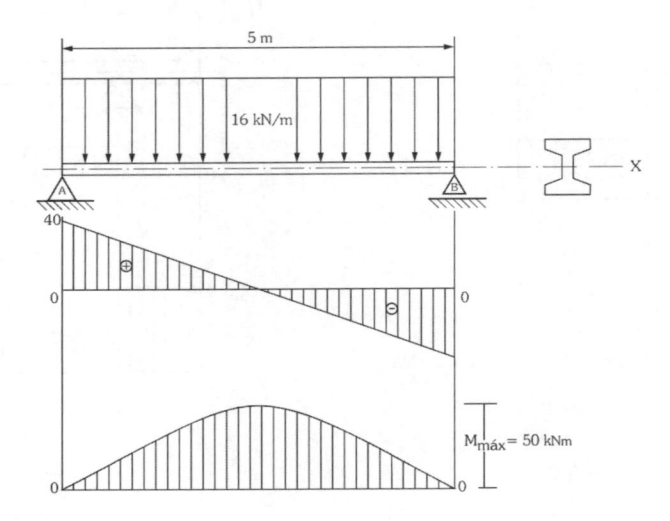

Resposta:

Viga I $12 \times$ "5¼ " 1ª alma c/ $Wx = 743 \ cm^3$

b.1) Determinar o coeficiente de segurança (k) da viga do exercício anterior.

Resposta: $k \cong 2{,}67$

Ex.2 - Dimensionar a viga de madeira que deve suportar o carregamento representado na figura. A altura da secção transversal da viga será aproximadamente três vezes a dimensão da base. Utilizar $\bar{\sigma} = 10$ MPa.

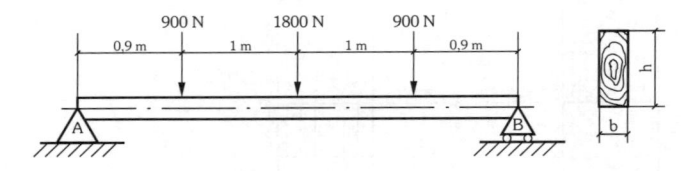

Respostas:

b ≅ 55 mm   h ≅ 165 mm

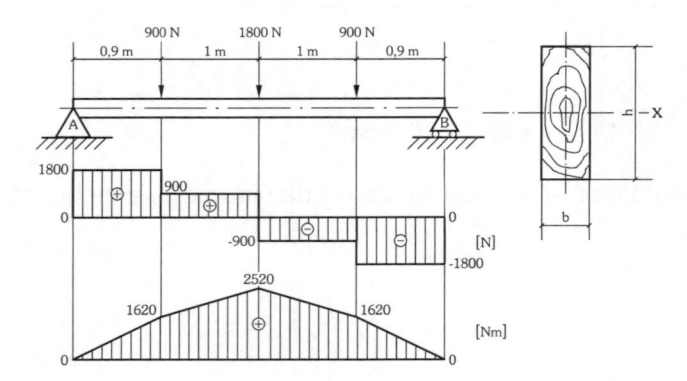

Ex.3 - Dimensionar o eixo que deve suportar o carregamento representado na figura. O material a ser utilizado é o ABNT 1040 com $\sigma_e = 320$ MPa Utilizar coeficiente de segurança k = 2.

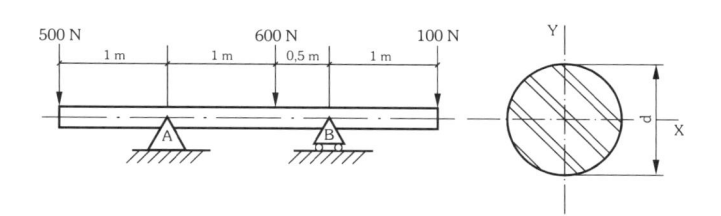

Resposta: d ≅ 32 mm

Ex.4 - O eixo vazado representado na figura possui D = 80 mm e d = 40 mm. Determinar $\sigma_{máx}$ atuante no eixo.

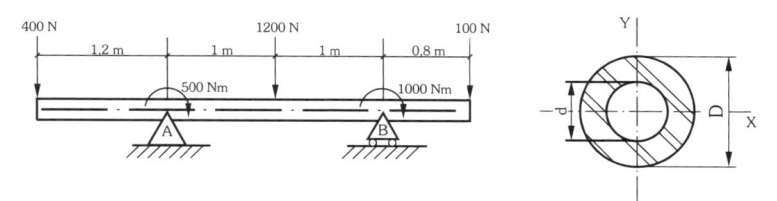

Resposta: $\sigma_{máx} \cong 23$ MPa

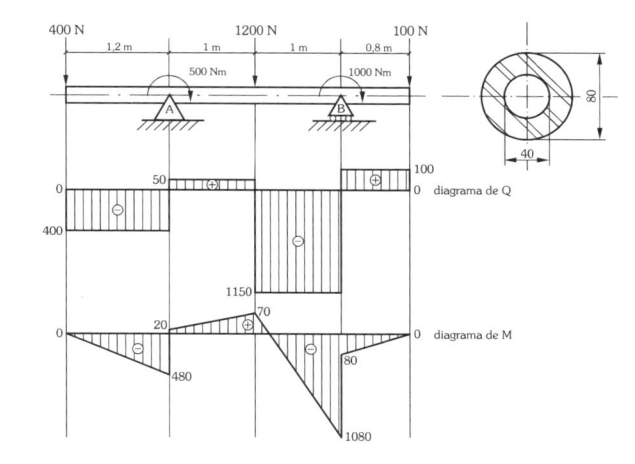

Ex.5 - Determinar o módulo de resistência necessário para as vigas a seguir. Material ABNT 1020 $\sigma_e = 280$ MPa. Coeficiente de segurança k = 2.

a)

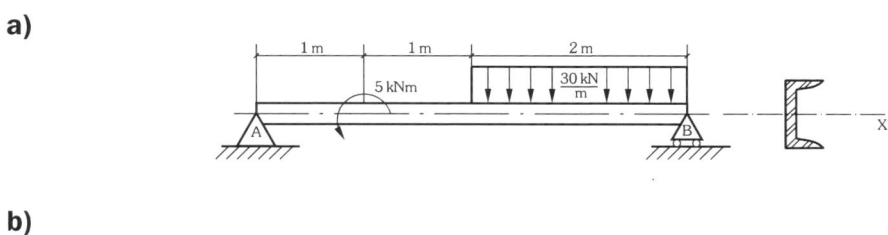

b)

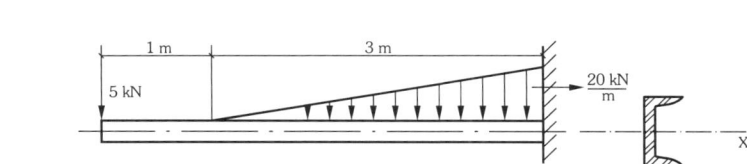

Respostas:

a) $W_x = 228\ cm^3$

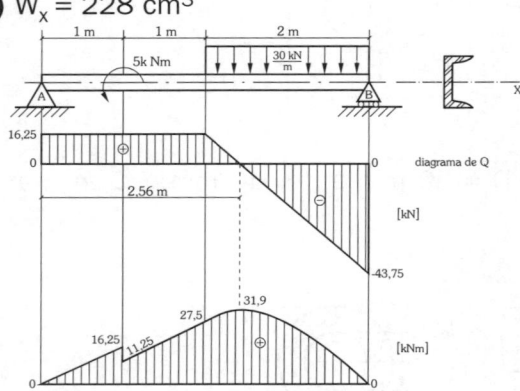

b) $W_x = 357\ cm^3$

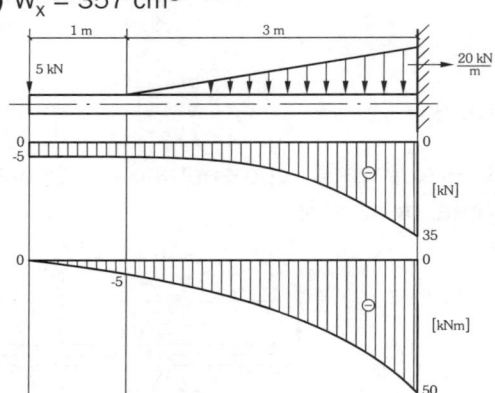

Ex.6 - O vagonete da figura está sendo projetado para transportar uma carga máxima $Q_{max} = 20$ kN.

Dimensionar os eixos do vagonete, supondo a carga simétrica aos apoios (rodas).

Material a ser utilizado é o ABNT 1045 com $\sigma_f = 50$ Mpa $\sigma_f = (50\ N/mm^2)\ \ell$ tensão admissível.

Construir os diagramas de Q e M.

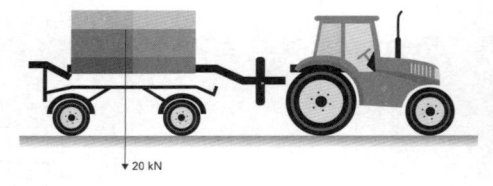

Resposta:

Diagramas de Q e M

$d \cong 74$ mm

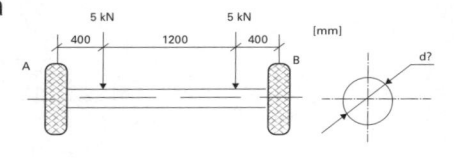

Torção Simples

Ex.1 - A tensão máxima de cisalhamento que atua em um eixo árvore de uma transmissão é 40 MPa, o seu diâmetro é 48 mm e a sua frequência é de 2 Hz. Determinar a potência transmitida.

Resposta:

P = 10,91 KW

Ex.2 - O eixo árvore de uma transmissão possui d = 32 mm e o comprimento de 0,9 m, transmite uma potência de P = 5 CV girando com velocidade angular de $\omega = 2\pi$ rad/s. Determinar:

a) Torque no eixo

b) Rotação do eixo

c) Tensão máxima atuante

d) Distorção

e) Ângulo de torção

Dado $G_{aço} = 80$ GPa e CV = 735,5 W

Resposta:

a) $M_T = 585,3$ Nm

b) n = 60 rpm

c) $\tau_{máx} = 91$ MPa

d) $\gamma = 1,14 \times 10^{-3}$ rad

e) $\theta = 6,4 \times 10^{-2}$ rad

Ex.3 - A junta rebitada da figura é utilizada para unir dois eixos. Os rebites utilizados possuem diâmetro d = 12 mm. A potência transmitida é de P = 40 kW e a frequência é de f = 5 Hz. Determinar a tensão nos rebites.

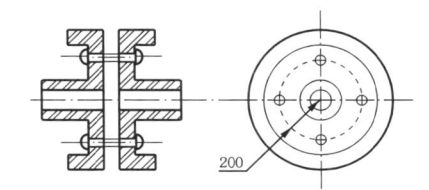

Resposta: $\tau \cong 14$ MPa

Ex.4 - Dimensionar o eixo árvore vazado que será utilizado na transmissão para o diferencial de um caminhão. A potência P = 320 CV e a rotação n = 1600 rpm (para ser atingido o torque máximo). Material ABNT 1045 $\overline{\tau}$ = 50 MPa. Utilizar D = 1,25 d.

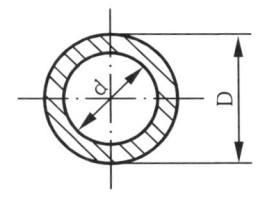

Respostas:

D = 62,5 mm   d = 50 mm

Ex.5 - Um eixo possui 60 mm de diâmetro e 0,9 m de comprimento. A tensão máxima que atua no eixo é $\tau_{máx}$ = 40 MPa e a sua velocidade angular é $\omega = 3\pi$ rad / s. $G_{aço}$ = 80 GPa. Determinar:

a) a rotação do eixo   **b)** o torque
c) a potência   **d)** a distorção
e) o ângulo de torção

Respostas:

a) n = 90 rpm   **b)** M_T = 1696,5 Nm
c) P = 15990 W   **d)** $\gamma = 5 \times 10^{-4}$ rad
e) $\theta = 1,5 \times 10^{-2}$ rad

Ex.6 - O eixo de uma transmissão é movido por uma força tangencial de 3600 N e gira com vp = π / 10 m / s, a tensão máxima atuante é $\tau_{máx}$ = 36 MPa. Determinar o diâmetro e a rotação do eixo.

Respostas:

d = 16 mm   n = 375 rpm

Ex.7 - O eixo da figura é de aço, possui comprimento ℓ = 800 mm, d = 30 mm, gira com $\omega = 25\pi$ rad / s, movido por um torque de 150 Nm. Determinar para o eixo:

a) força tangencial (F_t)

b) a potência (P)

c) a tensão máxima atuante ($\tau_{máx}$)

d) distorção (γ)

e) ângulo de torção (θ)

$G_{aço}$ = 80 GPa

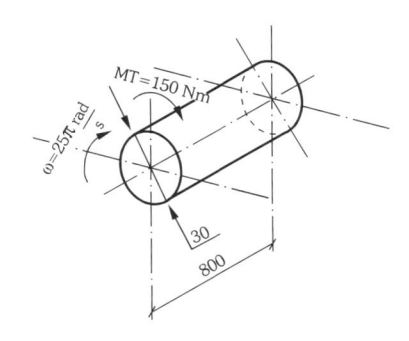

Respostas:

F_t = 10 kN
P = 11780 W
$\tau_{máx}$ = 28,3 MPa
$\gamma = 3,5375 \times 10^{-4}$ rad
$\theta = 1.886 \times 10^{-2}$ rad

Ex.8 - O eixo da figura é de aço, possui d = 40 mm, gira com $\omega = 30\pi$ rad / s, movido por uma $F_T = 10$ kN. Determinar para o eixo:

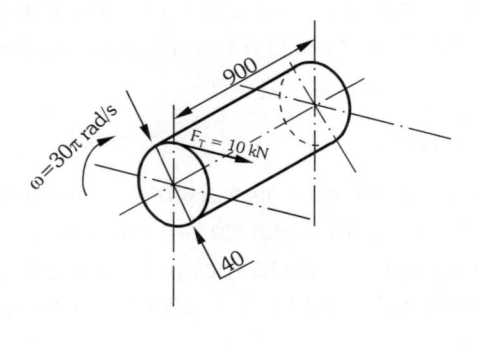

a) torque (M_T)

b) potência (P)

c) tensão máxima atuante ($\tau_{máx}$)

d) distorção (γ)

e) ângulo de torção (θ)

comprimento do eixo = ℓ 900 mm

$G_{aço} = 80$ GPa

Respostas:

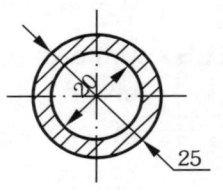

Mt = 200 Nm   P = 18850 W

$\tau_{max} = 15,9$ MPa $\gamma = 1.9875 \times 10^{-4}$ rad

$\theta = 8,95 \times 10^{-3}$ rad

Ex.9 - Ensaio de torção

Torque MT = 220 Nm
Comprimento ℓ = 600 mm
Diâmetro d = 20 mm
Material aço $\rightarrow G_{aço} = 80$ GPa

Determinar para o teste na árvore:

a) Tensão máxima atuante (τ_{max})
b) Distorção (γ)

Módulo de resistência polar

$$W_p = \frac{\pi d^3}{16}$$

Momento de inércia polar

$$J_p = \frac{\pi d^4}{32}$$

Resposta:

a) $\tau_{max} = 140$ Mpa
b) $\gamma = 1,75 \times 10^{-3}$ rad

Ex.10 - Qual é o ângulo de torção (θ) do eixo-árvore do exercício 9.

Resposta: Momento de inércia polar

$$\theta = 1,05 \times 10^{-1} \text{ rad}$$

Flambagem

Ex.1 - Determinar o índice de esbeltez de um tubo com D = 25 mm, d = 20 mm e comprimento $\ell f = 4$ m.

Resposta: $\lambda \cong 500$

Ex.2 - Uma viga I de aço possui $J_x = 112$ cm^4, Jy = 21 cm^4 e área de secção transversal A = 12 cm^2; encontra-se articulada nas duas extremidades e submetida a uma carga de compressão. A tensão de proporcionalidade do material é 190 MPa e o módulo de elasticidade do aço é $E_{aço} = 210$ GPa. Determinar o comprimento mínimo para que possa ser aplicada a fórmula de Euler.

Resposta: $\ell \cong 1,4$ m.

Ex.3 - Determinar a carga crítica para a viga de aço representada na figura. Características da viga:

5" x 3" [127,0 × 76,0] mm

Jx = 511 cm^4

Jy = 50 cm^4

$E_{aço} = 210$ GPa

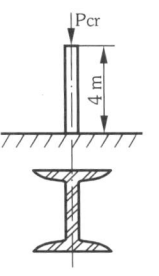

Resposta: $P_{cr} \cong 16,2$ kN

Ex.4 - Um poste de 3 m de altura sofre a ação de uma carga concentrada de 30 kN na extremidade livre. O material é madeira com as seguintes propriedades:

E = 12 GPa (módulo de elasticidade)

σ = 10 MPa (tensão)

Determinar o diâmetro mínimo do poste (d).

Resposta: $d \cong 210$ mm

Ex.5 - A figura dada representa uma viga U de aço com comprimento 4 m, de tamanho nominal 6" × 2", Jx = 632 cm^4 e Jy = 36 cm^4 e A = 20 cm^2. Encontra-se biengastada e solicitada por uma carga axial de compressão de 80 kN. Determinar a tensão de flambagem atuante na viga.

$E_{aço} = 210$ GPa.

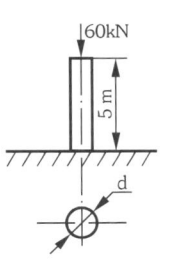

Resposta: $\sigma_{fl} = 93,35$ MPa

Rebite de cabeça redonda
para construção de caldeiras de 10 a 36 mm de diâmetro

DIN 123

Designação de um rebite de cabeça redonda; diâmetro do rebite em bruto "d" 16 mm e comprimento 130 mm DIN123 MUS't 34.

Rebite de cabeça redonda 16x30 DIN123 MUS't 34

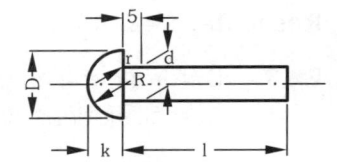

Diâmetro do rebite em bruto (próprio para fabricantes) d	10	12	14	(16)	(18)	(20)	(22)	(24)	(27)	(30)	33	36
Diâmetro da cabeça D	18	22	25	(28)	(32)	(32)	(40)	(43)	(48)	53	58	64
Altura da cabeça k	7	(9)	(10)	(11,5)	(13)	(14)	16	17	19	21	23	25
Raio da cabeça R-	(9,5)	11	(13)	(14,5)	16,5	(18,5)	(20,5)	22	24,5	(27)	(30)	33
Canto arredondado r	1	1,6	1,6	(2)	(2)	(2)	(2)	2,5	2,5	3	3	4
Rebite rebitado (φ do furo próprio p/ cálculos	11	13	15	(17)	(19)	(21)	(23)	25	28	31	34	37
Parafuso hexagonal, nº entre ( ) corresponde a DIN 601	M10	M12	-	(M16)	-	(M20)	(M22)	(M24)	M27	M30	M33	M36
Comprimento l	\multicolumn{12} Peso (7,85 kg/dm³) kg/1000 peças -											
10	14,5											
12	15,8											
14	17,0	28,5										
16	18,2	30,8	42,7									
18	19,6	32,0	45,1									
20	20,7	33,8	47,5	65,8								
22	21,9	35,8	49,9	68,8								
24	23,2	37,4	52,3	71,9	98							
26	24,4	38,1	54,8	75,1	102							
28	26,6	40,9	57,2	78,2	108	136						
30	28,9	42,7	59,8	81,4	110	141						
32	28,1	44,5	62,0	84,6	114	146	191					
34	29,9	46,3	64,4	87,7	118	151	197					
36	30,6	48,0	86,9	90,9	122	156	203	244				
38	31,8	48,8	69,3	94,0	128	181	209	252				
40	33,0	51,6	71,7	97,2	130	188	215	259	343			
42	34,3	53,4	74,1	100,4	134	171	221	266	352			
45	36,1	56,0	77,7	105,1	140	178	230	278	365			
48	38,0	56,7	81,4	110	146	186	239	287	379	486		
50	39,2	60,5	83,7	118	150	191	245	294	388	497		
52	40,4	62,4	86,12	116	154	196	251	301	397	509		
55	42,3	64,9	89,8	121	160	203	260	312	416	525	656	
58		67,8	93,5	126	168	210	269	323	424	542	678	
60		69,9	95,9	129	170	215	275	330	433	553	691	
62		71,1	98,3	132	174	220	281	337	442	554	705	875
65		73,8	102	137	180	228	289	347	455	581	725	899
68		76,4	106	141	186	236	298	358	468	597	746	929
70		78,2	108	145	190	240	304	365	477	608	758	939
72			110	148	194	245	310	372	486	620	772	955
75			114	153	200	252	319	383	500	638	792	979
78			118	157	206	260	328	394	513	663	812	1003
80				160	210	265	334	401	522	664	825	1019
88				168	220	277	349	418	545	692	859	1059
90				176	230	290	364	438	567	719	892	1089
95					240	302	379	454	590	747	928	1139
100					250	314	384	472	612	775	960	1179
105					260	327	409	489	636	809	993	1219
110					270	339	424	507	657	830	1027	2559
115					280	361	438	525	679	858	1060	1298
120						364	459	549	702	886	1094	1339
125						376	466	560	724	914	1127	1378
130						388	483	578	747	941	1161	1418
135							498	598	760	969	1194	1468
140							513	614	792	987	1228	1498
145								631	814	1025	1261	1538
150								649	837	1052	1295	1578
155									859	1080	1329	1618
160									882	1108	1362	1658
165										1136	1396	1698
170										1169	1429	1738
175											1463	1778
180											1496	1818
185												1859
190												1898

Rebite com cabeça redonda de aço
Diâmetro de 10 a 36 mm

Especificação: Ex. d = 16 mm e l = 30 mm 16x30 DIN 124 TUSt 34 ')

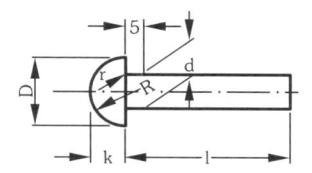

	d	10	12	14	16	18	20	22	24	27	30	33	36
Diâmetro da cabeça	D	16	19	22	25	28	32	36	40	43	48	53	58
Altura da cabeça	k	6,5	7,5	9	10	11,5	13	14	16	17	19	21	23
Raio da cabeça	R=	8	9,5	11	13	14,5	16,5	18,5	20,5	22	24,5	27	30
Raio	r	0,5	0,6	0,6	0,8	0,8	1	1	1,2	1,2	1,6	1,6	2
Rebite rebitado (ϕ do furo próprio p/ cálculos)		11	13	15	17	19	21	23	25	28	31	34	37
Parafuso sextavado do correspondente DIN 601		M10	M12	-	M16	-	M20	M22	M24	M27	M30	M33	M36
Comprimento l		Peso (7,85 kg/dm³) kg/1000 peças -											
10		12,4											
12		13,7											
14		15	22,5										
16		16,3	24,3	35,5									
18		17,6	26,1	37,9									
20		18,9	27,9	40,3	55								
22		19,2	29,7	42,7	58,2								
24		20,5	31,5	45,1	61,4	81,9							
26		21,8	33,3	47,5	64,6	84,9							
28		23,1	35,1	49,9	67,8	88,9	119						
30		24,4	36,9	52,3	71,0	92,9	124						
32		25,7	38,7	54,7	74,2	96,9	129	171					
34		28	40,5	57,1	77,4	101	134	177					
36		29,3	42,3	59,6	80,8	105	139	183	224				
38		30,6	44,1	61,9	83,8	109	144	189	231				
40		31,9	45,9	64,3	87	113	149	195	238	290			
42		33,2	47,7	66,7	90,2	117	154	201	242	299			
45		35,1	50,4	70,3	94,9	123	161	210	256	313			
48		37	53,1	73,9	99,6	129	169	219	266	326	430		
50		38,3	54,9	76,3	103	133	174	225	273	335	441		
52		39,5	56,7	78,7	106	137	179	231	280	344	452		
55		41,5	59,4	82,3	111	143	186	240	291	358	469	589	
58		43,4	62,1	85,9	115	149	194	249	302	371	485	609	
60		44,7	63,9	88,3	118	153	199	255	309	380	496	622	
62		46	65,7	89,7	122	157	204	261	316	389	507	636	784
65			68,4	94,3	127	163	211	270	327	403	524	656	808
68			71,1	97,9	131	169	218	279	337	416	541	676	832
70			72,9	100	134	173	223	285	345	425	552	689	848
72				103	138	177	228	291	352	434	563	703	864
75				106	142	183	236	300	362	448	580	723	888
78				110	147	189	243	309	373	461	596	743	912
80					150	193	248	315	380	470	608	756	928
85					158	203	260	330	398	493	635	790	968
90					166	213	273	345	416	515	663	824	1008
95						223	285	360	434	538	691	858	1048
100						233	298	375	452	560	719	892	1088
105						243	310	390	470	583	747	926	1128
110						253	323	405	480	605	775	960	1168
115						263	335	420	506	628	803	994	1208
120							347	435	524	650	831	1028	1248
125							360	450	542	673	859	1062	1288
130							372	465	560	695	887	1096	1328
135								480	578	718	915	1130	1368
140								495	596	740	942	1164	1408
145									614	763	970	1198	1448
150									632	783	998	1232	1488
155										808	1025	1266	1528
160										830	1053	1300	1568
165											1081	1334	1608
170											1107	1368	1648
175												1402	1688
180												1436	1728
185													1768
190													1808

') Material: DIN17110, a indicar no pedido, p.e.: TUSt 34
Preferência aos tamanhos em negrito

Parafusos de cabeça sextavada de rosca métrica

Acabamento m e mg. Ver nos esclarecimentos a correlação com as recomendações ISO

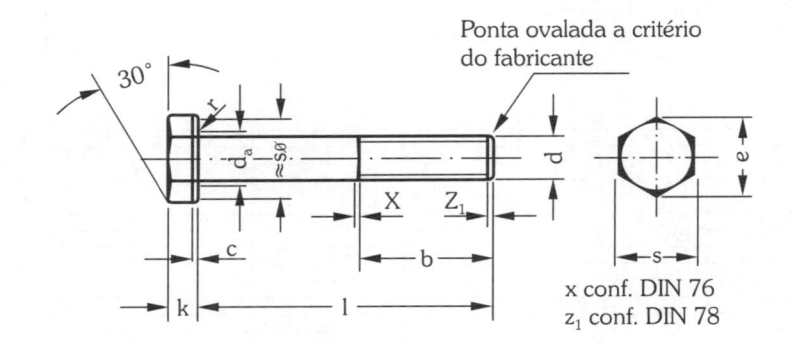

Ponta ovalada a critério do fabricante

30°

x conf. DIN 76
z_1 conf. DIN 78

Desinação de um parafuso de cabeça sextavada de rosca d = M8 comprimento L = 50 mm e classe de resistência 8,8:

PARAFUSO DE CABEÇA SEXTAVADA M8 X 50   DIN 931 - 8,8

d	M1,6	M1,7*)	M2	M2,3*)	M2,5	M2,6*)	M3	(M3,5	M4	M5	M6	(M7)	M8	M10	M12
b 1)	9	9	10	11	11	11	12	13	14	16	18	20	22	26	30
2)	-	-	-	-	-	-	-	-	-	22	24	26	28	32	36
3)	-	-	-	-	-	-	-	-	-	-	-	-	-	45	49
c									0,1	0,2	0,3	0,3	0,4	0,4	0,4
d_a máx	2	2,1	2,6	2,9	3,1	3,2	3,6	4,1	4,7	5,7	6,8	7,8	9,2	11,2	14,2
d m	3,48	3,82	4,38	4,95	5,51	5,51	6,08	6,64	7,74	8,87	11,05	12,12	14,38	18,90	21,10
mín mg	-	-	-	-	-	-	-	-	-	-	-	-	-	-	20,88
k	1,1	1,2	1,4	1,6	1,7	1,8	2	2,4	2,8	3,5	4	5	5,5	7	8
r mín.	0,1	0,1	0,1	0,1	0,1	0,1	0,1	01	0,2	0,2	0,25	0,25	0,4	0,4	0,6
s	3,2	3,5	4	4,5	5	5	5,5	6	7	8	10	11	13	17	18
L^4)	Peso (7,85 kg / dm³) kg / 1000 peças ≈ *														
12	0,240	0,280	0,400												
(14)	0,272	0,315	0,450	0,610	0,770	0,790									
16	0,304	0,350	0,500	0,675	0,845	0,870									
(18)				0,740	0,920	0,970									
20				0,805	0,995	1,03	1,29								
(22)					1,07	1,11	1,40	2,03	2,82						
25					1,17	1,24	1,57	2,25	3,12						
(28)							1,74	2,48	3,41						
30									3,61	5,64	8,06	12,1			
35									4,04	6,42	9,13	13,6	18,2		
40									4,53	7,20	10,2	15,1	20,7	35,0	
45									5,03	7,98	11,3	16,6	22,2	38,0	53,6
50									5,52	8,76	12,3	18,1	24,2	41,1	58,1
55									6,02	9,54	13,4	19,5	25,8	43,8	62,6
60									6,51	10,3	14,4	21,0	27,8	46,9	67,0
65									7,01	11,1	15,5	22,5	29,8	50,0	70,3
70									7,50	11,9	16,5	24,0	31,8	53,1	74,7
75										12,7	17,6	25,5	33,7	56,2	79,1
80										13,5	18,6	27,0	35,7	62,3	83,6
(85)											19,7	28,5	37,7	65,4	88,0
90											20,8	30,0	39,6	68,5	92,4
(95)												31,5	41,6	71,6	96,9
100												33,1	43,6	77,7	100
110													47,5	83,9	109
120														90,0	118
130														96,2	127
140														102	136
150														108	145
160															153
170															162
180															171

Os parafusos acima da linha cheia têm rosca até próximo da cabeça e devem ser designados pela norma DIN 933.

* Medidas não previstas pela ISO/R 272 - 1962 e que devem ser evitadas.

Continuação da tabela da página anterior

d	(M14)	(M16)	(M18)	M20	(M22)	M24	(M27)	M30	(M33)	M36	(M39)	M42	(M45)	M48	(M52)
b 1)	34	38	42	46	50	54	60	66	72	78	84	90	96	102	-
2)	40	44	48	52	56	60	66	72	78	84	90	96	102	108	116
3)	53	57	61	65	69	73	79	85	91	97	103	109	115	121	129
c	0,4	0,4	0,4	0,4	0,4	0,5	0,5	0,5	0,5	0,5	0,6	0,6	0,6	0,6	-
d_a máx	6,2	18,2	20,2	22,4	24,4	26,4	30,4	33,4	36,4	39,4	42,4	45,6	48,6	52,6	56,6
d m	24,49	26,75	30,14	33,53	35,72	39,98	45,63	51,28	55,80	61,31	66,96	72,61	78,26	83,91	89,56
min mg	23,91	26,17	29,16	32,95	35,03	39,55	45,20	50,85	55,37	60,69	66,44	72,09	77,74	83,39	89,04
k	9	10	12	13	14	15	17	19	21	23	25	26	28	30	33
r mín.	0,6	0,6	0,6	0,8	0,8	0,8	1	1	1	1	1	1,2	1,2	1,6	1,6
s	22	24	27	30	32	36	41	46	50	55	60	65	70	75	80
L 4)	Peso (7,85 kg / dm²) kg / 1000 peças														
50	82,2														
55	88,3	115													
60	94,3	123	161												
65	100	131	171	219											
70	106	139	181	231	281										
75	112	147	191	243	296	364									
80	118	155	201	255	311	382	511								
(85)	124	163	210	267	326	410	534								
90	128	171	220	279	341	428	557	712							
(95)	134	179	230	291	356	446	580	739							
100	140	186	240	303	370	464	603	767	951						
110	152	202	260	327	400	500	650	823	1020	1250	1510				
120	165	218	280	351	430	535	695	880	1090	1330	1590	1900	2260		
130	175	230	295	365	450	560	720	920	1150	1400	1650	1980	2350	2780	
140	187	246	315	389	480	595	765	975	1220	1480	1740	2090	2480	2920	
150	199	262	335	423	510	630	810	1030	1290	1560	1830	2200	2600	3010	3450
160	211	278	355	447	540	665	755	1090	1350	1640	1930	2310	2730	3160	3770
170	223	294	375	470	570	700	900	1140	1410	1720	2020	2420	2850	3300	3930
180	235	310	395	495	600	735	945	1200	1480	1900	2120	2520	2980	3440	4100
190	247	326	415	520	630	770	990	1250	1540	1980	2210	2630	3100	3580	4270
200	260	342	435	545	660	805	1030	1310	1610	2060	2310	2740	3220	3720	4430
220				590	720	870	1130	1420	1750	2220	2500	2960	3470	4010	4760
240								1530	1880	2380	2700	3180	3820	4290	5110
260								1640	2020	2540	2900	3400	4030	4570	5450

Os parafusos sobre a linha escalonada têm a rosca aproximadamente até a cabeça e são pedidas seg. DIN 933.

Evitar os possíveis tamanhos entre parênteses.

Usualmente se fabricam estes parafusos com as classes de resistência 5,6 e 8,8, nos tamanhos marcados por indicações de peso. Tamanhos cuja indicação de peso está destacada por impressão em negrito, se realizam geralmente como comercial a base de sua frequência.

Condições técnicas de fabricação segundo DIN 267

Classe de resistência (material):   5,6

　　　　　　　　　　　　　　　　　5,8 só até M4   segundo DIN 267

　　　　　　　　　　　　　　　　　8,8 só até M39   folha 3

　　　　　　　　　　　　　　　　　10,9

Execução: m   segundo Din 267

　　　　　a partir de MI2 também mg   folha 2

　　　　　(a escolha do fabricante)

　　　　　Com essa proteção de superfície, se completará a designação segundo DIN 267 folha 9

Se há de ser prescrita excepcionalmente uma das formas B, K, Ko, L, S, Sb, Sk, Sz e To admissíveis segundo DIN 962 a partir de MI2, se indicará este expressamente no pedido. Exemplos de designação veja DIN 962.

Se hão de fabricar parafusos até MI4 com arruelas de pressão se indicará este expressamente no pedido. Exemplos de designação veja DIN 6900.

Parafusos torneados podem ser fabricados de acordo também sem saliência na superfície.

1. Para comprimentos até 125 mm

2. Para comprimentos de mais de 125 até 200 mm

3. Para comprimentos de mais de 200 mm

4. Se evitarão os possíveis comprimentos intermediários. Comprimentos de mais de 260 mm se escalonarão de 20 em 20 mm.

ESPECIFICAÇÃO DE UMA CHAVETA FORMA A, DE LARGURA b = l2 mm, ALTURA h = 8 mm E COMPRIMENTO lt = 56 mm, CHAVETA A 12 × 8 × 56 DIN 6 885

Material: St 60 (aço de 60 Kp/mm^2 de resistência a tração em peça acabada). Outros materiais indicar no pedido.

1. Se tiver que se fornecer chavetas formas E e F sem furos para parafusos de extração, indicar isto no pedido.

2. Para medidas de ajuste, especialmente de pontas de eixos, é imprescindível ater-se à coordenação das secções das chavetas aos diâmetros dos eixos.

3. Quanto às diferenças admissíveis para as larguras de rasgos de chavetas acabados, ater-se à qualidade ISO IT8 ao invés de IT9 (ou seja, P8 em vez de P9; N8 em vez de N9 e J8 em vez de J9). Para ajustes deslizantes se recomenda a zona tolarada H8 para o rasgo de chaveta do eixo e E10 para o rasgo no cubo.

4. Nos desenhos de oficina podem-se anotar juntas as medidas t1 e (dl - tl), assim como t2 e (dl + t2); no entanto em muitos casos serão suficientes as tl e (dl + t2). Em certas circunstâncias ter-se-ão em conta as diferenças admissíveis e sobremetal de usinagem do eixo e do furo do cubo.

5. Os comprimentos acima de 400 mm e comprimentos intermediários (evitar no possível) serão selecionados conforme DIN 3. Em casos duvidosos de comprimentos intermediários usarão sempre as diferenças admissíveis do comprimento l1 imediatamente superior.

6. Para chavetas formas C, D e G com furos para um parafuso de fixação, usar os comprimentos l1 situados abaixo daquela linha.

7. Para o pso, não foi levado em conta os furos de chaveta.

8. A profundidade do rasgo de chavetano cubo "com aperto" está destinada só para casos excepcionais onde as chevetas devem se encaixar por pressão.

9. Valores de d2 = ϕ min de peças que possam correr concentricamente sobre a chaveta.

Chavetas Paralelas
forma alta - medidas em mm

Secção da Chaveta (aço para chavetas DIN 6860)

	2	3	4	5	6	8	10	12	14	16	18	20	22	25	28	32	36	40	45	50	56	63	70	80	90	100
largura b	2	3	4	5	6	8	10	12	14	16	18	20	22	25	28	32	36	40	45	50	56	63	70	80	90	100
altura h	2	3	4	5	6	7	8	8	9	10	11	12	14	14	16	18	20	22	25	28	32	32	36	40	45	50
Para diâmetro do eixo d_1 — acima de	6	8	10	12	17	22	30	38	44	50	58	65	75	85	95	110	130	150	170	200	230	260	290	330	380	440
até	8	10	12	17	22	30	38	44	50	58	65	75	85	95	110	130	150	170	200	230	260	290	330	380	440	500

Rasgo de chaveta no eixo — largura b (ajuste fixo pg / ajuste leve Ng): 2, 3, 4, 5, 6, 8, 10, 12, 14, 16, 18, 20, 22, 25, 28, 32, 36, 40, 45, 50, 56, 63, 70, 80, 90, 100

	2	3	4	5	6	8	10	12	14	16	18	20	22	25	28	32	36	40	45	50	56	63	70	80	90	100
profundidade t_1 (com jogo ou aperto)	1.1	1.7	2.4	2.9	3.5	4.1	4.7	4.9	5.5	6.2	6.8	7.4	8.5	8.7	9.9	11.1	12.3	13.5	15.3	17	19.3	19.6	22	24.6	27.5	30.4

diferença admissível: +0.1 / +0.2 / +0.3

Rasgo de chaveta no cubo — largura b (ajuste fixo pg / ajuste leve Jg): mesmos valores de b

	2	3	4	5	6	8	10	12	14	16	18	20	22	25	28	32	36	40	45	50	56	63	70	80	90	100
profundidade (com jogo em cima)	1	1.4	1.7	2.2	2.6	3	3.4	3.2	3.6	3.9	4.3	4.7	5.6	6.4	6.2	7.1	7.9	8.7	9.9	11.2	12.9	12.6	14.2	15.6	17.7	19.8
t_2 (com aperto)	0.6	1	1.3	1.8	2.1	2.4	2.8	2.6	2.9	3.2	3.5	3.9	4.8	4.6	5.4	6.1	6.9	7.7	8.9	10.1	11.8	11.5	14.5	14.5	16.6	18.7

diferença admissível (com jogo em cima): +0.2 / +0.3
diferença admissível (t_2 com aperto): +0.1 / +0.2 / +0.3

	2	3	4	5	6	8	10	12	14	16	18	20	22	25	28	32	36	40	45	50	56	63	70	80	90	100
d (mínimo)	0.8	1.2	1.6	2	2.5	3	3	3.58	4	4	4.5	5	5.5	5.5	6.5	7	8	9	10	11	13	13	14	16	16	20
d_2	d_1+2,5	d_1+3,5	d_1+4	d_1+5	d_1+6	d_1+7	d_1+8	d_1+8	d_1+9	d_1+10	d_1+11	d_1+12	d_1+14	d_1+14	d_1+16	d_1+18	d_1+20	d_1+22	d_1+25	d_1+27	d_1+32	d_1+32	d_1+35	d_1+40	d_1+46	d_1+50

Chanfro ou arredondamento r_1 (mínimo): 0.2 | 0.4 | 0.6 | 0.8 | 1 | 1.2 | 1.6 | 2.5 — dif. adm.: +0.1 / +0.2 / +0.3

Arredondamento do fundo do rasgo r_2 (dif. adm.): 0.5 / +0.4 / +0.5 ; −0.1 / −0.2 / −0.3 / −0.4 / −0.5

Comprimento — Diferença macho: −0.2 / −0.3 / −0.5 ; Diferença fêmea: +0.2 / +0.3 / +0.5

Peso: 7,85 kg/dm³ para a forma B (kg/1000=)

Peso (g por peça) — por largura b e Comprimento (valores por coluna)

Comprimentos 5)6): 6, 8, 10, 12, 14, 16, 18, 20, 22, 25, 28, 32, 36, 40, 48, 50, 56, 63, 70, 80, 90, 100, 110, 125, 140, 160, 190, 200, 220, 250, 290, 316, 355, 400

- b=3: 0.188, 0.251, 0.314, 0.377, 0.440, 0.502, 0.565, 0.628
- b=4: 0.423, 0.565, 0.707, 0.848, 0.969, 1.13, 1.27, 1.41, 1.55, 1.77, 1.98, 2.28, 2.54
- b=5: 1.01, 1.28, 1.51, 1.76, 2.01, 2.26, 2.51, 2.76, 3.14, 3.52, 4.02, 4.52, 5.02, 5.65
- b=6: 1.95, 2.35, 2.75, 3.14, 3.63, 3.92, 4.32, 4.91, 5.50, 6.28, 7.06, 7.85, 8.83, 9.81, 11.0
- b=8: 3.94, 4.52, 5.08, 5.65, 6.22, 7.07, 7.91, 9.04, 10.2, 11.3, 12.7, 14.1, 15.8, 17.8, 19.8
- b=10: 7.93, 8.60, 9.67, 11.0, 12.3, 14.1, 15.6, 17.6, 19.8, 22.0, 24.6, 27.7, 30.8, 36.2, 39.6
- b=12: 13.8, 15.7, 17.6, 20.1, 22.8, 25.1, 28.3, 31.4, 39.6, 44.0, 50.2, 56.5, 62.8, 69.1
- b=14: 21.1, 24.1, 27.1, 30.1, 33.9, 32.7, 47.5, 52.8, 60.3, 67.8, 75.4, 82.9, 94.2, 106
- b=16: 35.6, 39.6, 44.5, 49.5, 55.4, 62.3, 69.2, 79.1, 89.0, 96.9, 109, 124, 138, 157, 178, 201, 226
- b=18: 56.5, 62.8, 70.3, 79.1, 85.0, 97.9, 109, 124, 140, 155, 171, 194, 218, 249, 280, 311
- b=20: 77.7, 87.0, 106, 119, 132, 151, 170, 188, 207, 236, 264, 301, 339, 377, 414
- b=22: 152, 169, 193, 218, 242, 266, 302, 338, 387, 435, 494, 532, 604
- b=25: 192, 220, 247, 275, 302, 343, 385, 440, 495, 550, 604, 769
- b=28: 281, 317, 352, 387, 440, 492, 563, 633, 703, 774, 880, 965, 1110
- b=32: 407, 452, 497, 585, 633, 723, 814, 904, 995, 1130, 1270, 1420, 1610
- b=36: 565, 622, 706, 791, 904, 1020, 1130, 1240, 1410, 1560, 1780, 2010, 2260
- b=40: 760, 863, 967, 1110, 1240, 1380, 1520, 1780, 1930, 2180, 2450, 2760
- b=45: 1100, 1240, 1410, 1590, 1770, 1940, 2210, 2470, 2780, 3140, 3530
- b=50: 1540, 1760, 1980, 2200, 2420, 2750, 3080, 3460, 3900, 4400
- b=56: 2080, 2340, 2600, 2860, 3250, 3640, 4100, 4620, 5200
- b=63: 2750, 3060, 3370, 3830, 4290, 4820, 5430, 6120
- b=70: 3800, 4180, 4750, 5320, 5990, 6750, 7500
- b=80: 5520, 6280, 7030, 7810, 8910, 10040
- b=90: 7880, 8820, 9920, 11180, 12800
- b=100: 11000, 12380, 13950, 15720

Peso a deduzir para a forma A: 0.013, 0.045, 0.108, 0.211, 0.384, 0.796, 1.36, 1.94, 2.97, 4.31, 6.00, 8.09, 11.4, 14.7, 21.1, 31.1, 43.7, 96.3, 118, 221, 345, 443, 526, 1090, 1650

Furos para: (7)

- Furos das chavetas: d_3, d_4, c, e
- Furos do eixo: d_6, t_3
- Profundidade da broca: t_5, T_4, t_6

Parafuso de fixação (parafuso cilíndrico DIN 84): $d_2 \times l_2$
M3X10, M3X10, M3X12, M4X10, M5X10, M5X10, M6X12, M6X12, M6X16, M8X16, M8X16, M10X20, M10X18, M12X20, M12X22, M12X25, M12X28, M12X30, M12X35, M16X40, M16X40, M16X45, M20X50, M20X55, M20X50

Pino Elástico DIN 1481: $d_3 \times l_3$
X6, X6, X6, X8, X8, X10, X10, X12, X14, X14, X16, X16, X16, X20, X24, X28, X32, X32, X36, X36, X36, X40, X45, X45, X50, X50

Perfis

Perfis H - Padrão Americano

Tamanho nominal		Altura (h)		Peso		Largura da Mesa (b)		Espessura da Alma (d)	
mm	pol.	mm	pol.	kg/m	lb/pé	mm	pol.	mm	pol.
101,6 X 101,6	4 X 4	101,6	4	20,5	13,8	101,6	4,00	7,95	0,313
127,0 X 127,0	5 X 5	127,0	5	27,9	18,8	127,0	5,00	7,95	0,313
152,4 X 152,4	6 X 6	152,4	6	37,1	24,9	150,8	5,94	7,95	0,313
				40,9	27,5	154,0	6,06	11,13	0,438

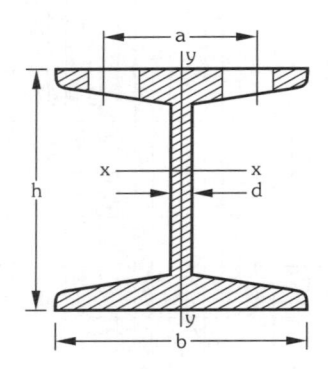

Perfis H - Padrão Americano

Tamanho Nominal		Largura da Mesa	Espessura da Alma	Área	Peso	Furos * a	** φ	Jx	Jy	Wx	Wy	rx	ry
pol.	mm	mm	mm	cm²	kg/m	mm	pol.	cm⁴	cm⁴	cm³	cm³	cm	cm
4 x 4	101,6 X 101,6	101,6	7,95	26,1	20,5	58	5/8	449	146	88	28,8	4,15	2,38
5 X 5	127,0 X 127,0	127,0	7,95	35,6	27,9	70	3/4	997	321	157	50,6	5,29	3,01
6 X 6	152,4 X 152,4	150,8	7,95	47,3	37,1	90	7/8	1958	621	257	81,5	6,43	3,63
		154,0	11,13	52,1	40,9	90	7/8	2050	664	269	87,1	6,27	3,57

(*) Gabarito usual na mesa

(**) Diâmetro máximo de rebite na mesa

Perfis I - Padrão Americano

Tamanho Nominal		Altura (h)		Peso		Largura da Mesa (b)		Espessura da Alma	
mm	pol.	mm	pol.	kg/m	lb/pé	mm	pol.	mm	pol.
76,2 X 60,3	3 X 2 3/8	76,2	3	8,45	5,7	59,2	2,330	4,32	0,170
				9,68	6,5	61,2	2,411	6,38	0,251
				11,20	7,5	63,7	2,509	8,86	0,349
101,6 X 66,7	4 X 2 5/8	101,6	4	11,4	7,7	67,6	2,660	4,83	0,190
				12,7	8,5	69,2	2,723	6,43	0,253
				14,1	9,5	71,0	2,796	8,28	0,326
				15,6	10,5	72,9	2,870	10,16	0,400
127,0 X 76,2	5 X 3	127,0	5	14,8	9,9	76,2	3,000	5,33	0,210
				18,2	12,3	79,7	3,137	8,81	0,347
				22,0	14,8	83,4	3,284	12,55	0,494
152,4 X 85,7	6 X 3 3/8	152,4	6	18,5	12,5	84,6	3,340	5,84	0,230
				22,0	14,8	87,5	3,443	8,71	0,343
				25,7	17,3	90,6	3,565	11,81	0,465
203,2	8 X 4	203,2	8	27,3	18,4	101,6	4,000	6,86	0,270
				30,5	20,5	103,6	4,079	8,86	0,349
				34,3	23,0	105,9	4,171	11,20	0,441
				38,0	25,5	108,3	4,262	13,51	0,532
254,0 X 117,5	10 X 4 5/8	254	10	37,7	25,4	118,4	4,660	7,9	0,310
				44,7	30,0	121,8	4,797	11,4	0,447
				52,1	35,0	125,6	4,944	15,1	0,594
				59,6	40,0	129,3	5,091	18,8	0,741
304,8 X 133,4	12 X 5 1/4	304,8	12	60,6	40,7	133,4	5,250	11,7	0,460
				67,0	45,0	136,0	5,355	14,4	0,565
				74,4	50,0	139,1	5,477	17,4	0,687
				81,9	55,0	142,2	5,600	20,6	0,810
381,0 X 139,7	15 X 5 1/2	381,0	15	63,3	42,5	139,7	5,500	10,4	0,410
				66,5	44,7	140,8	5,542	11,5	0,452
				73,9	49,7	143,3	5,641	14,0	0,550
				81,4	54,7	145,7	5,737	16,5	0,649
457,2 X 152,4	18 X 6	457,2	18	81,4	54,7	152,4	6,000	11,7	0,460
				89,3	60,0	154,6	6,087	13,9	0,457
				96,8	65,0	156,7	6,169	16,0	0,629
				104,3	70,1	158,8	6,251	18,1	0,711
508,0 X 177,8	20 X 7	508,0	20	121,2	81,5	177,8	7,000	15,2	0,600
				126,6	85,1	179,1	7,053	16,6	0,653
				134,0	90,0	181,0	7,126	18,4	0,726
				141,5	95,1	182,9	7,200	20,3	0,800
				148,9	100,0	184,7	7,273	22,2	0,873

Tamanho Nominal		Largura da Mesa (b) mm	Espessura da Alma (d) mm	Área cm²	Peso kg/m	Furos * a mm	** φ pol	Jx cm⁴	Jy cm⁴	Wx cm³	Wy cm³	rx cm	ry cm
pol.	mm	mm	mm	cm²	kg/m	mm	pol.	cm⁴	cm⁴	cm³	cm³	cm	cm
3 X 2 3/8	76,2 X 60,3	59,2	4,32	10,8	8,45	38	3/8	105,1	18,9	27,6	6,41	3,12	1,33
		61,2	6,38	12,3	9,68	38	3/8	112,6	21,3	29,6	6,95	3,02	1,31
		63,7	8,86	14,2	11,20	38	3/8	121,8	32,0	32,0	7,67	2,93	1,31
4 X 2 5/8	101,6 X 66,7	67,6	4,83	14,5	11,4	38	1/2	252	31,7	49,7	9,4	4,17	1,48
		69,2	6,43	16,1	12,7	38	1/2	266	34,3	52,4	9,9	4,06	1,46
		71,0	8,28	18,0	14,1	38	1/2	283	37,6	55,6	10,6	3,96	1,45
			10,16	19,9	15,6	38	1/2	299	41,2	58,9	11,3	3,87	1,44
5 X 3	127,0 X 76,2	76,2	5,33	18,8	14,8	44	1/2	511	50,2	80,4	13,2	5,21	1,63
		79,7	8,81	23,2	18,2	44	1/2	570	58,6	89,8	14,7	4,95	1,59
		83,4	12,55	28,0	22,0	44	1/2	634	69,1	99,8	16,6	4,76	1,57
6 X 3 3/8	152,4 X 85,7	84,6	5,84	23,6	18,5	50	5/8	919	75,7	120,6	17,9	6,24	1,79
		87,5	8,71	28,0	22,0	50	5/8	1003	84,9	131,7	19,4	5,99	1,74
		90,6	11,81	32,7	25,7	50	5/8	1095	96,2	143,7	21,2	5,79	1,72
8 X 4	203,2 X 101,6	101,6	6,86	34,8	27,3	58	3/4	2400	155	236	30,5	8,30	2,11
		103,6	8,86	38,9	30,5	58	3/4	2540	166	250	32,0	8,08	2,07
		105,9	11,20	43,7	34,3	58	3/4	2700	179	266	33,9	7,86	2,03
		108,3	13,51	48,3	38,0	58	3/4	2860	194	282	35,8	7,69	2,00
10 X 4 5/8	254,0 X 117,5	118,4	7,9	48,1	37,7	70	3/4	5140	282	405	47,7	10,30	2,42
		121,8	11,4	56,9	44,7	70	3/4	5610	312	442	51,3	9,93	2,34
		125,6	15,1	66,4	52,1	70	3/4	6120	348	482	55,4	9,60	2,29
		129,3	18,8	75,9	59,6	70	3/4	6630	389	522	60,1	9,35	2,26
12 X 5 1/4	304,8 X 133,4	133,4	11,7	77,3	60,6	76	3/4	11330	563	743	84,5	12,1	2,70
		136,0	14,4	85,4	67,0	76	3/4	11960	603	785	88,7	11,8	2,66
		139,0	17,4	94,8	74,4	76	3/4	12690	654	833	94,0	11,6	2,63
		142,2	20,6	104,3	81,9	76	3/4	13430	709	881	99,7	11,3	2,61
15,5 X 1/2	381,0 X 139,7	139,7	10,4	80,6	63,3	90	3/4	18580	598	975	85,7	15,2	2,73
		140,8	11,5	84,7	66,5	90	3/4	19070	614	1001	87,3	15,0	2,70
		143,3	14,0	94,2	73,9	90	3/4	20220	653	1061	91,2	14,7	2,63
		145,7	16,5	103,6	81,4	90	3/4	21370	696	1122	95,5	14,4	2,59
18 X 6	457,2 X 152,4	152,4	11,7	103,7	81,4	90	7/8	33460	867	1464	113,7	18,0	2,89
		154,6	13,9	113,8	89,3	90	7/8	35220	912	1541	117,9	17,6	2,83
		156,7	16,0	123,3	96,8	90	7/8	36880	957	1613	122,1	17,3	2,79
		158,8	18,1	132,8	104,3	90	7/8	38540	1004	1686	126,5	17,0	2,75
20 X 7	508,0 X 177,8	177,8	15,2	154,4	121,2	102	1	61640	1872	2430	211	20,0	3,48
		179,1	16,6	161,3	126,6	102	1	63110	1922	2480	215	19,8	3,45
		181,0	18,4	170,7	134,0	102	1	65140	1993	2560	220	19,5	3,42
		182,9	20,3	180,3	141,5	102	1	67190	2070	2650	226	19,3	3,39
		184,7	22,2	189,7	148,9	102	1	69220	2140	2730	232	19,1	3,36

(*) Gabarito usual na mesa

(**) Diâmetro máximo de rebite na mesa

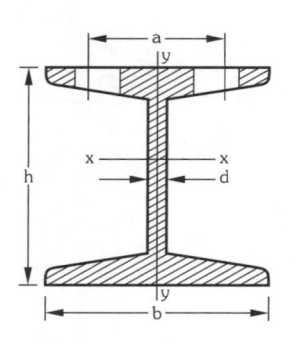

Perfis U - Padrão Americano

Tamanho Nominal		Altura (h)		Peso		Largura das Abas (b)		Espessura da Alma (d)	
mm	pol.	mm	pol.	kg/m	lb/pé	mm	pol.	mm	pol.
76 X 38,1	3 X 1 1/2	76,2	3	6,11	4,10	35,8	1,410	4,32	0,170
				7,44	5,00	38,0	1,498	6,55	0,258
				8,93	6,00	40,5	1,596	9,04	0,356
101,6 X 41,3	4 X 1 5/8	101,6	4	7,95	5,34	40,1	1,580	4,57	0,180
				9,30	6,25	41,8	1,647	6,27	0,240
				10,80	7,24	43,7	1,720	8,13	0,320
152,4 X 50,8	6 X 2	152,4	6	12,2	8,2	48,8	1,920	5,08	0,200
				15,6	10,5	51,7	2,034	7,98	0,314
				19,4	13,0	54,8	2,157	11,10	0,437
				23,1	15,5	57,9	2,279	14,20	0,559
203,2 X 57,2	8 X 2 1/4	203,2	8	17,1	11,5	57,4	2,260	5,59	0,220
				20,5	13,8	59,5	2,343	7,70	0,303
				24,2	16,3	61,8	3,435	10,03	0,395
				27,9	18,8	64,2	2,527	12,37	0,487
				31,6	21,3	66,5	2,619	14,71	0,579
254,0 X 66,7	10 X 2 5/8	254,0	10	22,7	15,3	66,0	2,600	6,10	0,240
				29,8	20,0	69,6	2,739	9,63	0,379
				37,2	25,0	73,3	2,886	13,40	0,526
				44,7	30,0	77,0	3,033	17,10	0,673
				52,1	35,0	80,8	3,180	20,80	0,820
304,8 X 76,2	12 X 3	304,8	12	30,7	20,6	74,7	2,940	7,11	0,280
				37,2	25,0	77,4	3,047	9,83	0,387
				44,7	30,0	80,5	3,170	13,00	0,510
				52,1	35,0	83,6	3,292	16,10	0,632
				59,6	40,0	86,7	3,415	19,20	0,755
381,0 X 85,7	15 X 3 3/8	381,0	15	50,4	33,9	86,7	3,400	10,2	0,400
				52,1	35,0	86,9	3,422	10,7	0,422
				59,5	40,0	89,4	3,520	13,2	0,520
				67,0	45,0	91,9	3,618	15,7	0,618
				74,4	50,0	94,4	3,716	18,2	0,716
				81,9	55,0	96,9	3,814	20,7	0,814

Tamanho Nominal		Larg.da Mesa (b) mm	Esp. da Alma (d) mm	Área cm²	Peso kg/m	c cm	Furos * a mm	** φ pol	Jx cm⁴	Jy cm⁴	Wx cm³	Wy cm³	rx cm	ry cm
pol.	mm	mm	mm	cm²	kg/m		mm	pol.	cm⁴	cm⁴	cm³	cm³	cm	cm
3 X 1 1/2	76,2 X 38,1	35,8	4,32	7,78	6,11	1,11	22	1/2	68,9	8,2	18,1	3,32	2,98	1,03
		38,0	6,55	9,48	7,44	1,11	22	1/2	77,2	10,3	20,3	3,82	2,85	1,04
		40,5	9,04	11,40	8,93	1,16	22	1/2	86,3	12,7	22,7	4,39	2,75	1,06
4 X 1 5/8	101,6 X 41,3	40,1	4,57	10,1	7,95	1,16	25	1/2	159,5	13,1	31,4	4,61	3,97	1,14
		41,8	6,27	11,9	8,30	1,15	25	1/2	174,4	15,5	34,3	5,10	3,84	1,14
		43,7	8,13	13,7	10,80	1,17	25	1/2	190,6	18,0	37,5	5,61	3,73	1,15
6 X 2	152,4 X 50,8	48,8	5,08	15,5	12,2	1,30	29	5/8	546	28,8	71,7	8,16	5,94	1,36
		51,7	7,98	19,9	15,6	1,27	29	5/8	632	36,0	82,9	9,24	5,63	1,34
		54,8	11,10	24,7	19,4	1,31	35	5/8	724	43,9	95,0	10,50	5,42	1,33
		57,9	14,20	29,4	23,1	1,38	35	5/8	815	52,4	107,0	11,90	5,27	1,33
8 X 2 1/4	203,2 X 57,2	57,4	5,59	21,8	17,1	1,45	35	3/4	1356	54,9	133,4	12,8	7,89	1,59
		59,5	7,70	26,1	20,5	1,41	35	3/4	1503	63,6	147,9	14,0	7,60	1,56
		61,8	10,0	20,8	24,2	1,40	38	3/4	1667	72,9	164,0	15,3	7,35	1,54
		64,2	12,4	35,6	27,9	1,44	38	3/4	1830	82,5	180,1	16,6	7,17	1,52
		66,5	14,7	40,3	31,6	1,49	38	3/4	1990	92,6	196,2	17,9	7,03	1,52
10 X 2 5/8	254,0 X 66,7	66,0	6,10	29,0	22,7	1,61	38	3/4	2800	95,1	221,0	19,0	9,84	1,81
		69,6	9,63	37,9	29,8	1,54	38	3/4	3290	117,0	259,0	21,6	9,31	1,76
		73,3	13,40	47,4	37,2	1,57	44	3/4	3800	139,7	299,0	24,3	8,95	1,72
		77,0	17,10	56,9	44,7	1,65	44	3/4	4310	164,2	339,0	27,1	8,70	1,70
		80,8	20,80	66,4	52,1	1,76	44	3/4	4820	191,7	379,0	30,4	8,52	1,70
12 X 3	304,8 X 76,2	74,7	7,11	39,1	30,7	1,77	44	7/8	5370	161,1	352,0	28,3	11,70	2,03
		77,4	9,83	47,4	37,2	1,71	44	7/8	6010	186,1	394,0	30,9	11,30	1,98
		80,5	13,00	56,9	44,7	1,71	44	7/8	6750	214,0	443,0	33,7	10,90	1,94
		83,6	16,10	66,4	52,1	1,76	51	7/8	7480	242,0	491,0	36,7	10,60	1,91
		86,7	19,20	75,9	59,6	1,83	51	7/8	8210	273,0	539,0	39,8	10,40	1,90
15 X 3 3/8	381,0 X 85,7	86,4	10,2	64,2	50,4	2,00	51	1	13100	338,0	688,0	51,0	14,30	2,30
		86,9	10,7	66,4	52,1	1,99	51	1	13360	347,0	701,0	51,8	14,20	2,29
		89,4	13,2	75,8	59,5	1,98	51	1	14510	387,0	762,0	55,2	13,80	2,25
		91,9	15,7	85,3	67,0	1,99	57	1	15650	421,0	822,0	58,5	13,50	2,22
		94,4	18,2	94,8	74,4	2,03	57	1	16800	460,0	882,0	62,0	13,30	2,20
		96,9	20,7	104,3	81,9	2,21	57	1	17950	498,0	942,0	66,5	13,10	2,18

(*) Gabarito usual na mesa

(**) Diâmetro máximo de rebite na mesa

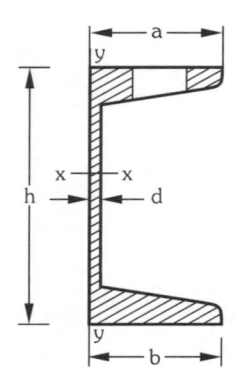

Cantoneiras de Abas Iguais - Padrão Americano (*)

Tamanho (A X A)		Peso		Espessura	
mm	pol.	kg/m	lb/pé	mm	pol.
63,5 X 63,5	2½ X 2½	6,10	4,1	6,35	1/4
		7,44	5,0	7,94	5/16
		8,78	5,9	9,53	3/8
76,2 X 76,2	3 X 3	9,08	6,1	7,94	5/16
		10,70	7,2	9,53	3/8
		14,00	9,4	12,70	1/2
101,6 X 101,6	4 X 4	14,6	9,8	9,53	3/8
		19,1	12,8	12,70	1/2
		23,4	15,7	15,88	5/8
127,0 X 127,0	5 X 5	18,3	12,3	6,53	3/8
		24,1	16,2	12,70	1/2
		29,8	20,0	15,88	5/8
		35,1	23,6	19,05	¾
152,4 X 152,4	6 X 6	22,2	14,9	9,53	3/8
		29,2	19,6	12,70	½
		36,0	24,2	15,88	5/8
		42,7	28,7	19,05	¾
		49,3	33,1	22,23	7/8
203,2 X 203.2	8 X 8	39,3	26,4	12,70	½
		48,7	32,7	15,88	5/8
		57,9	38,9	19,05	¾
		67,0	45,0	22,23	7/8
		75,9	51,0	25,40	1

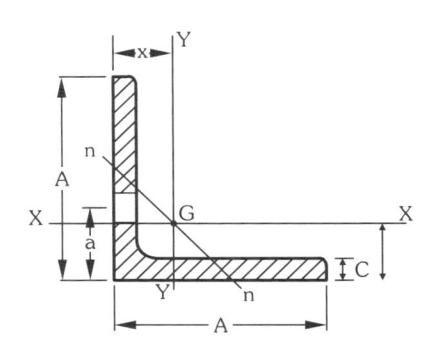

Tamanho nominal		Espes. (C)	Área	Peso	Jx = Jy	Wx = wy	rx = ry	x = y	Eixo n mín.
polegadas	mm	mm	cm²	kg/m	cm⁴	cm³	cm	cm	cm
2 ½ X 2 ½	63,5 X 63,5	6,35	7,67	6,10	29	6,4	1,96	1,83	1,24
		7,93	9,48	7,44	35	7,9	1,94	1,88	1,24
		9,53	11,16	8,78	41	9,3	1,91	1,93	1,22
3 X 3	76,2 X 76,2	7,94	11,48	9,08	62	11,6	2,34	2,21	1,50
		9,53	13,61	10,70	75	13,6	2,31	2,26	1,47
		12,70	17,74	14,00	91	18,0	2,29	2,36	1,47
4 X 4	101,6 X 101,6	9,53	18,45	14,6	183	24,6	3,12	2,90	2,00
		12,70	24,19	19,1	233	32,8	3,10	3,00	1,98
		15,90	29,73	23,4	279	39,4	3,05	3,12	1,96
5 X 5	127,0 X 127,0	9,53	23,29	18,3	362	39,5	3,94	3,53	2,51
		12,70	30,64	24,1	470	52,5	3,91	3,63	2,49
		15,88	37,80	29,8	566	64,0	3,86	3,76	2,46
		19,05	44,76	35,1	653	73,8	3,81	3,86	2,46
6 X 6	152,4 X 152,4	9,53	28,12	22,2	641	57,4	4,78	4,17	3,02
		12,70	37,09	29,2	828	75,4	4,72	4,27	3,00
		15,88	45,86	36,0	1007	93,5	4,67	4,39	2,97
		19,05	54,44	42,7	1173	109,9	4,65	4,52	2,97
		22,23	62,76	49,6	1327	124,6	4,60	4,62	2,97
8 X 8	203,2 X 203,2	12,70	49,99	39,3	2022	137,8	6,38	5,56	4,01
		15,88	61,98	48,7	2471	168,9	6,32	5,66	4,01
		19,05	73,79	57,9	2899	200,1	6,27	5,79	3,99
		22,23	85,33	67,0	3311	229,6	6,22	5,89	3,96
		25,40	96,75	75,9	3702	259,1	6,02	6,02	3,96

Cantoneiras de Abas Iguais - Padrão Americano (*)

Tamanho (A X B)		Peso		Espessura (C)	
mm	pol.	kg/m	lb/pé	mm	pol.
88,90 X 63,50	3½ X 2½	7,29	4,9	6,35	1/4
		9,08	6,1	7,94	5/16
		10,7	7,2	9,53	3/8
101,60 X 76,20	4 X 3	10,7	7,2	7,94	5/16
		12,7	8,5	9,53	3/8
		16,5	11,1	12,70	1/2
101,60 X 88,90	4 X 3 ½	9,1	6,1	6,35	1/4
		11,5	7,7	7,94	5/16
		13,5	9,1	9,53	3/8
		17,7	11,9	12,70	1/2
127,00 X 88,90	5 X 3 ½	13,0	8,7	7,94	5/16
		15,5	10,4	9,53	3/8
		20,2	13,6	12,70	1/2
		25,0	16,8	15,88	5/8
		29,5	19,8	19,05	3/4
152,40 X 101,60	6 X 4	18,3	12,3	9,53	3/8
		24,1	16,2	12,70	1/2
		29,8	20,0	15,88	5/8
		35,1	23,6	19,05	3/4
177,80 X 101,60	7 X 4	26,6	19,7	12,70	1/2
		32,9	22,1	15,88	5/8
		39,0	26,2	19,05	3/4
203,20 X 101,60	8 X 4	29,2	19,6	12,70	1/2
		36,0	24,2	15,88	5/8
		42,7	28,7	19,05	3/4
		49,3	33,1	22,23	7/8
		55,7	37,4	25,40	1

Tamanho Nominal		Esp. (C)	Área	Peso	y	x	Jx	Jy	Wx	Wy	rx	ry	Eixo n. r. mín.
polegadas	mm	mm	cm²	kg/m	cm	cm	cm⁴	cm⁴	cm³	cm³	cm	cm	cm
3½ X 2½	88,9 X 63,5	6,35	9,29	7,29	2,82	1,55	75	32	12	7	2,84	1,88	1,37
		7,94	11,48	9,08	2,90	1,63	92	39	15	8	2,82	1,85	1,37
		9,53	13,61	10,70	10,70	1,68	108	46	18	10	2,79	1,83	1,37
4 X 3	101,6 X 76,2	7,94	13,48	10,7	3,20	1,93	141	71	20	12	3,23	2,26	1,65
		9,53	16,00	12,7	3,25	1,98	166	79	25	14	3,20	2,24	1,63
		12,70	20,96	16,5	3,38	2,11	208	100	31	18	3,18	2,18	1,63
4 X 3½	101,6 X 88,9	6,35	11,67	9,1	2,95	2,31	121	87	16	13	3,23	2,72	1,85
		7,94	14,51	11,5	3,00	2,36	150	108	21	16	3,20	2,72	1,85
		9,53	17,22	13,5	3,07	2,44	175	125	25	20	3,18	2,69	1,85
		12,70	22,58	17,7	3,18	2,54	221	158	31	25	3,12	2,64	1,83
5 X 3½	127,0 X 88,9	7,94	16,51	13,0	4,04	2,13	275	112	31	16	4,09	2,62	1,93
		9,53	19,67	15,5	4,09	2,18	326	133	20	20	4,06	2,59	1,93
		12,70	25,80	20,2	4,22	2,31	416	166	26	26	4,01	2,57	1,91
		15,88	31,73	25,0	4,32	2,41	499	200	31	31	3,96	2,51	1,91
		19,05	37,47	29,5	4,45	2,54	578	233	36	36	3,94	2,49	1,91
6 X 4	152,4 X 101,6	9,53	23,28	18,3	4,93	2,38	562	204	54	26	4,90	2,97	2,24
		12,70	30,64	24,1	5,05	2,51	724	262	71	34	4,85	2,92	2,21
		15,88	37,80	29,8	5,16	2,62	878	312	87	41	4,83	2,87	2,18
		19,05	44,76	35,1	5,28	2,74	1019	362	102	49	4,78	2,84	2,18
7 X 4	177,8 X 101,6	12,70	33,86	26,6	6,15	2,34	1111	270	95	34	5,72	2,82	2,21
		15,88	41,86	32,9	6,25	2,44	1348	325	116	43	5,69	2,79	2,18
		19,05	49,60	39,0	6,38	2,57	1573	379	138	49	5,64	2,77	2,18
8 X 4	203,2 X 101,6	12,70	37,09	29,2	7,26	2,18	1602	279	123	36	6,58	2,74	2,18
		15,88	45,86	36,0	7,39	2,31	1951	337	151	43	6,50	2,72	2,18
		19,05	54,44	42,7	7,49	2,41	2274	391	179	51	6,48	2,67	2,16
		22,23	62,76	49,3	7,62	2,54	2596	437	205	58	6,43	2,64	2,16
		25,40	70,95	55,7	7,75	2,67	2895	483	231	64	6,40	2,62	2,16

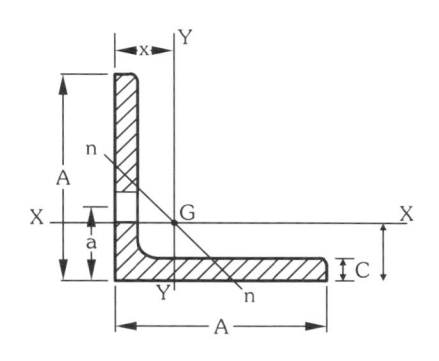

Bibliografia

BEER, F. P.; JONHSTON JR, R. **Resistência dos materiais**. Porto Alegre, RS: McGraw Hill, 1982.

CATÁLOGO CSN. Volta Redonda, RJ, [s/d].

GORFIN, B.; MARQUES, M. **Estruturas isostáticas**. Rio de Janeiro: JC, 1978.

MERIAN, J. L. **Estatística**. Rio de Janeiro: LTC, 1977.

MESHERSKI, I. **Problemas de mecânica teórica**. Moscou: Mir, 1974.

MIROLUIBOV, I. et al. **Problemas de resistência de materiais**. Moscou: Mir, 1978.

NASH, W. **Resistência dos materiais**. Rio de Janeiro: McGraw Hill, 1974.

STIOPIN, P. A. **Resistência dos materiais**. Moscou: Mir, [s/d].

THIMOSHENKO, I. **Resistência dos materiais**: volumes I e II. Rio de Janeiro: Ao Livro Técnico, 1967.

THIMOSHENKO, I.; YONG, D. H. **Mecânica técnica**: volume I. Rio de Janeiro: Ao Livro Técnico, 1965.

Marcas Registradas

Todos os nomes registrados, marcas registradas ou direitos de uso citados neste livro pertencem aos seus respectivos proprietários.